U0226171

国家级一流本科课程配套教材
北京高校优质本科课程配套教材

概率论与数理统计

（第三版）

主　编　赵　平
副主编　付　俐　　王秋媛　　马艳萍
　　　　王立春　　赵生变　　王金亭

科学出版社
北　京

内 容 简 介

本书是国家级一流本科课程配套教材,系统介绍了概率论与数理统计的概念、原理、计算方法,以及 MATLAB 在数理统计中的应用.在编写中吸收了国内外优秀教材的优点,概念讲述通俗易懂,每章中附有精选的例题和习题,并且增加了数学实验.书中还配有二维码,扫码可以观看课件、知识点总结及微课视频,供学生学习提高使用.本书还引入数字技术,大部分章节的章末设有测试题,读者扫描二维码可以测试所学知识.书后附有习题参考答案,方便学生核对答案.

本书可作为高等院校理工类专业、经济管理类专业的教材和研究生入学考试的参考书,也可供工程技术人员、科技工作者参考.

图书在版编目(CIP)数据

概率论与数理统计/赵平主编. --3 版. --北京:科学出版社,2024.8.
ISBN 978-7-03-079219-8

Ⅰ.O21

中国国家版本馆 CIP 数据核字第 2024YG8343 号

责任编辑:张中兴　梁　清/责任校对:杨聪敏
责任印制:师艳茹/封面设计:蓝正设计

科学出版社 出版
北京东黄城根北街 16 号
邮政编码:100717
http://www.sciencep.com

三河市骏杰印刷有限公司印刷
科学出版社发行　各地新华书店经销
*

2010 年 7 月第　一　版　开本:B5(720×1000)
2021 年 1 月第　二　版　印张:19
2024 年 8 月第　三　版　字数:383 000
2024 年 8 月第二十二次印刷

定价:59.00 元
(如有印装质量问题,我社负责调换)

前　　言

第三版是在前二版的基础上,广泛吸取校内外读者的意见后修订而成,新版在主要内容和结构框架上未作大的改动. 为了便于教学,教材力求叙述准确,内容精炼、易于阅读,对于语句进行了仔细推敲,改写了一些陈述,调整了例题和习题的配置,针对性地给出了应用实例. 为适应时代的需要,书中配有可以观看的微课视频、案例、教学课件及知识点总结,相应内容也可以通过中国大学 MOOC 网观看(网址:https://www. icourse163. org/course/NJTU-1003695007). 北京交通大学概率论与数理统计课程先后被评为第二批"国家级一流本科课程(混合)"和首批"北京高校优质本科课程",本教材是该课程的配套教材.

新版保持了原书的风格,深入解释概念、剖析知识难点、精心讲解重点、介绍应用背景的理念. 修改后的教材更具逻辑严谨、论述清晰、便于自学等特色. 依据反馈的意见,在第三版中修正了不少错漏,增加了案例,利用 MATLAB 重新绘制了教材中的部分图形,给出了数学术语的中英文对照,使得本书更趋完善.

本书编写人员分工如下:第 1 章、第 5 章由王金亭编写;第 2 章由王秋媛编写;第 3 章、第 4 章的 4.5 节(特征函数)、第 9 章由赵平编写;第 4 章的 4.1 节、4.2 节、4.3 节、4.4 节由赵生变编写;第 6 章由付俐编写;第 7 章由马艳萍编写;第 8 章由王立春编写. 第 1 章的案例由倪旭敏编写;第 5 章的案例由牛璐编写. 赵平对全书作了最后的统稿和加工,绘制了教材中的 MATLAB 图. 本次修改得到广大教师与学生的关心和支持,于永光、刘玉亭、孔令臣、江中豪、冯国臣、张作泉、桂文豪、吕兴、万良霞、林艾静、倪旭敏、姜博川、薛晓峰、宋诗畅、任国健、刘荣丽、牛璐、孙晓伟、刘然、苏伟、李劭珉、马瑞博、程昆、李文龙、崔怡冰、何臻提出了许多宝贵意见,在此表示感谢.

由于水平有限,不当之处在所难免,恳请广大读者批评指正.

编　者
2024 年 7 月

第二版前言

本书自出版以来受到广大读者的一致好评,同时也收到许多读者和同行有益的意见和建议,积累至今我们对本书进行一些修改补充,重点解释了概念和结论,使教材更具有可读性,帮助读者理解概率论与数理统计中的数学思想.北京交通大学概率论与数理统计课程被评为首批"北京高校优质本科课程".

第二版保留了第一版教材的体系,本着深入解释概念、剖析知识难点、精心讲解重点、介绍应用背景的理念,在内容上作了一些局部调整和改进,为了方便教学,将国内教材中的"样本及抽样分布"一章内容和"参数估计"一章内容合并为一章内容,见本书的第6章,并且改变了叙述的次序,有利于读者系统学习这部分内容.由于复随机变量和傅里叶变换在信息科学领域中占有重要的地位,补充了复随机变量、特征函数及有关结论的证明,以适应时代的需要.在第二版中还有一个创新改动,将本书变成新形态教材,在书中配有二维码,读者扫码可以观看教学课件、知识点总结及微课视频,随时学习北京优质本科课程,为读者预习复习概率论与数理统计课程提供丰富的学习资源.

本书编写人员分工如下:第1章、第5章由王金亭编写;第2章由王秋媛编写;第3章、第4章的4.5节(特征函数)、第9章由赵平编写;第4章的4.1节、4.2节、4.3节、4.4节由赵生变编写;第6章由付俐编写;第7章由马艳萍编写;第8章由王立春编写.赵平对全书作了最后的统稿和加工.本次修改得到广大教师与学生的关心和支持,于永光、刘玉亭、孔令臣、江中豪、冯国臣、张作泉、桂文豪提出了许多宝贵意见,也得到了科学出版社的支持,在此表示感谢.由于水平有限,不当之处在所难免,恳请广大读者批评指正.

编 者

2020 年 3 月

第一版前言

概率论与数理统计是研究随机现象及其统计规律的一门核心数学学科. 它正迅速地渗透到许多尖端科技的研究前沿, 广泛应用于地球科学、神经学、人工智能、通信网络、医学、生物学、经济学、金融学、风险管理、心理学及社会学等众多领域, 成为各个学科领域不可替代的基础分析工具, 在许多交叉学科的研究中起着桥梁作用.

概率论与数理统计课程是高等院校各专业的重要数学基础课程. 本书是由北京交通大学常年承担这门课程教学任务的教师编写的, 并经过概率论与数理统计课程组的教师多次深入讨论和教学实践修改而成. 书中内容力求反映出概率论与数理统计在工程实践领域中的应用, 概念讲述通俗易懂, 例题和习题精心挑选, 并且增加了数学实验, 更新了教材结构与表述方式. 当前的概率论与数理统计教材很少介绍 MATLAB 软件, 本书增加了 MATLAB 在数理统计中的应用, 使学生能灵活应用软件技术, 为以后进一步学习工程技术打下基础.

本书编写人员分工如下: 第 1 章, 王金亭; 第 2 章, 王秋媛; 第 3 章, 赵平; 第 4 章, 赵生变; 第 5 章, 王金亭; 第 6 章, 付俐; 第 7 章, 马艳萍; 第 8 章, 王立春; 第 9 章, 赵平. 赵平对全书作了最后的统稿和加工. 在编写过程中, 江中豪、刘晓、王兵团、冯国臣提出了许多宝贵意见, 向他们表示衷心的感谢. 本书部分得到国家自然科学基金资助(批准号: 60972089; 批准号: 10871020), 在此一并表示感谢.

本书是我们在教学改革中的一种探索, 欢迎广大读者提出宝贵意见和建议, 以便于我们今后进一步完善.

编　者
2010 年 4 月

资源使用说明

亲爱的读者：

您好，《概率论与数理统计》是一本新形态教材，如何使用本教材的拓展资源提升学习效果呢？请看下面的小提示.

您可以对本书资源进行激活，流程如下：

（1）刮开封三激活码的涂层，微信扫描二维码，根据提示，注册登录到中科助学通平台，激活本书的配套测试题资源.

（2）激活配套资源以后，有两种方式可以查看资源，一是微信直接扫描资源码，二是关注"中科助学通"微信公众号，点击页面底端"开始学习"，选择相应科目，查看科目下面的图书资源.

您可以在每章知识学习完毕后，扫描章末二维码进行测试，自查相关知识掌握情况.

让我们一起来开始概率论与数理统计学习旅程吧！

编　者
2024 年 8 月

目　　录

第 1 章　概率与随机事件

1.1　随机现象和随机试验

教学内容简介

自然界和人类社会中出现的现象一般分为两类.一类是必然现象或确定现象,如太阳每天都会从东方升起西方落下;自由落体必然垂直落下;同性电荷一定相互排斥;……这类现象称为**确定性现象**.这一类现象的存在,使人们确信自然界和人类社会中的事物存在其自身的规律性.另一类是**不确定现象**或**随机现象**,如掷一枚质地均匀的硬币时,它可能正面向上,也可能反面向上;学生考试前无法确定自己确切的考试成绩及排名;股票投资者无法预测未来一年的投资收益率;……随机现象的发生,更促使人们设法了解这一类现象发生的原因和发生可能性的大小,以便根据现象发生的情况作出合理的决策.虽然随机现象的发生在表面上来看是随机和偶然的,但是通过对这类随机现象大量的观察和实验后,人们往往可以发现在随机和偶然的背后蕴藏着必然的内在规律性.这种在大量重复实验或观察中呈现的固有规律性称为**统计规律性**,而概率论与数理统计正是研究和揭示随机现象统计规律性的一门数学学科.

在概率论中,对某一随机现象的研究,首先要进行相应的科学实验和对随机现象进行有目的的观察,通常称为试验.如果某种试验满足以下条件:

（1）试验可在相同条件下重复地进行;

（2）每次试验的结果可能不止一个,并且能事先确定试验的所有可能的结果;

（3）每次试验的结果事先不可预测.

则称这种试验为**随机试验**(random experiment).随机试验通常用字母 E 表示,简称为**试验**.本书以后提到的试验都是指随机试验.下面列举一些随机试验的例子.

例 1　将一枚硬币掷一次,观察其出现正面向上 H 和反面向上 T 的情况.

例 2　将一枚硬币掷两次,观察其出现正面向上 H 和反面向上 T 的情况.

例 3　掷一颗骰子,观察出现的点数.

例 4　记录某交通路口一天内通过的机动车辆数.

例 5　在一批灯泡中任意抽取一只,测试它的寿命.

1.2　样本空间与事件

课件 1

在考虑某个随机试验时,虽然不能事先准确预言其结果,但试验的一切可能结果的集合是已知的,这就为研究随机现象提供了相应的研究空间.

定义 1.2.1 随机试验 E 的一切可能结果组成的集合称为 E 的**样本空间**(sample space),记为 Ω 或者 S. 样本空间中的元素,即试验的每个结果,称为**样本点或基本事件**,一般用 ω 表示.

1.1 节例 1～例 5 的试验所对应的样本空间 $\Omega_k(1 \leqslant k \leqslant 5)$ 分别为

$$\Omega_1 = \{H, T\},$$
$$\Omega_2 = \{HH, HT, TH, TT\},$$
$$\Omega_3 = \{1, 2, 3, 4, 5, 6\},$$
$$\Omega_4 = \{0, 1, 2, 3, \cdots\},$$
$$\Omega_5 = \{t : t \geqslant 0\}.$$

除了关注样本空间中的每一个样本点外,人们往往还关心试验的某一部分结果是否会出现,即关心满足某种条件的样本点组成的集合.

定义 1.2.2 样本空间 Ω 的某一子集称为一个**随机事件**(random event),简称为**事件**,通常用大写英文字母 $A, B, C, \cdots$ 表示.

在 1.1 节的例 2 中,设事件 A 表示"一枚硬币掷两次,至少出现一次正面 H",则事件 A 由三个基本事件组成,即 $A = \{HH, HT, TH\}$.

样本空间 Ω 有两个特殊的子集,一个是样本空间 Ω 本身,它包含所有样本点,每次试验它总要发生,故称为**必然事件**;另一个是空集 $\varnothing$,它不包含任何样本点,并且每次试验都不发生,故称为**不可能事件**.

1.3 事件的关系和运算

随机事件的
运算规律

由事件的定义可知,事件是样本空间的某个子集合. 因此,事件间的关系与事件的运算就可按照集合之间的关系和集合运算来解决. 以下用概率论的语言来描述这些事件之间的关系与运算.

1.3.1 事件的关系

如果在一次试验中,事件 A 发生必然导致事件 B 发生,则称事件 B **包含**事件 A,记为 $A \subset B$. 如果 $A \subset B$,同时 $B \subset A$,则称事件 A 与事件 B **等价**,记为 $A = B$.

1.3.2 事件的运算

(1) 如果事件 C 表示"事件 A 与事件 B 同时发生",则称事件 C 为事件 A 与事件 B 的**交事件**或**积事件**,记为 $C = A \bigcap B$ 或 $C = AB$. 显然,$A \bigcap A = A$,$A \bigcap \varnothing = \varnothing$,$A \bigcap \Omega = A$.

可将交事件推广到有限个或可列个事件的情形. 例如,称 $\bigcap\limits_{k=1}^{n} A_k$ 为 n 个事件

$A_1,A_2,\cdots,A_n$ 的交事件,表示"n 个事件 $A_1,A_2,\cdots,A_n$ 同时发生";称 $\bigcap\limits_{k=1}^{\infty}A_k$ 为可列个事件 $A_1,A_2,\cdots$ 的交事件,表示"可列个事件 $A_1,A_2,\cdots$ 同时发生".

(2) 如果事件 C 表示"事件 A 与事件 B 至少有一个发生",则称事件 C 为事件 A 与事件 B 的**并事件**或**和事件**,记为 $C=A\cup B$. 显然,$A\cup A=A,A\cup\Omega=\Omega$.

类似地,称 $\bigcup\limits_{k=1}^{n}A_k$ 为 n 个事件 $A_1,A_2,\cdots,A_n$ 的并事件,表示"n 个事件 $A_1,A_2,\cdots,A_n$ 至少有一个发生";称 $\bigcup\limits_{k=1}^{\infty}A_k$ 为可列个事件 $A_1,A_2,\cdots$ 的并事件,表示"可列个事件 $A_1,A_2,\cdots$ 至少有一个发生".

(3) 如果事件 C 表示"事件 A 发生而事件 B 不发生",则称事件 C 为事件 A 与事件 B 的**差事件**,记为 $C=A-B$. 显然,$A-A=\varnothing,A-\Omega=\varnothing,A-\varnothing=A$.

(4) 如果事件 A 与事件 B 不能同时发生,则称事件 A 与事件 B 为**互不相容事件**或**互斥**,记为 $A\cap B=\varnothing$ 或 $AB=\varnothing$. 如果事件 $A_1,A_2,\cdots,A_n$ 两两互不相容,则称事件 $A_1,A_2,\cdots,A_n$ 为互不相容事件.

(5) 设事件 A 和事件 B,如果 $A\cap B=\varnothing$ 且 $A\cup B=\Omega$,即一次试验中,事件 A 与事件 B 必有一个且仅有一个发生,则称事件 B 为事件 A(或事件 A 为事件 B)的**逆事件**,或称事件 A 与事件 B **互逆**,也称事件 B 为事件 A(或事件 A 为事件 B)的**对立事件**,事件 A 的对立事件(或逆事件)记为 $\overline{A}$. 于是若事件 A 与事件 B 互逆,则事件 A 与事件 B 互斥,反之不真.

事件之间的关系及运算也常用图形来直观地表示(图 1.1~图 1.6).

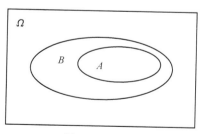

图 1.1 $A\subset B$

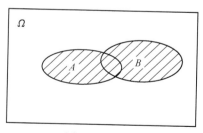

图 1.2 $A\cup B$

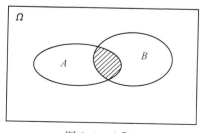

图 1.3 $A\cap B$

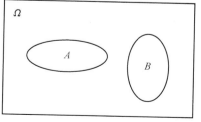

图 1.4 $A\cap B=\varnothing$

· 4 ·

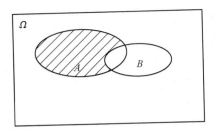

图 1.5　$A-B$

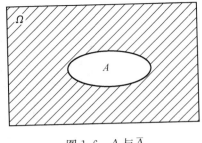

图 1.6　A 与 $\overline{A}$

1.3.3　事件运算的规律

交换律：$A\cup B=B\cup A$；$A\cap B=B\cap A$.

结合律：$A\cup(B\cup C)=(A\cup B)\cup C$；

$\qquad\quad A\cap(B\cap C)=(A\cap B)\cap C$.

分配律：$A\cup(B\cap C)=(A\cup B)\cap(A\cup C)$；

$\qquad\quad A\cap(B\cup C)=(A\cap B)\cup(A\cap C)$.

De Morgan 律：$\overline{A\cup B}=\overline{A}\cap\overline{B}$；$\overline{A\cap B}=\overline{A}\cup\overline{B}$.

De Morgan 律可推广到有限个事件和可列个事件的情形：

$$\overline{\bigcup_k A_k}=\bigcap_k \overline{A_k}；\qquad \overline{\bigcap_k A_k}=\bigcup_k \overline{A_k}.$$

例 1　设 A,B,C 是三个事件，试用事件 A,B,C 分别表示下列各事件：

(1) A,B,C 中恰有一个发生；

(2) A,B,C 中至少有一个发生；

(3) A,B,C 中至少有两个发生；

(4) A,B,C 中不多于一个发生.

解　(1) 因为 A,B,C 中恰有一个发生，就是 A 发生而 B,C 不发生，或 B 发生而 A,C 不发生，或 C 发生而 A,B 不发生，因此，可以用 $A\overline{B}\overline{C}\cup\overline{A}B\overline{C}\cup\overline{A}\overline{B}C$ 表示.

(2) 因为 A,B,C 中至少有一个发生就是 A,B,C 的并，因此，可以用 $A\cup B\cup C$ 表示.

(3) 因为 A,B,C 中至少有两个发生就是 AB,AC,BC 的并，因此，可以用 $AB\cup AC\cup BC$ 表示.

(4) 因为 A,B,C 中不多于一个发生，就是 A,B,C 中恰有一个发生，或 A,B,C 都不发生，因此，可以用 $A\overline{B}\overline{C}\cup\overline{A}B\overline{C}\cup\overline{A}\overline{B}C\cup\overline{A}\overline{B}\overline{C}$ 表示. 由于

$$A\overline{B}\overline{C}\cup\overline{A}B\overline{C}\cup\overline{A}\overline{B}C\cup\overline{A}\overline{B}\overline{C}$$
$$=(A\overline{B}\overline{C}\cup\overline{A}\overline{B}\overline{C})\cup(\overline{A}B\overline{C}\cup\overline{A}\overline{B}\overline{C})\cup(\overline{A}\overline{B}C\cup\overline{A}\overline{B}\overline{C})$$
$$=\overline{B}\overline{C}(A\cup\overline{A})\cup\overline{A}\overline{C}(B\cup\overline{B})\cup\overline{A}\overline{B}(C\cup\overline{C})$$
$$=\overline{B}\overline{C}\Omega\cup\overline{A}\overline{C}\Omega\cup\overline{A}\overline{B}\Omega$$

$$=\overline{AB} \bigcup \overline{AC} \bigcup \overline{BC},$$

所以也可以用 $\overline{AB}\bigcup\overline{AC}\bigcup\overline{BC}$ 表示.

1.4 事件的概率

课件 2

在 1.1 节的论述中,一个随机试验的所有可能的结果是已知的.但是研究随机现象仅知道可能出现哪些随机事件是不够的,还要知道各种事件出现的可能性的大小.把度量和刻画事件发生可能性大小的数量指标称为**事件的概率**.概率最早的引入来源于频率的定义,频率具有一个重要的性质——频率的稳定性,即当对某事件 A 的试验次数很大时,此事件发生的频率稳定在某一固定值周围,这个固定值称为事件 A 的概率的统计定义.

定义 1.4.1 设 E 是一随机试验,A 是试验 E 的一个随机事件.在相同条件下重复试验 n 次,观察事件 A 出现的次数为 n_A,则称比值 $f_n(A)=\dfrac{n_A}{n}$ 为事件 A 发生的**频率**,n_A 为事件 A 发生的**频数**.

对于任意的随机试验 E,事件 A 发生的频率 $f_n(A)$ 具有下列性质:

(1) $0 \leqslant f_n(A) \leqslant 1$;

(2) $f_n(\Omega)=1,f_n(\varnothing)=0$;

(3) 设 $A_1,A_2,\cdots,A_m$ 是任意两两互不相容的事件,则有

$$f_n(A_1 \bigcup A_2 \bigcup \cdots \bigcup A_m) = f_n(A_1)+f_n(A_2)+\cdots+f_n(A_m),$$

其中 m 为任意正整数.

从表 1.1 可以看到,历史上一些试验者通过抛掷硬币来说明频率的稳定性.

表 1.1

试验者	n	n_H	$f_n(H)$
De Morgan	2048	1061	0.5181
Buffon	4040	2048	0.5069
K. Pearson	12000	6019	0.5010
K. Pearson	24000	12012	0.5005

注:n 为抛硬币的次数,n_H 为出现正面的次数,$f_n(H)$ 为出现正面的频率.

频率所呈现的稳定性反映了概率的客观性,由频率的性质及概率的统计定义,给出下面概率的公理化定义.

定义 1.4.2(概率定义) 设 Ω 为随机试验的样本空间,对 Ω 中任一事件 A,定义一个实单值集合函数 $P(A)$,如果集函数 $P(\cdot)$ 满足如下条件.

(1)(非负性)对一切事件 $A,0 \leqslant P(A) \leqslant 1$.

(2)(正规性)$P(\Omega)=1$.

(3)（可列可加性）设 $A_1,A_2,\cdots,A_n,\cdots$ 是任意两两互不相容的事件,则有

$$P\Big(\bigcup_{n=1}^{\infty} A_n\Big) = \sum_{n=1}^{\infty} P(A_n).$$

则称 $P(A)$ 为事件 A 的**概率**(probability).

由概率的公理化定义可以推出概率的一些重要性质.

性质 1.4.1　$P(\varnothing)=0$,即不可能事件的概率为 0.

证　设 $A_n=\varnothing(n=1,2,\cdots)$,则 $\bigcup\limits_{n=1}^{\infty}A_n=\varnothing$ 且 $A_i\bigcap A_j=\varnothing(i\neq j,i,j=1,2,\cdots)$.
由概率的可列可加性,

$$P(\varnothing) = P\Big(\bigcup_{n=1}^{\infty} A_n\Big) = \sum_{n=1}^{\infty} P(A_n) = \sum_{n=1}^{\infty} P(\varnothing),$$

再由概率的非负性即可证明.

性质 1.4.2(有限可加性)　若事件 $A_1,A_2,\cdots,A_n$ 是一组两两互不相容的事件,则

$$P(A_1 \bigcup A_2 \bigcup \cdots \bigcup A_n) = P(A_1) + P(A_2) + \cdots + P(A_n).$$

证　设 $A_k=\varnothing(k=n+1,n+2,\cdots)$,则由概率的可列可加性和性质 1.4.1 即可证明.

性质 1.4.3　设事件 $A\subset B$,则 $P(B-A)=P(B)-P(A),P(B)\geqslant P(A)$,并且对任意事件 A,都有 $P(A)\leqslant 1$.

证　由 $A\subset B$,则有 $B=A\bigcup(B-A)$ 且 A 与 $B-A$ 互不相容,所以由概率的有限可加性,

$$P(B) = P(A) + P(B-A),$$

这样即可证明第一个结论. 若令 $B=\Omega$,再由概率的正规性和非负性,

$$P(A) \leqslant P(A) + P(\Omega-A) = P(\Omega) = 1,$$

这样即可证明第二个结论.

性质 1.4.4　对于任一事件 A 有 $P(\overline{A})=1-P(A)$.

证　由于 $\overline{A}\bigcup A=\Omega,\overline{A}A=\varnothing$,故有

$$1 = P(\Omega) = P(\overline{A} \bigcup A) = P(\overline{A}) + P(A),$$

移项后即可证明.

性质 1.4.5　对于任意事件 A,B 有

$$P(A \bigcup B) = P(A) + P(B) - P(AB).$$

证　由于 $A\bigcup B=A\bigcup(B-AB)$ 且 $A(B-AB)=\varnothing$,所以由性质 1.4.2 和性质 1.4.3,

$$P(A \bigcup B) = P(A) + P(B-AB) = P(A) + P(B) - P(AB).$$

性质 1.4.5 可以推广到多个事件的情形:

$$P\Big(\bigcup_{k=1}^{n} A_k\Big) = \sum_{k=1}^{n} P(A_k) - \sum_{1 \leqslant j < k \leqslant n} P(A_j A_k) + \sum_{1 \leqslant i < j < k \leqslant n} P(A_i A_j A_k) - \cdots$$
$$+ (-1)^{n-1} P(A_1 A_2 \cdots A_n).$$

其证明可由归纳法加以证明.

性质 1.4.6(概率的次可加性) 对于任意的事件 $A_1, A_2, \cdots$ 有

$$P\Big(\bigcup_{n \geqslant 1} A_n\Big) \leqslant \sum_{n \geqslant 1} P(A_n).$$

证明留作练习.

1.5 等可能概型(古典概型)

在概率论发展过程的早期,古典概型占有相当重要的地位.古典概型问题的计算主要依赖排列组合知识,虽然它的计算公式简单,但它具有很强的直观性,有助于理解和掌握概率论的许多基本概念.这一类随机现象具有下列两个特征:

(1) 试验的所有可能结果只有有限个,即样本空间的元素为有限个;

(2) 试验中每个基本事件发生的可能性相等,即每个样本点出现的概率相等.
具有上述两个特征的随机试验称为**等可能概型**或**古典概型**.

1.5.1 古典概型的计算公式

设试验的样本空间为 $\Omega = \{\omega_1, \omega_2, \cdots, \omega_n\}$,则由 $P(\Omega) = 1$ 及特征(2)知

$$P(\omega_1) = P(\omega_2) = \cdots = P(\omega_n) = \frac{1}{n},$$

若事件 A 是由 k 个基本事件组成,不妨设 $A = \{\omega_{i_1}, \omega_{i_2}, \cdots, \omega_{i_k}\} \subset \Omega$,则可得到古典概型的概率计算公式

$$P(A) = \frac{A \text{ 所含的基本事件个数}}{\Omega \text{ 所含的基本事件总数}} = \frac{k}{n}.$$

利用此公式计算古典概型中随机事件的概率时,首先要对所研究事件的内容进行分析,确定样本空间的构成及所含基本事件个数 n,并计算所研究事件包含的基本事件数 k,再由以上公式进行概率计算.在这些计算中,经常要用到高中学过的一些排列组合公式,为了方便读者,本章附录里给出一些基本的组合分析公式.

1.5.2 古典概型例子

例1 设袋中有 4 只白球和 2 只黑球,现从袋中取球两次,第一次取出一只球,观察它的颜色后放回袋中,第二次再取出一只球(这种取球方式叫做放回抽样),求:(1)两次都取得白球的概率;(2)恰好取得一次白球的概率.

解　(1) 设事件 A 表示两次都取得白球. 由于是有放回抽样, 所以第一次和第二次都有 6 只球可供抽取. 由乘法原理, 共有 6×6 种取法, 即基本事件总数是 6^2. 又由于第一次有 4 只白球可供抽取, 第二次也有 4 只白球可供抽取. 由乘法原理, 两次都取得白球的取法共有 4×4, 即 4^2 种, 又即事件 A 含有 4^2 个基本事件. 于是所求的概率为

$$P(A) = \frac{4 \times 4}{6 \times 6} = \frac{4^2}{6^2} = \frac{4}{9}.$$

(2) 设事件 B 表示两次取球恰好取得一次白球, 事件 B_1 表示第一次取得白球且第二次取得黑球, 事件 B_2 表示第一次取得黑球且第二次取得白球, 则 B_1, B_2 的概率分别为

$$P(B_1) = \frac{4 \times 2}{6 \times 6}, \quad P(B_2) = \frac{2 \times 4}{6 \times 6}.$$

又因为 $B = B_1 \bigcup B_2, B_1 \bigcap B_2 = \varnothing$, 所以有

$$P(B) = P(B_1) + P(B_2) = 2 \times \frac{2 \times 4}{6 \times 6} = \frac{4}{9}.$$

例 2　设袋中有 a 只白球和 b 只黑球, 从中有放回地抽取 n 只球, 求恰好取出 $k(k \leqslant a)$ 只白球的概率.

解　设事件 B 表示抽取 n 只球中恰好取出 k 只白球. 事件 B 可以理解为有 n 个位置排成一排, 在其中任意选取 k 个位置, 有 C_n^k 种选法. 放白球的位置确定后, k 个位置上的每个白球都是来自 a 只白球中的任意一个, 而 $n-k$ 个位置上的每个黑球都是来自 b 只黑球中的任意一个, 所以事件 B 所含的基本事件数为 $C_n^k a^k b^{n-k}$, 于是事件 B 的概率为

$$P(B) = \frac{C_n^k a^k b^{n-k}}{(a+b)^n} = C_n^k \left(\frac{a}{a+b} \right)^k \left(1 - \frac{a}{a+b} \right)^{n-k}.$$

例 3　设袋中有 4 只白球和 2 只黑球, 现从袋中任取 2 只球, 第一次取出一只球不放回袋中, 第二次再取出一只球 (这种取球方式叫做不放回抽样), 求取得 2 只白球的概率.

解　设事件 A 表示取得 2 只白球. 由于是不放回抽样, 第一次有 6 只球可供抽取, 第二次只有 5 只球可供抽取. 由乘法原理, 共有 6×5 种取法, 即基本事件总数是 6×5. 又由于第一次有 4 只白球可供抽取, 第二次有 3 只白球可供抽取. 由乘法原理, 取得 2 只白球的取法共有 4×3 种, 即事件 A 含有 4×3 个基本事件. 于是所求的概率为

$$P(A) = \frac{4 \times 3}{6 \times 5} = \frac{2}{5}.$$

本题的另一种解法如下: 对同色球不加区别, 从 6 只球中选取 2 只共有 C_6^2 种组合法, 即基本事件总数是 C_6^2. 从 4 只白球中选取 2 只, 共有 C_4^2 种组合法, 即事件

A 所包含的基本事件个数是 C_4^2. 于是所求的概率为

$$P(A) = \frac{C_4^2}{C_6^2} = \frac{4 \times 3/2!}{6 \times 5/2!} = \frac{2}{5}.$$

例 4 设袋中有 a 只白球和 b 只黑球,采用不放回抽样的方式从中取出 n 只球,求恰好取出 k 只白球的概率.

解 考虑取出 n 只球中含有的白球个数而与抽球的顺序无关,即采用无重复的组合方法求解. 设事件 B 表示抽取 n 只球中恰好取出 k 只白球. 从 $a+b$ 只球中抽出 n 只球的组合种数为 C_{a+b}^n. 而抽出的 n 只球中恰有 k 只白球,就是从 a 只白球摸出 k 只白球,从 b 只黑球中摸出 $n-k$ 只,其组合种数为 $C_a^k C_b^{n-k}$,从而所求的概率为

$$P(B) = \frac{C_a^k C_b^{n-k}}{C_{a+b}^n}, \quad \max\{n-b, 0\} \leqslant k \leqslant \min\{n, a\}.$$

这称为**超几何分布**.

例 5 设 20 件产品中有两件废品,现从中抽取 10 件产品,求其中恰有一件废品的概率.

解 设事件 A 表示从 20 件产品中抽取 10 件产品,其中恰有一件废品. 从 20 件产品中抽取 10 件产品,共有 C_{20}^{10} 种取法,即基本事件总数是 C_{20}^{10}. 又因为在两件废品中取一件有 C_2^1 种取法,在 18 件合格品中取 9 件有 C_{18}^9 种取法,根据乘法原理可知,在 20 件产品中抽取 10 件产品,其中恰有一件废品的取法有 $C_2^1 C_{18}^9$ 种,即事件 A 中所包含的基本事件个数是 $C_2^1 C_{18}^9$,于是所求的概率为

$$P(A) = \frac{C_2^1 C_{18}^9}{C_{20}^{10}} = 0.526.$$

例 6 将 n 个球任意地放入 $N(N \geqslant n)$ 个盒子中,试求:

(1) 每个盒子至多有一个球(记为事件 A)的概率;

(2) 某指定 n 个盒子中各有一个球(记为事件 B)的概率;

(3) 某指定盒子中恰有 $m(m \leqslant n)$ 个球(记为事件 C)的概率.

解 将每个球放到每个盒子中都是等可能的,即每个球都有 N 种不同的放法,n 个球就有 N^n 种不同的放法,每一种放法看成一个基本事件,因而试验的基本事件总数为 N^n 个.

(1) 事件 A 所对应的不同放法为 $N(N-1)\cdots[N-(n-1)]$,因而所求概率为

$$P(A) = \frac{N(N-1)\cdots[N-(n-1)]}{N^n} = \frac{P_N^n}{N^n}.$$

(2) 事件 B 所对应的是首先将盒子固定,再将 n 个球放在这 n 固定的盒子里作全排列,则事件 B 所包含的基本事件数为 $n!$,因而所求概率为

$$P(B) = \frac{n!}{N^n}.$$

(3) 事件 C 所对应的是首先从 n 个球中任意选出 m 个球,共有 C_n^m 种选法,其

余的 $n-m$ 个球可以任意放入其余的 $N-1$ 个盒子中,共有 $(N-1)^{n-m}$ 种不同放法,因而所求概率为

$$P(C) = \frac{\mathrm{C}_n^m (N-1)^{n-m}}{N^n}.$$

例 6 在古典概型中被称为分球入盒问题,此模型可应用到许多问题上. 例如,住房问题:人相当于球,房间相当于盒子,n 个人被分配到 N 个房间去. 又如,乘客下车问题:某单位的班车载有 n 名乘客,它在 N 个站点停车,乘客下车的各种情况,可以看成 n 个球被分配到 N 个盒子的各种情况.

利用古典概型的计算公式计算事件发生的概率时,一定要注意必须在同一个样本空间上讨论;否则,就会出错.

例 7　5 张数字卡片上分别写着 $1,2,3,4,5$,从中任取三张,排成三位数. 求下列事件的概率:

(1) 三位数大于 300;(2) 三位数是偶数;(3) 三位数是 5 的倍数.

解　容易看出这是古典概型. 设所求三个事件分别为 A,B,C.

方法一　考虑数有序的情况,用排列计算基本事件个数 n 和有利事件个数 m. 三位数的总个数是 $n = \mathrm{P}_5^3 = 60$.

(1) 三位数大于 300:百位数必须从 $3,4,5$ 中取,取法为 $\mathrm{C}_3^1 = 3$;十位数和个位数的取法是:只能在其余的 4 个数中取出两个的排列,取法有 $\mathrm{P}_4^2 = 12$ 种. 故 $m_A = \mathrm{C}_3^1 \mathrm{P}_4^2 = 36$,于是 $P_A = \dfrac{m_A}{n} = \dfrac{\mathrm{C}_3^1 \mathrm{P}_4^2}{\mathrm{P}_5^3} = \dfrac{36}{60} = 0.6$.

(2) 三位数是偶数:个位数只能从 $2,4$ 中取,取法为 $\mathrm{C}_2^1 = 2$. 在个位数取定之后,十位数和百位数只能从其余的 4 个数中取出两个排列,取法有 $\mathrm{P}_4^2 = 12$ 种. 故 $m_B = \mathrm{C}_2^1 \mathrm{P}_4^2 = 24$,于是 $P_B = \dfrac{m_B}{n} = \dfrac{\mathrm{C}_2^1 \mathrm{P}_4^2}{\mathrm{P}_5^3} = \dfrac{24}{60} = 0.4$.

(3) 三位数是 5 的倍数:个位数只能是 5. 在个位数取定之后,十位数和百位数从其余的 4 个数中取出两个排列,取法有 $\mathrm{P}_4^2 = 12$ 种. 故 $m_C = \mathrm{P}_4^2 = 12$,于是 $P_C = \dfrac{m_C}{n} = \dfrac{\mathrm{P}_4^2}{\mathrm{P}_5^3} = \dfrac{12}{60} = 0.2$.

方法二　不考虑整个三位数,只考虑三位数的特点,此时无顺序问题. 用组合公式计算基本事件个数 n 和有利事件个数 m.

(1) 三位数大于 300:只要考虑百位数,取法为 $n = \mathrm{C}_5^1 = 5$;数大于 300,百位数只能从 $3,4,5$ 中取,取法有 $m_A = \mathrm{C}_3^1 = 3$ 种. 于是 $P_A = \dfrac{m_A}{n} = \dfrac{\mathrm{C}_3^1}{\mathrm{C}_5^1} = \dfrac{3}{5} = 0.6$.

(2) 三位数是偶数:只要考虑个位数即可. 个位数只能从 $2,4$ 中取,取法有 $\mathrm{C}_2^1 = 2$ 种,即 $m_B = \mathrm{C}_2^1 = 2$. 又总取法为 $\mathrm{C}_5^1 = 5$,于是 $P_B = \dfrac{m_B}{n} = \dfrac{2}{5} = 0.4$.

（3）三位数是 5 的倍数：考虑个位数只能是 5，故 $m_C = C_1^1 = 1$，于是 $P_C = \dfrac{m_C}{n} = \dfrac{C_1^1}{C_5^1} = 0.2$.

1.5.3 几何概型

在古典概型中根据等可能的概念来计算某事件发生的可能性大小，其样本空间基本事件的总数是有限的. 对于试验结果无限的情况，如试验结果是某个区域时，古典概型的原始定义是不够的，因此，将其推广到几何概型以解决这一类问题. 设随机试验的样本空间是 $\mathbf{R}^n$ 中的某一区域 Ω，基本事件就是区域 Ω 的一个点，并且在区域内等可能出现. 设 A 为区域 Ω 的任意子区域，并设 S_A，S_Ω 分别表示区域 A，区域 Ω 的度量（平面上为面积、空间为体积等），则基本事件落在区域 A 内的概率为

$$P(A) = \frac{S_A}{S_\Omega}.$$

例 8（会面问题）　设两人相约于中午 12 时～13 时在某地会面，先到者等候另一人半小时，过时就离去，试求这两人能会面的概率.

解　设 x, y 分别表示两人到达的时刻，因为两人都在中午 12 时～13 时到达，因此，x 和 y 的变化范围为 $0 \leqslant x \leqslant 1, 0 \leqslant y \leqslant 1$（以中午 12 时为坐标原点），即样本空间是边长为 1 的正方形 Ω. 又因两人到达的时刻相差不超过半小时才能见面，所以会面的充要条件为 $|x - y| \leqslant \dfrac{1}{2}$，即当样本点 (x, y) 落在两直线 $y = x + \dfrac{1}{2}$，$y = x - \dfrac{1}{2}$ 之间，并且在正方形 Ω 之内的区域 A（图 1.7 的阴影部分）时，两人才能会面. 样本空间的面积，即正方形 Ω 的面积为 1，区域 A 的面积为 3/4，从而两人能会面的概率为

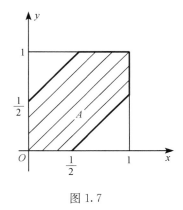

图 1.7

$$P = \frac{A \text{ 的面积}}{\Omega \text{ 的面积}} = \frac{3/4}{1} = \frac{3}{4}.$$

1.6　条件概率、事件的独立性

1.6.1　条件概率的概念

课件 3

条件概率是概率论中一个非常重要的概念，同时条件概率又具有广泛的实际

应用. 在实际问题中,某随机试验中的某事件 A 的发生往往与诸多因素相关. 在试验中,另一事件 B 的先期发生,会使人们调整、改变对事件 A 发生可能性的认识. 因此,经常讨论在"事件 B 已发生"的条件下,事件 A 发生的概率,此概率记为 $P(A|B)$.

定义 1.6.1 设 A,B 为两个事件且 $P(B)>0$,称

$$P(A \mid B) = \frac{P(AB)}{P(B)}$$

为事件 B 发生的条件下事件 A 发生的**条件概率**.

例如,对一组数 $\Omega=\{1,2,\cdots,10\}$,事件 A 表示其中偶数的集合,事件 B 表示其中能被 3 整除的数的集合,即 $A=\{2,4,6,8,10\},B=\{3,6,9\},AB=\{6\}$,则有

$$P(A) = \frac{1}{2}, \quad P(B) = \frac{3}{10}, \quad P(AB) = \frac{1}{10}.$$

在事件 B 先发生的条件下,样本空间缩小成 $\{3,6,9\}$,则此时事件 A 发生的概率为 $P(A|B)=\frac{1}{3}$,于是有 $P(A|B) \neq P(A)$,由此说明条件概率和原概率未必相等. 但通过上面的结论可以验证

$$P(A \mid B) = \frac{1}{3} = \frac{1/10}{3/10} = \frac{P(AB)}{P(B)}.$$

事件 A 的概率 $P(A)$ 可以看成样本空间 Ω 发生的条件下 A 发生的条件概率,这是因为

$$P(A \mid \Omega) = \frac{P(A\Omega)}{P(\Omega)} = P(A).$$

例 1 设某家庭有三个孩子,在已知至少有一个女孩的条件下,求这个家庭中至少有一个男孩的概率.

解 设事件 A 表示三个孩子中至少有一个女孩,事件 B 表示三个孩子中至少有一个男孩,则有 $\overline{A}\cap\overline{B}=\varnothing$,

$$P(A) = P(B) = 1-\left(\frac{1}{2}\right)^3 = \frac{7}{8},$$

因此,

$$P(AB) = 1 - P(\overline{AB}) = 1 - P(\overline{A} \cup \overline{B}) = 1 - P(\overline{A}) - P(\overline{B})$$
$$= 1 - \left(\frac{1}{2}\right)^3 - \left(\frac{1}{2}\right)^3 = \frac{6}{8}.$$

于是所求的概率为

$$P(B \mid A) = \frac{P(AB)}{P(A)} = \frac{6/8}{7/8} = \frac{6}{7}.$$

1.6.2 条件概率的性质

由条件概率的定义,条件概率同样满足概率定义中的非负性、正规性和可列加

性,即若 $P(B)>0$,则

(1) 对一切事件 A,$0 \leqslant P(A|B) \leqslant 1$;

(2) $P(\Omega|B)=1$;

(3) 设 $A_1,A_2,\cdots$ 是任意两两互不相容的事件,则有

$$P\left(\bigcup_{n=1}^{\infty} A_n \mid B\right) = \sum_{n=1}^{\infty} P(A_n \mid B).$$

证明略.

同时,条件概率也具有概率的一些主要性质. 例如,

$$P(A_1 \bigcup A_2 \mid B) = P(A_1 \mid B) + P(A_2 \mid B) - P(A_1 A_2 \mid B)$$

等.

1.6.3 概率的乘法定理

定理 1.6.1(乘法定理) 设 $A_1,A_2,\cdots,A_n$ 是 $n(n \geqslant 2)$ 个事件且 $P(A_1 A_2 \cdots A_n)>0$,则有

$$P(A_1 A_2 \cdots A_{n-1} A_n)$$
$$= P(A_n \mid A_1 A_2 \cdots A_{n-1}) P(A_{n-1} \mid A_1 A_2 \cdots A_{n-2}) \cdots P(A_2 \mid A_1) P(A_1).$$

证 当 $n=2$ 时,由条件概率定义即得. 当 $n \geqslant 3$ 时,由数学归纳法即可证明.

例 2 设一定数量的子弹均分给甲、乙两个射击选手,同时射击某一目标,甲选手击中率为 0.9,乙选手击中率为 0.8. 求这些子弹中的任意一发是由甲选手射出并击中目标的概率.

解 设事件 A 表示击中目标,B 表示子弹是甲选手射出的,则由乘法定理,子弹是由甲选手射出并击中目标的概率为

$$P(AB) = P(A \mid B)P(B) = \frac{1}{2} \times 0.9 = 0.45.$$

例 3 在 11 张卡片上分别写上 probability 这 11 个字母,混合后重新排列,求正好得到 probability 的概率.

解 设 A_1 表示卡片是 p,A_2 表示卡片是 r,A_3 表示卡片是 o,A_4 表示卡片是 b,A_5 表示卡片是 a,A_6 表示卡片是 b,A_7 表示卡片是 i,A_8 表示卡片是 l,A_9 表示卡片是 i,A_{10} 表示卡片是 t,A_{11} 表示卡片是 y,则由乘法定理,所求的概率为

$$P(A_1 A_2 A_3 \cdots A_{11}) = P(A_1)P(A_2 \mid A_1)P(A_3 \mid A_1 A_2) \cdots P(A_{11} \mid A_1 A_2 A_3 \cdots A_{10})$$
$$= \frac{1}{11} \times \frac{1}{10} \times \frac{1}{9} \times \frac{2}{8} \times \frac{1}{7} \times \frac{1}{6} \times \frac{2}{5} \times \frac{1}{4} \times \frac{1}{3} \times \frac{1}{2} \times \frac{1}{1}$$
$$= \frac{1}{9979200}.$$

1.6.4 全概率公式和贝叶斯公式

全概率公式

全概率公式和贝叶斯(Bayes)公式是概率论中两个最重要的计算公式,它们把

复杂的随机事件分解成若干个互不相容的简单事件之和,即把整体问题转化成局部问题,其中一类问题是通过计算这些简单事件的概率及利用概率的可加性以求得所需的结果,即全概率公式;另一类问题是已知试验结果的前提下来讨论各个简单事件发生可能性的大小,即贝叶斯公式.

定义 1.6.2　设 Ω 为样本空间,若 $\{B_k : 1 \leqslant k \leqslant n\}$ 为一组事件且满足

$$\bigcup_{k=1}^{n} B_k = \Omega, \quad B_j B_k = \varnothing, \quad j \neq k, 1 \leqslant j, k \leqslant n,$$

则称事件组 $\{B_k : 1 \leqslant k \leqslant n\}$ 为样本空间 Ω 的一个**划分**.

由定义 1.6.2 可知,如果 $\{B_k : 1 \leqslant k \leqslant n\}$ 是样本空间的一个划分,则每次试验有且只有 $\{B_k : 1 \leqslant k \leqslant n\}$ 当中的一个发生.

定理 1.6.2(全概率公式)　设事件组 $\{B_k : 1 \leqslant k \leqslant n\}$ 为样本空间 Ω 的一个划分且 $P(B_k) > 0 (1 \leqslant k \leqslant n)$,则对任一事件 A 有

$$P(A) = \sum_{k=1}^{n} P(A \mid B_k) P(B_k),$$

此式称为**全概率公式**.

证　由于事件组 $\{B_k : 1 \leqslant k \leqslant n\}$ 为样本空间的一个划分,则有 $AB_k (1 \leqslant k \leqslant n)$ 两两互不相容,所以

$$P(A) = P(A\Omega) = P\left(A\left(\bigcup_{k=1}^{n} B_k\right)\right) = P\left(\bigcup_{k=1}^{n} AB_k\right)$$

$$= \sum_{k=1}^{n} P(AB_k) = \sum_{k=1}^{n} P(A \mid B_k) P(B_k).$$

定理 1.6.3(贝叶斯公式)　设事件组 $\{B_k : 1 \leqslant k \leqslant n\}$ 为样本空间 Ω 的一个划分,并且 $P(B_k) > 0 (1 \leqslant k \leqslant n)$, $P(A) > 0$,则

$$P(B_k \mid A) = \frac{P(A \mid B_k) P(B_k)}{\sum_{j=1}^{n} P(A \mid B_j) P(B_j)}, \quad 1 \leqslant k \leqslant n.$$

此式称为**贝叶斯公式**.

证　由条件概率的定义和全概率公式可得

$$P(B_k \mid A) = \frac{P(AB_k)}{P(A)} = \frac{P(A \mid B_k) P(B_k)}{\sum_{j=1}^{n} P(A \mid B_j) P(B_j)}, \quad 1 \leqslant k \leqslant n.$$

例 4　设有甲、乙两袋,甲袋中有 n 只白球,m 只红球;乙袋中有 s 只白球,t 只红球. 现从甲袋中任意取出一只球放入乙袋中,再从乙袋中任意取出一只球,问取到白球的概率.

解　设 A 表示从乙袋中取出一只白球,B_1 表示从甲袋中取出一只红球,B_2 表示从甲袋中取出一只白球,则 $B_1 \bigcup B_2 = \Omega, B_1 B_2 = \varnothing$ 且

$$P(B_1) = \frac{m}{n+m}, \quad P(B_2) = \frac{n}{n+m},$$

$$P(A \mid B_1) = \frac{s}{s+t+1}, \quad P(A \mid B_2) = \frac{s+1}{s+t+1}.$$

由全概率公式可得

$$P(A) = P(A \mid B_1)P(B_1) + P(A \mid B_2)P(B_2)$$

$$= \frac{s}{s+t+1}\frac{m}{n+m} + \frac{s+1}{s+t+1}\frac{n}{n+m}.$$

例 5 某地方男性肺癌的发病率为 0.5%,女性肺癌的发病率为 0.25%,假设男女人数相等,现随机地挑选一人恰患肺癌,问此人是男性的概率.

解 设 A 表示肺癌患者,B_1 表示男性,B_2 表示女性,则有

$$P(B_1) = P(B_2) = 0.5, \quad P(A \mid B_1) = 0.005, \quad P(A \mid B_2) = 0.0025.$$

由贝叶斯公式,所求的概率为

$$P(B_1 \mid A) = \frac{P(A \mid B_1)P(B_1)}{P(A \mid B_1)P(B_1) + P(A \mid B_2)P(B_2)}$$

$$= \frac{0.005 \times 0.5}{0.005 \times 0.5 + 0.0025 \times 0.5} = \frac{2}{3}.$$

例 6 设飞机射击某目标时能够飞到距离目标 300m,200m,100m 的概率分别为 0.5,0.3,0.2,击中目标的概率分别为 0.01,0.02,0.1.(1)求飞机击中目标的概率;(2)已知目标被击中,求在 300m 击中的概率.

解 设 B_1, B_2, B_3 分别表示飞机飞到距离目标 300m,200m,100m 处,A 表示飞机击中目标.

(1)根据题意有

$$P(B_1) = 0.5, \quad P(B_2) = 0.3, \quad P(B_3) = 0.2,$$

$$P(A \mid B_1) = 0.01, \quad P(A \mid B_2) = 0.02, \quad P(A \mid B_3) = 0.1,$$

从而根据全概率公式得飞机击中目标的概率为

$$P(A) = P(B_1)P(A \mid B_1) + P(B_2)P(A \mid B_2) + P(B_3)P(A \mid B_3)$$

$$= 0.5 \times 0.01 + 0.3 \times 0.02 + 0.2 \times 0.1 = 0.031.$$

(2)由贝叶斯公式,所求的概率为

$$P(B_1 \mid A) = \frac{P(B_1)P(A \mid B_1)}{\sum_{i=1}^{3} P(B_i)P(A \mid B_i)} = \frac{0.5 \times 0.01}{0.5 \times 0.01 + 0.3 \times 0.02 + 0.2 \times 0.1}$$

$$= 0.1613.$$

如果把样本空间 Ω 的划分 $\{B_k : 1 \leqslant k \leqslant n\}$ 看成是引起事件 A 发生的各种原因,事件 A 看成是结果,则全概率公式表达的是结果 A 发生的大小可以转化成结果 A 在每个划分 B_k 上发生的大小,同时又表现了结果 A 的发生受到多种原因的影响.

而在贝叶斯公式中,$P(B_k)$ 通常称为先验概率,它反映了各种原因发生的可能性,现在若试验结果 A 已知,则可以讨论各种原因发生的可能性,即条件概率 $P(B_k|A)$,称之为后验概率.全概率公式和贝叶斯公式在概率论与数理统计及实际(如农作物选种、数字通信、医疗诊断等)中有着广泛的应用.

1.6.5　事件的独立性

在一个试验中,各个事件之间一般而言是有联系的,即一个事件的发生会影响另一个事件发生的概率,所以无条件概率 $P(A)$ 与条件概率 $P(A|B)$ 不一定相等.所谓事件 A 与事件 B 相互独立,就是说它们互不影响.

定义 1.6.3　对事件 A,B,如果有

$$P(AB) = P(A)P(B),$$

则称事件 A 与 B **相互独立**,简称为事件 A,B **独立**.

定理 1.6.4　若事件 A,B 独立且 $P(B)>0$,则 $P(A|B)=P(A)$.

定理 1.6.5　若事件 A,B 独立,则 $\overline{A}$ 与 B 独立,A 与 $\overline{B}$ 独立,$\overline{A}$ 与 $\overline{B}$ 独立.

证　因为 $A=AB\cup A\overline{B}$ 且 $AB,A\overline{B}$ 互不相容,又 A,B 独立,故有

$$P(A) = P(AB \cup A\overline{B}) = P(AB) + P(A\overline{B})$$
$$= P(A)P(B) + P(A\overline{B}),$$

因此,

$$P(A\overline{B}) = P(A)(1-P(B)) = P(A)P(\overline{B}),$$

即 $\overline{A}$ 与 B 独立.同理可证其他事件的独立性.

定义 1.6.4　对事件 A,B,C,如果有下列 4 个等式成立:

$$P(AB) = P(A)P(B),$$
$$P(AC) = P(A)P(C),$$
$$P(BC) = P(B)P(C),$$
$$P(ABC) = P(A)P(B)P(C),$$

则称事件 A,B,C **相互独立**.

若上面 4 个等式只成立前三个,则表明事件 A,B,C 中任意两个都相互独立,此时称事件 A,B,C **两两独立**.注意:事件 A,B,C 相互独立与事件 A,B,C 两两独立是不同的概念.

定义 1.6.5　设事件 $A_1,A_2,\cdots,A_n$,如果对于任意 $k(2\leqslant k\leqslant n)$ 及任意 k 个正整数 $1\leqslant i_1<i_2<\cdots<i_k\leqslant n$ 有

$$P(A_{i_1}A_{i_2}\cdots A_{i_k}) = P(A_{i_1})P(A_{i_2})\cdots P(A_{i_k}),$$

事件的独立性

则称事件 $A_1,A_2,\cdots,A_n$ 相互独立.

例 7　设某人独立地投掷两次骰子,求至少一次点数不低于 5 点的概率.

解 设 A 表示第一次投掷骰子点数不低于 5 点,B 表示第二次投掷骰子点数不低于 5 点,则 $C=A\cup B$ 表示至少一次点数不低于 5 点. 由于两次投掷彼此独立,所以 A 与 B 互相独立,但非互不相容. 于是所求的概率为

$$P(C)=P(A\cup B)=P(A)+P(B)-P(AB)$$
$$=P(A)+P(B)-P(A)P(B)$$
$$=\frac{1}{3}+\frac{1}{3}-\frac{1}{9}=\frac{5}{9}.$$

例 8 甲、乙、丙三人独立地向同一飞机射击,设击中的概率分别为 0.4,0.5,0.7. 如果只有一人击中,则飞机被击落的概率为 0.2;如果有两人击中,则飞机被击落的概率为 0.6;如果三人都击中,则飞机一定被击落. 求飞机被击落的概率.

解 设 A,B,C 分别表示甲、乙、丙击中飞机,D 表示飞机被击落. 飞机被击落有以下三种可能性

一人击中:$E_1=A\bar{B}\bar{C}\cup\bar{A}B\bar{C}\cup\bar{A}\bar{B}C$.

两人击中:$E_2=\bar{A}BC\cup A\bar{B}C\cup AB\bar{C}$.

三人击中:$E_3=ABC$.

在事件 E_1 中,$A\bar{B}\bar{C},\bar{A}B\bar{C},\bar{A}\bar{B}C$ 两两互不相容且 A,B,C 相互独立,所以有

$$P(E_1)=P(A\bar{B}\bar{C})+P(\bar{A}B\bar{C})+P(\bar{A}\bar{B}C)$$
$$=P(A)P(\bar{B})P(\bar{C})+P(\bar{A})P(B)P(\bar{C})+P(\bar{A})P(\bar{B})P(C)$$
$$=0.4\times0.5\times0.3+0.6\times0.5\times0.3+0.6\times0.5\times0.7=0.36.$$

类似地,

$$P(E_2)=P(\bar{A}BC)+P(A\bar{B}C)+P(AB\bar{C})$$
$$=P(\bar{A})P(B)P(C)+P(A)P(\bar{B})P(C)+P(A)P(B)P(\bar{C})$$
$$=0.6\times0.5\times0.7+0.4\times0.5\times0.7+0.4\times0.5\times0.3=0.41,$$
$$P(E_3)=P(ABC)=P(A)P(B)P(C)$$
$$=0.4\times0.5\times0.7=0.14.$$

由题意,$P(D|E_1)=0.2,P(D|E_2)=0.6,P(D|E_3)=1$,并且 E_1,E_2,E_3 两两互不相容,从而根据全概率公式得飞机被击落的概率为

$$P(D)=P(E_1)P(D|E_1)+P(E_2)P(D|E_2)+P(E_3)P(D|E_3)$$
$$=0.36\times0.2+0.41\times0.6+0.14\times1=0.458.$$

拓 展 阅 读

概率论与数理统计简介

概率论与数理统计是研究和揭示随机现象的统计规律性的一门数学学科. 1654 年,法国数

学家帕斯卡与费马在个人通信中就机会博弈中的公平性作了讨论研究. 后来惠更斯也参加进来,他们建立了概率论的一些基本概念,如随机事件、概率、数学期望等. 历史上把这一年当成概率论诞生的一年.

之后,随着社会生产力的发展,特别是在金融保险、测量误差计算、人口学、农业、经济等各方面提出的一些有普遍意义的概率问题,促使人们对概率论和数理统计知识进行深入研究. 最早,人们主要对伯努利试验进行研究,之后,再推广到更为一般的场合中去. 著名的数学家伯努利、高斯、拉普拉斯和泊松等都对概率论作出了重要贡献.

在 18 世纪和 19 世纪,概率论的中心课题是极限定理,对现代概率论的产生起到了奠基作用. 直到 20 世纪初,由于新的、更有力的数学方法的引入,极限定理得到了比较好的解决. 1933年,苏联数学家科尔莫戈洛夫提出了概率论的公理化结构,明确定义了基本概念,使概率论成为严谨的数学分支. 同时,由于统计物理学、生物学、无线电技术、电信工程的迅猛发展和推动,概率论与数理统计的理论不断扩大与深入,其思想已经渗透到自然科学和社会科学的各个学科,成为近代科学发展的一个重要理论思想工具.

最近几十年来,概率论的方法被引入到自然科学、工程技术和社会管理等各个学科中,在近代物理、电子通信、自动控制、质量管理、可靠性工程、医药卫生、农业实验、金融保险业、系统运筹优化等各个方面都得到了应用,形成了多样化的交叉学科. 同时,由于生物学与农业实验的需求和推动,数理统计学也获得了极大发展. 它以概率论为理论基础,又为概率论的应用提供了强有力的工具,两者互相推动,加上近代发展的随机过程,新的概念和工具不断涌现,它成为数学的一个活跃分支.

由于概率论既有深刻的理论又有广泛的应用,所以其重要性越来越受到人们的关注. 例如,2006 年,日本著名概率学家伊藤清荣膺首届高斯奖,法国数学家 W. Werner 获得 Fields 奖;2007年,印度裔美国数学家 S. R. S. Varadhan 获得 Abel 奖,他们都在概率论领域作出了杰出贡献.

排列组合基本知识

1. 基本原理

乘法原理　如果做一件事情需要两个步骤,完成第一个步骤有 n_1 种方法,完成第二个步骤有 n_2 种方法,则完成整个过程共有 $n_1 \times n_2$ 种方法.

加法原理　如果进行一个过程有 n_1 种方法,进行另外一个并行的过程有 n_2 种方法,则进行两个过程的方法共有 $n_1 + n_2$ 种方法.

以上两条原理可以推广到多个过程的场合.

2. 排列

从包含有 n 个元素的总体中取出 k 个来进行排列,此时除需要考虑取出的元素外,也要考虑其放置的顺序. 分为两类:第一种是有放回的选取,同一元素可以被重复地选中;另一种是不放回选取,这时一个元素一旦被取出就立刻从总体里除去,即每个元素至多被选中一次. 显然,在后一种情况下成立 $k \leqslant n$.

（1）在有放回的选取中，从 n 个元素中取出 k 个元素进行排列称为有重复的排列，总的取法是 n^k 种.

（2）在不放回的选取中，从 n 个元素中取出 k 个元素进行排列称为选排列，其总数为 $A_n^k = n(n-1)(n-2)\cdots(n-k+1)$. 特别地，当 $n=k$ 时称为全排列，全排列数为 $n!=n(n-1)(n-2)\cdots 3\cdot 2\cdot 1$.

3. 组合

（1）从 n 个元素中取出 k 个元素而不考虑其顺序称为组合，总的取法为

$$C_n^k = \frac{A_n^k}{k!} = \frac{n(n-1)(n-2)\cdots(n-k+1)}{k!} = \frac{n!}{k!(n-k)!},$$

其中 C_n^k 为二项展开式的系数，二项展开式即 $(a+b)^n = \sum_{k=0}^n C_n^k \cdot a^k \cdot b^{n-k}$.

（2）把 n 个不同元素分成 k 组，第一部分 n_1 个，第二部分 n_2 个，……，第 k 部分 n_k 个，则不同的分法有 $\dfrac{n!}{n_1!\cdots n_k!}$ 种. 它也称为多项系数，原因是它正好是 $(x_1+x_2+\cdots+x_k)^n$ 展开式中 $x_1^{n_1} x_2^{n_2} \cdots x_k^{n_k}$ 的系数. 当 $k=2$ 时即为组合数.

（3）如果 n 个元素中有 n_1 个带下标"1"，n_2 个带下标"2"，……，n_k 个带下标"k"，并且 $n_1+n_2+\cdots+n_k=n$，从这 n 个元素中取出 r 个元素使得带有下标"i"的元素有 r_i 个$(1\leqslant i\leqslant k)$，而 $r_1+r_2+\cdots+r_k=r$，这时不同取法总数为

$$C_{n_1}^{r_1} C_{n_2}^{r_2} \cdots C_{n_k}^{r_k}, \quad r_i \leqslant n_i.$$

（4）从 n 个元素中有重复地取出 k 个元素，不记顺序，不同的取法总数为

$$C_{n+k-1}^k$$

种，这个数也称为"有重复组合数".

下面是一些常用的组合公式：

$$C_n^k = C_n^{n-k}, \quad C_{n+1}^k = C_n^k + C_n^{k-1},$$

$$C_{n+m}^k = \sum_{i=0}^k C_n^i C_m^{k-i}, \quad \sum_{i=0}^n C_n^i = 2^n.$$

案例　贝叶斯公式的应用——流行病学调查与分析

流行病学调查是医学科学研究中极为重要的一种方法. 在流行病学领域，我们常常需要分析疾病的发病率、感染率以及检测等问题，贝叶斯公式在分析和解决这些问题中发挥着至关重要的作用. 作为一种基于统计学原理的方法，贝叶斯公式可以将观测到的数据与已知的信息（先验概率）相结合，得出在观测到这些数据后事件发生的概率（后验概率）. 在本节中，我们将以新型冠状病毒（以下简称新冠病毒）的检测和防控为例，深入浅出地探讨贝叶斯公式在流行病学调查中的应用，通过贝叶斯公式分析核酸检测呈阳性的个体感染新冠病毒的可能性，并给出

流行病学调查和二次核酸检测的科学依据. 具体来说,我们将借助贝叶斯公式回答如下三个问题:第一,核酸检测呈阳性的个体感染新冠病毒的可能性有多大? 第二,为什么要进行流行病学调查? 第三,为什么要进行二次核酸检测?

问题 1　核酸检测呈阳性的个体感染新冠病毒的可能性有多大?

　　核酸检测是新型冠状病毒感染的主要筛查手段之一,也是确诊的依据之一,那么核酸检测呈阳性是否就一定意味着感染了新冠病毒呢? 为了从数学的角度进行建模和分析,我们首先做如下假设,即某新冠病毒核酸检测试剂精度如表 1 所示.

表 1　核酸检测试剂的精度

	呈阳性	呈阴性
感染者	0.95	0.05
健康人	0.01	0.99

新冠病毒感染者被检测呈阳性的概率为 0.95,呈阴性的概率为 0.05;健康人被检测呈阳性的概率为 0.01,呈阴性的概率为 0.99. 现假设人群新冠病毒感染率是 0.001. 那么被检测者在一次核酸检测中呈阳性,他有多大的概率感染新冠病毒呢?

　　解　设事件 $A = \{$核酸检测呈阳性$\}$,事件 $B = \{$被检测者感染了新冠病毒$\}$,则在被检测者核酸检测呈阳性的情况下感染新冠病毒的概率为 $P(B \mid A)$. 由已知条件可知,$P(B) = 0.001$,$P(\bar{B}) = 1 - P(B) = 0.999$,$P(A \mid B) = 0.95$,$P(A \mid \bar{B}) = 0.01$,由贝叶斯公式可得

$$P(B \mid A) = \frac{P(B)P(A \mid B)}{P(B)P(A \mid B) + P(\bar{B})P(A \mid \bar{B})}$$
$$= \frac{0.001 \times 0.95}{0.001 \times 0.95 + 0.999 \times 0.01}$$
$$= 0.087.$$

可以发现,被检测者虽然核酸检测呈阳性,但是他感染新冠病毒的概率非常低. 有人可能会觉得,这一现象是不是由核酸检测试剂的精度不够高造成的呢?

　　为了解答这一疑虑,现在假设核酸检测试剂的精度进一步提高,感染者被检测呈阳性的概率提高到 0.995,健康人被检测呈阳性的概率降低到 0.005,此时,$P(A \mid B) = 0.995$,$P(A \mid \bar{B}) = 0.005$,代入贝叶斯公式中可得

$$P(B \mid A) = \frac{P(B)P(A \mid B)}{P(B)P(A \mid B) + P(\bar{B})P(A \mid \bar{B})}$$
$$= \frac{0.001 \times 0.995}{0.001 \times 0.995 + 0.999 \times 0.005}$$
$$= 0.166.$$

可以发现,被检测者感染新冠病毒的概率仍然不高. 出现这一现象的主要原因在于人群的新冠病毒感染率低,从而真阳数据(既是感染者又检测呈阳性)的出现往往伴生大量假阳数据(健康人但是检测呈阳性),导致阳性数据中真阳的频率并不高,所以单次核酸检测呈阳性很难直接判断被检测者是否感染新冠病毒. 因此,对于被检测者来讲,在收到核酸检测阳性通知时不必惊

慌,此时很有可能出现了检测假阳性.

那么,有什么方法可以辅助核酸检测,进而对新冠病毒感染者进行确诊呢?事实上,当前最常用的方法有两个:一是对被检测者进行流行病学调查;二是进行二次核酸检测.下面我们将通过贝叶斯公式来分析流行病学调查和二次核酸检测背后的科学依据.

问题 2　为什么要进行流行病学调查?

流行病学调查是传染病防控当中非常重要的一项工作.通过流行病学调查,可以及时发现核酸检测呈阳性的个体是否接触过新冠病毒感染者、是否去过中高风险区域等,从而重新评估该个体所在人群的新冠病毒感染率,进而对该个体感染新冠病毒的概率进行更为精准的估计.

通过流行病学调查,我们发现被检测者来自高风险地区,假设高风险地区的新冠病毒感染率是 0.1,核酸检测试剂精度如表 1 所示,此时如果被检测者核酸检测呈阳性,他感染新冠病毒的概率是多少呢?

解　设事件 $A=\{$核酸检测呈阳性$\}$,事件 $B=\{$被检测者感染了新冠病毒$\}$,由已知条件可知,$P(B)=0.1$,$P(\bar{B})=1-P(B)=0.9$,$P(A\mid B)=0.95$,$P(A\mid\bar{B})=0.01$,代入贝叶斯公式中可得

$$P(B\mid A)=\frac{P(B)P(A\mid B)}{P(B)P(A\mid B)+P(\bar B)P(A\mid\bar B)}$$
$$=\frac{0.1\times0.95}{0.1\times0.95+0.9\times0.01}$$
$$=0.913.$$

可以发现,此时如果个体核酸检测呈阳性,那么他感染新冠病毒的可能性是非常高的,几乎可以将该个体确诊为新冠病毒感染者.

考虑更一般的情况,假设某地区人群新冠病毒感染率 $P(B)=p$,由贝叶斯公式可知,

$$P(B\mid A)=\frac{0.95p}{0.95p+0.01(1-p)}.$$

如图 1 所示,随着人群新冠病毒感染率 p 的增加,核酸检测呈阳性的个体感染新冠病毒的可能性也逐渐增大.通常来说,易感、有临床症状、密接等人群的感染率相对较大.通过流行病学调查可以及时发现这些情况,再结合核酸检测结果,做到早发现、早诊断、早治疗,进而有效控制感染情况.这也是我们为什么要进行流行病学调查的主要原因.

除了流行病学调查之外,对初筛核酸检测呈阳性的人员进行二次核酸检测,也可以进一步对新冠病毒感染者进行确诊.下面我们将通过贝叶斯公式给出二次核酸检测的科学依据.

问题 3　为什么要进行二次核酸检测?

假设人群新冠病毒感染率是 0.001,核酸检测试剂精度如表 1 所示,被检测者两次核酸检测是相互独立的,在两次核酸检测结果都是阳性的情况下,他感染新冠病毒的概率是多少呢?

解　设事件 $A_i=\{$第 i 次核酸检测呈阳性$\}$($i=1,2$),事件 $B=\{$被检测者感染了新冠病毒$\}$,在两次核酸检测结果都是阳性的情况下,他感染新冠病毒的概率为 $P(B\mid A_1A_2)$.由已知

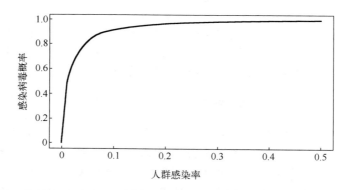

图 1　核酸检测呈阳性的个体感染病毒的概率随人群感染率的变化趋势

条件可知，$P(B) = 0.001$，$P(\bar{B}) = 0.999$，$P(A_1 \mid B) = 0.95$，$P(A_1 \mid \bar{B}) = 0.01$，$P(A_2 \mid B) = 0.95$，$P(A_2 \mid \bar{B}) = 0.01$. 由于两次核酸检测是相互独立的，故

$$P(A_1 A_2 \mid B) = P(A_1 \mid B)P(A_2 \mid B) = 0.95^2,$$

$$P(A_1 A_2 \mid \bar{B}) = P(A_1 \mid \bar{B})P(A_2 \mid \bar{B}) = 0.01^2.$$

由贝叶斯公式可得

$$\begin{aligned}
P(B \mid A_1 A_2) &= \frac{P(B)P(A_1 A_2 \mid B)}{P(B)P(A_1 A_2 \mid B) + P(\bar{B})P(A_1 A_2 \mid \bar{B})} \\
&= \frac{0.001 \times 0.95^2}{0.001 \times 0.95^2 + 0.999 \times 0.01^2} \\
&= 0.9.
\end{aligned}$$

可以发现，如果该个体两次核酸检测都呈阳性，那么他感染新冠病毒的概率会大大增加. 也就是说，对初筛核酸呈阳性的个体进行二次核酸检测，能够有效地对其是否感染新冠病毒进行确诊. 这也是我们为什么要进行二次核酸检测的主要原因.

小结

本节以新冠病毒检测和防控为例，探讨了贝叶斯公式在流行病学调查中的应用. 借助贝叶斯公式对实际问题进行分析，揭示了流行病学调查和二次核酸检测的科学依据. 贝叶斯公式在流行病学调查中的应用提高了决策的科学性，可以更有效地帮助决策者控制疫情传播，保护人民的生命和健康. 当然，贝叶斯公式在许多其他领域也有着广泛的应用，比如人工智能、机器学习、金融风险、医学影像、社交网络等. 考虑到贝叶斯公式的广泛应用，熟练掌握和运用贝叶斯公式，可以为人们解决生活和生产中的实际问题提供强有力的支持.

习　题　1

1. 写出下列随机试验的样本空间：

（1）记录一个小班一次数学考试的平均分数（设以百分制记分）；

（2）同时投掷两颗骰子，记录两颗骰子的点数之和；

(3) 对某工厂出产的产品进行检查,合格品的产品记上"正品",不合格品记上"次品",如连续查出两个次品就停止检查,检查 4 个产品也停止检查,记录检查的结果;

(4) 在单位圆内任取一点,记录它的坐标;

(5) 测量一汽车通过某定点的速度.

2. 在图书馆里任选一本书,设事件 $A=\{$数学书$\}$,$B=\{$英文版的书$\}$,$C=\{21$ 世纪出版的书$\}$,问:

(1) $A\cap B\cap \bar{C}$ 表示什么事件?

(2) 在什么条件下有 $A\cap B\cap C=A$?

(3) $\bar{C}\subset B$ 是什么意思?

(4) $\bar{A}=B$ 是否表示馆中所有的数学书都不是英文版的?

3. 设 A,B 是两个事件且 $P(A)=0.6,P(B)=0.7$.

(1) 在什么条件下,$P(AB)$ 取得最大值,最大值是多少?

(2) 在什么条件下,$P(AB)$ 取得最小值,最小值是多少?

4. 设 A,B,C 是三个事件且 $P(A)=P(B)=P(C)=1/4$,$P(AB)=P(BC)=0$,$P(AC)=1/8$.求 A,B,C 至少有一个发生的概率.

5. 一部五卷的选集,按任意次序放在书架上,试求下列事件的概率大小:

(1) 第一卷及第五卷出现在两端;

(2) 第一卷及第五卷都不出现在两端;

(3) 第三卷正好出现在正中,自左向右或自右向左的卷号顺序恰好为 $1,2,3,4,5$ 的概率是多少?

6. 一批产品中有 n 个正品,m 个次品,逐个进行检查,若已查明前 $k(k<n)$ 个都是正品,求第 $k+1$ 次检查时仍为正品的概率.

7. 用火车运载两类产品:甲类 n 件,乙类 m 件,共 $n+m$ 件.有消息证实,在路途中有两件产品被损坏,求损坏的是不同类型产品的概率.

8. 从一副扑克牌(52 张)中任取 13 张,求正好有 5 张黑桃、3 张红心、3 张方快、2 张草花的概率.

9. 房间有 10 个人,分别佩戴了从 1～10 号的纪念章,现任选三人,记录其纪念章的号码,试求:

(1) 最小号码为 5 的概率;

(2) 最大号码为 5 的概率.

10. 设有 $r(r\leqslant 365)$ 个人且设每人的生日在一年 365 天中的每一天的可能性均等,问这 r 个人有不同生日的概率是多少?

11. 在两个箱子中装有同样的球,其区别只是颜色不同,第 1 箱中有白球 5 个,黑球 11 个,红球 8 个;第二箱中有白球 10 个,黑球 8 个,红球 6 个.从两个箱子中任意各取一个球,求这两个球为同一颜色的概率.

12. 袋中有 5 个白球、3 个红球,从中任取 4 球,试求恰好取到三个白球的概率.

13. 将一枚均匀硬币掷 5 次,求正面至少出现一次的概率.

14. 已知 $P(\bar{A})=0.3, P(B)=0.4, P(A\bar{B})=0.5$，求 $P(B|A\cup\bar{B})$.

15. 从 n 双不同的鞋子中任取 $2r(2r<n)$ 只，试求下列事件的概率：

(1) 没有成对的鞋子；

(2) 只有一双鞋子；

(3) 恰有两双鞋子；

(4) 有 r 双鞋子.

16. 若每个人的呼吸道中带有感冒病毒的概率为 0.002，求在 1500 人看电影的电影院中存在感冒病毒的概率.

17. 电话号码由 8 个数字组成，每个数字可以是 $0,1,2,\cdots,9$ 中的任意一个数. 求电话号码的后面 4 个数是由完全不相同的数字组成的概率.

18. 据以往资料表明，某一三口之家患某种传染病的概率有以下规律：
$$P\{孩子得病\}=0.6, \quad P\{母亲得病|孩子得病\}=0.5,$$
$$P\{父亲得病|母亲及孩子得病\}=0.4.$$
求母亲及孩子得病但父亲未得病的概率.

19. 已知在 10 只产品中有 2 只次品，在其中取两次，每次任取一只，作不放回抽样，求下列事件的概率：

(1) 两只都是正品；

(2) 两只都是次品；

(3) 一只是正品，一只是次品；

(4) 第二次取出的是次品.

20. 某厂产品有 4% 的废品，而在 100 件合格品中有 75 件一等品，求任取一件产品是一等品的概率.

21. 袋中有 10 个白球、5 个黄球、10 个黑球，从中随机地取出一个，已知它不是黑的，问它是黄球的概率是多少？

22. 一间宿舍中有 4 位同学的眼镜都放在书架上，去上课时，每人任取一副眼镜，求每个人都没拿到自己眼镜的概率.

23. 有甲、乙两批种子，发芽率分别为 0.8 和 0.7，在两批种子中各随机抽取一粒，试求：

(1) 两粒种子都能发芽的概率；

(2) 至少有一粒种子能发芽的概率；

(3) 恰好有一粒种子能发芽的概率.

24. 某公共汽车站每隔 5min 有一辆汽车到站，乘客到达车站的时间是任意的，求一个乘客的候车时间不超过 3min 的概率.

25. 三个人独立地去破译一个密码，他们能译出的概率分别为 $\frac{1}{5}, \frac{1}{3}, \frac{1}{4}$. 问能将此密码译出的概率为多少？

26. 设某地有甲、乙、丙三种报纸，该地成年人中有 20% 读甲报，16% 读乙报，15% 读丙报，其中有 8% 兼读甲报和乙报，5% 兼读甲报和丙报，4% 兼读乙报和丙报，还有 2% 兼读所有报纸，问成年人中有百分之几至少读一种报纸？

27. 已知男人中有 5% 是色盲患者,女人中有 0.25% 是色盲患者,今从男女人数相等的人群中随机地挑选一人,恰好是色盲患者,问此人是男性的概率.

28. 一学生接连参加同一课程的两次考试.第一次及格的概率为 p,若第一次及格则第二次及格的概率也为 p,若第一次不及格则第二次及格的概率为 $p/2$.

(1) 若至少有一次及格则他能取得某种资格,求他取得该资格的概率;

(2) 若已知他第二次已经及格,求他第一次及格的概率.

29. 对以往数据的分析结果表明,当机器调整得良好时,产品的合格率为 90%,而当机器发生某一故障时,其合格率为 30%.每天早上机器开动时,机器调整良好的概率为 75%.试求已知某日早上第一件产品是合格品时,机器调整得良好的概率是多少?

30. 已知 $P(A)=0.3,P(B)=0.4,P(A|\overline{B})=0.5$,求:

(1) $P(AB),P(A\bigcup B)$;

(2) $P(B|A)$;

(3) $P(B|A\bigcup B)$;

(4) $P(\overline{A}\bigcup\overline{B}|A\bigcup B)$.

31. 要验收一批(100 件)乐器,用如下方案验收:从该批乐器中随机地抽取三件测试(设三件乐器的测试是相互独立的),如果三件中至少有一件在测试中被认为音色不纯,则这批乐器就被拒绝接收.设一件音色不纯的乐器经测试查出其为音色不纯的概率为 0.95,而一件音色纯的乐器经测试被误认为不纯的概率为 0.01.如果已知这 10 件乐器中恰有 4 件是音色不纯的,试问这批乐器被接收的概率是多少?

32. 设任意三个事件 A,B,C,试证明:
$$P(A\bigcup B\bigcup C)=P(A)+P(B)+P(C)-P(AB)-P(BC)-P(CA)+P(ABC).$$

33. 设 $0<P(A)<1,0<P(B)<1,P(A|B)+P(\overline{A}|\overline{B})=1$.问 A 与 B 是否独立?

34. 两台车床加工同样的零件,第一台出现废品的概率是 0.03,第二台出现废品的概率是 0.02,加工出来的零件放在一起,并且已知第一台加工的零件比第二台加工的零件多一倍,求:

(1) 任意取出一个零件是合格品的概率;

(2) 如果任取的零件是废品,求它是由第二台车床加工的概率.

35. 甲、乙两名战士打靶,甲战士的命中率为 0.9,乙战士的命中率为 0.85,两人同时射击同一目标,各打一枪,求目标被击中的概率.

36. (配对问题) 某人写了 n 封不同的信,欲寄往 n 个不同的地址.现将这 n 封信随意地插入 n 只具有不同通信地址的信封里,求至少有一封信插对信封的概率.

37. 设一枚深水炸弹击沉潜艇的概率为 $1/3$,击伤的概率为 $1/2$,击不中的概率为 $1/6$,并假设击伤两次也会导致潜水艇下沉.求施放 4 枚深水炸弹能击沉潜水艇的概率.(提示:先求出击不沉的概率.)

38. 将 A,B,C 三个字母之一输入信道,输出为原字母的概率为 α,而输出为其他一字母的概率都是 $(1-\alpha)/2$.今将字母串 AAAA,BBBB,CCCC 之一输入信道,输入 AAAA,BBBB,CCCC 的概率分别为 $p_1,p_2,p_3(p_1+p_2+p_3=1)$.已知输出为 ABCA,问输入的是 AAAA 的概率是多少?(设信道传输各个字母是相互独立的.)

39. 假设一厂家生产的每台仪器,以概率 0.70 可以直接出厂;以概率 0.30 需进一步调试,经调试后以概率 0.80 可以出厂;以概率 0.20 定为不合格品不能出厂. 现该厂新生产了 $n(n \geqslant 2)$ 台仪器(假设各台仪器的生产过程相互独立),求:

(1) 全部能出厂的概率 α;

(2) 其中恰好有两件不能出厂的概率 β;

(3) 其中至少有两件不能出厂的概率 θ.

第 1 章测试题

第 2 章　随机变量及其分布

本章首先引入随机变量的概念,通过研究随机变量达到研究随机现象的目的.

2.1　随机变量的概念

课件 5

第 1 章研究了随机事件及其概率.为了进一步研究随机现象,引入随机变量的概念,目的是能够利用微积分等数学工具全面深刻地揭示随机现象的统计规律.

对于一个随机试验,相比较于试验结果,我们往往更关心随机试验的某个函数.例如,掷两枚骰子,我们常常关心两枚骰子的点数之和,而不关心每枚骰子各自的点数.假设玩掷两枚骰子的游戏,两枚骰子的点数之和为得分值.若两枚骰子的点数之和为 5,那么不管实际的试验结果是 $(1,4),(2,3),(3,2)$ 还是 $(4,1)$,得分都是 5.再如,掷硬币试验,其结果是用汉字"正面"和"反面"来表示的,虽然试验结果没有直接用数量表示,但可规定:用 1 表示"正面朝上",用 0 表示"反面朝上",把它数量化.我们所关心的这些数量,即这些定义在样本空间上的实值函数就是随机变量.

定义 2.1.1　设随机试验 E 的样本空间为 Ω,如果对于每一个 $\omega \in \Omega$ 都有唯一的一个实数 $X(\omega)$ 与之对应,则称 $X(\omega)$ 为**随机变量**(random variable),并简记为 X.随机变量一般用大写字母 $X,Y,Z,\cdots$ 或小写希腊字母 $\xi,\eta,\zeta,\cdots$ 表示.

注　(1) X 是定义在样本空间 Ω 上的实值、单值函数,它的取值随试验结果而改变;

(2) 因为随机试验的每一个结果的出现都有一定的概率,所以随机变量 X 的取值也有一定的概率;

(3) 随试验结果的不同,X 取不同的值,试验前可以知道它的所有取值范围,但不知确定取什么值;

(4) 随机变量在某一范围内取值,表示一个随机事件.

例 1　(1) 某学校的 150 台电脑在一天中需要维修的台数,可以用一个随机变量 X 来表示,它可能取 $0,1,2,\cdots,150$ 中的任一整数.$\{X>10\}$ 表示"一天有超过 10 台电脑需要维修"这一随机事件.

(2) 50 次射击试验中命中的次数可以用一个随机变量 X 来表示,它可能取 $0,1,2,\cdots,50$ 中的任一整数.$\{X=3\}$ 表示"50 次射击试验中命中三次"这一随机事件.

例 2 (1) 城市某十字路口一小时内通过的机动车数可以用随机变量 X 来表示,它所有可能的取值为一切非负整数.$\{10<X<35\}$ 表示"十字路口一小时内通过的机动车数大于 10 且小于 35"这一随机事件.

(2) 单位时间内到达某公交车站等车的人数可以用随机变量 X 来表示,它所有可能的取值为一切非负整数.

例 3 (1) 电视机的使用寿命 X(单位:h)是一个可以在 $(0,+\infty)$ 上取值的随机变量,$\{X>10000\}$ 表示"电视机使用寿命超过 10000h"这一随机事件.

(2) 测量的误差 X 也是一个随机变量,它可能的取值为 $(-\infty,+\infty)$ 上的任意实数,$\{|X|<0.1\}$ 表示"测量的误差在 $(-0.1,0.1)$ 内"这一随机事件.

例 4 掷一枚硬币,令

$$X=\begin{cases}1, & \text{掷硬币出现正面,}\\ 0, & \text{掷硬币出现反面,}\end{cases}$$

则 X 是一个随机变量.

例 5 掷一颗骰子,令

$$X:\text{出现的点数,}$$

则 X 就是一个随机变量. 它的取值为 1,2,3,4,5,6.

在同一个样本空间上可以定义不同的随机变量,如可以定义

$$Y=\begin{cases}1, & \text{出现偶数点,}\\ 0, & \text{出现奇数点,}\end{cases}$$

$$Z=\begin{cases}1, & \text{点数为 6,}\\ 0, & \text{点数不为 6}\end{cases}$$

等. 对于一个随机试验,可根据所要研究的问题来定义不同的随机变量.

注 在同一个样本空间上可以定义不同的随机变量.

对于随机变量,按其可能取的值,通常分为两类讨论. 一类是离散型随机变量,其特征是只能取有限或可列个值. 例如,在例 1 和例 2 中,所研究的随机变量为离散型随机变量. 另一类是非离散型随机变量. 在非离散型随机变量中,通常只关心连续型随机变量,它的全部可能取值不仅是无穷多的、不可列的,而且是充满某个区间的. 在例 3 中,所研究的随机变量则为连续型随机变量. 确实存在既非离散型也非连续型的随机变量. 本书只介绍离散型和连续型的随机变量.

2.2 离散型随机变量的概率分布

如果一个随机变量 X 只可能取有限个或可列无限个值(即取值能够一一列举出来),那么称此随机变量为(一维)离散型随机变量.

2.2.1 离散型随机变量的分布律的定义

定义 2.2.1 设离散型随机变量 X 所有可能的取值为
$$x_1, x_2, \cdots, x_n, \cdots.$$
X 取各个值的概率,即事件 $\{X = x_k\}$ 的概率为
$$P\{X = x_k\} = p_k, \quad k = 1, 2, \cdots.$$
称此式为**离散型随机变量** X **的分布律、分布列**或**概率分布**(probability distribution),也可用下面的概率分布表来表示:

X	x_1	x_2	$\cdots$	x_n	$\cdots$
p_k	p_1	p_2	$\cdots$	p_n	$\cdots$

随机变量 X 的概率分布全面表达了 X 的所有可能取值以及取各个值的概率情况.

分布列具有如下性质:

(1)(非负性)$p_k \geqslant 0, k = 1, 2, \cdots.$

(2)(规范性)$\sum\limits_{k=1}^{\infty} p_k = 1.$

2.2.2 几种常见的离散型随机变量的概率分布

1. 0-1 分布

定义 2.2.2 若随机变量 X 只可能取 0 和 1 两个值,概率分布为
$$P\{X = 1\} = p, \quad 0 < p < 1,$$
$$P\{X = 0\} = q = 1 - p,$$
则称 X 服从 0-1 分布(p 为参数),也称为**两点分布**或**伯努利分布**(Bernoulli distribution). 记作 $X \sim B(1, p)$.

例 1 设 100 件产品中,有 95 件正品,5 件次品. 现从中随机抽取一件,假如抽得每件的机会都相同,那么定义随机变量 X 如下:
$$X = \begin{cases} 1, & \text{取得正品,} \\ 0, & \text{取得次品,} \end{cases}$$
则有
$$P\{X = 1\} = 0.95, \quad P\{X = 0\} = 0.05,$$
即 X 服从两点分布 $X \sim B(1, 0.95)$.

2. 二项分布

如果在一个随机试验中只关心某个事件 A 是否发生,那么称这个试验为

Bernoulli 试验,相应的数学模型称为 Bernoulli 概型. 如果把 Bernoulli 试验独立地重复做 n 次,称为 n 重 Bernoulli 试验.

设 $P(A)=p(0<p<1)$, $P(\overline{A})=1-p$, 下面研究在 n 重 Bernoulli 试验中事件 A 发生的次数. 用 X 表示 n 重 Bernoulli 试验中事件 A 发生的次数,则 X 是一随机变量, X 所有可能的取值为 $0,1,2,\cdots,n$. 由于 n 次试验是相互独立的,因此,事件 A 在指定的 $k(0\leqslant k\leqslant n)$ 次试验中发生,并且在其余的 $n-k$ 次试验中不发生的概率为

$$\underbrace{p\cdots p}_{k\text{个}}\underbrace{(1-p)\cdots(1-p)}_{(n-k)\text{个}} = p^k(1-p)^{n-k}.$$

由于这种指定的方式有 C_n^k 种,并且它们是两两互不相容的,因此,

$$P\{X=k\} = C_n^k p^k q^{n-k}, \quad k=0,1,2,\cdots,n.$$

定义 2.2.3　如果随机变量 X 的概率分布为

$$P\{X=k\} = C_n^k p^k q^{n-k}, \quad k=0,1,2,\cdots,n, 0<p<1, q=1-p,$$

则称 X 服从参数为 n,p 的**二项分布**(binomial distribution). 记作 $X\sim B(n,p)$.

特别地,当 $n=1$ 时,二项分布即为 0-1 分布. 利用二项式定理可得

$$\sum_{k=0}^{n} C_n^k p^k q^{n-k} = (p+q)^n = 1.$$

下面讨论二项分布的分布形态,若 $X\sim B(n,p)$,则

$$\frac{P\{X=k\}}{P\{X=k-1\}} = \frac{C_n^k p^k q^{n-k}}{C_n^{k-1} p^{k-1} q^{n-k+1}} = \frac{(k-1)!(n-k+1)!p}{k!(n-k)!q}$$

$$= \frac{(n+1-k)p}{kq} = 1 + \frac{(n+1)p-k}{kq},$$

$$q=1-p, k=0,1,2,\cdots,n,$$

$$\frac{P\{X=k\}}{P\{X=k-1\}}\begin{cases} >1, & k<(n+1)p, \\ =1, & k=(n+1)p, \\ <1, & k>(n+1)p. \end{cases}$$

由此可知,二项分布的分布律

$$P\{X=k\}, \quad k=0,1,2,\cdots,n$$

先是随着 k 的增大而增大,达到其最大值 k_0 后,再随着 k 的增大而减少. 这个使得 $P\{X=k\}$ 达到最大值的 k_0 称为该二项分布的最可能次数. 如果 $(n+1)p$ 是整数,则 $k_0=(n+1)p$ 或 $k_0=(n+1)p-1$;如果 $(n+1)p$ 不是整数,则 $k_0=[(n+1)p]$.

例 2　若每次射击中靶的概率为 0.7,求射击 10 次,

(1) 命中三次的概率;

(2) 至少命中三次的概率;

(3) 最可能命中几次.

解 设 X 为 10 次射击中命中的次数,则 $X \sim B(10, 0.7)$,故

(1) $P\{X=3\} = C_{10}^3 0.7^3 0.3^7 \approx 0.009$.

(2) $P\{X \geqslant 3\} = 1 - P\{X < 3\} = 1 - (C_{10}^0 0.7^0 0.3^{10} + C_{10}^1 0.7^1 0.3^9 + C_{10}^2 0.7^2 0.3^8) \approx 0.9984$.

(3) $(n+1)p = 11 \times 0.7 = 7.7$.

所以

$$k_0 = [7.7] = 7.$$

故最可能命中 7 次.

例 3 甲、乙两名棋手约定进行 10 盘比赛,以赢的盘数较多者为胜. 假设每盘棋甲赢的概率都为 0.6,乙赢的概率为 0.4,并且各盘比赛相互独立,问甲、乙获胜的概率各为多少?

解 每一盘棋可看成一次伯努利试验. 设 X 为 10 盘棋赛中甲赢的盘数,则 $X \sim B(10, 0.6)$. 按约定,甲只要赢 6 盘或 6 盘以上即可获胜,所以

$$P\{\text{甲获胜}\} = P\{X \geqslant 6\} = \sum_{k=6}^{10} C_{10}^k (0.6)^k (0.4)^{10-k} = 0.6331.$$

若乙获胜,则甲赢棋的盘数,即

$$P\{\text{乙获胜}\} = P\{X \leqslant 4\} = \sum_{k=0}^{4} C_{10}^k (0.6)^k (0.4)^{10-k} = 0.1662.$$

事件"甲获胜"与"乙获胜"并不是互逆事件,因为两人还有输赢相当的可能,容易算出

$$P\{\text{不分胜负}\} = P\{X=5\} = C_{10}^5 (0.6)^5 (0.4)^5 = 0.2007.$$

例 4 对某厂的产品进行质量检查,现从一批产品中重复抽样,共取 200 件样品,结果发现其中有 4 件废品,问能否相信此工厂出废品的概率不超过 0.005?

解 假设此工厂出废品的概率为 0.005,一件产品要么是废品,要么不是废品. 因此,取 200 件产品来观察废品数相当于 200 次独立重复试验. 设 X 为 200 件产品中的废品数,则 $X \sim B(200, 0.005)$,

$$P\{X=4\} = C_{200}^4 (0.005)^4 (0.995)^{196} \approx 0.015.$$

根据小概率原理(或称为实际推断原理),概率很小的事件(称为小概率事件或稀有事件)在一次试验中几乎是不可能发生的,这是人们在长期实践中总结出的一种推断理念. 现在小概率事件"检查 200 件产品出现 4 件废品"竟然发生了,因而有理由怀疑"废品率为 0.005"这个假定的合理性,认为工厂的废品率不超过 0.005 的说法是不可信的.

尽管小概率事件在一次试验中几乎不可能发生,但并不能因此而忽视小概率事件的发生. 据调查,民航飞机的失事率小于 $\frac{1}{300000}$,但我们还是能听到发生空难

的消息,原因是小概率事件在大量重复试验中迟早要发生.

例 5　设随机试验 E 中,事件 A 发生的概率 $0<P(A)=p<1$,试证不断独立重复试验时,事件 A 迟早会发生的概率为 1.

证　设 $A_i=\{$事件 A 在第 i 次发生$\}$,$P(A_i)=p$.

前 n 次试验中,A 都不发生的概率为

$$P(\overline{A}_1\cdots\overline{A}_n)=(1-p)^n.$$

因此,在 n 次试验中,A 至少出现一次的概率为

$$1-P(\overline{A}_1\cdots\overline{A}_n)=1-(1-p)^n\to 1\quad(n\to\infty).$$

这说明在不断独立重复试验时,事件 A 迟早会发生的概率为 1,即虽然 A 是小概率事件,但是也迟早要发生.

3. 泊松分布

定义 2.2.4　如果随机变量 X 的概率分布为

$$P\{X=k\}=\frac{\lambda^k}{k!}\mathrm{e}^{-\lambda},\quad k=0,1,2,\cdots,$$

泊松分布

其中 $\lambda>0$ 是常数,则称 X 服从参数为 λ 的**泊松分布**(Poisson distribution),记为 $X\sim P(\lambda)$.

泊松分布是一种常见的分布,许多随机现象都服从泊松分布,特别集中在社会现象和物理学领域中,泊松分布可作为描述大量试验中稀有事件出现次数的概率分布的数学模型. 例如,在单位时间内,电话总机接到用户呼唤的次数;数字通信中的误码数;某公共汽车站在一固定时间内来到的乘客数;每米布的疵点数及天空中的流星数等,都服从或近似服从泊松分布. 因此,泊松分布是应用十分广泛的一个基本而又重要的分布. 此外,泊松分布还是二项分布的极限分布.

泊松(Poisson)定理　在 n 重伯努利(Bernoulli)试验中,记事件 A 在一次试验中发生的概率为 p_n(与试验次数 n 有关),如果

$$\lim_{n\to\infty}np_n=\lambda>0$$

则有

$$\lim_{n\to\infty}C_n^k p_n^k(1-p_n)^{n-k}=\frac{\lambda^k}{k!}\mathrm{e}^{-\lambda},\quad k=0,1,2,\cdots.$$

泊松定理、
几何分布

证　记 $np_n=\lambda_n$,即 $p_n=\dfrac{\lambda_n}{n}$,则

$$C_n^k p_n^k(1-p_n)^{n-k}=\frac{n(n-1)\cdots(n-k+1)}{k!}\left(\frac{\lambda_n}{n}\right)^k\left(1-\frac{\lambda_n}{n}\right)^{n-k}$$

$$=\frac{\lambda_n^k}{k!}\left(1-\frac{1}{n}\right)\cdots\left(1-\frac{k-1}{n}\right)\left(1-\frac{\lambda_n}{n}\right)^{n-k}.$$

由 $\lim\limits_{n\to\infty}\lambda_n=\lim\limits_{n\to\infty}np_n=\lambda$ 得 $\lim\limits_{n\to\infty}\lambda_n^k=\lambda^k$.

对任意固定的非负整数 k, 有

$$\lim_{n\to\infty}\left(1-\frac{1}{n}\right)\cdots\left(1-\frac{k-1}{n}\right)=1, \quad \lim_{n\to\infty}\left(1-\frac{\lambda_n}{n}\right)^{-k}=1, \quad \lim_{n\to\infty}\left(1-\frac{\lambda_n}{n}\right)^{n}=\mathrm{e}^{-\lambda}.$$

所以, $\lim\limits_{n\to\infty}\mathrm{C}_n^k p_n^k(1-p_n)^{n-k}=\dfrac{\lambda^k}{k!}\mathrm{e}^{-\lambda}$. 定理得证.

由上述定理可知, 对二项分布 $X\sim B(n,p)$ 来说, 当 n 充分大, p 相对很小时, 令 $\lambda=np$, 有下面近似计算的概率公式:

$$P\{X=k\}=\mathrm{C}_n^k p^k(1-p)^{n-k}\approx\frac{\lambda^k}{k!}\mathrm{e}^{-\lambda}, \quad k=0,1,\cdots,n.$$

例 6 实验器皿中产生甲、乙两种细菌的机会是相等的, 并且产生的细菌数 X 服从泊松分布, 试求:

(1) 产生了甲类细菌但没有乙类细菌的概率;

(2) 在已知产生了细菌且没有甲类细菌的条件下, 有两个乙类细菌的概率.

解 (1) 以 A_k 表示产生了 k 个细菌, 以 B 表示产生了细菌但没有乙类细菌. 由于 $X\sim P(\lambda)$, 故

$$P(A_k)=P\{X=k\}=\frac{\lambda^k}{k!}\mathrm{e}^{-\lambda}, \quad k=0,1,2,\cdots.$$

对 $k\geqslant 1$,

$$P(B\mid A_k)=\left(\frac{1}{2}\right)^k,$$

$$P(A_k B)=P(A_k)P(B\mid A_k)=\frac{\lambda^k}{k!}\mathrm{e}^{-\lambda}\left(\frac{1}{2}\right)^k,$$

$$P(B)=P\left(\sum_{k=1}^{\infty}A_k B\right)=\sum_{k=1}^{\infty}P(A_k B)=\sum_{k=1}^{\infty}\frac{\lambda^k}{k!}\mathrm{e}^{-\lambda}\left(\frac{1}{2}\right)^k=\mathrm{e}^{-\lambda}(\mathrm{e}^{\frac{\lambda}{2}}-1).$$

(2) A_k 同上, 以 $C=\{$产生了细菌但没有甲类细菌$\}$. 由对称性可知, 产生了乙类细菌但没有甲类细菌的概率与(1)中相同, 即

$$P(C)=\mathrm{e}^{-\lambda}(\mathrm{e}^{\frac{\lambda}{2}}-1),$$

$$P(A_2\mid C)=\frac{P(A_2)P(C\mid A_2)}{P(C)}$$

$$=\frac{\dfrac{\lambda^2}{2!}\mathrm{e}^{-\lambda}\left(\dfrac{1}{2}\right)^2}{\mathrm{e}^{-\lambda}(\mathrm{e}^{\frac{\lambda}{2}}-1)}=\frac{\lambda^2}{8(\mathrm{e}^{\frac{\lambda}{2}}-1)}.$$

例 7 在保险公司里有 2500 名同一年龄和同一社会阶层的人参加了人寿保险. 据资料表明, 这类人在一年的保险期内, 每个人死亡的概率为 0.002, 每个参加保险的人在 1 月 1 日须缴 1200 元保费, 而在死亡时家属可以从保险公司领取 200000 元的保险金, 求:

(1) 保险公司亏本的概率;

(2) 保险公司获利不少于 1000000 元的概率.

解　以年为单位考虑,则在 1 月 1 日保险公司的收入为 $2500 \times 1200 = 3000000$ 元. 设一年中死亡的人数为 X,则 $X \sim B(2500, 0.002)$,故保险公司在这一年中要付出 $200000X$ 元赔偿金.

(1) 要使得保险公司亏本,则必须

$$200000X > 3000000, \quad 即 X > 15.$$

故

$$P(保险公司亏本) = P\{X > 15\} = \sum_{k=16}^{2500} C_{2500}^k (0.002)^k (0.998)^{2500-k}$$

$$\approx 1 - \sum_{k=0}^{15} \frac{5^k}{k!} e^{-5} \approx 0.000069,$$

其中泊松逼近定理中,$\lambda = np = 2500 \times 0.002 = 5$.

(2) $\qquad\qquad P(保险公司获利不少于 1000000 元)$

$$= P\{3000000 - 200000X \geqslant 1000000\}$$

$$= P\{X \leqslant 10\} \approx \sum_{k=0}^{10} \frac{5^k}{k!} e^{-5} \approx 0.9863.$$

4. 几何分布

定义 2.2.5　在伯努利试验中,每次试验事件 A 发生的概率为 p,设 X 为事件 A 首次发生时的试验次数,称 X 服从参数 p 的**几何分布**(geometric distribution),其概率分布为

$$P\{X = k\} = p(1-p)^{k-1}, \quad k = 1, 2, \cdots.$$

例 8　设某射手每次射击击中目标的概率为 0.8,现在连续向一个目标射击,直到第一次击中目标时为止,求射击次数 X 的概率分布.

解　$P\{X = k\} = 0.8 \times 0.2^{k-1}, \quad k = 1, 2, \cdots.$

例 9　一个瓮中装有外形和重量完全相同的 $M + N$ 个球,其中 N 个白球,M 个黑球. 每次随机取一球,直到取出一只黑球为止. 假设取球是有放回地,求恰好取 n 次的概率.

解　$P\{X = n\} = \left(\dfrac{N}{M+N}\right)^{n-1} \dfrac{M}{M+N}, \quad n = 1, 2, \cdots.$

5. 超几何分布

定义 2.2.6　如果随机变量 X 的分布律为

$$P\{X = k\} = \frac{C_M^k C_{N-M}^{n-k}}{C_N^n}, \quad k = 0, 1, \cdots, \min\{M, n\},$$

其中 N, M, n 均为自然数,则称随机变量 X 服从参数为 (N, M, n) 的**超几何分布**(hypergeometric distribution).

2.3 随机变量的分布函数

课件 6

在研究一个随机变量时,我们常常关心的不是它取某个值的概率,而是它落在某个区间内的概率. 例如,一名投资者在决定是否购买一只现价 10 元的股票时,它并不关心购买后股票价格为 15 元的概率,而是关心购买后股票价格大于 10 元的概率. 也就是说,关心股票是上涨还是下跌的概率. 一般地,对于随机变量 X,如果要求随机变量 X 所取值落在 $\{x_1 < X \leqslant x_2\}$ 上的概率,由于

$$P\{x_1 < X \leqslant x_2\} = P\{X \leqslant x_2\} - P\{X \leqslant x_1\},$$

所以只需知道 $P\{X \leqslant x_2\}$ 和 $P\{X \leqslant x_1\}$ 就可以了.

设 X 是一随机变量,x 是任意实数,称函数

$$F(x) = P\{X \leqslant x\}$$

为随机变量 X 的**分布函数**(distribution function).

由定义知道,分布函数是一个普通的函数,通过它可以用数学分析的方法来研究随机变量. 分布函数的定义域为 $(-\infty, +\infty)$,值域为 $[0,1]$ 的子集.

对任意实数 $x_1, x_2 (x_1 < x_2)$ 有

$$P\{x_1 < X \leqslant x_2\} = P\{X \leqslant x_2\} - P\{X \leqslant x_1\}$$
$$= F(x_2) - F(x_1).$$

如果将 X 看成实数轴上的随机点的坐标,那么分布函数在 x 处的函数值就表示 X 落在区间 $(-\infty, x]$ 上的概率.

分布函数 $F(x)$ 的基本性质如下:

(1) $F(x)$ 是单调不减函数,即当 $x_1 < x_2$ 时,$F(x_1) \leqslant F(x_2)$;

(2) 对任意 $x \in (-\infty, +\infty)$,$F(x)$ 右连续;

分布函数的性质

(3) $0 \leqslant F(x) \leqslant 1$ 且

$$F(-\infty) = \lim_{x \to -\infty} F(x) = 0, \quad F(+\infty) = \lim_{x \to +\infty} F(x) = 1.$$

证明略.

例 1 设随机变量 X 的分布律为

X	-2	1	3
P	$\frac{1}{2}$	$\frac{1}{4}$	$\frac{1}{4}$

求 X 的分布函数.

解 当 $x < -2$ 时,$F(x) = 0$;当 $-2 \leqslant x < 1$ 时,$F(x) = \frac{1}{2}$;当 $1 \leqslant x < 3$ 时,$F(x) = \frac{3}{4}$;当 $x \geqslant 3$ 时,$F(x) = 1$. 所以

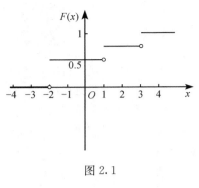

图 2.1

$$F(x) = \begin{cases} 0, & x < -2, \\ \dfrac{1}{2}, & -2 \leqslant x < 1, \\ \dfrac{3}{4}, & 1 \leqslant x < 3, \\ 1, & x \geqslant 3. \end{cases}$$

$F(x)$ 的图形如图 2.1 所示,是一条阶梯形曲线,在 $x = -2, 1, 3$ 处有跳跃点,跳跃值分别为 $\dfrac{1}{2}, \dfrac{1}{4}, \dfrac{1}{4}$.

一般地,设离散型随机变量 X 的分布律为
$$P\{X = x_k\} = p_k, \quad k = 1, 2, \cdots,$$
则 X 的分布函数为
$$F(x) = P\{X \leqslant x\} = \sum_{x_k \leqslant x} P\{X = x_k\},$$
即
$$F(x) = \sum_{x_k \leqslant x} p_k,$$
分布函数 $F(x)$ 是阶梯函数,在 $x = x_k (k = 1, 2, \cdots)$ 处有跳跃,其跳跃值为 $P\{X = x_k\} = p_k$.

2.4　连续型随机变量及其概率密度

课件 7

定义 2.4.1　设 X 为一随机变量,若存在非负实函数 $f(x)$,使得对任意实数 x 有
$$F(x) = \int_{-\infty}^{x} f(t)\mathrm{d}t,$$
则称 X 为连续型随机变量,$f(x)$ 称为 X 的**概率密度函数**,简称为**概率密度**(probability density)或**密度函数**.

概率密度函数的性质如下:

(1)(非负性)$f(x) \geqslant 0, \forall x \in (-\infty, +\infty)$;

(2)(规范性)$\displaystyle\int_{-\infty}^{+\infty} f(x)\mathrm{d}x = 1$.

连续型随机变量

对密度函数 $f(x)$ 有以下几点说明:

(1) 若 x 是 $f(x)$ 的连续点,则
$$\lim_{\Delta x \to 0} \frac{P\{x < X \leqslant x + \Delta x\}}{\Delta x} = \lim_{\Delta x \to 0} \frac{\displaystyle\int_{x}^{x+\Delta x} f(t)\mathrm{d}t}{\Delta x} = f(x),$$
故 X 的密度函数 $f(x)$ 在 x 点的值,恰好是 X 落在区间 $(x, x + \Delta x]$ 上的概率与区

间长度 Δx 之比的极限. 这里, 如果把概率理解为质量, 则 $f(x)$ 相当于线密度.

(2) 密度函数 $f(x)$ 在某点处 a 的高度, 并不反映 X 取值 a 的概率. 但是这个高度越大, 则 X 取 a 附近的值的概率就越大. 也可以说, 在某点密度曲线的高度反映了概率集中在该点附近的程度.

(3) 若不计高阶无穷小, 则有
$$P\{x < X \leqslant x + \Delta x\} = f(x)\Delta x,$$
它表示随机变量 X 取值于 $(x, x+\Delta x]$ 上的概率近似等于 $f(x)\Delta x$.

$f(x)\Delta x$ 在连续型随机变量理论中所起的作用与 $P\{X = x_k\} = p_k$ 在离散型随机变量理论中所起的作用相类似.

连续型随机变量 X 有下列性质:

(1) 连续型随机变量 X 的分布函数 $F(x)$ 在实数域内处处连续, 并且

若 $f(x)$ 在 x 处连续, 则 $F'(x) = f(x)$;

(2) 连续型随机变量取任意指定实数值 a 的概率为 0, 即
$$P\{X = a\} = 0;$$

(3) 对任意两个常数 $a, b(-\infty < a < b < \infty)$ 有
$$P\{a \leqslant X < b\} = P\{a < X < b\} = P\{a < X \leqslant b\} = P\{a \leqslant X \leqslant b\}$$
$$= \int_a^b f(x)\mathrm{d}x,$$

从而得出连续型随机变量 X 取值在某区间的概率等于密度函数在此区间上的定积分的结论. 更一般地, 对于实数轴上任意一个集合 G,
$$P\{X \in G\} = \int_G f(x)\mathrm{d}x,$$

其中 G 可以是若干个区间的并.

例 1 已知随机变量 X 的分布函数为
$$F(x) = \begin{cases} 0, & x \leqslant -a, \\ A + B\arcsin \dfrac{x}{a}, & -a < x < a, a > 0, \\ 1, & x \geqslant a, \end{cases}$$

试求:

(1) 常数 A 与 B 的值;

(2) $P\left\{-\dfrac{a}{2} < X < \dfrac{a}{2}\right\}$;

(3) 随机变量 X 的概率密度.

解 (1) 由 $F(x)$ 在 $x = a$ 和 $x = -a$ 处连续必有 $\begin{cases} \lim\limits_{x \to -a^+} F(x) = F(-a), \\ \lim\limits_{x \to a^-} F(x) = F(a), \end{cases}$ 即

$$\begin{cases} A-\dfrac{\pi}{2}B=0, \\ A+\dfrac{\pi}{2}B=1, \end{cases} \quad \text{于是 } A=\dfrac{1}{2}, B=\dfrac{1}{\pi}, \text{则 } X \text{ 的分布函数为}$$

$$F(x)=\begin{cases} 0, & x\leqslant -a, \\ \dfrac{1}{2}+\dfrac{1}{\pi}\arcsin\dfrac{x}{a}, & -a<x<a, \\ 1, & x\geqslant a. \end{cases}$$

(2)

$$P\left\{-\dfrac{a}{2}<X<\dfrac{a}{2}\right\}$$

$$=F\left(\dfrac{a}{2}\right)-F\left(-\dfrac{a}{2}\right)=\dfrac{1}{2}+\dfrac{1}{\pi}\arcsin\dfrac{a}{2a}-\dfrac{1}{2}-\dfrac{1}{\pi}\arcsin\dfrac{-a}{2a}$$

$$=\dfrac{1}{\pi}\dfrac{\pi}{6}+\dfrac{1}{\pi}\dfrac{\pi}{6}=\dfrac{1}{3}.$$

(3) 随机变量 X 的概率密度为

$$f(x)=F'(x)=\begin{cases} \dfrac{1}{\pi\sqrt{a^2-x^2}}, & |x|<a, \\ 0, & |x|\geqslant a. \end{cases}$$

下面介绍几个常见的**连续性随机变量**.

1) 均匀分布

定义 2.4.2 若连续型随机变量 X 的概率密度为

$$f(x)=\begin{cases} \dfrac{1}{b-a}, & a<x<b, \\ 0, & \text{其他}, \end{cases}$$

则称 X 在区间 (a,b) 上服从**均匀分布**(uniform distribution). 记作 $X\sim U(a,b)$,其中 a,b 都是常数,$-\infty<a<b<\infty$.

对 $a<c<d<b$ 有

$$P\{c<X\leqslant d\}=\int_c^d f(x)\mathrm{d}x=\int_c^d \dfrac{1}{b-a}\mathrm{d}x=\dfrac{d-c}{b-a},$$

即落在区间 (a,b) 的子区间 (c,d) 上的概率与区间的长度成正比.

均匀分布的意思是 X"等可能"地取区间 (a,b) 中的值,这里的"等可能"理解为:X 落在区间 (a,b) 中任意等长度的子区间内的可能性是相同的. 或者说,它落在子区间内的概率只依赖于子区间的长度,而与子区间的位置无关.

均匀分布的分布函数为

$$F(x) = \begin{cases} 0, & x < a, \\ \dfrac{x-a}{b-a}, & a \leqslant x < b, \\ 1, & b \leqslant x. \end{cases}$$

均匀分布的应用如下:在计算时因"四舍五入"而产生的误差,若以被舍入的那一位的前一位为单位,则可认为这个舍入误差服从 $\left(-\dfrac{1}{2},\dfrac{1}{2}\right)$ 上的均匀分布.

例2 设随机变量 ξ 服从区间 $[-3,6]$ 上的均匀分布,试求方程 $4x^2+4\xi x+(\xi+2)=0$ 有实根的概率.

解 随机变量 ξ 的密度函数为

$$f(x) = \begin{cases} \dfrac{1}{9}, & -3 \leqslant x \leqslant 6, \\ 0, & \text{其他.} \end{cases}$$

设 $A=\{$方程 $4x^2+4\xi x+(\xi+2)=0$ 有实根$\}$,则

$$\begin{aligned} P(A) &= P\{(4\xi)^2 - 4\times 4\times(\xi+2) \geqslant 0\} \\ &= P\{(\xi+1)(\xi-2) \geqslant 0\} = P\{\xi \leqslant -1 \text{ 或 } \xi \geqslant 2\} \\ &= \int_{-3}^{-1} \frac{1}{9}\mathrm{d}x + \int_{2}^{6} \frac{1}{9}\mathrm{d}x = \frac{2}{9} + \frac{4}{9} = \frac{2}{3}. \end{aligned}$$

2) 指数分布

定义 2.4.3 若连续型随机变量 X 的概率密度为

$$f(x) = \begin{cases} \lambda \mathrm{e}^{-\lambda x}, & x > 0, \\ 0, & x \leqslant 0, \end{cases} \quad \lambda > 0 \text{ 为常数},$$

则称 X 服从参数为 λ 的**指数分布**(exponential distribution). 记作 $X \sim E(\lambda)$. 易知

$$f(x) \geqslant 0, \quad \forall x \in (-\infty, +\infty),$$
$$\int_{-\infty}^{+\infty} f(x)\mathrm{d}x = 1.$$

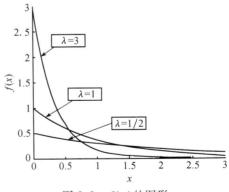

$f(x)$ 的图形如图 2.2 所示.

指数分布的分布函数为

$$F(x) = \begin{cases} 1 - \mathrm{e}^{-\lambda x}, & x > 0, \\ 0, & x \leqslant 0. \end{cases}$$

若 X 服从参数为 λ 的指数分布,则对任意 $s,t>0$ 有 $P\{X>s+t \mid X>s\}=P\{X>t\}$.

事实上,

图 2.2 $f(x)$ 的图形

$$\begin{aligned} P\{X>s+t \mid X>s\} &= \frac{P\{X>s+t, X>s\}}{P\{X>s\}} = \frac{P\{X>s+t\}}{P\{X>s\}} \\ &= \frac{1-F(s+t)}{1-F(s)} = \mathrm{e}^{-\lambda t} = P\{X>t\}. \end{aligned}$$

此性质称为无记忆性. 如果 X 是某一元件的寿命, 那么此性质表明: 已知元件已使用了 s 小时, 它总共能使用至少 $s+t$ 小时的条件概率, 与从开始使用时算起它至少能使用 t 小时的概率相等. 实际上, 指数分布描述了无老化时的寿命分布, 但"无老化"是不可能的, 因而只是一种近似. 对一些寿命较长的元件, 在初期, 老化现象很小. 在这一阶段, 指数分布比较确切地描述了其寿命分布情况. 又如, 人的寿命. 一般在 50 或 60 岁以前, 由于生理上老化而死亡这一因素是次要的. 若排除那些意外情况, 人的寿命分布在这个阶段也应接近指数分布.

例 3   设李明打一次电话需用的时间 X 服从参数为 $1/10$ (单位: min) 的指数分布, 当你走进电话亭需要打电话时, 李明恰巧在你前面开始打电话. 求以下几个事件的概率:

(1) 你需要等待 10min 以上;

(2) 你需要等待 10~20min;

(3) 你已经等了 10min 还需再等 10min 以上.

解 X 为李明的通话时间, 即你需要等待的时间, 则 X 的概率密度为

$$f(x) = \begin{cases} \dfrac{1}{10}\mathrm{e}^{-\frac{x}{10}}, & x > 0, \\ 0, & x \leqslant 0. \end{cases}$$

故所求概率分别为

(1) $P\{X > 10\} = \displaystyle\int_{10}^{+\infty} \frac{1}{10}\mathrm{e}^{-\frac{x}{10}}\mathrm{d}x = -\left.\mathrm{e}^{-\frac{x}{10}}\right|_{10}^{+\infty} = \mathrm{e}^{-1} \approx 0.368.$

(2) $P\{10 < X < 20\} = \displaystyle\int_{10}^{20} \frac{1}{10}\mathrm{e}^{-\frac{x}{10}}\mathrm{d}x = -\left.\mathrm{e}^{-\frac{x}{10}}\right|_{10}^{20} = \mathrm{e}^{-1} - \mathrm{e}^{-2} \approx 0.233.$

(3) $P\{X > 10+10 \mid X > 10\} = P\{X > 10\} \approx 0.368.$

3) 正态分布

定义 2.4.4   如果随机变量 X 的概率密度为

$$f(x) = \frac{1}{\sqrt{2\pi}\sigma}\mathrm{e}^{-\frac{1}{2\sigma^2}(x-\mu)^2}, \quad -\infty < x < +\infty,$$

正态分布

其中, $\sigma > 0, \sigma, \mu$ 为常数, 则称 X 服从参数为 σ, μ 的**正态分布** (normal distribution), 记作 $X \sim N(\mu, \sigma^2)$.

正态分布最早是由法国数学家阿伯拉罕·棣莫弗 (Abraham De Moivre) (1667~1754) 于 1733 年提出的, 用于近似计算二项分布的随机变量当参数 n 很大时的概率值. 这一结论后来被拉普拉斯 (Laplace) 等推广为概率论中著名的中心极限定理 (后面第 5 章介绍). 然而, 直到 1809 年, 德国数学家高斯 (Karl Friedrich Gauss, 1777~1855) 发表了其数学和天体力学的名著《绕日天体运动的理论》. 这个分布才真正显现出它的用处. 因此, 也称此分布为 Gauss 分布.

显然，$f(x) \geqslant 0$. 下面证明 $\int_{-\infty}^{+\infty} f(x)\mathrm{d}x = 1$.

令 $\dfrac{(x-\mu)}{\sigma} = y$，则

$$\frac{1}{\sqrt{2\pi}\sigma} \int_{-\infty}^{+\infty} \mathrm{e}^{-\frac{(x-\mu)^2}{2\sigma^2}} \mathrm{d}x = \frac{1}{\sqrt{2\pi}} \int_{-\infty}^{+\infty} \mathrm{e}^{-\frac{y^2}{2}} \mathrm{d}y.$$

只需证明

$$\int_{-\infty}^{+\infty} \mathrm{e}^{-\frac{y^2}{2}} \mathrm{d}y = \sqrt{2\pi}.$$

记 $I = \int_{-\infty}^{+\infty} \mathrm{e}^{-\frac{y^2}{2}} \mathrm{d}y$，则有

$$I^2 = \int_{-\infty}^{+\infty} \mathrm{e}^{-\frac{x^2}{2}} \mathrm{d}x \int_{-\infty}^{+\infty} \mathrm{e}^{-\frac{y^2}{2}} \mathrm{d}y = \int_{-\infty}^{+\infty}\int_{-\infty}^{+\infty} \mathrm{e}^{-\frac{x^2+y^2}{2}} \mathrm{d}x\mathrm{d}y.$$

利用极坐标将它化成累次积分得到

$$I^2 = \int_{0}^{2\pi}\int_{0}^{+\infty} \mathrm{e}^{-\frac{r^2}{2}} r\mathrm{d}r\mathrm{d}\theta = 2\pi,$$

所以

$$\frac{1}{\sqrt{2\pi}\sigma} \int_{-\infty}^{+\infty} \mathrm{e}^{-\frac{(x-\mu)^2}{2\sigma^2}} \mathrm{d}x = \frac{1}{\sqrt{2\pi}} \int_{-\infty}^{+\infty} \mathrm{e}^{-\frac{y^2}{2}} \mathrm{d}y = 1.$$

下面讨论函数 $f(x)$ 图形的形态.

由微积分可知：

(1) 当 $x = \mu$ 时，$f(x)$ 达到最大值 $\dfrac{1}{\sqrt{2\pi}\sigma}$，在 $x = \mu \pm \sigma$ 处，曲线 $y = f(x)$ 有拐点(图 2.3)；

(2) $f(x)$ 的图形对称于直线 $x = \mu$；

(3) $f(x)$ 以 x 轴为渐近线；

(4) 若固定 σ，改变 μ 值，则曲线 $y = f(x)$ 沿 x 轴平行移动，曲线的几何图形不变(图 2.4)；

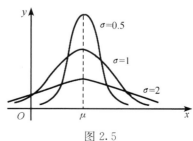

图 2.3

(5) 若固定 μ，改变 σ 值，由 $f(x)$ 的最大值可知，σ 越大，$f(x)$ 的图形越平坦；σ 越小，$f(x)$ 的图形越陡峭(图 2.5). X 落在 μ 附近的概率越大.

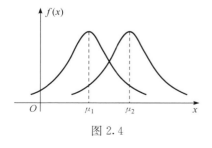

图 2.4

图 2.5

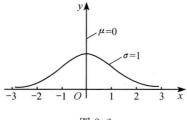

图 2.6

特别地,当 $\mu=0,\sigma^2=1$ 时,称 X 服从**标准正态分布**(standard normal distribution),即 $X \sim N(0,1)$,其概率密度函数和分布函数分别用 $\varphi(x),\Phi(x)$ 表示

$$\varphi(x) = \frac{1}{\sqrt{2\pi}}\mathrm{e}^{-\frac{x^2}{2}}, \quad -\infty < x < +\infty,$$

其图形如图 2.6 所示.

正态分布的
计算、伽马分布

标准正态分布的分布函数为

$$\Phi(x) = \int_{-\infty}^{x} \varphi(x)\mathrm{d}x = \int_{-\infty}^{x} \frac{1}{\sqrt{2\pi}}\mathrm{e}^{-\frac{t^2}{2}}\mathrm{d}t.$$

由标准正态分布的对称性易知,对任意 x 有

$$\Phi(-x) = 1 - \Phi(x).$$

例如,利用上面公式和标准正态分布的分布函数表(见附表 2)可得

$$\Phi(-1.82) = 1 - \Phi(1.82) = 1 - 0.9656 = 0.0344.$$

引理 2.4.1　若 $X \sim N(\mu,\sigma^2)$,则

(1) $Y = aX+b \sim N(a\mu+b, a^2\sigma^2)$,其中 $a \neq 0, b$ 为常数;

(2) $Y = \dfrac{X-\mu}{\sigma} \sim N(0,1)$(标准化).

证　(1) 分别记 Y 的分布函数和概率密度为 $F_Y(y), f_Y(y)$.

当 $a > 0$ 时,有

$$F_Y(y) = P\{Y \leqslant y\} = P\{aX + b < y\} = P\left\{X \leqslant \frac{y-b}{a}\right\} = F_X\left(\frac{y-b}{a}\right);$$

当 $a < 0$ 时,有

$$F_Y(y) = P\{Y \leqslant y\} = P\{aX + b < y\} = P\left\{X \geqslant \frac{y-b}{a}\right\} = 1 - F_X\left(\frac{y-b}{a}\right).$$

将上面两式分别对 x 求导,整理得

$$f_Y(y) = \frac{1}{|a|} f_X\left(\frac{y-b}{a}\right) = \frac{1}{|a|} \frac{1}{\sqrt{2\pi}\sigma}\mathrm{e}^{-\frac{\left(\frac{y-b}{a}-\mu\right)^2}{2\sigma^2}},$$

即

$$f_Y(y) = \frac{1}{|a|} \frac{1}{\sqrt{2\pi}\sigma}\mathrm{e}^{-\frac{(y-(a\mu+b))^2}{2a^2\sigma^2}},$$

故

$$Y = aX + b \sim N(a\mu+b, a^2\sigma^2).$$

(2) 在(1)中取 $a = 1/\sigma, b = -\mu/\sigma$ 即得

$$Y = \frac{X-\mu}{\sigma} \sim N(0,1).$$

注 如果 $X \sim N(\mu, \sigma^2)$，那么

(1) $F(x) = P\{X \leqslant x\} = P\left\{\dfrac{X-\mu}{\sigma} \leqslant \dfrac{x-\mu}{\sigma}\right\} = \varPhi\left(\dfrac{x-\mu}{\sigma}\right)$；

(2) $f(x) = F'(x) = \dfrac{1}{\sigma} \varphi\left(\dfrac{x-\mu}{\sigma}\right)$；

(3) 对任意区间 $(x_1, x_2]$，

$$P\{x_1 < X \leqslant x_2\} = P\left\{\dfrac{x_1-\mu}{\sigma} < X \leqslant \dfrac{x_2-\mu}{\sigma}\right\}$$

$$= \varPhi\left(\dfrac{x_2-\mu}{\sigma}\right) - \varPhi\left(\dfrac{x_1-\mu}{\sigma}\right).$$

由上面的公式和标准正态分布函数 $\varPhi(x)$ 的函数值表，可以方便地求出一般正态变量落在任意区间上的概率.

例如，若 $X \sim N(\mu, \sigma^2)$，则

$$P\{\mu-\sigma < X \leqslant \mu+\sigma\} = \varPhi(1) - \varPhi(-1) = 68.26\%,$$

$$P\{\mu-2\sigma < X \leqslant \mu+2\sigma\} = \varPhi(2) - \varPhi(-2) = 95.44\%,$$

$$P\{\mu-3\sigma < X \leqslant \mu+3\sigma\} = \varPhi(3) - \varPhi(-3) = 99.74\%.$$

这表明尽管正态变量的取值范围是 $(-\infty, \infty)$，但它的值落在 $(\mu-3\sigma, \mu+3\sigma)$ 内几乎是肯定的事. 这就是所谓的"3σ 原则".

例 4 设 $X \sim N(3, 3^2)$，求：(1) $P\{2 < X < 5\}$；(2) $P\{X > 0\}$；(3) $P\{|X-3| > 6\}$.

解 (1)

$$P\{2 < X < 5\} = P\left\{\dfrac{2-3}{3} < \dfrac{X-3}{3} < \dfrac{5-3}{3}\right\}$$

$$= \varPhi\left(\dfrac{2}{3}\right) - \varPhi\left(-\dfrac{1}{3}\right) = \varPhi\left(\dfrac{2}{3}\right) - \left[1 - \varPhi\left(\dfrac{1}{3}\right)\right]$$

$$\approx 0.3779.$$

(2)

$$P\{X > 0\} = P\left\{\dfrac{X-3}{3} > \dfrac{0-3}{3}\right\} = 1 - P\left\{\dfrac{X-3}{3} \leqslant \dfrac{0-3}{3}\right\}$$

$$= 1 - \varPhi(-1) = \varPhi(1)$$

$$\approx 0.8413.$$

(3)

$$P\{|X-3| > 6\} = P\{X > 9\} + P\{X < -3\}$$

$$= P\left\{\dfrac{X-3}{3} > \dfrac{9-3}{3}\right\} + P\left\{\dfrac{X-3}{3} < \dfrac{-3-3}{3}\right\}$$

$$= 1 - P\left\{\dfrac{X-3}{3} \leqslant \dfrac{9-3}{3}\right\} + P\left\{\dfrac{X-3}{3} < \dfrac{-3-3}{3}\right\}$$

$$= 1 - \Phi(2) + \Phi(-2)$$
$$= 2[1 - \Phi(2)]$$
$$\approx 0.0456.$$

例 5　假设某地区成年男性的身高(单位:cm)$X \sim N(170, 7.69^2)$,求:

(1) 该地区成年男性的身高超过 175cm 的概率;

(2) 公共汽车车门的高度是按成年男性与车门顶部碰头的机会在 0.01 以下来设计的,问车门高度应如何确定?

解　(1) 根据假设 $X \sim N(170, 7.69^2)$,则

$$\frac{X - 170}{7.69} \sim N(0, 1),$$

所以事件 $\{X > 175\}$ 的概率为

$$P\{X > 175\} = 1 - P\{X \leqslant 175\}$$
$$= 1 - \Phi\left(\frac{175 - 170}{7.69}\right) = 1 - \Phi(0.65) = 0.2578.$$

(2) 设车门高度为 h,按设计要求,

$$P\{X \geqslant h\} \leqslant 0.01 \quad \text{或} \quad P\{X < h\} \geqslant 0.99.$$

下面求满足 $P\{X < h\} \geqslant 0.99$ 的最小 h.

由 $X \sim N(170, 7.69^2)$ 有

$$\frac{X - 170}{7.69} \sim N(0, 1),$$

则

$$P\{X < h\} = \Phi\left(\frac{h - 170}{7.69}\right) \geqslant 0.99.$$

查表得 $\Phi(2.33) = 0.9901 > 0.99$.满足

$$\frac{h - 170}{7.69} = 2.33$$

的 h 满足设计要求,所以 $h = 170 + 17.92 \approx 188$,即当设计车门高度为 188cm 时,可使男子与车门碰头机会不超过 0.01.

设 X 为一随机变量,$F(x)$ 为其分布函数,已经知道,对于给定的实数 x,事件 $\{X > x\}$ 的概率为 $P\{X > x\} = 1 - P\{X \leqslant x\} = 1 - F(x)$. 在统计中,常常需要考虑上述问题的逆问题,即已给定事件 $\{X > x\}$ 的概率为 α,要确定 x 的取值. 把这个 x 称为 X 的上 α 分位点,确切地有如下定义.

定义 2.4.5　设 X 的分布函数为 $F(x)$,x_α 满足

$$P\{X > x_\alpha\} = \alpha, \quad 0 < \alpha < 1,$$

则称 x_α 为 X 的上 α **分位点(数)**.

若 X 有密度 $f(x)$,则分位数 x_α 表示 x_α 以右的一块阴影面积(图 2.7)为 α,即

$$P\{X > x_\alpha\} = \int_{x_\alpha}^{+\infty} f(x)\mathrm{d}x = \alpha, \quad 0 < \alpha < 1.$$

标准正态分布 $N(0,1)$ 的上 α 分位点通常记成 z_α,即有

$$P\{X > z_\alpha\} = \int_{z_\alpha}^{+\infty} \varphi(x)\mathrm{d}x = \alpha, \quad 0 < \alpha < 1.$$

图 2.8 的阴影面积等于 α.

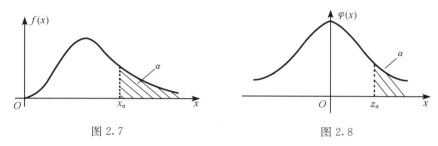

图 2.7 图 2.8

标准正态分布 $N(0,1)$ 的上 α 分位点 z_α 的求法:

利用标准正态分布的分布函数表求 z_α.

对给定的 $\alpha(0<\alpha<1)$,由关系式

$$\Phi(z_\alpha) = 1 - P\{X > z_\alpha\} = 1 - \alpha,$$

查 $\Phi(x)$ 的函数表可得 z_α 的值.

例如,由 $\Phi(z_{0.05}) = 1 - 0.05 = 0.95 \xrightarrow{\text{查表}} \Phi(1.645)$ 得 $z_{0.05} = 1.645$.

由 $\varphi(x)$ 的对称性易知 $z_{1-\alpha} = -z_\alpha$,如 $z_{0.95} = -z_{0.05} = -1.645$.

在自然、社会等现象中,大量的随机变量都服从或近似服从正态分布. 例如,同质群体的身高和体重,血液检查中的红细胞数、血红蛋白量、胆固醇指标,以及实验中的随机误差等,都呈现为正态或近似正态分布. 有些资料虽为偏态分布,但经数据变换后可成为正态或近似正态分布,故可按正态分布规律处理. 因此,正态分布在实际应用中起到重要的作用.

2.5 随机变量函数的分布

课件 8

前面介绍了随机变量的分布,实际中,不仅需要研究随机变量的分布,还常常需要对随机变量函数的分布加以研究. 下面在随机变量 X 的分布已知的情况下,求它的函数 $Y = g(X)$ 的分布.

2.5.1 离散型随机变量函数的分布

设 X 是离散型随机变量,其分布律为 $P\{X = x_k\} = p_k (k = 1, 2, \cdots)$ 或

X	x_1	x_2	$\cdots$	x_k	$\cdots$
P	p_1	p_2	$\cdots$	p_k	$\cdots$

设 $Y=g(X)$，则 Y 也是离散型随机变量，它的取值为 $y_1,y_2,\cdots,y_k,\cdots$，其中

$$y_k=g(x_k),\quad k=1,2,\cdots.$$

分两种情形讨论：

（1）$y_1,y_2,\cdots,y_k,\cdots$ 各不相同，则由

$$P\{Y=y_k\}=P\{X=x_k\}=p_k,\quad k=1,2,\cdots$$

可知，Y 分布律为 $P\{Y=y_k\}=p_k(k=1,2,\cdots)$ 或

Y	y_1	y_2	$\cdots$	y_k	$\cdots$
P	p_1	p_2	$\cdots$	p_k	$\cdots$

（2）$y_1,y_2,\cdots,y_k,\cdots$ 中有相同的项，则把这些相同的项合并为一项，并把相应的概率加起来作为合并后此项的概率，即可得 $Y=g(X)$ 分布律.

例 1　设随机变量 X 的分布律为

X	$-\dfrac{\pi}{2}$	0	$\dfrac{\pi}{2}$
P	0.2	0.3	0.5

试求下列随机变量的分布律：

（1）$Y=\sin X$；

（2）$Z=\cos X$.

解　（1）Y 的可能取值为 $-1,0,1$，

$$P\{Y=-1\}=P\{\sin X=-1\}=P\left\{X=-\frac{\pi}{2}\right\}=0.2,$$

$$P\{Y=0\}=P\{\sin X=0\}=P\{X=0\}=0.3,$$

$$P\{Y=1\}=P\{\sin X=1\}=P\left\{X=\frac{\pi}{2}\right\}=0.5.$$

Y 的分布律为

Y	-1	0	1
P	0.2	0.3	0.5

（2）Z 可能取值为 $0,1$.

$$P\{Z=0\}=P\{\cos X=0\}=P\left\{\left\{X=-\frac{\pi}{2}\right\}\bigcup\left\{X=\frac{\pi}{2}\right\}\right\}$$

$$=P\left\{X=-\frac{\pi}{2}\right\}+P\left\{X=\frac{\pi}{2}\right\}=0.2+0.5=0.7,$$

$$P\{Z=1\}=P\{\cos X=1\}=P\{X=0\}=0.3.$$

Z 的分布律为

Z	0	1
P	0.7	0.3

例 2 已知 X 的概率分布为

$$P\left\{X=k\,\frac{\pi}{2}\right\}=pq^k, \quad k=0,1,2,\cdots,p+q=1,0<p<1,$$

求 $Y=\sin X$ 的概率分布.

解 $\quad P\{Y=0\}=P\left\{\bigcup_{m=0}^{\infty}\left\{X=2m\cdot\frac{\pi}{2}\right\}\right\}=\sum_{m=0}^{\infty}pq^{2m}=\frac{p}{1-q^2},$

$$P\{Y=1\}=P\left\{\bigcup_{m=0}^{\infty}\left\{X=2m\pi+\frac{\pi}{2}\right\}\right\}$$

$$=P\left\{\bigcup_{m=0}^{\infty}\left\{X=(4m+1)\,\frac{\pi}{2}\right\}\right\}=\sum_{m=0}^{\infty}pq^{4m+1}=\frac{pq}{1-q^4},$$

$$P\{Y=-1\}=P\left\{\bigcup_{m=0}^{\infty}\left\{X=2m\pi+\frac{3\pi}{2}\right\}\right\}$$

$$=P\left\{\bigcup_{m=0}^{\infty}\left\{X=(4m+3)\,\frac{\pi}{2}\right\}\right\}=\sum_{m=0}^{\infty}pq^{4m+3}=\frac{pq^3}{1-q^4}.$$

故 Y 的概率分布为

Y	-1	0	1
P	$\dfrac{pq^3}{1-q^4}$	$\dfrac{p}{1-q^2}$	$\dfrac{pq}{1-q^4}$

2.5.2 连续型随机变量函数的分布

当自变量 X 是连续型随机变量时,为求其函数 $Y=g(X)$ 的分布,首先把事件 "随机变量 Y 在一个范围内的取值"转化为"随机变量 X 在相应范围内的取值",然后根据已知的 X 分布计算出 Y 的分布函数 $F(y)$,这是关键的一步.下一步,利用概率密度与分布函数间的关系,可以很容易地得到所要求的概率密度 $f(y)$.此法称为**分布函数法**,它是求连续型随机变量的基本方法.

下面介绍 $Y=g(X)$ 的分布函数与密度函数的步骤.

(1) 先求 $Y=g(X)$ 的分布函数,

$$F_Y(y)=P\{Y\leqslant y\}=P\{g(X)\leqslant y\}=\int_{g(x)\leqslant y}f_X(x)\mathrm{d}x;$$

(2) 利用 $Y=g(X)$ 的分布函数与密度函数之间的关系求 $Y=g(X)$ 的密度函数 $f_Y(y)=F_Y'(y)$.

例 3　设随机变量 X 具有概率密度 $f_X(x)(-\infty<x<\infty)$，求 $Y=X^2$ 的概率密度.

解　分别记 X,Y 的分布函数为 $F_X(x),F_Y(y)$. 由于 $Y=X^2\geqslant0$，故当 $y\leqslant0$ 时，$F_Y(y)=0$；当 $y>0$ 时有

$$F_Y(y)=P\{Y\leqslant y\}=P\{X^2\leqslant y\}=P\{-\sqrt{y}\leqslant X\leqslant\sqrt{y}\}$$
$$=F_X(\sqrt{y})-F_X(-\sqrt{y}).$$

对 y 求导得

$$f_Y(y)=\begin{cases}\dfrac{1}{2\sqrt{y}}[f_X(\sqrt{y})+f_X(-\sqrt{y})],&y>0,\\0,&y\leqslant0.\end{cases}$$

对 $Y=g(X)$，下面给出当 $g(x)$ 是严格单调函数时的一般结果.

定理 2.5.1　设随机变量 X 的概率密度函数为 $f_X(x)(-\infty<x<\infty)$，$y=g(x)$ 是严格单调可导函数（即恒有 $g'(x)>0$ 或 $g'(x)<0$），则 $Y=g(X)$ 是连续型随机变量，其概率密度函数为

$$f_Y(y)=\begin{cases}f_X(h(y))\mid h'(y)\mid,&y\in(\alpha,\beta),\\0,&\text{其他},\end{cases}$$

特殊连续型随机变量函数的分布

其中 $h(y)$ 为 $g(x)$ 的反函数，$\alpha=\min\{g(-\infty),g(\infty)\}$，$\beta=\max\{g(-\infty),g(\infty)\}$.

证　只证 $g'(x)>0$ 的情况. 因为 $g(x)$ 严格单调增加，所以它的反函数 $h(y)$ 存在且在 (α,β) 严格单调增加、可导. 分别记 X,Y 的分布函数为 $F_X(x),F_Y(y)$，则由定义 $F_Y(y)=P\{Y\leqslant y\}$ 及 $Y=g(X)$ 的值域为 (α,β) 有

当 $y\leqslant\alpha$ 时，$F_Y(y)=P\{Y\leqslant y\}=0$；

当 $y\geqslant\beta$ 时，$F_Y(y)=P\{Y\leqslant y\}=1$；

当 $\alpha<y<\beta$ 时，

$$F_Y(y)=P\{Y\leqslant y\}=P\{g(X)\leqslant y\}$$
$$=P\{X\leqslant h(y)\}=F_X(h(y)).$$

将 $F_Y(y)$ 关于求 y 导数，即得 Y 的概率密度函数

$$f_Y(y)=\begin{cases}f_X(h(y))h'(y),&y\in(\alpha,\beta),\\0,&\text{其他}.\end{cases}$$

对 $g'(x)<0$ 的情况可用同样方法证明，此时有

$$f_Y(y)=\begin{cases}f_X(h(y))[-h'(y)],&y\in(\alpha,\beta),\\0,&\text{其他}.\end{cases}$$

总之，在 $y=g(x)$ 严格单调可导条件下有

$$f_Y(y)=\begin{cases}f_X(h(y))\mid h'(y)\mid,&y\in(\alpha,\beta),\\0,&\text{其他}\end{cases}$$

成立.

注　若在有限区间 $[a,b]$ 以外等于零,则只需假设 $y=g(x)$ 在 $[a,b]$ 上单调可导函数且导数恒不为零,此时

$$\alpha = \min\{g(a),g(b)\}, \quad \beta = \max\{g(a),g(b)\}.$$

例 4　设随机变量 $X \sim N(\mu,\sigma^2)$ 且 $Y=e^X$,求 Y 的密度函数.

解　X 的密度函数为

$$f_X(x) = \frac{1}{\sqrt{2\pi}\sigma} \exp\left\{-\frac{(x-\mu)^2}{2\sigma^2}\right\}, \quad -\infty < x < +\infty.$$

因为函数 $y=e^x$ 是严格增加的函数,其反函数为 $x=\ln y$,所以 $\dfrac{\mathrm{d}x}{\mathrm{d}y}=\dfrac{1}{y}$.

当随机变量 X 在区间 $(-\infty,+\infty)$ 上取值时,随机变量 $Y=e^X$ 在区间 $(0,+\infty)$ 上取值,所以当 $y\in(0,+\infty)$ 时,

$$f_Y(y) = f_X(\ln y) \cdot \left|\frac{\mathrm{d}x}{\mathrm{d}y}\right| = \frac{1}{\sqrt{2\pi}\sigma} \exp\left\{-\frac{(\ln y-\mu)^2}{2\sigma^2}\right\} \cdot \frac{1}{y}.$$

因此,$Y=e^X$ 的密度函数为

$$f_Y(y) = \begin{cases} \dfrac{1}{\sqrt{2\pi}\sigma y} \exp\left\{-\dfrac{(\ln y-\mu)^2}{2\sigma^2}\right\}, & y > 0, \\ 0, & y \leqslant 0, \end{cases}$$

称此分布为**对数正态分布**(logarithmic normal distribution).

例 5　设 X 服从参数为 $1/\beta$ 的指数分布,试求 $Y=[X]$ 的分布.

这里,$[x]$ 表示比 x 小的最大整数.

解　显然,Y 的可能取值为非负整数 $k=0,1,2,\cdots$.

$$P\{Y=k\} = P\{[X]=k\} = P\{k \leqslant X < k+1\} = \int_k^{k+1} \frac{1}{\beta} e^{-\frac{x}{\beta}} \mathrm{d}x$$

$$= -e^{-\frac{x}{\beta}}\Big|_k^{k+1} = e^{-\frac{k}{\beta}} - e^{-\frac{k+1}{\beta}} = e^{-\frac{k}{\beta}}(1-e^{-\frac{1}{\beta}}),$$

所以 $Y=[X]$ 的分布为

$$P\{Y=k\} = e^{-\frac{k}{\beta}}(1-e^{-\frac{1}{\beta}}), \quad k=0,1,2,\cdots.$$

习　题　2

1. 一盒子中有 4 只球,球上分别标有号码 0,1,1,2,有放回地取 2 个球,以 X 表示两次抽球号码的乘积,求 X 的分布列.

2. 将一均匀骰子抛掷 n 次,将所得的 n 个点数的最小值记为 X,最大值记为 Y,分别求出 X 与 Y 的分布律.

3. 据报道,有 10% 的人对某药有胃肠道反应. 为考察某厂的产品质量,现任选 5 人服用此药. 试求:

(1) $k(k=0,1,2,3,5)$ 个人有反应的概率;

(2) 不多于 2 人有反应的概率;

(3) 至少 1 人有反应的概率.

4. 某厂生产的每件产品直接出厂的概率为 0.7,以概率 0.3 需进一步调试,经调试后可出厂的概率为 0.8,被认定不合格的概率为 0.2.设每件产品的生产过程相互独立,试求该厂生产的 m 件中,

(1) 全部能出厂的概率;

(2) 其中至少有两件不能出厂的概率.

5. 一个完全不懂英语的人去参加英语考试.假设此考试有 5 个选择题,每题有 4 个选择,其中只有一个答案正确.试求他居然能答对 3 题以上而及格的概率.

6. 一房间有 3 扇同样大小的窗子,其中只有一扇是打开的.有一只鸟自开着的窗子飞入了房间,它只能从开着的窗子飞出去.鸟在房子里飞来飞去,试图飞出房间.假定鸟是没有记忆的,鸟飞向各扇窗子是随机的.

(1) 以 X 表示鸟为了飞出房间试飞的次数,求 X 的分布律;

(2) 户主声称,他养的一只鸟是有记忆的,它飞向任一窗子的尝试不多于一次.以 Y 表示这只聪明的鸟为了飞出房间试飞的次数,如户主所说是确实的,试求 Y 的分布律;

(3) 求试飞次数 X 小于 Y 的概率及试飞次数 Y 小于 X 的概率.

7. 设随机变量 X 服从参数为 λ 的 Poisson 分布,并且已知 $P\{X=1\}=P\{X=2\}$,试求 $P\{X=4\}$.

8. 某急救中心在长度为 t 的时间间隔内收到的紧急呼救的次数 X 服从参数为 $t/2$ 的泊松分布,而与时间间隔的起点无关(时间以小时计).

(1) 求某一天中午 12 时～下午 3 时没有收到紧急呼救的概率;

(2) 求某一天中午 12 时～下午 5 时至少收到 1 次紧急呼救的概率.

9. 设昆虫生产 k 个卵的概率为 $p_k=\dfrac{\lambda^k}{k!}\mathrm{e}^{-\lambda}(k=0,1,2,\cdots)$,又设一个虫卵能孵化为昆虫的概率等于 p.若卵的孵化是相互独立的,问此昆虫的下一代有 l 条的概率是多少?

10. 某高速公路一天的事故数 X 服从参数 $\lambda=3$ 的 Poisson 分布,求一天没有发生事故的概率.

11. 社会上定期发行某种奖券,每券 1 元,中奖率为 $p(0<p<1)$,某人每次购买 1 张奖券,如没中奖下次再继续购买 1 张,直到中奖为止,求该人购买次数 X 的分布律和分布函数.

12. 设 K 在 $(0,5)$ 服从均匀分布.求 x 的方程
$$4x^2+4Kx+K+2=0$$
有实根的概率.

13. 已知随机变量 X 的概率密度为 $f(x)=A\mathrm{e}^{-|x|}\,(x\in\mathbf{R})$.求:(1)$A$;(2)$P\{0<X<1\}$;(3)$X$ 的分布函数.

14. 设顾客在某银行的窗口等待服务的时间 X(单位:min)服从指数分布,其概率密度为
$$f(x)=\begin{cases}\dfrac{1}{5}\mathrm{e}^{-\frac{x}{5}}, & x>0,\\ 0, & \text{其他.}\end{cases}$$

某顾客在窗口等待服务,若超过 10min,他就离开.他一个月要到银行 5 次.以 Y 表示一个月内他未等到服务而离开窗口的次数.写出 Y 的分布律,并求 $P\{Y\geqslant 1\}$.

15. 某校一年级新生的英语成绩 $X\sim N(75,10^2)$,已知 95 分以上的有 21 人,如果按成绩高低选前 130 人进入快班.问快班分数线应如何确定?(若下线分数有相同者,再补充其他规定,此处略.)

16. 已知随机变量 X 的分布律为

X	-2	-1	0	1	2	4
p_k	0.2	0.1	0.3	0.1	0.2	0.1

试求关于 t 的一元二次方程 $3t^2+2Xt+(X+1)=0$ 有实数根的概率.

17. 某产品的质量指标 $X\sim N(160,\sigma^2)$,若要求 $P\{120<X<200\}\geqslant 0.80$,问允许 σ 最多为多少?

18. 在电源电压不超过 200V、为 200～240V 和超过 240V 这三种情况下,某种电子元件损坏的概率分别为 0.1,0.001,0.2,假设电源电压 X 服从正态分布 $N(220,25^2)$,求:

(1) 该电子元件损坏的概率 α;

(2) 该电子元件损坏时,电源电压为 200～240V 的概率 β.

19. 一门大炮对目标进行轰击,假定此目标必须被击中 r 次才能被摧毁.若每次击中目标的概率为 $p(0<p<1)$ 且各次轰击相互独立,一次次地轰击直到摧毁目标为止.求所需轰击次数 X 的概率分布.

20. 已知某型号电子管的使用寿命 X 为连续型随机变量,其概率密度函数为

$$f(x)=\begin{cases}\dfrac{c}{x^2}, & x>1000,\\ 0, & 其他.\end{cases}$$

(1) 求常数 c;

(2) 计算 $P(X\leqslant 1700|1500<X<2000)$;

(3) 已知一设备装有 3 个这样的电子管,每个电子管能否正常工作相互独立,求在使用的最初 1500h 只有一个损坏的概率.

21. 设测量的误差 $X\sim N(7.5,100)$(单位:m),问要进行多少次独立测量,才能使至少有一次误差的绝对值不超过 10m 的概率大于 0.9?

22. 设连续型随机变量 X 的概率密度函数为

$$f(x)=\begin{cases}Ax, & 1<x<2,\\ B, & 2<x<3,\\ 0, & 其他,\end{cases}$$

并且 $P\{X\in(1,2)\}=P\{X\in(2,3)\}$,求:(1)常数 A,B;(2)X 的分布函数.

23. 设 X 的分布列为

X	-1	0	1	2	$\dfrac{5}{2}$
p_k	0.2	0.1	0.1	0.3	0.3

求:X^2 和 $2X$ 的分布列.

24. 从 A 地到 B 地有两条线路,第一条线路路程较短,但交通拥挤,所需时间(单位:min)服从正态分布 $N(50,100)$,第二条线路路程较长,但意外阻塞较少,所需时间(单位:min)服从正态分布 $N(60,16)$.

(1) 若只有 70min 可用,应走哪条线路?

(2) 若只有 65min 可用,又应走哪条线路?

25. 设 $X \sim U(-1,2)$,求 $Y=|X|$ 的概率密度.

26. 设 X 的概率密度为

$$f(x) = \begin{cases} 0, & x < 0, \\ \dfrac{1}{2}, & 0 \leqslant x < 1, \\ \dfrac{1}{2x^2}, & 1 \leqslant x < \infty. \end{cases}$$

求 $Y=\dfrac{1}{X}$ 的概率密度.

27. 设 $\ln X \sim N(1,2^2)$,求 $P\left\{\dfrac{1}{2}<X<2\right\}$ ($\ln 2 = 0.693$).

28. 设随机变量的概率密度函数为

$$f_X(x) = \begin{cases} 0, & x < 0, \\ 2x^3 \mathrm{e}^{-x^2}, & x \geqslant 0. \end{cases}$$

求:(1)$Y=2X+3$;(2)$Y=X^2$;(3)$Y=\ln X$ 的概率密度.

29. 设随机变量 X 的概率密度为

$$f(x) = \begin{cases} \dfrac{2x}{\pi^2}, & 0 < x < \pi, \\ 0, & \text{其他}. \end{cases}$$

求 $Y=\sin X$ 的概率密度.

30. 假设随机变量 X 的绝对值不大于 1,

$$P\{X=-1\} = \dfrac{1}{8}, \quad P\{X=1\} = \dfrac{1}{4}.$$

在事件 $\{-1<X<1\}$ 出现的条件下,X 在 $(-1,1)$ 内任一子区间上取值的条件概率与该子区间的长度成正比. 试求 X 的分布函数 $F(x)=P\{X \leqslant x\}$.

31. 设随机变量 X 服从指数分布,求随机变量 $Y=\min\{X,2\}$ 的分布函数.

第 2 章测试题

第 3 章　多维随机变量及其分布

3.1　二维随机变量

在很多随机现象中,对一个随机试验需要同时考察几个随机变量. 例如,发射一枚炮弹,需要同时研究弹着点是由两个随机变量(两个坐标)来确定的;研究市场供给模型时,需要同时考虑商品供给量、消费者收入和市场价格等因素,而商品供给量、消费者收入和市场价格等是定义在同一个样本空间的随机变量.

一般来说,这些随机变量之间存在着某种联系,因而需要把它们作为一个整体(即向量)来研究.

定义 3.1.1　设 E 是一个随机试验,它的样本空间是 $S=\{e\}$, $X_1=X_1(e)$, $X_2=X_2(e)$, $\cdots$, $X_n=X_n(e)$ 是定义在 S 上的随机变量,由它们构成的一个 n 维随机向量 $(X_1, X_2, \cdots, X_n)$ 叫做 n **维随机向量**或 n **维随机变量**(n-dimensional random variable).

对 n 维随机向量,其每一个分量是一个一维随机变量,可以单独研究它. 然而,除此以外,各分量之间还有相互联系. 因此,逐个地来研究各随机变量的性质是不够的,还需将各随机变量作为一个整体来进行研究. 在许多问题中,这是更重要的.

着重研究二维情形,其中大部分结果可以推广到任意 n 维情形.

类似于一维随机变量的分布函数,定义二维随机变量的"分布函数"如下.

定义 3.1.2　设 (X, Y) 是二维随机变量,对任意实数 x, y,二元函数
$$F(x, y) = P\{X \leqslant x, Y \leqslant y\} = P\{(X \leqslant x) \bigcap (Y \leqslant y)\}$$
称为二维随机变量 (X, Y) 的**分布函数**,或称为随机变量 X 和 Y 的**联合分布函数**(unity distribution function).

如果将二维随机变量 (X, Y) 看成是平面上随机点的坐标,那么分布函数 $F(x, y) = P\{X \leqslant x, Y \leqslant y\}$(其中 $(x, y) \in \mathbf{R}^2$)在 (x, y) 处的函数值就是随机点 (X, Y) 落在以点 (x, y) 为顶点而位于该点左下方的无穷矩形域内的概率,如图 3.1 所示.

依照上述解释,随机点 (X, Y) 落在对矩形区域 $[x_1 < X \leqslant x_2, y_1 < X \leqslant y_2]$ 的概率借

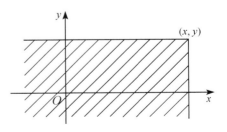

图 3.1

助于图 3.2 容易算出

$$P\{x_1 < X \leqslant x_2, y_1 < X \leqslant y_2\}$$
$$= F(x_2, y_2) - F(x_1, y_2) - F(x_2, y_1) + F(x_1, y_1). \qquad (3.1.1)$$

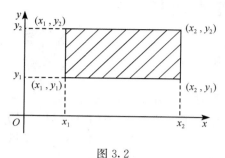

图 3.2

二元联合分布函数有如下与一元分布函数类似的性质：

（1）$F(x,y)$是变量 x,y 的不减函数，即

对于任意固定的 y，当 $x_1 < x_2$ 时，$F(x_1, y) \leqslant F(x_2, y)$；

对于任意固定的 x，当 $y_1 < y_2$ 时，$F(x, y_1) \leqslant F(x, y_2)$.

（2）$0 \leqslant F(x,y) \leqslant 1$ 且

对任意固定的 x，$F(x, -\infty) = 0$；

对任意固定的 y，$F(-\infty, y) = 0$，

$$F(-\infty, -\infty) = 0, \quad F(+\infty, +\infty) = 1.$$

（3）$F(x,y) = F(x+0, y), F(x,y) = F(x, y+0)$，即 $F(x,y)$关于 x 右连续，关于 y 也右连续.

（4）对于任意实数 $x_1 < x_2, y_1 < y_2$ 有

$$F(x_2, y_2) - F(x_1, y_2) - F(x_2, y_1) + F(x_1, y_1) \geqslant 0.$$

这一性质由式(3.1.1)及概率的非负性即可得.

上述 4 条性质是二维随机变量分布函数的最基本的性质，即任何二维随机变量的分布函数都具有这 4 条性质. 更进一步地，还可以证明如果某一二元函数具有这 4 条性质，那么它一定是某一二维随机变量的分布函数(证明略).

若二维随机变量(X, Y)所有可能取到的不同的值是有限对或可列无限多对，则称(X, Y)为**离散型二维随机变量**(two-dimension discrete random variable).

设(X, Y)为二维离散型随机变量，所有可能取值为$(x_i, y_j)(i, j = 1, 2, \cdots)$，令

$$p_{ij} = P\{X = x_i, Y = y_j\}, \quad i, j = 1, 2, \cdots,$$

则称 $p_{ij}(i, j = 1, 2, \cdots)$为$(X, Y)$的**分布律**，或称为 X 和 Y 的**联合分布律**、**联合分布**(unity distribution). (X, Y)的分布律也可用如下表格形式给出：

X \\ Y	y_1	y_2	$\cdots$	y_j	$\cdots$
x_1	p_{11}	p_{12}	$\cdots$	p_{1j}	$\cdots$
x_2	p_{21}	p_{22}	$\cdots$	p_{2j}	$\cdots$
$\vdots$	$\vdots$	$\vdots$		$\vdots$	
x_i	p_{i1}	p_{i2}	$\cdots$	p_{ij}	$\cdots$
$\vdots$	$\vdots$	$\vdots$		$\vdots$	

二维离散型随机变量(X,Y)的分布函数$F(X,Y)$与分布律的关系为

$$F(X,Y) = P\{X \leqslant x, Y \leqslant y\} = \sum_{x_i \leqslant x} \sum_{y_j \leqslant y} P\{X = x_i, Y = y_j\} = \sum_{x_i \leqslant x} \sum_{y_j \leqslant y} p_{ij},$$

$$(3.1.2)$$

其中和式是对一切满足$x_i \leqslant x, y_j \leqslant y$的$i,j$来求和的.

二维离散型随机变量的分布律具有下列性质:

(1) $0 \leqslant p_{ij} \leqslant 1, i,j = 1,2,\cdots$;

(2) $\sum_i \sum_j p_{ij} = 1$.

例 1 将一均匀的硬币连掷三次,以X表示在三次投掷中正面出现的次数,Y表示在三次投掷中正面出现的次数与反面出现的次数之差的绝对值,求(X,Y)的分布律.

解 当连掷三次出现三次反面时,(X,Y)的取值为$(0,3)$;出现一次正面两次反面时,(X,Y)的取值为$(1,1)$;出现两次正面一次反面时,(X,Y)的取值为$(2,1)$;出现三次正面时,(X,Y)的取值为$(3,3)$,并且

$$P\{X = 0, Y = 3\} = \frac{1}{8}, \quad P\{X = 1, Y = 1\} = \frac{3}{8},$$

$$P\{X = 2, Y = 1\} = \frac{3}{8}, \quad P\{X = 3, Y = 3\} = \frac{1}{8},$$

所以(X,Y)的分布律为下表:

Y \ X	0	1	2	3
1	0	3/8	3/8	0
3	1/8	0	0	1/8

注 从例1可见,求(X,Y)的分布律时,首先确定(X,Y)所有可能的取值(x_i, y_j),然后求$P\{X = x_i, Y = y_j\}$.最后列出分布律的表格.

与一维连续型随机变量的定义类似,给出二维连续型随机变量的定义如下:

对于二维随机变量(X,Y)的分布函数$F(X,Y)$,如果存在非负的函数$f(x, y)$,使得对于任意x,y有

$$F(x,y) = \int_{-\infty}^{x} \int_{-\infty}^{y} f(s,t) \mathrm{d}s \mathrm{d}t,$$

则称(X,Y)是**连续型二维随机变量**(two-dimension continuous random variable),函数$f(x,y)$称为(X,Y)的**概率密度**(probability density),或称为随机变量X和Y的**联合概率密度**.

二维连续型随机
变量、联合概率密度

由定义可知,二维连续型随机变量就是具有概率密度的二维随机变量. 概率密度$f(x,y)$相当于物理学中的质量的面密度,而分布函数$F(x,y)$相当于以$f(x,y)$

为质量密度分布在区域 $(-\infty,x;-\infty,y)$ 中的物质的总质量.

概率密度 $f(x,y)$ 具有以下性质:

(1) $f(x,y)\geq 0$;

(2) $\int_{-\infty}^{+\infty}\int_{-\infty}^{+\infty}f(x,y)\mathrm{d}x\mathrm{d}y = F(+\infty,+\infty) = 1$;

(3) 设 G 是 xOy 平面上的区域,点 (X,Y) 落在 G 内的概率为

$$P\{(X,Y)\in G\} = \iint\limits_{G}f(x,y)\mathrm{d}x\mathrm{d}y; \tag{3.1.3}$$

(4) 若 $f(x,y)$ 在点 (x,y) 处连续,则有

$$\frac{\partial^2 F(x,y)}{\partial x\partial y} = f(x,y).$$

在几何上,$Z=f(x,y)$ 表示空间曲面. 由性质(2)、(3)可知,介于它和 xOy 平面的空间区域的体积为 1,$P\{(X,Y)\in G\}$ 的值等于以 G 为底,以曲面 $z=f(x,y)$ 为顶面的柱体体积.

特别地,若 (X,Y) 的概率密度函数为

$$f(x,y) = \begin{cases} \dfrac{1}{A}, & (x,y)\in G, \\ 0, & \text{其他,} \end{cases}$$

A 为有界区域 G 的面积,则称 (X,Y) 服从区域 G 上的均匀分布.

若二维随机变量 (X,Y) 的联合分布是区域 G 上的均匀分布,则对于 G 中的任一子区域 D 有

$$P\{(X,Y)\in D\} = \iint\limits_{D}f(x,y)\mathrm{d}x\mathrm{d}y = \iint\limits_{(x,y)\in D}\frac{1}{A}\mathrm{d}x\mathrm{d}y = \frac{S_D}{A},$$

其中,S_D 为 D 的面积. 上式表明二维随机变量 (X,Y) 落在区域 G 中任意等面积的子区域内的可能性是相同的,或者说,它落在区域 G 的子区域内的概率只依赖于子区域的面积,而与子区域的位置和形状无关.

设二维随机变量 (X,Y) 的概率密度为

$$f(x,y) = \frac{1}{2\pi\sigma_1\sigma_2\sqrt{1-\rho^2}}\exp\left\{-\frac{1}{2(1-\rho^2)}\left[\frac{(x-\mu_1)^2}{\sigma_1^2}\right.\right.$$

$$\left.\left.-\frac{2\rho(x-\mu_1)(y-\mu_2)}{\sigma_1\sigma_2}+\frac{(y-\mu_2)^2}{\sigma_2^2}\right]\right\},$$

$$-\infty<x<+\infty,\ -\infty<y<+\infty,$$

其中,$\mu_1,\mu_2,\sigma_1,\sigma_2,\rho$ 都是常数且 $\sigma_1>0,\sigma_2>0,-1<\rho<1$,则称 (X,Y) 服从参数为 $\mu_1,\mu_2,\sigma_1,\sigma_2,\rho$ 的二维正态分布,记作 $(X,Y)\sim N(\mu_1,\mu_2,\sigma_1^2,\sigma_2^2,\rho)$. 它是最常见的二维连续型分布. 它的图形就好像是一个草帽(图 3.3).

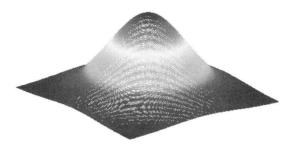

图 3.3 二维正态分布密度函数示意图

例 2 设 (X, Y) 的联合密度函数为

$$f(x, y) = \begin{cases} A e^{-(2x+3y)}, & x \geqslant 0, y \geqslant 0, \\ 0, & \text{其他}. \end{cases}$$

求：(1) 常数 A；(2) (X, Y) 的联合分布函数 $F(x, y)$；(3) $P\{-1 < X \leqslant 1, -2 < Y \leqslant 2\}$.

解 (1) 由于

$$\int_{-\infty}^{+\infty} \int_{-\infty}^{+\infty} f(x, y) \mathrm{d}x \mathrm{d}y = \int_0^{+\infty} \mathrm{d}x \int_0^{+\infty} A e^{-(2x+3y)} \mathrm{d}y = \frac{A}{6},$$

故 $A/6 = 1$，即得 $A = 6$.

(2) 由于 $f(x, y)$ 是分区域定义的 (图 3.4)，故
计算

$$F(x, y) = \int_{-\infty}^x \int_{-\infty}^y f(u, v) \mathrm{d}u \mathrm{d}v$$

也需要分区域计算.

当 $x \geqslant 0, y \geqslant 0$ 时，

$$F(x, y) = \int_{-\infty}^x \int_{-\infty}^y f(u, v) \mathrm{d}u \mathrm{d}v = \int_0^x \mathrm{d}u \int_0^y 6 e^{-(2u+3v)} \mathrm{d}v$$

$$= (1 - e^{-2x})(1 - e^{-3y});$$

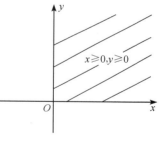

图 3.4

当 $x < 0$ 或 $y < 0$ 时，$f(x, y) = 0$，于是

$$F(x, y) = \int_{-\infty}^x \int_{-\infty}^y f(u, v) \mathrm{d}u \mathrm{d}v = 0.$$

综合上述两种情况得

$$F(x, y) = \begin{cases} (1 - e^{-2x})(1 - e^{-3y}), & x \geqslant 0, y \geqslant 0, \\ 0, & \text{其他}. \end{cases}$$

(3) $P\{-1 < X \leqslant 1, -2 < Y \leqslant 2\} = \int_{-1}^1 \mathrm{d}x \int_{-2}^2 f(x, y) \mathrm{d}y = \int_0^1 \mathrm{d}x \int_0^2 6 e^{-(2x+3y)} \mathrm{d}y$

$$= (1 - e^{-2})(1 - e^{-6}).$$

注 例 2 已知分布函数 $F(x, y)$，求 $P\{-1 < X \leqslant 1, -2 < Y \leqslant 2\}$ 也可用分布函数 $F(x, y)$ 求得.

3.2 边 缘 分 布

课件 10

若二维随机变量(X,Y)的联合分布函数 $F(x,y)$已知,那么它的两个分量 X,Y 的分布函数可以由 $F(x,y)$求得,因为有

$$F_X(x) = P\{X \leqslant x\} = P\{X \leqslant x, Y < +\infty\} = F(x, +\infty) = \lim_{y \to +\infty} F(x,y).$$

$$(3.2.1)$$

同理,还有

$$F_Y(y) = P\{Y \leqslant y\} = P\{X < +\infty, Y \leqslant y\} = F(+\infty, y) = \lim_{x \to +\infty} F(x,y).$$

$$(3.2.2)$$

这时,称 $F_X(x), F_Y(y)$为联合分布函数 $F(x,y)$的**边缘分布函数**,边缘分布也称为**边沿分布**或**边际分布**(marginal distribution).

设二维离散型随机变量(X,Y)的联合分布律为

$$P\{X = x_i, Y = y_j\} = p_{ij}, \quad i,j = 1,2,\cdots,$$

则 X 的分布律为

$$P\{X = x_i\} = P\{X = x_i, Y < +\infty\} = \sum_{j=1}^{+\infty} p_{ij}, \quad i = 1,2,\cdots.$$

同样,Y 的分布律为

$$P\{Y = y_j\} = P\{X < +\infty, Y = y_j\} = \sum_{i=1}^{+\infty} p_{ij}, \quad j = 1,2,\cdots.$$

记

$$p_{i\cdot} = \sum_{j=1}^{+\infty} p_{ij} = P\{X = x_i\}, \quad i = 1,2,\cdots,$$

$$p_{\cdot j} = \sum_{i=1}^{+\infty} p_{ij} = P\{Y = y_j\}, \quad j = 1,2,\cdots,$$

分别称 $p_{i\cdot}(i=1,2,\cdots)$和 $p_{\cdot j}(j=1,2,\cdots)$为$(X,Y)$关于 X 和 Y 关于的**边缘分布律**,其中 $p_{i\cdot}$ 表示对第二个足标 j 求和,$p_{\cdot j}$表示对第一个足标 i 求和.

二维离散型随机变量(X,Y)的分布律及边缘分布律可用如下表格表示:

X \\ Y	y_1	y_2	$\cdots$	y_j	$\cdots$	$p_{i\cdot}$
x_1	p_{11}	p_{12}	$\cdots$	p_{1j}	$\cdots$	$p_{1\cdot}$
x_2	p_{21}	p_{22}	$\cdots$	p_{2j}	$\cdots$	$p_{2\cdot}$
$\vdots$	$\vdots$	$\vdots$		$\vdots$		$\vdots$
x_i	p_{i1}	p_{i2}	$\cdots$	p_{ij}	$\cdots$	$p_{i\cdot}$
$\vdots$	$\vdots$	$\vdots$		$\vdots$		$\vdots$
$p_{\cdot j}$	$p_{\cdot 1}$	$p_{\cdot 2}$	$\cdots$	$p_{\cdot j}$	$\cdots$	1

"边缘分布律"的来源是因为将边缘分布律写在联合分布律表格的边缘上. 表中, 最后一列表示 (X,Y) 关于 X 的边缘分布律, 最后一行表示 (X,Y) 关于 Y 的边缘分布律.

二维离散型随机变量边缘分布函数 $F_X(x),F_Y(y)$ 分别为

$$F_X(x) = \sum_{x_i \leqslant x} \sum_{j=1}^{\infty} p_{ij} = \sum_{x_i \leqslant x} p_{i.},$$

$$F_Y(y) = \sum_{y_j \leqslant y} \sum_{i=1}^{\infty} p_{ij} = \sum_{y_j \leqslant y} p_{.j}.$$

设连续型随机变量 (X,Y) 联合分布密度为 $f(x,y)$, 则

$$F_X(x) = F(x,+\infty) = \int_{-\infty}^{x} \left[\int_{-\infty}^{+\infty} f(u,y)\mathrm{d}y \right] \mathrm{d}u.$$

同理可知

$$F_Y(y) = F(+\infty,y) = \int_{-\infty}^{y} \left[\int_{-\infty}^{+\infty} f(x,v)\mathrm{d}x \right] \mathrm{d}v.$$

边缘概率密度

相对于联合分布密度函数而言, 称 X,Y 的密度函数 $f_X(x),f_Y(y)$ 为 (X,Y) 关于 X 和 Y 的**边缘概率密度**(marginal probability density), 并且分别为

$$f_X(x) = \int_{-\infty}^{+\infty} f(x,y)\mathrm{d}y, \tag{3.2.3}$$

$$f_Y(y) = \int_{-\infty}^{+\infty} f(x,y)\mathrm{d}x. \tag{3.2.4}$$

例 1 设随机变量 X 在 $1,2,3,4$ 四个整数中等可能地取一个值, 另一个随机变量 Y 在 $1 \sim X$ 中等可能地取一整数值. 试求 (X,Y) 的联合分布律与 X 及 Y 的边缘分布律.

解 X 与 Y 的取值都是 $1,2,3,4$, 而且 $Y \leqslant X$, 所以当 $i<j$ 时, $P\{X=i,Y=j\}=0$. 当 $i \geqslant j$ 时, 由乘法公式得

$$p_{ij} = P\{X=i,Y=j\} = P\{X=i\}P\{Y=j \mid X=i\} = \frac{1}{4} \cdot \frac{1}{i} = \frac{1}{4i},$$

于是可得 (X,Y) 的联合分布律及边缘分布律如下:

X \\ Y	1	2	3	4	$p_{i.}$
1	$\frac{1}{4}$	0	0	0	$\frac{1}{4}$
2	$\frac{1}{8}$	$\frac{1}{8}$	0	0	$\frac{1}{4}$
3	$\frac{1}{12}$	$\frac{1}{12}$	$\frac{1}{12}$	0	$\frac{1}{4}$
4	$\frac{1}{16}$	$\frac{1}{16}$	$\frac{1}{16}$	$\frac{1}{16}$	$\frac{1}{4}$
$p_{.j}$	$\frac{25}{48}$	$\frac{13}{48}$	$\frac{7}{48}$	$\frac{3}{48}$	1

即有边缘分布律

X	1	2	3	4
$p_i.$	$\dfrac{1}{4}$	$\dfrac{1}{4}$	$\dfrac{1}{4}$	$\dfrac{1}{4}$

Y	1	2	3	4
$p._j$	$\dfrac{25}{48}$	$\dfrac{13}{48}$	$\dfrac{7}{48}$	$\dfrac{3}{48}$

例 2　设平面区域 D 是由抛物线 $y=x^2$ 及直线 $y=x$ 所围,随机变量 (X,Y) 服从区域 D 上的均匀分布.求随机变量 (X,Y) 的联合概率密度及边缘概率密度 $f_X(x)$, $f_Y(y)$.

解　(1) 区域 D 的面积为

$$A = \int_0^1 \mathrm{d}x \int_{x^2}^x \mathrm{d}y = \left(\frac{1}{2}x^2 - \frac{1}{3}x^3\right)\Big|_0^1 = \frac{1}{6},$$

所以随机变量 (X,Y) 的联合密度函数为

$$f(x,y) = \begin{cases} 6, & x^2 \leqslant y \leqslant x, \\ 0, & \text{其他.} \end{cases}$$

(2) 随机变量的 X 的边缘密度函数为

当 $0<x<1$ 时(图 3.5),

$$f_X(x) = \int_{-\infty}^{+\infty} f(x,y)\mathrm{d}y = \int_{x^2}^x 6\mathrm{d}y = 6(x-x^2),$$

所以

$$f_X(x) = \begin{cases} 6(x-x^2), & 0 < x < 1, \\ 0, & \text{其他.} \end{cases}$$

同理,随机变量的 Y 的边缘密度函数为

当 $0<y<1$ 时(图 3.6),

$$f_Y(y) = \int_{-\infty}^{+\infty} f(x,y)\mathrm{d}x = \int_y^{\sqrt{y}} 6\mathrm{d}x = 6(\sqrt{y} - y),$$

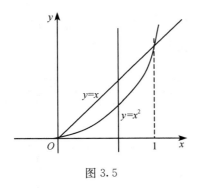

图 3.5

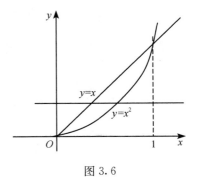

图 3.6

所以

$$f_Y(y) = \begin{cases} 6(\sqrt{y} - y), & 0 < y < 1, \\ 0, & \text{其他.} \end{cases}$$

例3 设(X,Y)服从参数为$\mu_1,\mu_2,\sigma_1,\sigma_2,\rho$的二维正态分布.试求它的边缘概率密度.

解 (X,Y)的概率密度为

$$f(x,y)=\frac{1}{2\pi\sigma_1\sigma_2\sqrt{1-\rho^2}}\exp\Big\{-\frac{1}{2(1-\rho^2)}\Big[\frac{(x-\mu_1)^2}{\sigma_1^2}$$

$$-\frac{2\rho(x-\mu_1)(y-\mu_2)}{\sigma_1\sigma_2}+\frac{(y-\mu_2)^2}{\sigma_2^2}\Big]\Big\}$$

$$-\infty<x<+\infty,\ -\infty<y<+\infty,$$

其中$\mu_1,\mu_2,\sigma_1,\sigma_2,\rho$都是常数且$\sigma_1>0,\sigma_2>0,-1<\rho<1$.

$$f_X(x)=\int_{-\infty}^{+\infty}f(x,y)\mathrm{d}y.$$

由于

$$\frac{(y-\mu_2)^2}{\sigma_2^2}-\frac{2\rho(x-\mu_1)(y-\mu_2)}{\sigma_1\sigma_2}=\Big(\frac{y-\mu_2}{\sigma_2}-\rho\frac{x-\mu_1}{\sigma_1}\Big)^2-\rho^2\frac{(x-\mu_1)^2}{\sigma_1^2},$$

所以

$$f_X(x)=\frac{1}{2\pi\sigma_1\sigma_2\sqrt{1-\rho^2}}\mathrm{e}^{-\frac{(x-\mu_1)^2}{2\sigma_1^2}}\int_{-\infty}^{+\infty}\mathrm{e}^{-\frac{1}{2(1-\rho^2)}\left(\frac{y-\mu_2}{\sigma_2}-\rho\frac{x-\mu_1}{\sigma_1}\right)^2}\mathrm{d}y.$$

令$t=\frac{1}{\sqrt{1-\rho^2}}\Big(\frac{y-\mu_2}{\sigma_2}-\rho\frac{x-\mu_1}{\sigma_1}\Big)$,则有

$$f_X(x)=\frac{1}{2\pi\sigma_1}\mathrm{e}^{-\frac{(x-\mu_1)^2}{2\sigma_1^2}}\int_{-\infty}^{+\infty}\mathrm{e}^{-t^2/2}\mathrm{d}t,$$

即

$$f_X(x)=\frac{1}{\sqrt{2\pi}\sigma_1}\mathrm{e}^{-\frac{(x-\mu_1)^2}{2\sigma_1^2}},\quad-\infty<x<+\infty.$$

同理,

$$f_Y(y)=\frac{1}{\sqrt{2\pi}\sigma_2}\mathrm{e}^{-\frac{(y-\mu_2)^2}{2\sigma_2^2}},\quad-\infty<y<+\infty.$$

二维正态分布的两个边缘分布是一维正态分布,并且都不依赖于参数ρ,即对于给定的$\mu_1,\mu_2,\sigma_1,\sigma_2$,不同的$\rho$对应不同的二维正态分布,但它们的边缘分布却都是一样的.这一事实表明:单由关于X和Y的边缘分布,一般来说是不能确定随机变量X和Y的联合分布的.两个边缘分布都是正态分布的二维随机变量,它们的联合分布函数还可以不是二维正态分布.例如,(X,Y)的联合密度函数为

$$f(x,y)=\frac{1}{2\pi}\mathrm{e}^{-\frac{x^2+y^2}{2}}(1+\sin x\sin y),\quad-\infty<x<+\infty,\ -\infty<y<+\infty,$$

显然,(X,Y)不服从正态分布,但是

$$f_X(x) = \frac{1}{\sqrt{2\pi}} \mathrm{e}^{-\frac{x^2}{2}}, \quad -\infty < x < +\infty,$$

$$f_Y(y) = \frac{1}{\sqrt{2\pi}} \mathrm{e}^{-\frac{y^2}{2}}, \quad -\infty < y < +\infty.$$

X,Y 都是服从 $N(0,1)$ 的随机变量. 证明留给读者作为练习.

上述关于二维随机变量的一些概念, 容易推广到 n 维随机变量的情况.

n 维随机变量 $(X_1, X_2, \cdots, X_n)$ 的分布函数定义为

$$F(x_1, x_2, \cdots, x_n) = P\{X_1 \leqslant x_1, X_2 \leqslant x_2, \cdots, X_n \leqslant x_n\},$$

其中, $x_1, x_2, \cdots, x_n$ 为任意实数.

若存在非负函数 $f(x_1, x_2, \cdots, x_n)$, 使得对于任意实数 $x_1, x_2, \cdots, x_n$ 有

$$F(x_1, x_2, \cdots, x_n) = \int_{-\infty}^{x_n} \int_{-\infty}^{x_{n-1}} \cdots \int_{-\infty}^{x_1} f(x_1, x_2, \cdots, x_n) \mathrm{d}x_1 \mathrm{d}x_2 \cdots \mathrm{d}x_n,$$

则称 $f(x_1, x_2, \cdots, x_n)$ 为 $(X_1, X_2, \cdots, X_n)$ 的概率密度函数.

设 $(X_1, X_2, \cdots, X_n)$ 的分布函数 $F(x_1, x_2, \cdots, x_n)$ 已知, 则 $(X_1, X_2, \cdots, X_n)$ 的 $k(1 \leqslant k < n)$ 维边缘分布函数就随之确定了. 例如, $(X_1, X_2, \cdots, X_n)$ 关于 X_1 和 (X_1, X_2) 的边缘分布函数分别为

$$F_{X_1}(x_1) = F(x_1, +\infty, +\infty, \cdots, +\infty),$$

$$F_{X_1, X_2}(x_1, x_2) = F(x_1, x_2, +\infty, +\infty, \cdots, +\infty).$$

又若 $f(x_1, x_2, \cdots, x_n)$ 是 $(X_1, X_2, \cdots, X_n)$ 的概率密度, 则 $(X_1, X_2, \cdots, X_n)$ 关于 X_1 和 (X_1, X_2) 的边缘概率密度分别为

$$f_{X_1}(x_1) = \int_{-\infty}^{+\infty} \int_{-\infty}^{+\infty} \cdots \int_{-\infty}^{+\infty} f(x_1, x_2, \cdots, x_n) \mathrm{d}x_2 \mathrm{d}x_3 \cdots \mathrm{d}x_n,$$

$$f_{X_1, X_2}(x_1, x_2) = \int_{-\infty}^{+\infty} \int_{-\infty}^{+\infty} \cdots \int_{-\infty}^{+\infty} f(x_1, x_2, \cdots, x_n) \mathrm{d}x_3 \mathrm{d}x_4 \cdots \mathrm{d}x_n.$$

3.3　条　件　分　布

课件 11

考察二维随机变量 (X,Y) 时, 常常需要考虑已知其中一个随机变量取得某值的条件下, 求另一个随机变量取值的概率.

3.3.1　离散型随机变量的条件分布律

设 (X,Y) 是一个二维离散型的随机变量, 其分布律为

$$P\{X = x_i, y = y_j\} = p_{ij}, \quad i, j = 1, 2, \cdots.$$

(X,Y) 关于 X 和 Y 的边缘分布律分别为

$$P\{X = x_i\} = p_{i\cdot} = \sum_{j=1}^{\infty} p_{ij}, \quad i = 1, 2, \cdots,$$

$$P\{Y = y_j\} = p_{\cdot j} = \sum_{i=1}^{\infty} p_{ij}, \quad j = 1,2,\cdots.$$

由事件的条件概率给出条件概率分布的概念:对于固定的 j,若 $P\{Y = y_j\} > 0$,则称

$$P\{X = x_i \mid Y = y_j\} = \frac{P\{X = x_i, Y = y_j\}}{P\{Y = y_j\}} = \frac{p_{ij}}{p_{\cdot j}}, \quad i = 1,2,\cdots.$$

$$(3.3.1)$$

为在 $Y = y_j$ 条件下随机变量 X 的**条件分布律**.

同样,在给定条件 $X = x_i$ 下,若 $P\{X = x_i\} > 0$,随机变量 Y 的**条件分布律**为

$$P\{Y = y_j \mid X = x_i\} = \frac{P\{X = x_i, Y = y_j\}}{P\{X = x_i\}} = \frac{p_{ij}}{p_{i\cdot}}, \quad j = 1,2,\cdots.$$

$$(3.3.2)$$

易知上述条件概率具有如下分布律的性质:

(1) $P\{X = x_i \mid Y = y_j\} \geqslant 0$;

(2) $\sum_{i=1}^{+\infty} P\{X = x_i \mid Y = y_j\} = \sum_{i=1}^{+\infty} \frac{p_{ij}}{p_{\cdot j}} = \frac{1}{p_{\cdot j}} \sum_{i=1}^{+\infty} p_{ij} = \frac{p_{\cdot j}}{p_{\cdot j}} = 1.$

例 1 设某工厂每天工作时间 X 可分为 6 小时,8 小时,10 小时,12 小时,他们的工作效率 Y 可以按 $50\%, 70\%, 90\%$ 分为三类.已知 (X,Y) 的概率分布律为

Y \ X	6	8	10	12
0.5	0.014	0.036	0.058	0.072
0.7	0.036	0.216	0.180	0.043
0.9	0.072	0.180	0.079	0.014

如果以工作效率不低于 70% 的概率越大越好作为评判标准,问每天工作时间以几个小时为最好?

解 先求 (X,Y) 的边缘分布

X	6	8	10	12
P	0.122	0.432	0.317	0.129

Y	0.5	0.7	0.9
P	0.18	0.475	0.345

下面分别考虑 $X = 6,8,10,12$ 时 Y 的条件分布,即

$$P\{Y = y_j \mid X = x_i\} = \frac{P\{X = x_i, Y = y_j\}}{P\{X = x_i\}},$$

$$x_i = 6,8,10,12, y_j = 0.5, 0.7, 0.9,$$

可得

Y	0.5	0.7	0.9
$P\{Y=y_j \mid X=6\}$	0.115	0.295	0.590
$P\{Y=y_j \mid X=8\}$	0.083	0.500	0.417
$P\{Y=y_j \mid X=10\}$	0.183	0.568	0.249
$P\{Y=y_j \mid X=12\}$	0.558	0.333	0.109

从上表可以看出,在 $P\{Y \geqslant 0.7 \mid X=x_i\}$ 的值中,当 $x_i=8$ 时,概率为 $1-0.083=0.917$ 最大,即每天工作 8 小时工作效率达到最优.

例 2　一射手进行射击,击中目标的概率为 $p(0<p<1)$,射击直至击中目标两次为止.设以 X 表示首次击中目标所进行的射击次数,以 Y 表示总共进行的射击次数,试求 X 和 Y 的联合分布律以及条件分布律.

解　(1) X 的取值是 $1,2,\cdots,Y$ 的取值是 $2,3,4,\cdots$,并且 $X<Y$. 按题意,$Y=n$ 就表示在第 n 次射击时击中目标,并且在第 1 次,第 2 次,$\cdots$,第 $n-1$ 次射击中恰有一次击中目标. 于是 (X,Y) 的联合分布律为

$$P\{X=m, Y=n\} = p^2 q^{n-2},$$

其中,$n=2,3,\cdots; m=1,2,\cdots,n-1; 0<p<1, p+q=1.$

(2)

$$P\{X=m\} = \sum_{n=m+1}^{\infty} P\{X=m, Y=n\} = \sum_{n=m+1}^{\infty} p^2 q^{n-2}$$

$$= p^2 \sum_{n=m+1}^{\infty} q^{n-2} = p^2 \frac{q^{m-1}}{1-q} = pq^{m-1},$$

即 X 服从几何分布

$$P\{X=m\} = pq^{m-1}, \quad m=1,2,\cdots,$$

$$P\{Y=n\} = \sum_{m=1}^{n-1} P\{X=m, Y=n\}$$

$$= \sum_{m=1}^{n-1} p^2 q^{n-2} = (n-1) p^2 q^{n-2},$$

即关于 Y 的边缘分布为

$$P\{Y=n\} = (n-1) p^2 q^{n-2}, \quad n=1,2,\cdots.$$

(3)

$$P\{Y=n \mid X=m\} = \frac{P\{X=m, Y=n\}}{P\{X=m\}} = \frac{p^2 q^{n-2}}{pq^{m-1}} = pq^{n-m-1},$$

即得在 $X=m$ 条件下,Y 的条件分布为

$$P\{Y=n \mid X=m\} = pq^{n-m-1}, \quad n=m+1, m+2, \cdots.$$

$$P\{X=m \mid Y=n\} = \frac{P\{X=m, Y=n\}}{P\{Y=n\}} = \frac{p^2 q^{n-2}}{(n-1) p^2 q^{n-2}} = \frac{1}{n-1},$$

即得在 $Y=n$ 条件下,X 的条件分布为

$$P\{X = m \mid Y = n\} = \frac{1}{n-1}, \quad m = 1, 2, \cdots, n-1.$$

3.3.2 连续型随机变量的条件分布

对二维连续型随机变量,也想定义分布函数 $P\{X \leqslant x \mid Y = y\}$,但是由于 $P\{Y = y\} = 0$,故不能像离散型随机变量那样简单地定义了. 自然想到设 A 为某一事件,Y 为随机变量,其分布函数为 $F_Y(y)$,如果 $P\{y - \varepsilon < Y \leqslant y + \varepsilon\} > 0$,则由条件概率公式可知

$$P\{A \mid y - \varepsilon < Y \leqslant y + \varepsilon\} = \frac{P\{A, y - \varepsilon < Y \leqslant y + \varepsilon\}}{P\{y - \varepsilon < Y \leqslant y + \varepsilon\}}.$$

如果当 $\varepsilon \to 0$ 时,上式极限存在,则称为事件 A 在条件 $Y = y$ 下的条件概率,即

$$P\{A \mid Y = y\} = \lim_{\varepsilon \to 0^+} \frac{P\{A, y - \varepsilon < Y \leqslant y + \varepsilon\}}{P\{y - \varepsilon < Y \leqslant y + \varepsilon\}}.$$

设 X 为随机变量,而取事件 A 为 $\{X \leqslant x\}$,则称 $P\{X \leqslant x \mid Y = y\}$ 为随机变量 X 在条件 $Y = y$ 下的**条件分布函数**(conditional distribution function),记作 $F_{X|Y}(x \mid y)$.

设 (X, Y) 为二维连续型随机变量,分布函数为 $F(x, y)$,其概率密度函数为 $f(x, y)$ 且连续,则

$$F_{X|Y}(x \mid y) = \lim_{\varepsilon \to 0^+} P\{X \leqslant x \mid y - \varepsilon < Y \leqslant y + \varepsilon\} = \lim_{\varepsilon \to 0^+} \frac{F(x, y + \varepsilon) - F(x, y - \varepsilon)}{F_Y(y + \varepsilon) - F_Y(y - \varepsilon)}$$

$$= \lim_{\varepsilon \to 0^+} \frac{[F(x, y + \varepsilon) - F(x, y - \varepsilon)]/2\varepsilon}{[F_Y(y + \varepsilon) - F_Y(y - \varepsilon)]/2\varepsilon}$$

$$= \frac{\dfrac{\partial F(x, y)}{\partial y}}{\dfrac{\partial F_Y(y)}{\partial y}} = \frac{\dfrac{\partial}{\partial y}\left(\displaystyle\int_{-\infty}^{y}\int_{-\infty}^{x} f(u, v)\,\mathrm{d}u\mathrm{d}v\right)}{f_Y(y)}$$

$$= \frac{\displaystyle\int_{-\infty}^{x} f(u, y)\,\mathrm{d}u}{f_Y(y)} = \int_{-\infty}^{x} \frac{f(u, y)}{f_Y(y)}\,\mathrm{d}u. \tag{3.3.3}$$

若对于固定 $Y, f_Y(y) > 0$,则上式就是在给定条件 $Y = y$ 下,随机变量 X 的**条件分布函数**. 而 $\dfrac{f(x, y)}{f_Y(y)}$ 称为在给定条件 $Y = y$ 下,X 的**条件概率密度**,记作

$$f_{X|Y}(x \mid y) = \frac{f(x, y)}{f_Y(y)}. \tag{3.3.4}$$

易知上述条件概率密度具有如下分布密度的性质:

(1) $f_{X|Y}(x|y) = \dfrac{f(x, y)}{f_Y(y)} \geqslant 0$;

(2) $\int_{-\infty}^{+\infty} f_{X|Y}(x \mid y)\mathrm{d}x = \int_{-\infty}^{+\infty} \dfrac{f(x,y)}{f_Y(y)}\mathrm{d}x = \dfrac{1}{f_Y(y)}\int_{-\infty}^{+\infty} f(x,y)\mathrm{d}x = 1.$

同样,可定义

$$F_{Y|X}(y \mid x) = \int_{-\infty}^{y} \frac{f(x,u)}{f_X(x)}\mathrm{d}u,$$

$$f_{Y|X}(y \mid x) = \frac{f(x,y)}{f_X(x)}.$$

例 3　设(X,Y)服从区域 $x^2+y^2\leqslant1$ 上的均匀分布. 求条件概率密度 $f_{X|Y}(x|y)$.

解　二维随机变量(X,Y)的联合密度函数为

$$f(x,y) = \begin{cases} \dfrac{1}{\pi}, & x^2+y^2\leqslant1, \\ 0, & \text{其他}. \end{cases}$$

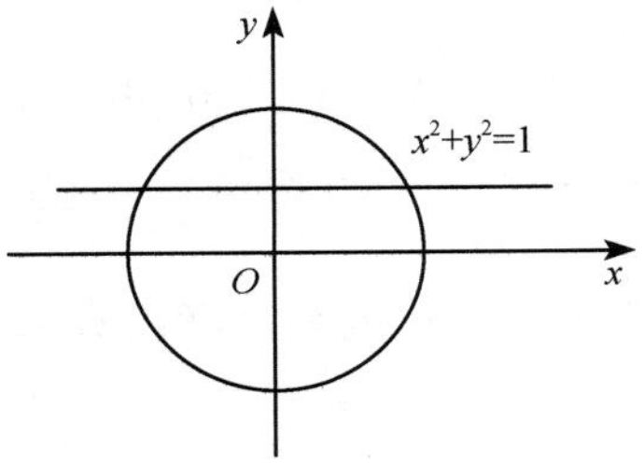

由此得当$-1\leqslant y\leqslant1$ 时(图 3.7),

$$\begin{aligned} f_Y(y) &= \int_{-\infty}^{+\infty} f(x,y)\mathrm{d}x = \int_{-\sqrt{1-y^2}}^{\sqrt{1-y^2}} \frac{1}{\pi}\mathrm{d}x \\ &= \frac{2}{\pi}\sqrt{1-y^2}, \end{aligned}$$

所以随机变量 Y 的密度函数为

$$f_Y(y) = \begin{cases} \dfrac{2}{\pi}\sqrt{1-y^2}, & -1\leqslant y\leqslant1, \\ 0, & \text{其他}. \end{cases}$$

图 3.7

由此得当$-1<y<1$ 时,$f_Y(y)>0$,因此,当$-1<y<1$ 时,

$$\begin{aligned} f_{X|Y}(x \mid y) &= \frac{f(x,y)}{f_Y(y)} \\ &= \begin{cases} \dfrac{1}{2\sqrt{1-y^2}}, & -\sqrt{1-y^2}\leqslant x\leqslant\sqrt{1-y^2}, \\ 0, & \text{其他}, \end{cases} \end{aligned}$$

即当$-1<y<1$ 时,在给定条件 $Y=y$ 下,X 的条件分布是区间$[-\sqrt{1-y^2}, \sqrt{1-y^2}]$上的均匀分布.

例 4　设(X,Y)服从参数为 $\mu_1,\mu_2,\sigma_1,\sigma_2,\rho$ 的二维正态分布. 试求它的条件分布.

解　(X,Y)的概率密度为

$$\begin{aligned} f(x,y) = \frac{1}{2\pi\sigma_1\sigma_2\sqrt{1-\rho^2}}\exp\bigg\{ &-\frac{1}{2(1-\rho^2)}\Big[\frac{(x-\mu_1)^2}{\sigma_1^2} \\ &-\frac{2\rho(x-\mu_1)(y-\mu_2)}{\sigma_1\sigma_2}+\frac{(y-\mu_2)^2}{\sigma_2^2}\Big]\bigg\} \end{aligned}$$

$$-\infty < x < +\infty, \ -\infty < y < +\infty,$$

其中，$\mu_1, \mu_2, \sigma_1, \sigma_2, \rho$ 都是常数且 $\sigma_1 > 0, \sigma_2 > 0, -1 < \rho < 1$.

由 3.2 节的例 3 知 $f_Y(y) = \dfrac{1}{\sqrt{2\pi}\sigma_2} \mathrm{e}^{-\frac{(y-\mu_2)^2}{2\sigma_2^2}} \ (-\infty < y < +\infty)$，因此，对于任意的 $y, f_Y(y) > 0$ 有

$$
\begin{aligned}
f_{X|Y}(x \mid y) &= \frac{f(x,y)}{f_Y(y)} \\
&= \frac{1}{\sqrt{2\pi}\ \sqrt{\sigma_1^2(1-\rho^2)}} \\
&\quad \cdot \exp\left\{ -\frac{1}{2\sigma_1^2(1-\rho^2)} \Big[x - \Big(\mu_1 + \rho\frac{\sigma_1}{\sigma_2}(y-\mu_2) \Big) \Big]^2 \right\}, \\
&\qquad\qquad\qquad\qquad\qquad\qquad -\infty < x < +\infty.
\end{aligned}
$$

由 X 和 Y 的对称性，同理可得

$$
\begin{aligned}
f_{Y|X}(y \mid x) &= \frac{1}{\sqrt{2\pi}\ \sqrt{\sigma_2^2(1-\rho^2)}} \\
&\quad \cdot \exp\left\{ -\frac{1}{2\sigma_2^2(1-\rho^2)} \Big[y - \Big(\mu_2 + \rho\frac{\sigma_2}{\sigma_1}(x-\mu_1) \Big) \Big]^2 \right\}, \\
&\qquad\qquad\qquad\qquad\qquad\qquad -\infty < y < +\infty.
\end{aligned}
$$

以上结果表明：在给定 $X = x$ 下，Y 的条件概率密度服从正态分布 $N\Big(\mu_2 + \rho\dfrac{\sigma_2}{\sigma_1}(x-\mu_1), \sigma_2^2(1-\rho^2) \Big)$；在给定 $Y = y$ 下，X 的条件概率密度服从正态分布 $N\Big(\mu_1 + \rho\dfrac{\sigma_1}{\sigma_2}(y-\mu_2), \sigma_1^2(1-\rho^2) \Big)$.

注 联合分布唯一确定边缘分布和条件分布，反之，边缘分布和条件分布都不能唯一确定联合分布，但一个条件分布和对应的边缘分布一起，能唯一确定联合分布，这是因为 $f(x,y) = f_X(x)f_{Y|X}(y|x)$.

3.4 相互独立的随机变量

随机变量的独立性是一个很重要的概念，它是由随机事件的相互独立性引申而来的. 已经知道，两个事件 A, B 是相互独立的当且仅当它们满足条件 $P(AB) = P(A)P(B)$. 由此，可引出两个随机变量的相互独立性.

设 X 和 Y 为两个随机变量，$\{X \leqslant x\}$ 和 $\{Y \leqslant y\}$ 为两个事件，则两个事件 $\{X \leqslant x\}$ 和 $\{Y \leqslant y\}$ 相互独立，相当于下式成立：

$$P\{X \leqslant x, Y \leqslant y\} = P\{X \leqslant x\} \cdot P\{Y \leqslant y\}, \tag{3.4.1}$$

或写成

$$F(x,y) = F_X(x) \cdot F_Y(y).\tag{3.4.2}$$

定义 3.4.1 设 $F(x,y)$ 及 $F_X(x)$，$F_Y(y)$ 分别是二维随机变量 (X,Y) 的联合分布函数及边缘分布函数，若对于所有的 x,y，$F(x,y) = F_X(x) \cdot F_Y(y)$，则称随机变量 X 和 Y 是**相互独立的**(independence mutually).

具体地，对离散型与连续型随机变量的独立性，可分别用概率分布与概率密度描述.

当 (X,Y) 是离散型随机变量时，X 与 Y 相互独立的条件 $(3.4.2)$ 等价于对于 (X,Y) 的所有可能取的值 (x_i, y_j) 有

$$P\{X = x_i, Y = y_j\} = P\{X = x_i\} \cdot P\{Y = y_j\}.\tag{3.4.3}$$

设 (X,Y) 是连续型随机变量，X 和 Y 相互独立的条件 $(3.4.2)$ 等价于等式

$$f(x,y) = f_X(x) \cdot f_Y(y)\tag{3.4.4}$$

在平面上几乎处处成立(此处"几乎处处成立"的含义是：在平面上除去测度"面积"为零的集合以外，处处成立). 在实际中，使用 $(3.4.3)$ 式或 $(3.4.4)$ 式要比使用 $(3.4.2)$ 式方便.

例 1 如果 (X,Y) 的分布律由下表给出：

X \ Y	1	2	3
1	1/6	1/9	1/18
2	1/3	α	β

那么当 α,β 取什么值时 X,Y 才相互独立？

解 将 (X,Y) 的分布律矩形表格各横行、各竖列的概率分别相加即得关于 X 与 Y 的边缘分布律

X \ Y	1	2	3	$p_i.$
1	1/6	1/9	1/18	1/3
2	1/3	α	β	$1/3+\alpha+\beta$
$p._j$	1/2	$1/9+\alpha$	$1/18+\beta$	1

又 X 与 Y 相互独立的等价条件为 $p_{ij} = p_i. \, p._j$，由此可知

$$\begin{cases} p_{13} = p_1. p._3, \\ p_{12} = p_1. p._2, \end{cases} \Rightarrow \begin{cases} 1/18 = 1/3(1/18 + \beta), \\ 1/9 = 1/3(1/9 + \alpha), \end{cases}$$

解得 $\alpha = 2/9, \beta = 1/9$. 经检验 $p_{ij} = p_i. \, p._j (i=1,2, j=1,2,3)$，因而当 $\alpha = 2/9, \beta = 1/9$ 时，X 与 Y 才相互独立.

例2 设(X,Y)的分布函数为

$$F(x,y) = A\left(B + \arctan\frac{x}{2}\right)\left(C + \arctan\frac{y}{3}\right).$$

(1)求系数A,B和C;(2)求(X,Y)的概率密度;(3)求边缘分布函数及边缘概率密度,并问X与Y是否相互独立?

解 (1)由分布函数的性质可知

$$F(+\infty,+\infty) = A\left(B + \frac{\pi}{2}\right)\left(C + \frac{\pi}{2}\right) = 1,$$

$$F(x,-\infty) = A\left(B + \arctan\frac{x}{2}\right)\left(C - \frac{\pi}{2}\right) = 0,$$

$$F(-\infty,y) = A\left(B - \frac{\pi}{2}\right)\left(C + \arctan\frac{y}{3}\right) = 0,$$

由上面三式可得$A = 1/\pi^2, B = \pi/2, C = \pi/2$,即

$$F(x,y) = \frac{1}{\pi^2}\left(\frac{\pi}{2} + \arctan\frac{x}{2}\right)\left(\frac{\pi}{2} + \arctan\frac{y}{3}\right).$$

(2)(X,Y)的概率密度为

$$f(x,y) = \frac{\partial^2 F(x,y)}{\partial x \partial y} = \frac{6}{\pi^2(x^2+4)(y^2+9)}.$$

(3)X的边缘分布函数为

$$F_X(x) = F(x,+\infty) = \frac{1}{\pi}\left(\frac{\pi}{2} + \arctan\frac{x}{2}\right) = \frac{1}{2} + \frac{1}{\pi}\arctan\frac{x}{2},$$

其边缘概率密度为

$$f_X(x) = \frac{\mathrm{d}}{\mathrm{d}x}F_X(x) = \frac{2}{\pi(x^2+4)}.$$

同理,Y的边缘分布函数为

$$F_Y(y) = F(+\infty,y) = \frac{1}{2} + \frac{1}{\pi}\arctan\frac{y}{3},$$

其边缘概率密度为

$$f_Y(y) = \frac{\mathrm{d}}{\mathrm{d}y}F_Y(y) = \frac{3}{\pi(y^2+9)}.$$

因为$f(x,y) = f_X(x) \cdot f_Y(y)$,故$X$与$Y$是相互独立的.

例3 一负责人到达办公室的时刻均匀分布在8~10时,他的秘书到达办公室的时刻均匀分布在7~9时,设他们两人到达的时刻是互相独立的,求他们到达办公室的时刻相差不超过$10\min(\frac{1}{6}\mathrm{h})$的概率.

解 设X与Y分别是负责人和他的秘书到达办公室的时刻.由假设知,X与Y的分布密度分别为

$$f_X(x) = \begin{cases} 1/2, & 8 \leqslant x \leqslant 10, \\ 0, & \text{其他,} \end{cases}$$

$$f_Y(y) = \begin{cases} 1/2, & 7 \leqslant y \leqslant 9, \\ 0, & \text{其他}. \end{cases}$$

因为 X 与 Y 相互独立,所以

$$f(x,y) = f_X(x) \cdot f_Y(y) = \begin{cases} 1/4, & 8 \leqslant x \leqslant 10, 7 \leqslant y \leqslant 9, \\ 0, & \text{其他}. \end{cases}$$

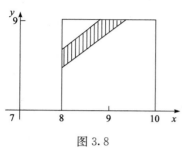

图 3.8

依题意,就是要求 $P\{|X-Y| \leqslant 1/6\}$. 画出区域 $|X-Y| \leqslant 1/6$,以及正方形区域 $\{(x,y): 8 \leqslant x \leqslant 10, 7 \leqslant y \leqslant 9\}$,它们的公共部分是图 3.8 中的阴影部分,记为 G. 于是

$$P\{|X-Y| \leqslant 1/6\} = \iint\limits_{|X-Y| \leqslant 1/6} f(x,y)\mathrm{d}x\mathrm{d}y$$

$$= \frac{1}{4}(G \text{ 的面积}).$$

然而,G 的面积 $= \dfrac{1}{2}\left(\dfrac{7}{6}\right)^2 - \dfrac{1}{2}\left(\dfrac{5}{6}\right)^2 = \dfrac{1}{3}$. 于是

$$P\{|X-Y| \leqslant 1/6\} = \frac{1}{12},$$

即负责人与他的秘书到达办公室的时刻相差不超过 10min 的概率是 1/12.

例 4　设 (X,Y) 是二维正态随机变量,它的概率密度为

$$f(x,y) = \frac{1}{2\pi\sigma_1\sigma_2\sqrt{1-\rho^2}} \exp\left\{ -\frac{1}{2(1-\rho^2)}\left[\frac{(x-\mu_1)^2}{\sigma_1^2} \right.\right.$$

$$\left.\left. -2\rho\frac{(x-\mu_1)(y-\mu_2)}{\sigma_1\sigma_2} + \frac{(y-\mu_2)^2}{\sigma_2^2} \right] \right\}.$$

证明 X 与 Y 相互独立的充要条件为 $\rho=0$.

证　(1) 随机变量 X 边缘密度函数为

$$f_X(x) = \frac{1}{\sqrt{2\pi}\sigma_1} \mathrm{e}^{-\frac{(x-\mu_1)^2}{2\sigma_1^2}}, \quad -\infty < x < +\infty,$$

又随机变量 Y 边缘密度函数为

$$f_Y(y) = \frac{1}{\sqrt{2\pi}\sigma_2} \mathrm{e}^{-\frac{(y-\mu_2)^2}{2\sigma_2^2}}, \quad -\infty < y < +\infty,$$

所以当 $\rho=0$ 时,(X,Y) 的联合密度函数为

$$f(x,y) = \frac{1}{2\pi\sigma_1\sigma_2} \exp\left\{ -\frac{1}{2}\left[\frac{(x-\mu_1)^2}{\sigma_1^2} + \frac{(y-\mu_2)^2}{\sigma_2^2} \right] \right\}$$

$$= f_X(x) \cdot f_Y(y)$$

这表明随机变量 X 与 Y 相互独立.

（2）反之，如果随机变量 X 与 Y 相互独立，则对于任意的实数 x,y 有
$$f(x,y) = f_X(x) \cdot f_Y(y).$$
特别地有
$$f(\mu_1,\mu_2) = f_X(\mu_1) \cdot f_Y(\mu_2),$$
即
$$\frac{1}{2\pi\sigma_1\sigma_2\sqrt{1-\rho^2}} = \frac{1}{\sqrt{2\pi}\sigma_1} \cdot \frac{1}{\sqrt{2\pi}\sigma_2},$$
由此得 $\rho=0$.

例 5 设 X 与 Y 是两个相互独立的随机变量，其概率密度分别为
$$f_X(x) = \begin{cases} \lambda e^{-\lambda x}, & x>0, \\ 0, & x\leqslant 0, \end{cases} \quad f_Y(y) = \begin{cases} \mu e^{-\mu y}, & y>0, \\ 0, & y\leqslant 0, \end{cases}$$
其中，$\lambda>0,\mu>0$ 为常数. 引入随机变量
$$Z = \begin{cases} 1, & X\leqslant Y, \\ 0, & X>Y. \end{cases}$$
（1）求条件概率密度 $f_{X|Y}(x|y)$；（2）求 Z 的分布律和分布函数.

解 （1）由独立性，$f_{X|Y}(x|y)=f_X(x)$.

（2）由于 $f(x,y)=f_X(x) \cdot f_Y(y)$，$Z$ 的分布律（图 3.9）为

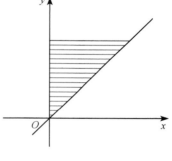

$$P\{Z=1\} = P\{X\leqslant Y\} = \lambda\mu \iint\limits_{0<x\leqslant y} e^{-\lambda x - \mu y}\,dxdy$$
$$= \lambda\mu \int_0^{+\infty} dx \int_x^{+\infty} e^{-\lambda x - \mu y}\,dy = \lambda/(\lambda+\mu),$$
$$P\{Z=0\} = 1 - P\{Z=1\} = \mu/(\lambda+\mu).$$

Z 是离散型随机变量，其分布函数

图 3.9

$$F(z) = \begin{cases} 0, & z<0, \\ \mu/(\lambda+\mu), & 0\leqslant z<1, \\ 1, & z\geqslant 1. \end{cases}$$

注 随机变量的独立性往往由实际问题给出. 在独立的情况下，条件分布就是边缘分布，而边缘分布能唯一确定联合分布，这样就将多维随机变量的问题化为一维随机变量的问题，所以独立性是非常值得重视的概念之一.

以上所述关于两个随机变量的一些概念，容易推广到多个随机变量的情况.

定义 3.4.2 若对于所有 $x_1,x_2,\cdots,x_n$ 有
$$F(x_1,x_2,\cdots,x_n) = F_{X_1}(x_1) \cdot F_{X_2}(x_2)\cdots F_{X_n}(x_n),$$
则称 $X_1,X_2,\cdots,X_n$ 是相互独立的.

定义 3.4.3 若对于所有的 $x_1,x_2,\cdots,x_m;y_1,y_2,\cdots,y_n$ 有

$$F(x_1, x_2, \cdots, x_m, y_1, y_2, \cdots, y_n) = F_1(x_1, x_2, \cdots, x_m) \cdot F_2(y_1, y_2, \cdots, y_n),$$

其中，F_1, F_2, F 依次为随机变量 $(X_1, X_2, \cdots, X_m)$，$(Y_1, Y_2, \cdots, Y_n)$ 和 $(X_1, X_2, \cdots, X_m, Y_1, Y_2, \cdots, Y_n)$ 的分布函数，则称随机变量 $(X_1, X_2, \cdots, X_m)$ 和 $(Y_1, Y_2, \cdots, Y_n)$ 是相互独立的.

以下定理在数理统计中很重要.

定理 3.4.1　设 $(X_1, X_2, \cdots, X_m)$ 和 $(Y_1, Y_2, \cdots, Y_n)$ 相互独立，则 $X_i (i = 1, 2, \cdots, m)$ 和 $Y_i (i = 1, 2, \cdots, n)$ 相互独立. 又若 h, g 是连续函数，则 $h(X_1, X_2, \cdots, X_m)$ 和 $g(Y_1, Y_2, \cdots, Y_n)$ 也相互独立.

证明略.

注　若 $g_1(X)$ 与 $g_2(Y)$ 相互独立，但 X 与 Y 未必独立.

3.5　多维随机变量的函数的分布

第 2 章已讨论过一个随机变量的函数的分布，本节讨论多维随机变量的函数的分布.

课件 12

3.5.1　离散型随机变量的函数的分布

例 1　设 X, Y 相互独立，其分布律分别为

$$P\{X = k\} = p(k), k = 0, 1, 2, \cdots, \quad P\{Y = r\} = q(r), r = 0, 1, 2, \cdots.$$

求 $Z = X + Y$ 的分布律.

解　由事件的互不相容性及 X, Y 的独立性可知，Z 的分布律为

$$
\begin{aligned}
P\{Z = i\} &= P\{X + Y = i\} \\
&= P\{X = 0, Y = i\} + P\{X = 1, Y = i - 1\} + \cdots + P\{X = i, Y = 0\} \\
&= \sum_{k=0}^{i} P\{X = k, Y = i - k\} = \sum_{k=0}^{i} P\{X = k\} P\{Y = i - k\} \\
&= \sum_{k=0}^{i} p(k) q(i - k), \quad i = 0, 1, 2, \cdots,
\end{aligned}
$$

此结果称为**离散型卷积公式**.

特别地，$X \sim B(m, p)$，$Y \sim B(n, p)$ 且相互独立，求 $Z = X + Y$ 的分布律.

$$
\begin{aligned}
P\{Z = i\} &= \sum_{k=0}^{i} P\{X = k\} P\{Y = i - k\} \\
&= \sum_{k=0}^{i} C_m^k p^k (1-p)^{m-k} C_n^{i-k} p^{i-k} (1-p)^{n-i+k} \\
&= C_{m+n}^i p^i (1-p)^{m+n-i},
\end{aligned}
$$

从而 $Z = X + Y$ 仍服从二项分布. 在上式的证明中用到了组合中的一个结果：

$$C_{m+n}^i = \sum_{k=0}^i C_m^k C_n^{i-k}.$$

例 2 设 $X_1, X_2, \cdots, X_n$ 相互独立且每个都服从同一个 0-1 分布,即

X_k	0	1
p_k	$1-p$	p

其中,$0<p<1$,求 $Z=X_1+X_2+\cdots+X_n$ 的分布律.

解 由于每个 $X_k(k=1,2,\cdots,n)$ 只能取 0,1,因此,Z 只能取 $0,1,2,\cdots,n$. 设 i 为这些数中的任一个. $Z=i$ 意味着 $X_1, X_2, \cdots, X_n$ 中恰好 i 个取 1,而其余的取 0. 在 $X_1, X_2, \cdots, X_n$ 中,i 个取 1 而其余的取 0 共有 C_n^i 种方式. 由 $X_1, X_2, \cdots, X_n$ 的相互独立性,每种方式出现的概率为 $p^i(1-p)^{n-i}$,因此,

$$P\{Z=i\} = C_n^i p^i (1-p)^{n-i}, \quad i = 0, 1, 2, \cdots, n,$$

即 $Z=X_1+X_2+\cdots+X_n \sim B(n,p)$.

3.5.2 连续型随机变量的函数的分布

一般地,当已知 (X,Y) 的概率密度为 $f(x,y)$,求 $Z=g(X,Y)$ 的概率密度时,先求出 Z 的分布函数

$$F_Z(z) = P\{Z \leqslant z\} = P\{g(X,Y) \leqslant z\} = \iint\limits_{g(x,y) \leqslant z} f(x,y)\mathrm{d}x\mathrm{d}y,$$

然后 $F_Z(z)$ 对 z 求导,便得 Z 的概率密度函数 $f_Z(z)$.

1. 常用函数分布的公式

随机变量之和的密度 设 (X,Y) 的概率密度为 $f(x,y)$,则 $Z=X+Y$ 的分布函数为($x+y \leqslant z$ 图像如图 3.10 所示)

$$\begin{aligned} F_Z(z) &= P\{Z \leqslant z\} = P\{X+Y \leqslant z\} \\ &= \iint\limits_{x+y \leqslant z} f(x,y)\mathrm{d}x\mathrm{d}y \\ &= \int_{-\infty}^{+\infty} \left[\int_{-\infty}^{z-y} f(x,y)\mathrm{d}x \right]\mathrm{d}y. \end{aligned}$$

固定 z 和 y,对积分 $\int_{-\infty}^{z-y} f(x,y)\mathrm{d}x$ 作变量变换,令 $x=u-y$ 得

$$\int_{-\infty}^{z-y} f(x,y)\mathrm{d}x = \int_{-\infty}^{z} f(u-y,y)\mathrm{d}u.$$

于是

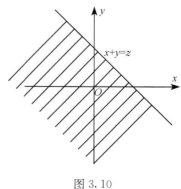

图 3.10

$$F_Z(z) = \int_{-\infty}^{+\infty}\int_{-\infty}^{z} f(u-y,y)\mathrm{d}u\mathrm{d}y = \int_{-\infty}^{z}\Big[\iint_{-\infty}^{+\infty} f(u-y,y)\mathrm{d}y\Big]\mathrm{d}u.$$

由概率密度的定义即得 Z 的概率密度为

$$f_Z(z) = \int_{-\infty}^{+\infty} f(z-y,y)\mathrm{d}y. \tag{3.5.1}$$

由 X,Y 的对称性，$f_Z(z)$ 又可写成

$$f_Z(z) = \int_{-\infty}^{+\infty} f(x,z-x)\mathrm{d}x. \tag{3.5.2}$$

特别地，当 X 和 Y 相互独立时，设 (X,Y) 关于 X,Y 的边缘概率密度分别为 $f_X(x)$，$f_Y(y)$，则 $(3.5.1),(3.5.2)$ 式分别化为

$$f_Z(z) = \int_{-\infty}^{+\infty} f_X(z-y)f_Y(y)\mathrm{d}y, \tag{3.5.3}$$

$$f_Z(z) = \int_{-\infty}^{+\infty} f_X(x)f_Y(z-x)\mathrm{d}x. \tag{3.5.4}$$

这两个公式称为**卷积公式**(convolve formula)，记为 $f_X * f_Y$，即

$$f_X * f_Y = \int_{-\infty}^{+\infty} f_X(z-y)f_Y(y)\mathrm{d}y = \int_{-\infty}^{+\infty} f_X(x)f_Y(z-x)\mathrm{d}x.$$

　　例 3　设 X 和 Y 是两个相互独立的随机变量，它们都服从 $N(0,1)$，其概率密度为

$$f_X(x) = \frac{1}{\sqrt{2\pi}}\mathrm{e}^{-\frac{x^2}{2}}, \quad -\infty < x < +\infty,$$

$$f_Y(y) = \frac{1}{\sqrt{2\pi}}\mathrm{e}^{-\frac{y^2}{2}}, \quad -\infty < y < +\infty.$$

求 $Z = X+Y$ 的概率密度.

　　解　因为 $f(x,y) = \frac{1}{2\pi}\mathrm{e}^{-\frac{x^2+y^2}{2}}$，所以利用卷积公式可得

$$f_Z(z) = \int_{-\infty}^{+\infty} f_X(x)f_Y(z-x)\mathrm{d}x = \int_{-\infty}^{+\infty} \frac{1}{2\pi}\mathrm{e}^{-\frac{x^2+(z-x)^2}{2}}\mathrm{d}x$$

$$= \frac{1}{\sqrt{2\pi}}\mathrm{e}^{-\frac{z^2}{4}}\int_{-\infty}^{+\infty} \frac{1}{\sqrt{2\pi}}\mathrm{e}^{-\frac{(\sqrt{2}x-\frac{z}{\sqrt{2}})^2}{2}}\mathrm{d}x.$$

作变量替换，令 $\sqrt{2}x - \frac{z}{\sqrt{2}} = t$ 有

$$f_Z(z) = \frac{1}{\sqrt{2\pi}\,\sqrt{2}}\mathrm{e}^{-\frac{z^2}{2\times 2}}\int_{-\infty}^{+\infty} \frac{1}{\sqrt{2\pi}}\mathrm{e}^{-\frac{t^2}{2}}\mathrm{d}t = \frac{1}{\sqrt{2\pi}\,\sqrt{2}}\mathrm{e}^{-\frac{z^2}{2(\sqrt{2})^2}}, \quad -\infty < z < +\infty,$$

即

$$Z = X+Y \sim N(0,2).$$

一般地,设 X,Y 相互独立且 $X \sim N(\mu_1, \sigma_1^2)$, $Y \sim N(\mu_2, \sigma_2^2)$,则由计算可知,$Z = X+Y$ 仍服从正态分布且有 $Z \sim N(\mu_1+\mu_2, \sigma_1^2+\sigma_2^2)$. 这个结论还能推广到 n 个独立正态随机变量之和的情况,即若 $X_i \sim N(\mu_i, \sigma_i^2)(i=1,2,\cdots,n)$ 且它们相互独立,则它们的和 $Z = X_1+X_2+\cdots+X_n$ 仍然服从正态分布,并且

$$Z \sim N(\mu_1+\mu_2+\cdots+\mu_n, \sigma_1^2+\sigma_2^2+\cdots+\sigma_n^2).$$

更一般地,可以证明有限个相互独立的正态随机变量的线性组合仍然服从正态分布,即若 $X_i \sim N(\mu_i, \sigma_i^2)(i=1,2,\cdots,n)$ 且它们相互独立,$a_1, a_2, \cdots, a_n$ 是不全为 0 的常数,则 $Z = \sum_{i=1}^{n} a_i X_i$ 仍然服从正态分布且

$$Z = \sum_{i=1}^{n} a_i X_i \sim N\left(\sum_{i=1}^{n} a_i \mu_i, \sum_{i=1}^{n} a_i^2 \sigma_i^2 \right).$$

例 4 设随机变量 X 和 Y 相互独立,$X \sim \chi^2(m)$,$Y \sim \chi^2(n)$,X,Y 的概率密度分别为

$$f_X(x) = \begin{cases} \dfrac{1}{2^{\frac{m}{2}} \Gamma(m/2)} x^{\frac{m}{2}-1} e^{-\frac{x}{2}}, & x>0, \\ 0, & x \leqslant 0, \end{cases}$$

$$f_Y(y) = \begin{cases} \dfrac{1}{2^{\frac{n}{2}} \Gamma(n/2)} y^{\frac{n}{2}-1} e^{-\frac{y}{2}}, & y>0, \\ 0, & y \leqslant 0. \end{cases}$$

求 $Z=X+Y$ 的概率密度.

注 Γ 函数的定义为

$$\Gamma(r) = \int_0^{+\infty} x^{r-1} e^{-x} \mathrm{d}x, \quad r>0.$$

于是有 $\Gamma(r+1) = r\Gamma(r)$ 且 $\Gamma(1)=1$, $\Gamma\left(\dfrac{1}{2}\right) = \sqrt{\pi}$.

如果 n 为自然数,则 $\Gamma(n) = (n-1)!$.

解 设随机变量 $Z=X+Y$ 的概率密度为 $f_Z(z)$,则有

$$f_Z(z) = \int_{-\infty}^{+\infty} f_X(x) f_Y(z-x) \mathrm{d}x.$$

当 $z \leqslant 0$, $f_Z(z)=0$;当 $z>0$ 时,$Z=X+Y$ 的概率密度为

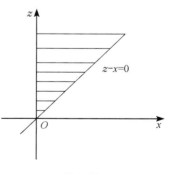

图 3.11

$$f_Z(z) = \int_0^z \frac{1}{2^{\frac{m}{2}} \Gamma(m/2)} x^{\frac{m}{2}-1} e^{-\frac{x}{2}} \frac{1}{2^{\frac{n}{2}} \Gamma(n/2)} (z-x)^{\frac{n}{2}-1} e^{-\frac{z-x}{2}} \mathrm{d}x$$

$$= \frac{e^{-\frac{z}{2}}}{2^{\frac{m+n}{2}}\Gamma(m/2)\Gamma(n/2)}\int_0^z x^{\frac{m}{2}-1}(z-x)^{\frac{n}{2}-1}\mathrm{d}x$$

$$= \frac{e^{-\frac{z}{2}}z^{\frac{n}{2}-1}}{2^{\frac{m+n}{2}}\Gamma(m/2)\Gamma(n/2)}\int_0^z x^{\frac{m}{2}-1}\left(1-\frac{x}{z}\right)^{\frac{n}{2}-1}\mathrm{d}x.$$

作积分变换 $t=\frac{x}{z}$,则 $\mathrm{d}t=\frac{\mathrm{d}x}{z}$. 当 $x=0$ 时,$t=0$;当 $x=z$ 时,$t=1$.

$$f_Z(z) = \frac{e^{-\frac{z}{2}}z^{\frac{n}{2}-1}}{2^{\frac{m+n}{2}}\Gamma(m/2)\Gamma(n/2)}\int_0^1 (tz)^{\frac{m}{2}-1}(1-t)^{\frac{n}{2}-1}z\mathrm{d}t$$

$$= \frac{e^{-\frac{z}{2}}z^{\frac{m+n}{2}-1}}{2^{\frac{m+n}{2}}\Gamma(m/2)\Gamma(n/2)}\int_0^1 t^{\frac{m}{2}-1}(1-t)^{\frac{n}{2}-1}\mathrm{d}t.$$

由 Beta 函数的定义,

$$\mathrm{B}(s,t) = \int_0^1 x^{s-1}(1-x)^{t-1}\mathrm{d}x, \quad s>0, t>0$$

以及 Beta 函数与 Γ 函数之间的关系 $\mathrm{B}(s,t)=\dfrac{\Gamma(s)\Gamma(t)}{\Gamma(s+t)}$ 有

$$f_Z(z) = \frac{e^{-\frac{z}{2}}z^{\frac{m+n}{2}-1}}{2^{\frac{m+n}{2}}\Gamma(m/2)\Gamma(n/2)} \cdot \mathrm{B}\left(\frac{m}{2},\frac{n}{2}\right)$$

$$= \frac{e^{-\frac{z}{2}}z^{\frac{m+n}{2}-1}}{2^{\frac{m+n}{2}}\Gamma(m/2)\Gamma(n/2)} \cdot \frac{\Gamma(m/2)\Gamma(n/2)}{\Gamma(m+n/2)}$$

$$= \frac{e^{-\frac{z}{2}}z^{\frac{m+n}{2}-1}}{2^{\frac{m+n}{2}}\Gamma(m+n/2)},$$

即

$$f_Z(z) = \begin{cases} \dfrac{1}{2^{\frac{m+n}{2}}\Gamma(m+n/2)}e^{-\frac{z}{2}}z^{\frac{m+n}{2}-1}, & z>0, \\ 0, & z\leqslant 0. \end{cases}$$

课件 13

因此得 $Z\sim\chi^2(m+n)$.

注　上述结论还能推广到 n 个相互独立的 χ^2 分布变量之和的情况,即若 X_1,$X_2,\cdots,X_n$ 相互独立且 $X_i\sim\chi^2(m_i)(i=1,2,\cdots,n)$,则 $X_1+X_2+\cdots+X_n\sim\chi^2(m_1+m_2+\cdots+m_n)$. 这一性质称为 χ^2 分布的可加性.

设二维连续型随机变量 (X,Y) 的概率密度为 $f(x,y)$,可以计算

随机变量之差的密度　差 $Z=X-Y$ 是连续型随机变量,其概率密度为

$$f(z) = \int_{-\infty}^{+\infty} f(z+y,y)\mathrm{d}y. \tag{3.5.5}$$

随机变量之积的密度　积 $Z=XY$ 是连续型随机变量,其概率密度为

$$f(z) = \int_{-\infty}^{+\infty} f\left(x, \frac{z}{x}\right) \frac{\mathrm{d}x}{|x|} = \int_{-\infty}^{+\infty} f\left(\frac{z}{y}, y\right) \frac{\mathrm{d}y}{|y|}. \tag{3.5.6}$$

随机变量之商的密度 商 $Z = X/Y$ 是连续型随机变量,其概率密度为

$$f(z) = \int_{-\infty}^{+\infty} f(zy, y) |y| \mathrm{d}y. \tag{3.5.7}$$

连续型随机变量
商、差、乘积的分布

2. $M = \max\{X, Y\}$ 及 $N = \min\{X, Y\}$ 的分布

设 X, Y 是两个相互独立的随机变量,它们的分布函数分别为 $F_X(x)$ 和 $F_Y(y)$. 现在来求 $M = \max\{X, Y\}$ 及 $N = \min\{X, Y\}$ 的分布函数.

由于 $M = \max\{X, Y\}$ 不大于 z 等价于 X 和 Y 都不大于 z 且 X 和 Y 相互独立,故有

$$P\{M \leqslant z\} = P\{X \leqslant z, Y \leqslant z\} = P\{X \leqslant z\} \cdot P\{Y \leqslant z\},$$

即

$$F_{\max}(z) = F_X(z) \cdot F_Y(z). \tag{3.5.8}$$

类似地,

$$\begin{aligned}
F_{\min}(z) &= P\{N \leqslant z\} = 1 - P\{N > z\} = 1 - P\{X > z, Y > z\} \\
&= 1 - P\{X > z\} \cdot P\{Y > z\} \\
&= 1 - (1 - F_X(z)) \cdot (1 - F_Y(z)). \tag{3.5.9}
\end{aligned}$$

以上结果容易推广到 n 个相互独立的随机变量的情况. 特别地,当 $X_1, X_2, \cdots, X_n$ 相互独立,并且具有相同分布函数 $F(x)$ 时有

$$F_{\max}(z) = (F(z))^n, \tag{3.5.10}$$

$$F_{\min}(z) = 1 - (1 - F(z))^n. \tag{3.5.11}$$

例 5 设系统 L 是由 n 个相互独立的子系统 $L_1, L_2, \cdots, L_n$ 联结而成,联结的方式分别为(1)串联;(2)并联. L_i 的寿命为 $X_i (i = 1, 2, \cdots, n)$,已知它们的概率密度为

$$f(x) = \begin{cases} \lambda \mathrm{e}^{-\lambda x}, & x > 0, \\ 0, & x \leqslant 0, \end{cases} \tag{3.5.12}$$

其中 $\lambda > 0$. 试分别就以上两种联结方式写出 L 的寿命 Z 的概率密度.

解 (1)串联的情况. 由于当 $L_1, L_2, \cdots, L_n$ 中有一个损坏时,系统 L 就停止工作,所以这时 L 的寿命 Z 为

$$Z = \min\{X_1, X_2, \cdots, X_n\}.$$

由(3.5.12)式,$X_i (i = 1, 2, \cdots, n)$ 的分布函数为

$$F(x) = \begin{cases} 1 - \mathrm{e}^{-\lambda x}, & x > 0, \\ 0, & x \leqslant 0. \end{cases}$$

由(3.5.11)式得 $Z=\min\{X_1,X_2,\cdots,X_n\}$ 的分布函数为

$$F_{\min}(z) = \begin{cases} 1-\mathrm{e}^{-n\lambda z}, & z > 0, \\ 0, & z \leqslant 0. \end{cases}$$

于是 $Z=\min\{X_1,X_2,\cdots,X_n\}$ 的概率密度为

$$f_{\min}(z) = \begin{cases} n\lambda\mathrm{e}^{-n\lambda z}, & z > 0, \\ 0, & z \leqslant 0. \end{cases}$$

（2）并联的情况. 由于当且仅当 $L_1,L_2,\cdots,L_n$ 都损坏时,系统 L 就停止工作, 所以这时 L 的寿命 Z 为

$$Z = \max\{X_1,X_2,\cdots,X_n\}.$$

按(3.5.10)式得 $Z=\max\{X_1,X_2,\cdots,X_n\}$ 的分布函数为

$$F_{\max}(z) = (F(z))^n = \begin{cases} (1-\mathrm{e}^{-\lambda z})^n, & z > 0, \\ 0, & z \leqslant 0. \end{cases}$$

于是 $Z=\max\{X_1,X_2,\cdots,X_n\}$ 的概率密度为

$$f_{\max}(z) = \begin{cases} n\lambda\mathrm{e}^{-\lambda z}(1-\mathrm{e}^{-\lambda z})^{n-1}, & z > 0, \\ 0, & z \leqslant 0. \end{cases}$$

3. 其他函数的分布

例 6　某人向平面靶射击,假设靶心位于坐标原点. 若弹着点 M 的坐标 (X,Y) 服从二维正态分布

$$f(x,y) = \frac{1}{2\pi\sigma^2}\mathrm{e}^{-\frac{x^2+y^2}{2\sigma^2}},$$

试确定弹着点到靶心距离的概率密度.

解　依题意,$Z=\sqrt{X^2+Y^2}$. 先求 Z 的分布函数. 显然,当 $z\leqslant 0$ 时,$F_Z(z)=0$; 当 $z>0$ 时,

$$F_Z(z)=P\{Z\leqslant z\} = P\{\sqrt{X^2+Y^2}\leqslant z\} = \frac{1}{2\pi\sigma^2}\iint\limits_{\sqrt{x^2+y^2}\leqslant z}\mathrm{e}^{-\frac{x^2+y^2}{2\sigma^2}}\mathrm{d}x\mathrm{d}y$$

$$= \frac{1}{2\pi\sigma^2}\int_0^{2\pi}\mathrm{d}\theta\int_0^z\mathrm{e}^{-\frac{\rho^2}{2\sigma^2}}\rho\mathrm{d}\rho = 1-\mathrm{e}^{-\frac{z^2}{2\sigma^2}},$$

因此,

$$F_Z(z) = \begin{cases} 1-\mathrm{e}^{-\frac{z^2}{2\sigma^2}}, & z > 0, \\ 0, & z \leqslant 0. \end{cases}$$

对 z 求导即得 Z 的概率密度为

$$f_Z(z) = \begin{cases} \dfrac{z}{\sigma^2}\mathrm{e}^{-\frac{z^2}{2\sigma^2}}, & z > 0, \\ 0, & z \leqslant 0, \end{cases}$$

即 Z 服从参数为 σ 的**瑞利分布**(Rayleigh distribution).

习　题　3

1. 在箱中装有 12 只球,其中两只黑球,现从箱中随机地抽取两次,每次抽取一球,用 X,Y 分别表示第一次与第二次取得的黑球数,试分别对有放回抽取与无放回抽取两种情况写出 (X,Y) 的联合分布律.

2. 在 10 件产品中有两件一等品,7 件二等品和一件次品. 从 10 件产品中不放回地抽取三件,用 X 表示其中的一等品数,Y 表示其中的二等品数. 求 (X,Y) 的分布律.

3. 设 (X,Y) 的联合密度函数为

$$f(x,y) = \begin{cases} A\mathrm{e}^{-(x+y)}, & x \geqslant 0, y \geqslant 0, \\ 0, & \text{其他}. \end{cases}$$

求:(1) 系数 A;(2) 联合分布函数 $F(x,y)$;(3) $P\{X>1\}$;(4) $P\{X\geqslant Y\}$;(5) $P\{X+2Y\leqslant 1\}$.

4. 将两封信投入三个编号为 1,2,3 的信箱,用 X,Y 分别表示投入第 1,2 号信箱的信的数目,求 (X,Y) 的联合分布律和边缘分布律.

5. 设二维随机变量 (X,Y) 具有密度函数

$$f(x,y) = \begin{cases} C\mathrm{e}^{-2(x+y)}, & x>0, y>0, \\ 0, & \text{其他}. \end{cases}$$

试求:(1) 常数 C;(2) 分布函数 $F(x,y)$;(3) 边缘分布函数及相应的边缘概率密度;(4) (X,Y) 落在区域 $\{(x,y):x+y<1\}$ 的概率.

6. 设二维随机变量 (X,Y) 的联合概率密度函数为

$$f(x,y) = \begin{cases} a\,\mathrm{e}^{-y}, & 0<x<y, \\ 0, & \text{其他}. \end{cases}$$

(1) 求常数 a;

(2) 求边缘概率密度 $f_X(x), f_Y(y)$;

(3) 求 $P\{X+Y\leqslant 1\}$.

7. 设二维随机变量 (X,Y) 服从区域 $D:\{(x,y):0\leqslant y\leqslant 1-x^2\}$ 上的均匀分布,设区域 B 为 $\{(x,y):y\geqslant x^2\}$.

(1) 写出 (X,Y) 的联合密度函数;

(2) 求 X 和 Y 的边缘密度函数;

(3) 求 $X=-0.5$ 时 Y 的条件密度函数和 $Y=0.5$ 时 X 的条件密度函数;

(4) 求概率 $P\{(X,Y)\in B\}$.

8. 在第 2 题中求:(1) 边缘分布律;(2) 在 $X=0$ 的条件下,Y 的条件分布律.

9. 以 X 记某医院一天出生的婴儿的个数,Y 记其中男婴的个数,设 X 和 Y 的联合分布律为

$$P\{X=n, Y=m\} = \frac{\mathrm{e}^{-14}(7.14)^m(6.86)^{n-m}}{m!(n-m)!}, \quad m=0,1,\cdots,n, \quad n=0,1,2,\cdots.$$

(1) 求边缘分布律;(2) 求条件分布律;(3) 写出当 $X=20$ 时,Y 的条件分布律.

10. 已知随机变量 X 和 Y 联合概率密度为

$$f(x,y) = \begin{cases} 4xy, & 0 \leqslant x < 1, 0 \leqslant y < 1, \\ 0, & 其他. \end{cases}$$

求:

(1) 条件密度 $f_{X|Y}(x|y)$ 及 $f_{Y|X}(y|x)$;

(2) X 和 Y 的联合分布函数 $F(x,y)$.

11. 设随机变量 X,Y 的联合概率密度为

$$f(x,y) = \begin{cases} cx\mathrm{e}^{-y}, & 0 < x < y < +\infty, \\ 0, & 其他. \end{cases}$$

(1) 求常数 c;

(2) X 与 Y 是否独立? 为什么?

(3) 求 $f_{X|Y}(x|y)$,$f_{Y|X}(y|x)$;

(4) 求 $P\{X<1|Y<2\}$,$P\{X<1|Y=2\}$;

(5) 求 (X,Y) 的联合分布函数.

12. 设 X 的概率密度为 $f(x)$,

$$f_X(x) = \begin{cases} \lambda^2 x\mathrm{e}^{-\lambda x}, & x > 0, \\ 0, & x \leqslant 0, \end{cases} \quad \lambda > 0.$$

Y 在 $(0,X)$ 上服从均匀分布,求:(1) Y 的条件概率密度 $f_{Y|X}(y|x)$;(2) (X,Y) 的联合概率密度;
(3) Y 的概率密度.

13. (X,Y) 的联合概率密度函数为

$$f(x,y) = \begin{cases} \dfrac{1}{2x^2 y}, & 1 \leqslant x, \dfrac{1}{x} \leqslant y \leqslant x, \\ 0, & 其他. \end{cases}$$

判别 X 与 Y 是否相互独立.

14. 设 X 与 Y 是两个相互独立的随机变量,X 在 $(0,1)$ 上服从均匀分布,Y 的概率密度为

$$f_Y(y) = \begin{cases} \dfrac{1}{2}\mathrm{e}^{-\frac{y}{2}}, & y > 0, \\ 0, & y \leqslant 0. \end{cases}$$

(1) 求 X 与 Y 的联合概率密度;

(2) 设有 a 的二次方程 $a^2 + 2Xa + Y^2 = 0$,求有实根的概率.

15. (Buffon(蒲丰)投针问题)　平面上画有等距离为 a 的一些平行线,向此平面上任意投一根长度为 $L(L<a)$ 的针,试求该针与任一平行直线相交的概率.

16. 设 X,Y 为独立且服从相同分布的连续型随机变量,求 $P\{X \leqslant Y\}$.

17. 设随机变量 X 与 Y 相互独立,并且分别服从参数为 λ_1 与 λ_2 的 Poisson 分布,令 $Z = X+Y$,试求随机变量 Z 的分布律.

18. 设随机变量 (X,Y) 的联合密度函数为

$$f(x,y) = \begin{cases} 1, & 0 < x < 1, 0 < y < 1, \\ 0, & 其他. \end{cases}$$

求 $Z=X+Y$ 的密度函数.

19. 设随机变量 (X,Y) 的联合密度函数为

$$f(x,y)=\begin{cases}3x, & 0<x<1,0<y<x,\\0, & \text{其他}.\end{cases}$$

求 $Z=X-Y$ 的密度函数.

20. 设随机变量 (X,Y) 服从矩形区域 $D=\{(x,y):0\leqslant x\leqslant2,0\leqslant y\leqslant1\}$ 上的均匀分布,求 $X,$ Y 为边长的矩形面积的分布密度函数.

21. 设随机变量 X,Y 相互独立,其密度函数分别为

$$f_X(x)=\begin{cases}1, & 0\leqslant x\leqslant1,\\0, & \text{其他},\end{cases}\qquad f_Y(y)=\begin{cases}\mathrm{e}^{-y}, & y>0,\\0, & y\leqslant0.\end{cases}$$

求随机变量 $Z=2X+Y$ 的密度函数.

22. 设二维随机变量 (X,Y) 的概率密度函数为

$$f(x,y)=\begin{cases}\mathrm{e}^{-(x+y)}, & x>0,y>0,\\0, & \text{其他}.\end{cases}$$

求 $Z=|X-Y|$ 的概率密度.

23. 设一电路装有三个同种电气元件,其工作状态相互独立,并且无故障工作时间都服从参数为 $\lambda>0$ 的指数分布. 当三个元件都无故障时,电路正常工作,否则,整个电路不能正常工作,试求电路正常工作的时间 T 的概率密度.

24. 设二维随机变量的联合分布律为

X \ Y	-1	1	2
-1	$\frac{5}{20}$	$\frac{2}{20}$	$\frac{6}{20}$
2	$\frac{3}{20}$	$\frac{3}{20}$	$\frac{1}{20}$

求:(1) $Z_1=X+Y$;(2) $Z_2=X\cdot Y$;(3) $Z_3=\dfrac{X}{Y}$;(4) $Z_4=\max\{X,Y\}$ 的分布律.

25. 设二维随机变量 (X,Y) 服从取区域 $D=\{(x,y):0<x<a,0<y<a\}$ 上的均匀分布,试求:

(1) $Z=\dfrac{X}{Y}$ 的概率密度;

(2) $M=\max\{X,Y\}$ 的概率密度.

26. 设随机变量 X 与 Y 相互独立,X 概率分布为 $P\{X=i\}=\dfrac{1}{3}(i=-1,0,1)$,$Y$ 概率密度为 $f_Y(y)=\begin{cases}1, & 0\leqslant y\leqslant1,\\0, & \text{其他},\end{cases}$ 记 $Z=X+Y$,试求:

(1) $P\left\{Z\leqslant\dfrac{1}{2}\middle|X=0\right\}$;

(2) Z 的分布函数.

27. 设 X_1,X_2,X_3,X_4 独立同分布且

$$P\{X_i = 0\} = 0.6, \quad P\{X_i = 1\} = 0.4, \quad i = 1,2,3,4.$$

求：

(1) 行列式 $X = \begin{vmatrix} X_1 & X_2 \\ X_3 & X_4 \end{vmatrix}$ 的概率分布；

(2) 方程组 $\begin{cases} X_1 x_1 + X_2 x_2 = 0 \\ X_3 x_1 + X_4 x_2 = 0 \end{cases}$ 只有零解的概率.

28. 设随机变量 (X,Y) 服从 $D = \{(x,y): y \geqslant 0, x^2 + y^2 \leqslant 1\}$ 上的均匀分布，定义随机变量 U，V 如下：

$$U = \begin{cases} 0, & X < 0, \\ 1, & 0 \leqslant X < Y, \\ 2, & X \geqslant Y, \end{cases} \quad V = \begin{cases} 0, & X \geqslant \sqrt{3}Y, \\ 1, & X < \sqrt{3}Y. \end{cases}$$

求 (U,V) 的联合概率分布，并计算 $P\{UV \neq 0\}$.

第 3 章测试题

第4章 随机变量的数字特征

随机变量的分布函数(或分布律或概率密度)完全描述了随机现象的统计规律性.但有时还需知道描述随机变量的某些特征的数值.例如,对两个班的考试成绩作比较,往往比较的是两个班的平均成绩以及成绩的分散程度.又如,在证券投资方面,往往了解的是股票的平均回报率以及股票的回报率与平均回报率的平均偏离程度(称为投资风险).

另外,一些随机变量的分布由某些参数确定,需要知道这些参数的意义.

随机变量的数字特征就是概括描述随机变量的某些特征的数值.

本章将介绍反映随机变量的平均值的数字特征——**数学期望**;反映随机变量与其平均值的偏离程度的数字特征——**方差**;反映多个随机变量相互关系的数字特征——**协方差和相关系数**.

4.1 数 学 期 望

课件 14

4.1.1 数学期望的定义

1. 离散型随机变量的数学期望

引例 某班有 N 个人,在某次考试中有 n_i 个人得 x_i 分,$i=1,2,\cdots,k$,$\sum\limits_{i=1}^{k} n_i = N$,求该班的平均成绩.

解 用 $\bar{x}$ 表示该班的平均成绩,则

$$\bar{x} = \frac{1}{N}\sum_{i=1}^{k} n_i x_i = \sum_{i=1}^{k} x_i \frac{n_i}{N}.$$

若用 X 表示从该班中任取一人的考试成绩,则 X 是一随机变量且

$$P\{X = x_i\} = \frac{n_i}{N}, \quad i = 1,2,\cdots,k,$$

所以随机变量 X 的平均值,即该班的平均成绩可表示为

$$\bar{x} = \sum_{i=1}^{k} x_i P\{X = x_i\}.$$

由此可见,随机变量 X 的平均值等于 X 的所有可能取值分别乘以 X 取这些相应值的概率之和.

我们把 $\sum\limits_{i=1}^{k} x_i P\{X = x_i\}$ 称为随机变量 X 的数学期望, 记为 $E(X)$, 即

$$E(X) = \sum_{i=1}^{k} x_i P\{X = x_i\}.$$

一般地, 离散型随机变量的数学期望定义如下.

定义 4.1.1　设离散型随机变量 X 的分布律为

$$P\{X = x_k\} = p_k, \quad k = 1, 2, \cdots.$$

若级数 $\sum\limits_{k=1}^{\infty} x_k p_k$ 绝对收敛, 则称级数 $\sum\limits_{k=1}^{\infty} x_k p_k$ 的和为随机变量 X 的**数学期望**（mathematical expectation）, 记为 $E(X)$, 即

$$E(X) = \sum_{k=1}^{\infty} x_k p_k. \tag{4.1.1}$$

注　定义 4.1.1 中要求级数 $\sum\limits_{k=1}^{\infty} x_k p_k$ 绝对收敛, 是保证级数 $\sum\limits_{k=1}^{\infty} x_k p_k$ 的和与级数项的排列次序无关. 由于随机变量 X 的分布律仅与它取哪些值以及取相应值的概率有关, 而与这些值的排列次序无关, 故级数 $\sum\limits_{k=1}^{\infty} x_k p_k$ 绝对收敛, 保证了数学期望的唯一性.

随机变量 X 的数学期望 $E(X)$ 是一个数, 它完全由随机变量 X 的分布律所确定, 它表示随机变量 X 的平均值, 故数学期望也称为均值.

例 1　某商店在年末大甩卖中进行有奖销售, 摇奖时从摇箱摇出的球的可能颜色为红、黄、蓝、白、黑 5 种, 其对应的奖分别为 1000 元、100 元、10 元、1 元、1 元. 假定摇箱内装有很多球, 其中红、黄、蓝、白、黑的比例分别为 0.1%, 0.5%, 1%, 10%, 88.4%, 求每次摇奖的平均中奖额.

解　用 X 表示每次摇奖的中奖额, 则 X 为离散型随机变量且 X 的分布律为

X	1000	100	10	1	1
P	0.1%	0.5%	1%	10%	88.4%

故每次摇奖的平均中奖额, 即随机变量 X 的数学期望为

$$\begin{aligned} E(X) &= 1000 \times 0.1\% + 100 \times 0.5\% \\ &\quad + 10 \times 1\% + 1 \times 10\% + 1 \times 88.4\% = 2.584 (\text{元}). \end{aligned}$$

2. 连续型随机变量的数学期望

定义 4.1.2　设连续型随机变量 X 的概率密度为 $f(x)$, 若积分

$$\int_{-\infty}^{+\infty} x f(x) \mathrm{d}x$$

绝对收敛,则称积分 $\int_{-\infty}^{+\infty} xf(x)\mathrm{d}x$ 的值为随机变量 X 的数学期望,记为 $E(X)$,即

$$E(X) = \int_{-\infty}^{+\infty} xf(x)\mathrm{d}x. \tag{4.1.2}$$

注 连续型随机变量 X 的数学期望也表示随机变量 X 的平均值.

事实上,广义积分 $\int_{-\infty}^{+\infty} xf(x)\mathrm{d}x$ 是定积分 $\int_{a}^{b} xf(x)\mathrm{d}x$ 的极限,由微元法知,定积分

$$\int_{a}^{b} xf(x)\mathrm{d}x = \lim \sum xf(x)\mathrm{d}x.$$

已经知道,当 $\mathrm{d}x$ 很小时,$P\{x<X\leqslant x+\mathrm{d}x\}\approx f(x)\mathrm{d}x$,所以

$$\sum xf(x)\mathrm{d}x \approx \sum xP\{x < X \leqslant x + \mathrm{d}x\}.$$

又当 $\mathrm{d}x$ 很小时,随机变量 X 在区间 $(x,x+\mathrm{d}x]$ 上取值可近似看成随机变量 X 取值 x,故由离散型随机变量的数学期望定义知,$\int_{-\infty}^{+\infty} xf(x)\mathrm{d}x$ 表示随机变量 X 的平均值. 同理,要求积分 $\int_{-\infty}^{+\infty} xf(x)\mathrm{d}x$ 绝对收敛.

设 $f(x,y)$ 为二维连续型随机变量 (X,Y) 的概率密度,$f_X(x)$,$f_Y(y)$ 分别为 (X,Y) 关于 X 和关于 Y 的边缘概率密度,则随机变量 X 的数学期望为

$$E(X) = \int_{-\infty}^{+\infty} xf_X(x)\mathrm{d}x \tag{4.1.3}$$

或

$$E(X) = \int_{-\infty}^{+\infty}\int_{-\infty}^{+\infty} xf(x,y)\mathrm{d}x\mathrm{d}y; \tag{4.1.4}$$

随机变量 Y 的数学期望为

$$E(Y) = \int_{-\infty}^{+\infty} yf_Y(y)\mathrm{d}y \tag{4.1.5}$$

或

$$E(Y) = \int_{-\infty}^{+\infty}\int_{-\infty}^{+\infty} yf(x,y)\mathrm{d}x\mathrm{d}y. \tag{4.1.6}$$

例 2 设随机变量 X 的概率密度为

$$f(x) = \begin{cases} 1+x, & -1 \leqslant x \leqslant 0, \\ 1-x, & 0 < x \leqslant 1, \\ 0, & \text{其他}, \end{cases}$$

求 $E(X)$.

解 $E(X) = \int_{-\infty}^{+\infty} xf(x)\mathrm{d}x = \int_{-1}^{0} x(1+x)\mathrm{d}x + \int_{0}^{1} x(1-x)\mathrm{d}x = 0.$

或因 $f(x)$ 是偶函数,所以 $xf(x)$ 是奇函数,故由对称性知,$E(X) = \int_{-\infty}^{+\infty} xf(x)\mathrm{d}x = 0.$

注　求连续型随机变量 X 的数学期望时,注意到概率密度的奇、偶性,可简化积分的计算.

下面是一个数学期望不存在的例子.

例 3　设离散型随机变量 X 的分布律为

$$p_k = P\{X = (-1)^k k\} = \frac{1}{k(k+1)}, \quad k = 1, 2, \cdots.$$

试问随机变量 X 的数学期望是否存在?

解　因级数 $\sum\limits_{k=1}^{\infty} |x_k p_k| = \sum\limits_{k=1}^{\infty} \left| (-1)^k k \cdot \frac{1}{k(k+1)} \right| = \sum\limits_{k=1}^{\infty} \frac{1}{k+1}$ 发散,即级数

$\sum\limits_{k=1}^{\infty} x_k p_k$ 不绝对收敛,所以随机变量 X 的数学期望不存在.

例 4　设随机变量 X 服从参数为 $(1,0)$ 的柯西分布,其概率密度为

$$f(x) = \frac{1}{\pi(1+x^2)}, \quad -\infty < x < +\infty,$$

试问随机变量 X 的数学期望是否存在?

解　因为

$$\int_{-\infty}^{+\infty} |x| f(x)\mathrm{d}x = \int_{-\infty}^{+\infty} |x| \cdot \frac{1}{\pi(1+x^2)}\mathrm{d}x = \frac{1}{\pi}\int_0^{+\infty} \frac{x}{1+x^2}\mathrm{d}x + \frac{1}{\pi}\int_{-\infty}^0 \frac{-x}{1+x^2}\mathrm{d}x$$

而

$$\frac{1}{\pi}\int_0^{+\infty} \frac{x}{1+x^2}\mathrm{d}x = \frac{1}{2\pi}\ln(1+x^2)\Big|_0^{+\infty} = \infty,$$

所以 $\int_{-\infty}^{+\infty} |x| f(x)\mathrm{d}x$ 发散,故随机变量 X 的数学期望不存在.

注　由例 3 和例 4 知,随机变量的数学期望并不一定总是存在的. 当离散型随机变量 X 的所有可能取值是可列无穷个且正负交错时,级数 $\sum\limits_{k=1}^{\infty} x_k p_k$ 有可能是条件收敛而不绝对收敛的,此时级数 $\sum\limits_{k=1}^{\infty} x_k p_k$ 的和虽然存在,但随机变量 X 的数学期望不存在. 另外,对于连续型随机变量 X,当它的概率密度 $f(x) > 0 (-\infty < x < \infty)$ 且是偶函数时,若积分 $\int_0^{+\infty} xf(x)\mathrm{d}x$ 发散,则 $\int_{-\infty}^{+\infty} |x| f(x)\mathrm{d}x$ 发散,因而 $E(X)$ 不存在. 此时,常犯下列错误:因 $xf(x)$ 是奇函数,所以 $\int_{-\infty}^{+\infty} xf(x)\mathrm{d}x = 0$,从而 $E(X) = 0$.

4.1.2　随机变量函数的数学期望

1. 一维随机变量函数的数学期望

随机变量函数的数学期望

定理 4.1.1　设 Y 是随机变量 X 的函数:$Y = g(X)$($g(x)$ 是连续函数).

(1) 设离散型随机变量 X 的分布律为

$$P\{X = x_k\} = p_k, \quad k = 1, 2, \cdots.$$

若级数 $\sum\limits_{k=1}^{\infty} g(x_k) p_k$ 绝对收敛, 则

$$E(Y) = E[g(X)] = \sum_{k=1}^{\infty} g(x_k) p_k. \tag{4.1.7}$$

(2) 设连续型随机变量 X 的概率密度为 $f(x)$, 若积分 $\int_{-\infty}^{+\infty} g(x) f(x) \mathrm{d}x$ 绝对收敛, 则

$$E(Y) = E[g(X)] = \int_{-\infty}^{+\infty} g(x) f(x) \mathrm{d}x. \tag{4.1.8}$$

证明略.

注 已经知道, 有时求随机变量函数的分布运算比较复杂, 定理 4.1.1 的重要意义在于求 $E(Y)$ 时, 只需知道 X 的分布和 $g(X)$ 即可, 并不需要求出 Y 的分布.

2. 二维随机变量(X,Y)函数的数学期望

定理 4.1.2 设 Z 是随机变量 X 和 Y 的函数: $Z = g(X,Y)$($g(x,y)$ 是连续函数).

(1) 设二维离散型随机变量(X,Y)的分布律为

$$P\{X = x_i, Y = y_j\} = p_{ij}, \quad i, j = 1, 2, \cdots.$$

若级数 $\sum\limits_{j=1}^{\infty} \sum\limits_{i=1}^{\infty} g(x_i, y_j) p_{ij}$ 绝对收敛, 则

$$E(Z) = E[g(X,Y)] = \sum_{j=1}^{\infty} \sum_{i=1}^{\infty} g(x_i, y_j) p_{ij}. \tag{4.1.9}$$

(2) 设二维连续型随机变量(X,Y)的概率密度为 $f(x,y)$, 若积分

$$\int_{-\infty}^{+\infty} \int_{-\infty}^{+\infty} g(x,y) f(x,y) \mathrm{d}x\mathrm{d}y$$

绝对收敛, 则

$$E(Z) = E[g(X,Y)] = \int_{-\infty}^{+\infty} \int_{-\infty}^{+\infty} g(x,y) f(x,y) \mathrm{d}x\mathrm{d}y. \tag{4.1.10}$$

特别地, 当 $Z = g(X,Y) = h(X)$ 时,

$$E(Z) = E[h(X)] = \int_{-\infty}^{+\infty} \int_{-\infty}^{+\infty} h(x) f(x,y) \mathrm{d}x\mathrm{d}y. \tag{4.1.11}$$

例 5 设离散型随机变量 X 的分布律为

X	-1	0	$\dfrac{1}{2}$	1	2
P	$\dfrac{1}{3}$	$\dfrac{1}{6}$	$\dfrac{1}{6}$	$\dfrac{1}{12}$	$\dfrac{1}{4}$

$Y=(1-X)^2$,试求 $E(Y)$.

解　方法一　用(4.1.7)式,

$$E(Y) = [1-(-1)]^2 \times \frac{1}{3} + (1-0)^2 \times \frac{1}{6} + \left(1-\frac{1}{2}\right)^2 \times \frac{1}{6}$$

$$+ (1-1)^2 \times \frac{1}{12} + (1-2)^2 \times \frac{1}{4} = \frac{43}{24}.$$

方法二　先求出 Y 的分布律,再求 $E(Y)$.

Y 的分布律为

Y	0	$\frac{1}{4}$	1	4
P	$\frac{1}{12}$	$\frac{1}{6}$	$\frac{5}{12}$	$\frac{1}{3}$

$$E(Y) = 0 \times \frac{1}{12} + \frac{1}{4} \times \frac{1}{6} + 1 \times \frac{10}{24} + 4 \times \frac{1}{3} = \frac{43}{24}.$$

例 6　对圆的直径作近似测量,设其测量值 X 在 $[a,b]$ 上服从均匀分布,求圆面积的期望.

解　设圆的面积为 S,则

$$S = \pi\left(\frac{X}{2}\right)^2 = \frac{\pi}{4}X^2.$$

X 的概率密度为

$$f(x) = \begin{cases} \dfrac{1}{b-a}, & a \leqslant x \leqslant b, \\ 0, & \text{其他}, \end{cases}$$

则由(4.1.8)式得

$$E(S) = \int_{-\infty}^{+\infty} \frac{\pi}{4}x^2 f(x)\mathrm{d}x = \int_a^b \frac{\pi}{4}x^2 \frac{1}{b-a}\mathrm{d}x = \frac{\pi}{12}(b^2 + ab + a^2).$$

例 7　设随机变量 X 在 $[-1,2]$ 上服从均匀分布,随机变量

$$Y = \begin{cases} 1, & X > 0, \\ 0, & X = 0, \\ -1, & X < 0, \end{cases}$$

求 $E(Y)$.

解　X 的概率密度为

$$f(x) = \begin{cases} \dfrac{1}{3}, & -1 \leqslant x \leqslant 2, \\ 0, & \text{其他}. \end{cases}$$

方法一　用期望的定义,

$$E(Y) = (-1) \times P\{Y = -1\} + 0 \times P\{Y = 0\} + 1 \times P\{Y = 1\}$$
$$= (-1)P\{X < 0\} + P\{X > 0\}$$
$$= \int_{-1}^{0} (-1) \cdot \frac{1}{3} dx + \int_{0}^{2} 1 \cdot \frac{1}{3} dx = \frac{1}{3}.$$

方法二 先求出 Y 的分布律,再求 $E(Y)$.

$$P\{Y = -1\} = P\{X < 0\} = \int_{-1}^{0} \frac{1}{3} dx = \frac{1}{3},$$

$$P\{Y = 0\} = P\{X = 0\} = 0,$$

$$P\{Y = 1\} = P\{X > 0\} = \int_{0}^{2} \frac{1}{3} dx = \frac{2}{3},$$

$$E(Y) = (-1) \times P\{Y = -1\} + 0 \times P\{Y = 0\} + 1 \times P\{Y = 1\}$$
$$= (-1) \times \frac{1}{3} + 1 \times \frac{2}{3} = \frac{1}{3}.$$

例 8 设在国际市场上每年对我国某种出口商品的需求量 X(单位:t)是随机变量,它在 $[2000, 4000]$ 上服从均匀分布. 又设每售出这种商品 1t,可为国家挣得外汇 3 万元,但假如销售不出而囤积在仓库,则每吨需浪费保养费 1 万元. 问需要组织多少货源,才能使国家收益最大?

解 设 y 为预备出口的数量,则 $2000 \leqslant y \leqslant 4000$. Z 表示国家的收益(单位:万元),则

$$Z = g(X) = \begin{cases} 3y, & X \geqslant y \\ 3X - (y - X), & X < y \end{cases}$$
$$= \begin{cases} 3y, & X \geqslant y, \\ 4X - y, & X < y, \end{cases}$$

X 的概率密度为

$$f(x) = \begin{cases} \dfrac{1}{2000}, & 2000 \leqslant x \leqslant 4000, \\ 0, & \text{其他.} \end{cases}$$

由 $(4.1.8)$ 式知,国家的平均收益为

$$E(Z) = E[g(X)] = \int_{-\infty}^{+\infty} g(x)f(x) dx = \frac{1}{2000} \int_{2000}^{4000} g(x) dx$$
$$= \frac{1}{2000} \int_{2000}^{y} (4x - y) dx + \frac{1}{2000} \int_{y}^{4000} 3y dx$$
$$= -\frac{1}{1000} (y^2 - 7000y + 4 \times 10^6).$$

显然,$E(Z)$ 是 y 的函数,下面求使得 $E(Z)$ 达到最大的 y 值.

令
$$\frac{\mathrm{d}}{\mathrm{d}y}E(Z)=\frac{1}{500}(-y+3500)=0,$$
得
$$y=3500.$$

由于驻点唯一且 $E(Z)$ 的最大值一定存在,故当 $y=3500$ 时,$E(Z)$ 达到最大值,即国家组织 3500t 此种商品是最佳的决策.

例 9　一商店经销某种出口商品,每周进货的数量 X 与顾客对该种商品的需求量 Y 是相互独立的两个随机变量,并且都服从区间 $[10,20]$ 上的均匀分布,商店每售出一单位这种商品可得利润 1000 元;若需求量超过了进货量,则商店可从其他商店调剂供应,这时每单位商品获利润 500 元. 试求该商店经销这种商品每周所得利润的数学期望.

解　用 Z 表示该商店经销这种商品每周所得利润,则
$$Z=g(X,Y)=\begin{cases}1000Y, & X\geqslant Y\\ 1000X+500(Y-X), & X<Y\end{cases}$$
$$=\begin{cases}1000Y, & X\geqslant Y,\\ 500(Y+X), & X<Y.\end{cases}$$

X 的概率密度为
$$f_x(x)=\begin{cases}\dfrac{1}{10}, & 10\leqslant x\leqslant 20,\\ 0, & 其他,\end{cases}$$

Y 的概率密度为
$$f_y(y)=\begin{cases}\dfrac{1}{10}, & 10\leqslant y\leqslant 20,\\ 0, & 其他.\end{cases}$$

由于 X 和 Y 相互独立,所以 (X,Y) 的概率密度为
$$f(x,y)=\begin{cases}\dfrac{1}{100}, & 10\leqslant x\leqslant 20,10\leqslant y\leqslant 20,\\ 0, & 其他.\end{cases}$$

于是由 (4.1.10) 式知,该商店经销这种商品每周所得利润的数学期望为
$$E(Z)=E[g(X,Y)]=\int_{-\infty}^{+\infty}\int_{-\infty}^{+\infty}g(x,y)f(x,y)\mathrm{d}x\mathrm{d}y=\int_{10}^{20}\int_{10}^{20}g(x,y)\cdot\frac{1}{100}\mathrm{d}x\mathrm{d}y$$
$$=\frac{1}{100}\left(\int_{10}^{20}\mathrm{d}x\int_{10}^{x}1000y\mathrm{d}y+\int_{10}^{20}\mathrm{d}x\int_{x}^{20}500(x+y)\mathrm{d}y\right)=14166.67.$$

例 10　设二维随机变量 (X,Y) 服从圆域 $G=\{(x,y):x^2+y^2\leqslant R^2\}$ 上的均匀分布,求 $E(X),E(X^2),E(XY),E(\sqrt{X^2+Y^2})$.

解 (X, Y)的概率密度为

$$f(x, y) = \begin{cases} \dfrac{1}{\pi R^2}, & (x, y) \in G, \\ 0, & (x, y) \notin G. \end{cases}$$

由(4.1.10)式知

$$E(X) = \int_{-\infty}^{+\infty} \int_{-\infty}^{+\infty} x f(x, y) \mathrm{d}x \mathrm{d}y = \iint_G \frac{x}{\pi R^2} \mathrm{d}x \mathrm{d}y = 0$$

(由于被积函数是x的奇函数,而积分区域G关于y轴对称,故积分为0).

$$E(X^2) = \int_{-\infty}^{+\infty} \int_{-\infty}^{+\infty} x^2 f(x, y) \mathrm{d}x \mathrm{d}y = \iint_G \frac{x^2}{\pi R^2} \mathrm{d}x \mathrm{d}y$$

$$= \frac{4}{\pi R^2} \int_0^{\frac{\pi}{2}} \cos^2\theta \mathrm{d}\theta \int_0^R r^3 \mathrm{d}r = \frac{R^2}{4},$$

$$E(XY) = \int_{-\infty}^{+\infty} \int_{-\infty}^{+\infty} xy f(x, y) \mathrm{d}x \mathrm{d}y = \iint_G \frac{xy}{\pi R^2} \mathrm{d}x \mathrm{d}y = 0,$$

$$E(\sqrt{X^2 + Y^2}) = \int_{-\infty}^{+\infty} \int_{-\infty}^{+\infty} \sqrt{x^2 + y^2} f(x, y) \mathrm{d}x \mathrm{d}y$$

$$= \iint_G \frac{1}{\pi R^2} \sqrt{x^2 + y^2} \mathrm{d}x \mathrm{d}y = \frac{1}{\pi R^2} \int_0^{2\pi} \mathrm{d}\theta \int_0^R r^2 \mathrm{d}r = \frac{2R}{3}.$$

4.1.3 数学期望的性质

以下总假设所涉及的数学期望均存在.

数学期望有以下性质:

(1) 设 $X = C$(C 是常数),则 $E(C) = C$;

(2) 设 X, Y 是随机变量,a, b 是常数,则

$$E(aX + bY) = aE(X) + bE(Y) \quad \text{(线性性)};$$

(3) 设 X, Y 是相互独立的随机变量,则

$$E(XY) = E(X)E(Y).$$

性质(2)、(3)可推广到有限个随机变量的情形.

证 (1) 显然,往证(2)、(3).只就连续型随机变量的情形加以证明,离散型随机变量的情形请读者自己完成.

设二维连续型随机变量(X, Y)的概率密度为 $f(x, y)$,其边缘密度为 $f_X(x)$,$f_Y(y)$.由(4.1.10)式得

$$E(aX + bY) = \int_{-\infty}^{+\infty} \int_{-\infty}^{+\infty} (ax + by) f(x, y) \mathrm{d}x \mathrm{d}y$$

$$= a \int_{-\infty}^{+\infty} \int_{-\infty}^{+\infty} x f(x, y) \mathrm{d}x \mathrm{d}y + b \int_{-\infty}^{+\infty} \int_{-\infty}^{+\infty} y f(x, y) \mathrm{d}x \mathrm{d}y$$

$$= aE(X) + bE(Y),$$

性质(2)得证.

又若 X 和 Y 相互独立,则

$$f(x,y) = f_X(x)f_Y(y).$$

由(4.1.10)式得

$$E(XY) = \int_{-\infty}^{+\infty}\int_{-\infty}^{+\infty} xyf(x,y)\mathrm{d}x\mathrm{d}y = \int_{-\infty}^{+\infty}\int_{-\infty}^{+\infty} xyf_X(x)f_Y(y)\mathrm{d}x\mathrm{d}y$$

$$= \left(\int_{-\infty}^{+\infty} xf_X(x)\mathrm{d}x\right)\left(\int_{-\infty}^{+\infty} yf_Y(y)\mathrm{d}y\right) = E(X)E(Y),$$

性质(3)得证.

例 11(Laplace 配对)　将 n 只球(1～n 号)随机地放入 n 个盒子(1～n 号),一个盒子装一只球,若一只球装入与球同号的盒子中,则称为一个配对. 记 X 为总的配对数,求 $E(X)$.

解　引入计数变量

$$X_i = \begin{cases} 1, & \text{第 } i \text{ 只球放入第 } i \text{ 个盒子中,} \\ 0, & \text{其他,} \end{cases} \quad i = 1,2,\cdots,n,$$

则

$$X = \sum_{i=1}^{n} X_i.$$

注意这里诸 X_i 不独立但同分布,其分布律为

$$P\{X_i = 1\} = \frac{1}{n}, \quad P\{X_i = 0\} = 1 - \frac{1}{n},$$

故

$$E(X_i) = \frac{1}{n}.$$

由数学期望的性质(2)得

$$E(X) = \sum_{i=1}^{n} E(X_i) = 1.$$

例 12　袋中有 n 张卡片,号码分别为 $1,2,\cdots,n$. 从中有放回地抽出 k 张卡片,求所得号码之和的数学期望.

解　设 X 表示所得号码之和.

引入计数变量

$$X_i = \text{"第 } i \text{ 次抽到的卡片号码"}, \quad i = 1,2,\cdots,k,$$

则

$$X = \sum_{i=1}^{k} X_i.$$

由于是有放回抽样,所以诸 X_i 相互独立且同分布,其分布律为

$$P\{X_i = j\} = \frac{1}{n}, \quad j = 1, 2, \cdots, n, \quad i = 1, 2, \cdots, k,$$

故

$$E(X_i) = \sum_{j=1}^{n} jP\{X_i = j\} = \frac{1}{n}\sum_{j=1}^{n} j = \frac{n+1}{2}, \quad i = 1, 2, \cdots, k,$$

于是

$$E(X) = \sum_{i=1}^{k} E(X_i) = \frac{k(n+1)}{2}.$$

由例 11 和例 12 可知,把一个复杂(分布)的随机变量 X 分解成一些简单随机变量 X_i(称为计数变量)的和,即 $X = \sum X_i$,再用数学期望的线性性质求 X 的期望,即 $E(X) = \sum E(X_i)$,可使复杂问题简单化.

4.2 方   差

课件 15

在实际问题中,仅知道随机变量的平均值往往是不够的,还需知道随机变量的取值与其平均值之间的偏离程度. 例如,对于一个好的篮球运动员,不仅要求他的平均投篮得分高,还要求他的投篮水平要稳定;一个工厂生产的电子元件的使用寿命,不仅要考虑它们的平均使用寿命,还要考虑使用寿命与平均使用寿命的偏离程度. 刻画随机变量的取值与其平均值之间的偏离程度的数字特征,就是随机变量的方差.

已经知道,两个数 a 与 b 之间的偏离程度可用 $|a-b|$ 表示,那么随机变量 X 与其平均值 $E(X)$ 之间的偏离程度就可用 $E|X-E(X)|$ 来表示. 但计算 $E|X-E(X)|$ 不方便,所以通常用 $E[X-E(X)]^2$ 来度量随机变量 X 与其平均值 $E(X)$ 之间的偏离程度,即随机变量的方差.

4.2.1 方差的定义及计算

1. 方差的定义

设随机变量 X 的数学期望 $E(X)$ 存在,若 $E[X-E(X)]^2$ 存在,则称 $E[X-E(X)]^2$ 为随机变量 X 的**方差**(variance),记为 $D(X)$ 或 $\mathrm{Var}(X)$,即

$$D(X) = \mathrm{Var}(X) = E[X-E(X)]^2. \tag{4.2.1}$$

方差的算术平方根 $\sqrt{D(X)}$ 称为 X 的**标准差**或**均方差**.

注 按上述定义,方差 $D(X)$ 是随机变量 X 的取值与其数学期望 $E(X)$ 的平均平方误差,它刻画了随机变量 X 的取值与其数学期望 $E(X)$ 的偏离程度. 若 X 的取值比较集中,则 $D(X)$ 较小;反之,若 X 的取值比较分散,则 $D(X)$ 较大. 因此,$D(X)$ 是刻画 X 取值的分散程度的一个量.

2. 方差的计算

按定义,随机变量 X 的方差实际上是 X 的函数 $g(X)=[X-E(X)]^2$ 的数学期望.于是,若 X 是离散型随机变量,则其分布律为

$$P\{X=x_k\}=p_k, \quad k=1,2,\cdots,$$

则由(4.1.7)式有

$$D(X)=\sum_k [x_k-E(X)]^2 p_k. \tag{4.2.2}$$

若 X 是连续型随机变量,其概率密度为 $f(x)$,则由(4.1.8)式有

$$D(X)=\int_{-\infty}^{+\infty}[x-E(X)]^2 f(x)\mathrm{d}x. \tag{4.2.3}$$

方差常用下列公式计算:

$$D(X)=E(X^2)-[E(X)]^2. \tag{4.2.4}$$

证　由数学期望的性质(1)、(2)及方差的定义得

$$D(X)=E[X-E(X)]^2=E\{X^2-2XE(X)+[E(X)]^2\}$$
$$=E(X^2)-2E(X)E(X)+[E(X)]^2$$
$$=E(X^2)-[E(X)]^2.$$

3. 随机变量的标准化

设随机变量 X 具有数学期望 $E(X)$,方差 $D(X)\neq 0$. 记

$$Y=\frac{X-E(X)}{\sqrt{D(X)}},$$

则 $E(Y)=0,D(Y)=1$,称 Y 为 X 的**标准化随机变量**.

证　由数学期望的性质(2)及(4.2.4)式有

$$E(Y)=E\left[\frac{X-E(X)}{\sqrt{D(X)}}\right]=\frac{E(X)-E(X)}{\sqrt{D(X)}}=0,$$

$$D(Y)=E(Y^2)-[E(Y)]^2=E\left[\left(\frac{X-E(X)}{\sqrt{D(X)}}\right)^2\right]$$

$$=\frac{E[X-E(X)]^2}{D(X)}=\frac{D(X)}{D(X)}=1.$$

例 1　设甲、乙两家灯泡厂生产的灯泡的寿命(单位:h)X 和 Y 的分布律分别为

X	900	1000	1100
P	0.1	0.8	0.1

Y	950	1000	1050
P	0.3	0.4	0.3

试问哪家生产的灯泡质量较好?

解 先比较寿命的期望值,期望值大的质量较好.

由数学期望的定义知

$$E(X) = 900 \times 0.1 + 1000 \times 0.8 + 1100 \times 0.1 = 1000,$$
$$E(Y) = 950 \times 0.3 + 1000 \times 0.4 + 1050 \times 0.3 = 1000.$$

两厂生产的灯泡的寿命的期望值相等,可见甲、乙两厂的生产水平相当. 还需进一步考虑哪家生产的灯泡的质量比较稳定,即需比较寿命方差.

由(4.2.2)式有

$$D(X) = (900-1000)^2 \times 0.1 + (1000-1000)^2 \times 0.8$$
$$+ (1100-1000)^2 \times 0.1 = 2000,$$

或由(4.2.4)式有

$$D(X) = E(X^2) - [E(X)]^2$$
$$= 900^2 \times 0.1 + 1000^2 \times 0.8 + 1100^2 \times 0.1 - 1000^2 = 2000.$$

同理,

$$D(Y) = 1500.$$

显然,$D(Y) < D(X)$,故乙厂生产的灯泡质量比较稳定.

例 2 设随机变量 X 在 $[-1,2]$ 上服从均匀分布,随机变量

$$Y = \begin{cases} 1, & X > 0, \\ 0, & X = 0, \\ -1, & X < 0, \end{cases}$$

求 $D(Y)$.

解 X 的概率密度为

$$f(x) = \begin{cases} \dfrac{1}{3}, & -1 \leqslant x \leqslant 2, \\ 0, & 其他. \end{cases}$$

在 4.1 节的例 7 中,已求出 $E(Y) = \dfrac{1}{3}$. 又

$$E(Y^2) = P\{Y^2 = 1\} = P\{Y = 1\} + P\{Y = -1\}$$
$$= P\{X > 0\} + P\{X < 0\} = \int_0^2 \frac{1}{3} dx + \int_{-1}^0 \frac{1}{3} dx = 1,$$

所以

$$D(Y) = E(Y^2) - [E(Y)]^2 = 1 - \left(\frac{1}{3}\right)^2 = \frac{8}{9}.$$

4.2.2　方差的性质

以下假设所涉及的随机变量的方差均存在.

方差有以下性质:

(1) 设 C 是常数,则 $D(C)=0$;

(2) 设 X 是随机变量,C 是常数,则 $D(CX)=C^2 D(X)$;

(3) 设 X,Y 是两个随机变量,a,b 是两个常数,则

$$D(aX+bY)=a^2 D(X)+b^2 D(Y)+2abE[X-E(X)][Y-E(Y)],$$
$$(4.2.5)$$

若 X,Y 相互独立,则

$$D(aX+bY)=a^2 D(X)+b^2 D(Y),\qquad (4.2.6)$$

特别地,

$$D(X\pm Y)=D(X)+D(Y).$$

(4) $D(X)=0 \Leftrightarrow P\{X=C\}=1, C=E(X)$.

注　(4.2.6)式可推广到有限个随机变量的情形.

证　由方差的定义和数学期望的性质易证性质(1),(2),性质(4)的证明略. 往证性质(3).

由方差的定义及期望的性质(2),(3)有

$$\begin{aligned}
D(aX+bY)&=E[(aX+bY)-E(aX+bY)]^2\\
&=E\{a[X-E(X)]+b[Y-E(Y)]\}^2\\
&=a^2 E[X-E(X)]^2+b^2 E[Y-E(Y)]^2\\
&\quad +2abE[X-E(X)][Y-E(Y)]\\
&=a^2 D(X)+b^2 D(Y)+2abE[X-E(X)][Y-E(Y)].
\end{aligned}$$

若 X 和 Y 相互独立,则

$$\begin{aligned}
E[X-E(X)][Y-E(Y)]&=E[XY-XE(Y)-YE(X)+E(X)E(Y)]\\
&=E(XY)-E(X)E(Y)=0,
\end{aligned}$$

所以

$$D(aX+bY)=a^2 D(X)+b^2 D(Y).$$

例3　袋中有 n 张卡片,号码分别为 $1,2,\cdots,n$. 从中有放回的抽出 k 张卡片,求所得号码之和的方差.

解　设 X 表示所得号码之和,引进如下计数变量:

X_i 表示第 i 次抽到的卡片号码,$i=1,2,\cdots,k$,则

$$X=\sum_{i=1}^{k}X_i.$$

由于是有放回抽样,所以诸 X_i 相互独立且同分布,其分布律为

$$P\{X_i=j\}=\frac{1}{n},\quad j=1,2,\cdots,n,\quad i=1,2,\cdots,k,$$

故

$$E(X_i)=\sum_{j=1}^{n}jP\{X_i=j\}=\frac{n+1}{2},\quad i=1,2,\cdots,k.$$

由(4.1.7)式有

$$E(X_i^2) = \sum_{j=1}^{n} j^2 P\{X_i = j\} = \frac{1}{6}(n+1)(2n+1).$$

由(4.2.4)式有

$$D(X_i) = E(X_i^2) - [E(X_i)]^2 = \frac{1}{12}(n^2-1).$$

又由于诸 $X_i(i=1,2,\cdots,k)$ 相互独立,所以根据(4.2.6)式有

$$D(X) = \sum_{i=1}^{k} D(X_i) = \frac{k}{12}(n^2-1).$$

4.2.3　几种重要分布的数学期望和方差

1. 两点分布

设随机变量 X 的分布律为

X	0	1
P	$1-p$	p

则 $E(X)=p,D(X)=E(X^2)-[E(X)]^2=p-p^2=pq$,其中 $q=1-p$.

2. 二项分布

设随机变量 $X\sim B(n,p)$,则 $E(X)=np,D(X)=npq$,其中 $q=1-p$.

证　方法一　用数学期望的定义和方差常用的(4.2.4)式.

X 的分布律为

$$P\{X=k\} = C_n^k p^k q^{n-k}, \quad k=0,1,\cdots,n,$$

所以由数学期望的定义有

$$E(X) = \sum_{k=0}^{n} k C_n^k p^k q^{n-k} = \sum_{k=0}^{n} k \frac{n!}{k!(n-k)!} p^k q^{n-k}$$

$$= np \sum_{k=1}^{n} \frac{(n-1)!}{(k-1)![(n-1)-(k-1)]!} p^{k-1} q^{(n-1)-(k-1)}$$

$$= np(p+q)^{n-1} = np.$$

注　上面求和的关键是利用二项式定理.

$$E(X^2) = \sum_{k=0}^{n} k^2 C_n^k p^k q^{n-k} = \sum_{k=1}^{n} k \frac{n!}{(k-1)!(n-k)!} p^k q^{n-k}$$

$$= \sum_{k=1}^{n} [(k-1)+1] \frac{n!}{(k-1)!(n-k)!} p^k q^{n-k}$$

$$= \sum_{k=2}^{n} (k-1) \frac{n!}{(k-1)!(n-k)!} p^k q^{n-k} + \sum_{k=1}^{n} \frac{n!}{(k-1)!(n-k)!} p^k q^{n-k}$$

$$= n(n-1)p^2(p+q)^{n-2} + np = n^2 p^2 - np^2 + np,$$

$$D(X) = E(X^2) - [E(X)]^2 = npq.$$

方法二   用期望和方差的性质.

根据二项分布的概率背景, X 表示 n 重伯努利试验中事件 A 出现的次数, p 是一次伯努利试验中事件 A 出现的概率, 即 $P(A)=p$, $P(\overline{A})=1-p=q$.

引进计数变量 X_i 表示第 i 次试验中事件 A 出现的次数, 即

$$X_i = \begin{cases} 1, & \text{第 } i \text{ 次试验 } A \text{ 出现,} \\ 0, & \text{第 } i \text{ 次试验 } A \text{ 不出现,} \end{cases} \quad i = 1, 2, \cdots, n,$$

则

$$X = \sum_{i=1}^{n} X_i$$

且诸 X_i 相互独立, 都服从参数为 p 的 0-1 分布, 所以

$$E(X_i) = p, \quad D(X_i) = p(1-p).$$

由数学期望的性质(3)和方差的性质(3)有

$$E(X) = \sum_{i=1}^{n} E(X_i) = np,$$

$$D(X) = \sum_{i=1}^{n} D(X_i) = npq \quad (\text{这里要求诸 } X_i \text{ 相互独立}).$$

3. 泊松分布

设 $X \sim P(\lambda)$, 则 $E(X)=D(X)=\lambda$.

证 X 的分布律为

$$P\{X=k\} = \frac{\lambda^k}{k!} e^{-\lambda}, \quad k = 0, 1, \cdots,$$

其中 $\lambda > 0$. 由数学期望的定义有

$$E(X) = \sum_{k=0}^{\infty} k \frac{\lambda^k}{k!} e^{-\lambda} = \lambda e^{-\lambda} \sum_{k=1}^{\infty} \frac{\lambda^{k-1}}{(k-1)!} = \lambda e^{-\lambda} e^{\lambda} = \lambda.$$

$\left(\text{注意: 上式求和的关键是用幂级数的求和公式} \sum_{n=0}^{\infty} \frac{x^n}{n!} = e^x. \right)$

又由(4.1.7)式有

$$E(X^2) = \sum_{k=0}^{\infty} k^2 \frac{\lambda^k}{k!} e^{-\lambda} = \sum_{k=0}^{\infty} [(k^2-k)+k] \frac{\lambda^k}{k!} e^{-\lambda}$$

$$= \sum_{k=0}^{\infty} k(k-1) \frac{\lambda^k}{k!} e^{-\lambda} + \sum_{k=0}^{\infty} k \frac{\lambda^k}{k!} e^{-\lambda} = \lambda^2 + \lambda,$$

由(4.2.4)式有

$$D(X) = E(X^2) - [E(X)]^2 = \lambda^2 + \lambda - \lambda^2 = \lambda.$$

4. 均匀分布

设 $X \sim U[a,b]$，则

$$E(X) = \frac{a+b}{2}, \quad D(X) = \frac{(b-a)^2}{12}.$$

证　X 的概率密度为

$$f(x) = \begin{cases} \dfrac{1}{b-a}, & a \leqslant x \leqslant b, \\ 0, & \text{其他}, \end{cases}$$

X 的数学期望为

$$E(X) = \int_{-\infty}^{+\infty} x f(x) \mathrm{d}x = \int_a^b \frac{x}{b-a} \mathrm{d}x = \frac{a+b}{2},$$

X 的方差为

$$D(X) = E(X^2) - [E(X)]^2 = \int_a^b \frac{x^2}{b-a} \mathrm{d}x - \left(\frac{a+b}{2}\right)^2 = \frac{(b-a)^2}{12}.$$

5. 指数分布

设 X 服从参数为 λ 的指数分布，则

$$E(X) = \frac{1}{\lambda}, \quad D(X) = \frac{1}{\lambda^2}.$$

证　X 的概率密度为

$$f(x) = \begin{cases} \lambda \mathrm{e}^{-\lambda x}, & x > 0, \\ 0, & x \leqslant 0, \end{cases} \quad \lambda > 0,$$

则

$$E(X) = \int_{-\infty}^{+\infty} x f(x) \mathrm{d}x = \int_0^{+\infty} x \lambda \mathrm{e}^{-\lambda x} \mathrm{d}x = \frac{1}{\lambda},$$

$$E(X^2) = \int_{-\infty}^{+\infty} x^2 f(x) \mathrm{d}x = \int_0^{+\infty} x^2 \lambda \mathrm{e}^{-\lambda x} \mathrm{d}x = -x^2 \mathrm{e}^{-\lambda x} \Big|_0^{+\infty} + 2\int_0^{+\infty} x \mathrm{e}^{-\lambda x} \mathrm{d}x = \frac{2}{\lambda^2},$$

$$D(X) = E(X^2) - [E(X)]^2 = \frac{2}{\lambda^2} - \frac{1}{\lambda^2} = \frac{1}{\lambda^2}.$$

6. 正态分布

设 $X \sim N(\mu, \sigma^2)$，则 $E(X) = \mu, D(X) = \sigma^2$.

证　令 $Y = \dfrac{X-\mu}{\sigma}$，则 $Y \sim N(0,1)$，Y 的概率密度为

$$f(y) = \frac{1}{\sqrt{2\pi}} e^{-\frac{y^2}{2}}, \quad -\infty < y < +\infty,$$

则数学期望和方差为

$$E(Y) = \int_{-\infty}^{+\infty} y f(y) \, dy = \int_{-\infty}^{+\infty} y \frac{1}{\sqrt{2\pi}} e^{-\frac{y^2}{2}} \, dy = 0,$$

$$D(Y) = E(Y - 0)^2 = \int_{-\infty}^{+\infty} y^2 f(y) \, dy$$

$$= \frac{1}{\sqrt{2\pi}} \int_{-\infty}^{+\infty} y^2 e^{-\frac{y^2}{2}} \, dy = -\frac{1}{\sqrt{2\pi}} \int_{-\infty}^{+\infty} y \, d e^{-\frac{y^2}{2}}$$

$$= -\frac{1}{\sqrt{2\pi}} y e^{-\frac{y^2}{2}} \Big|_{-\infty}^{+\infty} + \frac{1}{\sqrt{2\pi}} \int_{-\infty}^{+\infty} e^{-\frac{y^2}{2}} \, dy = 1.$$

X 的数学期望和方差为

$$EX = E(\sigma Y + \mu) = \sigma EY + \mu = \mu,$$

$$DX = D(\sigma Y + \mu) = \sigma^2 DY + 0 = \sigma^2.$$

可见,正态分布的两个参数 μ 和 σ^2 分别就是该分布的数学期望和方差. 因此,正态分布完全由它的数学期望和方差所确定.

下面给出有关正态分布的重要性质.

若 $X_i \sim N(\mu_i, \sigma_i^2)(i=1,2,\cdots,n)$ 且它们相互独立,则它们的线性组合

$$a_1 X_1 + a_2 X_2 + \cdots + a_n X_n$$

(其中 $a_1, a_2, \cdots, a_n$ 是不全为 0 的常数)仍服从正态分布,即

$$a_1 X_1 + a_2 X_2 + \cdots + a_n X_n \sim N\Big(\sum_{i=1}^{n} a_i \mu_i, \sum_{i=1}^{n} a_i^2 \sigma_i^2 \Big). \tag{4.2.7}$$

证　由 3.5 节知,$a_1 X_1 + a_2 X_2 + \cdots + a_n X_n$ 服从正态分布. 又由数学期望和方差的性质(3)知

$$E(a_1 X_1 + a_2 X_2 + \cdots + a_n X_n) = \sum_{i=1}^{n} a_i E(X_i) = \sum_{i=1}^{n} a_i \mu_i,$$

$$D(a_1 X_1 + a_2 X_2 + \cdots + a_n X_n) = \sum_{i=1}^{n} a_i^2 D(X_i) = \sum_{i=1}^{n} a_i^2 \sigma_i^2,$$

故(4.2.7)式成立.

如 $X \sim N\Big(1, \frac{1}{9}\Big), Y \sim N\Big(2, \frac{1}{4}\Big)$ 且它们相互独立,则 $3X \pm 2Y$ 都服从正态分布. 因为

$$E(3X + 2Y) = 3E(X) + 2E(Y) = 3 \times 1 + 2 \times 2 = 7,$$

$$E(3X - 2Y) = 3E(X) - 2E(Y) = 3 \times 1 - 2 \times 2 = -1,$$

$$D(3X + 2Y) = 3^2 D(X) + 2^2 D(Y) = 9 \times \frac{1}{9} + 4 \times \frac{1}{4} = 2,$$

$$D(3X-2Y)=3^2D(X)+(-2)^2D(Y)=9\times\frac{1}{9}+4\times\frac{1}{4}=2,$$

所以
$$3X+2Y\sim N(7,2),\quad 3X-2Y\sim N(-1,2).$$
书末附表列出了多种重要分布的期望和方差,供读者查用.

　　注　重要分布的期望和方差由分布的参数唯一确定,并且明确了各分布中参数的意义,这在应用中是十分方便的.例如,某一医院在一天内的急诊病人数 X 服从参数为 λ 的泊松分布,但参数 λ 未知.由于 $E(X)=\lambda$,所以在实际中,该医院若干天内的平均急诊病人数就可作为参数 λ 的近似值.

　　例 4　设 X 的概率密度为
$$f(x)=\begin{cases}\dfrac{1}{2}\cos\dfrac{x}{2}, & 0\leqslant x\leqslant\pi,\\[2mm] 0, & \text{其他}.\end{cases}$$
对 X 独立地重复观察 4 次,用 Y 表示观察值大于 $\dfrac{\pi}{3}$ 的次数,求 Y^2 的数学期望.

　　解　X 的观察值大于 $\dfrac{\pi}{3}$ 的概率为
$$P\left\{X>\frac{\pi}{3}\right\}=\int_{\frac{\pi}{3}}^{+\infty}f(x)\mathrm{d}x=\int_{\frac{\pi}{3}}^{\pi}\frac{1}{2}\cos\frac{x}{2}\mathrm{d}x=\sin\frac{x}{2}\Big|_{\frac{\pi}{3}}^{\pi}=1-\frac{1}{2}=\frac{1}{2}.$$
根据题意,
$$Y\sim B\left(4,\frac{1}{2}\right),$$
所以
$$E(Y)=4\times\frac{1}{2}=2,\quad D(Y)=4\times\frac{1}{2}\times\frac{1}{2}=1.$$
由(4.2.4)式有
$$E(Y^2)=D(Y)+[E(Y)]^2=1+2^2=5.$$

　　例 5　设 $X\sim P(\lambda)$,已知 $E[(X-1)(X-2)]=1$,求 λ 的值.

　　解　因为 $E(X)=D(X)=\lambda$,所以 $E(X^2)=D(X)+[E(X)]^2=\lambda+\lambda^2$.
由数学期望的性质(2)有
$$\begin{aligned}E[(X-1)(X-2)]&=E(X^2-3X+2)=E(X^2)-3E(X)+2\\&=\lambda+\lambda^2-3\lambda+2=\lambda^2-2\lambda+2.\end{aligned}$$
由题设条件有
$$\lambda^2-2\lambda+2=1,$$
即
$$\lambda^2-2\lambda+1=0,$$
解之得

$$\lambda = 1.$$

例6 若 $X \sim N(\mu, \sigma^2), Y \sim N(\mu, \sigma^2)$ 且它们相互独立,求 $E|X-Y|, D|X-Y|$.

解 令 $Z = X - Y$,由于 $X \sim N(\mu, \sigma^2), Y \sim N(\mu, \sigma^2)$ 且它们相互独立,则由 (4.2.7)式知

$$Z \sim N(0, 2\sigma^2),$$

Z 的概率密度为

$$f(z) = \frac{1}{\sqrt{2\pi}\,\sqrt{2}\,\sigma} e^{-\frac{z^2}{2 \times 2\sigma^2}}$$

且

$$E(Z) = 0, \quad D(Z) = 2\sigma^2,$$

所以

$$E(Z^2) = D(Z) + [E(Z)]^2 = 2\sigma^2,$$

于是由(4.1.8)式有

$$E|X-Y| = E|Z| = \int_{-\infty}^{+\infty} |z| f_Z(z)\mathrm{d}z = \int_{-\infty}^{+\infty} |z| \frac{1}{\sqrt{2\pi}\,\sqrt{2}\,\sigma} e^{-\frac{z^2}{4\sigma^2}} \mathrm{d}z$$

$$= \frac{1}{\sqrt{\pi}\,\sigma} \int_{0}^{+\infty} z e^{-\frac{z^2}{4\sigma^2}} \mathrm{d}z = \frac{1}{\sqrt{\pi}\,\sigma} \left(-2\sigma^2 e^{-\frac{z^2}{4\sigma^2}} \right) \Big|_{0}^{+\infty} = \frac{2\sigma}{\sqrt{\pi}},$$

由(4.2.4)式有

$$D|X-Y| = D|Z| = E(|Z|^2) - [E|Z|]^2$$

$$= E(Z^2) - [E|Z|]^2 = 2\sigma^2 - \left(\frac{2\sigma}{\sqrt{\pi}} \right)^2 = 2\sigma^2 \left(1 - \frac{2}{\pi} \right).$$

注 例6若用随机变量函数的期望公式就需要计算比较复杂的积分

$$E|X-Y| = \int_{-\infty}^{+\infty} \int_{-\infty}^{+\infty} |x-y| f(x,y)\mathrm{d}x\mathrm{d}y,$$

但利用正态随机变量的性质,计算就简单多了.

4.2.4 切比雪夫不等式

设随机变量 X 具有数学期望 $E(X) = \mu$,方差 $D(X) = \sigma^2$,则对于任意正数 ε,不等式

$$P\{|X-\mu| \geqslant \varepsilon\} \leqslant \frac{\sigma^2}{\varepsilon^2} \tag{4.2.8}$$

或

$$P\{|X-\mu| < \varepsilon\} \geqslant 1 - \frac{\sigma^2}{\varepsilon^2} \tag{4.2.9}$$

成立.

(4.2.8)和(4.2.9)式称为**切比雪夫**(Chebyshev)**不等式**.

证 由(4.2.8)式易证(4.2.9)式.

下面只就连续型随机变量的情形证明(4.2.8)式.

设 X 的概率密度为 $f(x)$,则有

$$P\{\mid X-\mu \mid \geqslant \varepsilon\}=\int_{|x-\mu|\geqslant\varepsilon} f(x)\mathrm{d}x \leqslant \int_{|x-\mu|\geqslant\varepsilon} \frac{\mid x-\mu \mid^2}{\varepsilon^2}f(x)\mathrm{d}x$$

$$\leqslant \frac{1}{\varepsilon^2}\int_{-\infty}^{+\infty}[x-\mu]^2 f(x)\mathrm{d}x=\frac{\sigma^2}{\varepsilon^2},$$

(4.2.8)式得证.

注 切比雪夫不等式给出了随机变量 X 的分布未知的情况下,事件$\{\mid X-\mu\mid <\varepsilon\}$或$\{\mid X-\mu\mid \geqslant\varepsilon\}$的概率的一种估计方法.

例如,取 $\varepsilon=3\sigma,4\sigma$,则有

$$P\{\mid X-\mu \mid <3\sigma\}\geqslant 0.8889,$$
$$P\{\mid X-\mu \mid <4\sigma\}\geqslant 0.9375.$$

例 7 设随机变量 X 的方差为 2,试根据切比雪夫不等式估计概率 $P\{\mid X-E(X)\mid \geqslant 2\}$.

解 根据切比雪夫不等式有

$$P\{\mid X-E(X) \mid \geqslant 2\}\leqslant \frac{2}{2^2}=\frac{1}{2}.$$

例 8 设随机变量 X 和 Y 相互独立且 X 和 Y 的数学期望均为 2,方差分别为 1 和 4,试根据切比雪夫不等式估计概率 $P\{\mid X-Y\mid \geqslant 6\}$.

解 令 $Z=X-Y$,则

$$E(Z)=E(X-Y)=E(X)-E(Y)=2-2=0,$$
$$D(Z)=D(X-Y)=D(X)+D(Y)=1+4=5,$$

故由切比雪夫不等式有

$$P\{\mid X-Y \mid \geqslant 6\}=P\{\mid Z-E(Z) \mid \geqslant 6\}\leqslant \frac{D(Z)}{6^2}=\frac{5}{36}.$$

例 9 假设一批种子的良种率为 $\frac{1}{6}$,从中任意选出 600 粒,试用切比雪夫不等式估计这 600 粒种子中良种所占比例与 $\frac{1}{6}$ 之差的绝对值不超过 0.02 的概率.

解 设 X 表示 600 粒种子中的良种数,则 $X\sim B\left(600,\frac{1}{6}\right)$ 且

$$E(X)=600\times\frac{1}{6}=100, \quad D(X)=600\times\frac{1}{6}\times\frac{5}{6}=\frac{250}{3}.$$

由切比雪夫不等式有

$$P\left\{\left|\frac{X}{600}-\frac{1}{6}\right|\leqslant 0.02\right\}=P\left\{\left|\frac{X-100}{600}\right|\leqslant 0.02\right\}=P\{\mid X-100 \mid \leqslant 12\}$$

$$\geqslant 1 - \frac{D(X)}{12^2} = 1 - \frac{250/3}{144} = 0.4213.$$

切比雪夫不等式不仅在实际中有广泛的应用,而且也是很重要的理论工具,它是第 5 章极限定理的理论基础.

4.3　协方差及相关系数

课件 16

问题的提出:

从方差性质(3)的证明中知道,若 X,Y 相互独立,则 $E[X-E(X)][Y-E(Y)]=0$.那么当 $E[X-E(X)][Y-E(Y)]\neq 0$ 时,X,Y 一定不独立.此时,X,Y 会具有一定关系.这里主要讨论 X,Y 是否具有线性关系.

4.3.1　协方差

1. 协方差的定义

定义 4.3.1　设 (X,Y) 是二维随机变量,若 $E[X-E(X)][Y-E(Y)]$ 存在,则称这个数值为随机变量 X 与 Y 的**协方差**(covariance),记为 $\mathrm{Cov}(X,Y)$,即

$$\mathrm{Cov}(X,Y) = E[X-E(X)][Y-E(Y)]. \qquad (4.3.1)$$

注　由定义 4.3.1 可知,随机变量 X 与 Y 的协方差是二维随机变量 (X,Y) 函数 $g(X,Y)=[X-E(X)][Y-E(Y)]$ 的数学期望,若 (X,Y) 是二维离散型或连续型随机变量时,可用式(4.1.9)或(4.1.10)计算随机变量 X 与 Y 的协方差,但常常利用下面的公式计算协方差.

协方差常用的计算公式为

$$\mathrm{Cov}(X,Y) = E(XY) - E(X)E(Y). \qquad (4.3.2)$$

特别地,

$$\mathrm{Cov}(X,X) = D(X). \qquad (4.3.3)$$

由此可见,协方差是方差的推广.

由协方差的定义及方差的性质(3)易得,两个随机变量线性组合的方差与各自方差及协方差的关系为

$$D(aX+bY) = a^2 D(X) + b^2 D(Y) + 2ab\,\mathrm{Cov}(X,Y). \qquad (4.3.4)$$

2. 协方差的性质

协方差具有下述性质:

(1) $\mathrm{Cov}(X,Y)=\mathrm{Cov}(Y,X)$(对称性);

(2) $\mathrm{Cov}(aX,bY)=ab\,\mathrm{Cov}(X,Y)$;

(3) $\mathrm{Cov}(X+Y,Z)=\mathrm{Cov}(X,Z)+\mathrm{Cov}(Y,Z)$.

性质(2),(3)称为线性性.

证明略.

例1 设二维随机变量(X,Y)的概率密度为

$$f(x,y) = \begin{cases} \frac{1}{8}(x+y), & 0 \leqslant x \leqslant 2, 0 \leqslant y \leqslant 2, \\ 0, & \text{其他,} \end{cases}$$

求$E(X), E(Y), D(X), D(Y), \text{Cov}(X,Y), D(2X-3Y)$.

解 由(4.1.11)式有

$$E(X) = \int_{-\infty}^{+\infty}\int_{-\infty}^{+\infty} xf(x,y)\mathrm{d}x\mathrm{d}y = \int_0^2 \mathrm{d}x\int_0^2 \frac{1}{8}x(x+y)\mathrm{d}y = \frac{7}{6},$$

$$E(Y) = \int_{-\infty}^{+\infty}\int_{-\infty}^{+\infty} yf(x,y)\mathrm{d}x\mathrm{d}y = \int_0^2 \mathrm{d}x\int_0^2 \frac{1}{8}y(x+y)\mathrm{d}y = \frac{7}{6},$$

$$E(X^2) = \int_{-\infty}^{+\infty}\int_{-\infty}^{+\infty} x^2 f(x,y)\mathrm{d}x\mathrm{d}y = \int_0^2 \mathrm{d}x\int_0^2 \frac{1}{8}x^2(x+y)\mathrm{d}y = \frac{5}{3},$$

$$E(Y^2) = \int_{-\infty}^{+\infty}\int_{-\infty}^{+\infty} y^2 f(x,y)\mathrm{d}x\mathrm{d}y = \int_0^2 \mathrm{d}x\int_0^2 \frac{1}{8}y^2(x+y)\mathrm{d}y = \frac{5}{3},$$

所以

$$D(X) = E(X^2) - [E(X)]^2 = \frac{5}{3} - \left(\frac{7}{6}\right)^2 = \frac{11}{36} = D(Y).$$

又

$$E(XY) = \int_{-\infty}^{+\infty}\int_{-\infty}^{+\infty} xyf(x,y)\mathrm{d}x\mathrm{d}y = \int_0^2 \mathrm{d}x\int_0^2 \frac{1}{8}xy(x+y)\mathrm{d}y = \frac{4}{3},$$

由(4.3.2)式得

$$\text{Cov}(X,Y) = E(XY) - E(X)E(Y) = \frac{4}{3} - \frac{7}{6}\times\frac{7}{6} = -\frac{1}{36},$$

由(4.3.4)式得

$$D(2X-3Y) = 4D(X) + 9D(Y) - 12\text{Cov}(X,Y)$$
$$= 4\times\frac{11}{36} + 9\times\frac{11}{36} - 12\times\left(-\frac{1}{36}\right) = \frac{155}{36}.$$

例2 已知随机变量X与Y满足$E(X)=2, E(Y)=3, D(X)=1, D(Y)=4, E(XY)=7$. 又设

$$U = X - Y, \quad V = 2X + Y,$$

试求$E(U), E(V), D(U), D(V), \text{Cov}(U,V)$.

解 由数学期望的性质(2)有

$$E(U) = E(X-Y) = E(X) - E(Y) = 2 - 3 = -1,$$
$$E(V) = E(2X+Y) = 2E(X) + E(Y) = 2\times2 + 3 = 7,$$

由(4.3.2)式得

$$\text{Cov}(X,Y) = E(XY) - E(X)E(Y) = 7 - 2 \times 3 = 1,$$

由(4.3.4)式得

$$D(U) = D(X - Y) = D(X) + D(Y) - 2\text{Cov}(X,Y) = 1 + 4 - 2 \times 1 = 3,$$

$$D(V) = D(2X + Y) = 4D(X) + D(Y) + 4\text{Cov}(X,Y)$$

$$= 4 \times 1 + 4 + 4 \times 1 = 12.$$

求协方差 $\text{Cov}(U,V)$ 可用下面两种方法.

方法一　用协方差的性质.

由协方差的性质(1)～(3)及(4.3.3)式得

$$\text{Cov}(U,V) = \text{Cov}(X - Y, 2X + Y)$$

$$= 2\text{Cov}(X,X) - 2\text{Cov}(Y,X) + \text{Cov}(X,Y) - \text{Cov}(Y,Y)$$

$$= 2D(X) - \text{Cov}(X,Y) - D(Y) = 2 \times 1 - 1 - 4 = -3.$$

方法二　用(4.3.2)式.

由数学期望的性质及(4.2.4)式有

$$E(UV) = E[(X - Y)(2X + Y)] = 2E(X^2) - E(XY) - E(Y^2)$$

$$= 2\{D(X) + [E(X)]^2\} - E(XY) - \{D(Y) + [E(Y)]^2\}$$

$$= 2(1 + 4) - 7 - (4 + 9) = -10,$$

$$\text{Cov}(U,V) = E(UV) - E(U)E(V) = -10 - (-1) \times 7 = -3.$$

4.3.2　相关系数

1. 相关系数的定义

定义 4.3.2　若二维随机变量 (X,Y) 的协方差 $\text{Cov}(X,Y)$ 存在且有 $D(X) > 0, D(Y) > 0$,则称

$$\frac{\text{Cov}(X,Y)}{\sqrt{D(X)}\,\sqrt{D(Y)}}$$

为 X 和 Y 的**相关系数**(correlation coefficient),记为 ρ_{XY},即

$$\rho_{XY} = \frac{\text{Cov}(X,Y)}{\sqrt{D(X)}\,\sqrt{D(Y)}}.$$

注　记

$$X^* = \frac{X - E(X)}{\sqrt{D(X)}}, \quad Y^* = \frac{Y - E(Y)}{\sqrt{D(Y)}},$$

则 X^* 和 Y^* 分别是 X 和 Y 标准化了的随机变量,所以

$$E(X^*) = E(Y^*) = 0,$$

$$D(X^*) = D(Y^*) = 1.$$

于是

$$\rho_{XY} = \frac{\mathrm{Cov}(X,Y)}{\sqrt{D(X)}\,\sqrt{D(Y)}} = \frac{E[X-E(X)][Y-E(Y)]}{\sqrt{D(X)}\,\sqrt{D(Y)}}$$

$$= E\left[\frac{X-E(X)}{\sqrt{D(X)}} \cdot \frac{Y-E(Y)}{\sqrt{D(Y)}}\right]$$

$$= E(X^*Y^*) = E(X^*Y^*) - E(X^*)E(Y^*) = \mathrm{Cov}(X^*,Y^*).$$

由此可见, ρ_{XY} 是 X 和 Y 的标准协方差. ρ_{XY} 是一个无量纲的量.

2. 相关系数的性质及意义

相关系数的性质

定理 4.3.1 相关系数具有下述性质:

(1) $|\rho_{XY}| \leqslant 1$;

(2) $|\rho_{XY}| = 1$ 的充要条件是存在常数 $a, b \neq 0$, 使得 $P\{Y = a + bX\} = 1$, 并且当 $b > 0$ 时, $\rho_{XY} = 1$; 当 $b < 0$ 时, $\rho_{XY} = -1$.

证 先证(1). 记

$$X^* = \frac{X - E(X)}{\sqrt{D(X)}}, \quad Y^* = \frac{Y - E(Y)}{\sqrt{D(Y)}},$$

因为

$$E(X^*) = E(Y^*) = 0, \quad D(X^*) = D(Y^*) = 1$$

且

$$\rho_{XY} = \mathrm{Cov}(X^*, Y^*),$$

所以

$$\begin{aligned} D(X^* \pm Y^*) &= D(X^*) + D(Y^*) \pm 2\mathrm{Cov}(X^*, Y^*) \\ &= 1 + 1 \pm 2\rho_{XY} = 2(1 \pm \rho_{XY}). \end{aligned} \tag{4.3.5}$$

由于

$$D(X^* \pm Y^*) \geqslant 0,$$

所以

$$1 \pm \rho_{XY} \geqslant 0,$$

即

$$-1 \leqslant \rho_{XY} \leqslant 1,$$

故

$$|\rho_{XY}| \leqslant 1.$$

于是(1)得证.

往证(2).

必要性 当 $\rho_{XY} = 1$ 时, 由(4.3.5)式知

$$D(X^* - Y^*) = 2(1 - \rho_{XY}) = 0.$$

又

$$E(X^* - Y^*) = E(X^*) - E(Y^*) = 0,$$

故由方差的性质(4)知

$$P\{X^* - Y^* = 0\} = 1,$$

即

$$P\left\{\frac{X - E(X)}{\sqrt{D(X)}} - \frac{Y - E(Y)}{\sqrt{D(Y)}} = 0\right\} = 1,$$

上式整理得

$$P\left\{Y = \frac{\sqrt{D(Y)}}{\sqrt{D(X)}} X + \left[E(Y) - \frac{\sqrt{D(Y)}}{\sqrt{D(X)}} E(X)\right]\right\} = 1.$$

取

$$b = \frac{\sqrt{D(Y)}}{\sqrt{D(X)}} > 0, \quad a = E(Y) - \frac{\sqrt{D(Y)}}{\sqrt{D(X)}} E(X),$$

则

$$P\{Y = a + bX\} = 1.$$

类似地可证,当 $\rho_{XY} = -1$ 时,

$$P\left\{\frac{X - E(X)}{\sqrt{D(X)}} + \frac{Y - E(Y)}{\sqrt{D(Y)}} = 0\right\} = 1,$$

此时取

$$b = -\frac{\sqrt{D(Y)}}{\sqrt{D(X)}} < 0, \quad a = E(Y) + \frac{\sqrt{D(Y)}}{\sqrt{D(X)}} E(X),$$

则

$$P\{Y = a + bX\} = 1.$$

必要性得证.

充分性　若存在常数 $a, b \neq 0$,使得 $P\{Y = a + bX\} = 1$,则由 $Y = a + bX$ 以及方差的定义、协方差的性质(2),(3)知

$$D(Y) = D(a + bX) = E[(a + bX) - E(a + bX)]^2$$
$$= E[b(X - E(X))]^2 = b^2 D(X),$$
$$\text{Cov}(X, Y) = \text{Cov}(X, a + bX) = bD(X) + \text{Cov}(X, a) = bD(X),$$

所以

$$\rho_{XY} = \frac{\text{Cov}(X, Y)}{\sqrt{D(X)}\sqrt{D(Y)}} = \frac{bD(X)}{\sqrt{D(X)}\sqrt{b^2 D(X)}} = \frac{b}{|b|},$$

于是

$$|\rho_{XY}| = 1,$$

并且当 $b > 0$ 时,$\rho_{XY} = 1$;当 $b < 0$ 时,$\rho_{XY} = -1$. 定理证毕.

由相关系数的性质易知相关系数的意义如下:

相关系数 ρ_{XY} 是反映随机变量 X 和 Y 之间的线性相关程度的量.

当 $|\rho_{XY}|=1$ 时,随机变量 X 和 Y 之间以概率 1 存在着线性关系,此时说 X 和 Y 之间线性相关程度好;

当 $0<|\rho_{XY}|<1$ 时,$|\rho_{XY}|$ 越小,X 和 Y 之间线性关系越弱,则 X 和 Y 之间线性相关程度越差;

当 $|\rho_{XY}|=0$ 时,X 和 Y 之间没有线性关系,此时称 X 和 Y 不相关.

相关系数的意义在几何上可作下述解释:

已经知道,二维随机变量 (X,Y) 在 xOy 平面上可看成随机点. 当 $|\rho_{XY}|=1$ 时,这些随机点几乎都落在某一直线 $y=a+bx$ 上(图 4.1);当 $0<|\rho_{XY}|$ 接近于 1 时,这些随机点几乎都集中在直线 $y=a+bx$ 的附近,$|\rho_{XY}|$ 越接近于 1,这些随机点离直线 $y=a+bx$ 越近(图 4.2);当 $|\rho_{XY}|$ 越接近于 0 时,这些随机点越来越远离直线 $y=a+bx$(图 4.3);当 $|\rho_{XY}|=0$ 时,所有的随机点四处分散(图 4.4).

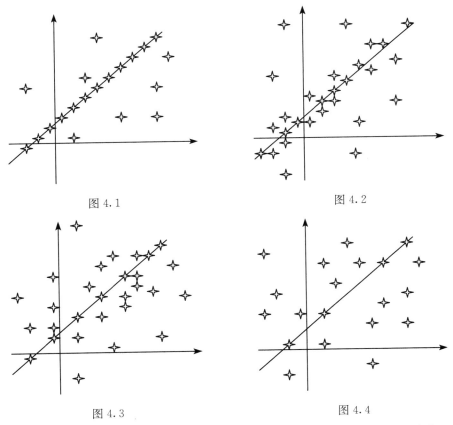

图 4.1　　　　　　　　　　　　　　　　　图 4.2

图 4.3　　　　　　　　　　　　　　　　　图 4.4

如果把 xOy 平面看成是天空,那么随机点就可比喻成天上的星星. 当 $|\rho_{XY}|=1$ 时,这些星星几乎形成一条直线;当 $0<|\rho_{XY}|$ 接近于 1 时,这些星星在天空形成一条银河,$|\rho_{XY}|$ 越接近于 1,该银河的宽度越窄;当 $|\rho_{XY}|$ 越接近于 0 时,该银河越

来越分散;当 $|\rho_{XY}|=0$ 时,银河消失,随机点变成满天星.

例 3　将一枚硬币重复抛掷 n 次,以 X 和 Y 分别表示正面向上和反面向上的次数,则 X 和 Y 的相关系数等于(　　　).

(A) -1　　　　　(B) 0　　　　　(C) $\dfrac{1}{2}$　　　　　(D) 1

解　根据题意有 $X+Y=n$,即 $Y=n-X$,即 Y 是 X 的线性函数.又 X 的系数 $b=-1<0$,所以由相关系数的性质(2)知,X 和 Y 的相关系数 $\rho_{XY}=-1$.故选(A).

　3. 不相关及其等价条件

若 $\rho_{XY}=0$,则称 X 和 Y 不相关.

由相关系数的定义、协方差的计算公式及方差的性质易证如下结论.

定理 4.3.2　设 $D(X)>0,D(Y)>0$,则下列 4 个命题等价:

(1) X 和 Y 不相关,即 $\rho_{XY}=0$;

(2) $\mathrm{Cov}(X,Y)=0$;

(3) $E(XY)=E(X)E(Y)$;

(4) $D(X\pm Y)=D(X)+D(Y)$.

注　X 和 Y 不相关是指 X 和 Y 之间不存在线性关系,但 X 和 Y 之间还可能有其他关系.

例 4　设随机变量 $Z\sim U[-\pi,\pi]$,又 $X=\sin Z,Y=\cos Z$,试证 X 和 Y 不相关,但 X 和 Y 之间存在关系 $X^2+Y^2=1$.

证　Z 的概率密度为

$$f(z)=\begin{cases}\dfrac{1}{2\pi}, & -\pi\leqslant z\leqslant\pi, \\ 0, & \text{其他.}\end{cases}$$

由于

$$E(X)=\int_{-\infty}^{+\infty}\sin z f(z)\mathrm{d}z=\frac{1}{2\pi}\int_{-\pi}^{\pi}\sin z\mathrm{d}z=0,$$

$$E(Y)=\int_{-\infty}^{+\infty}\cos z f(z)\mathrm{d}z=\frac{1}{2\pi}\int_{-\pi}^{\pi}\cos z\mathrm{d}z=0,$$

$$E(XY)=\int_{-\infty}^{+\infty}\sin z\cos z f(z)\mathrm{d}z=\frac{1}{2\pi}\int_{-\pi}^{\pi}\sin z\cos z\mathrm{d}z=0,$$

所以

$$E(XY)=E(X)E(Y).$$

由定理 4.3.2 的(3)知,X 和 Y 不相关.

但有

$$X^2+Y^2=\sin^2 z+\cos^2 z=1.$$

4. 相互独立和不相关的关系

由数学期望的性质及定理 4.3.2 的(3)易证如下关系:

(1) 若随机变量 X 和 Y 相互独立,则 $E(XY)=E(X)E(Y)$,即 X 和 Y 不相关;

(2) 若 X 和 Y 相关,即 $E(XY)\neq E(X)E(Y)$,则 X 和 Y 一定不独立.

值得注意的是:X 和 Y 不相关,即 $E(XY)=E(X)E(Y)$,未必有 X 和 Y 相互独立.

例 5 设二维随机变量 (X,Y) 的概率密度为

$$f(x,y)=\begin{cases} \dfrac{1}{\pi}, & x^2+y^2\leqslant 1, \\ 0, & x^2+y^2 > 1, \end{cases}$$

试证 X 和 Y 不相关,但 X 和 Y 不是相互独立.

证 先证 X 和 Y 不相关. 因

$$E(X)=\int_{-\infty}^{+\infty}\int_{-\infty}^{+\infty} xf(x,y)\mathrm{d}x\mathrm{d}y=\iint_{x^2+y^2\leqslant 1}\frac{x}{\pi}\mathrm{d}x\mathrm{d}y=0 \quad （积分的对称性）,$$

同理,

$$E(Y)=0.$$

又

$$E(XY)=\int_{-\infty}^{+\infty}\int_{-\infty}^{+\infty} xyf(x,y)\mathrm{d}x\mathrm{d}y=\iint_{x^2+y^2\leqslant 1}\frac{xy}{\pi}\mathrm{d}x\mathrm{d}y=0,$$

所以

$$E(XY)=E(X)E(Y),$$

即 X 和 Y 不相关.

再证 X 和 Y 不相互独立. X 的边缘密度为

$$f_X(x)=\int_{-\infty}^{+\infty} f(x,y)\mathrm{d}y=\begin{cases} \dfrac{2}{\pi}\sqrt{1-x^2}, & -1\leqslant x\leqslant 1, \\ 0, & \text{其他}, \end{cases}$$

Y 的边缘密度为

$$f_Y(y)=\int_{-\infty}^{+\infty} f(x,y)\mathrm{d}x=\begin{cases} \dfrac{2}{\pi}\sqrt{1-y^2}, & -1\leqslant y\leqslant 1, \\ 0, & \text{其他}. \end{cases}$$

由于当 $x^2+y^2\leqslant 1$ 时,

$$f_X(x)f_Y(y)\neq f(x,y),$$

故 X 和 Y 不相互独立.

例 6 设二维随机变量 (X,Y) 的分布律为

X ＼ Y	-1	0	1
-1	$\dfrac{1}{8}$	$\dfrac{1}{8}$	$\dfrac{1}{8}$
0	$\dfrac{1}{8}$	0	$\dfrac{1}{8}$
1	$\dfrac{1}{8}$	$\dfrac{1}{8}$	$\dfrac{1}{8}$

试证 X 和 Y 不相关,但 X 和 Y 不是相互独立.

证　先证 X 和 Y 不相关.

显然,X 和 Y 具有相同的分布.X(或 Y)的边缘分布律为

X(或 Y)	-1	0	1
P	$\dfrac{3}{8}$	$\dfrac{2}{8}$	$\dfrac{3}{8}$

所以

$$E(X) = (-1) \times \frac{3}{8} + 0 \times \frac{2}{8} + 1 \times \frac{3}{8} = 0 = E(Y).$$

又 XY 的分布律为

XY	-1	0	1
P	$\dfrac{2}{8}$	$\dfrac{4}{8}$	$\dfrac{2}{8}$

所以

$$E(XY) = (-1) \times \frac{2}{8} + 0 \times \frac{4}{8} + 1 \times \frac{2}{8} = 0.$$

由上可见

$$E(XY) = E(X)E(Y),$$

即 X 和 Y 不相关.

再证 X 和 Y 不相互独立.

由于

$$0 = P\{X = 0, Y = 0\} \neq P\{X = 0\}P\{Y = 0\} = \frac{2}{8} \times \frac{2}{8} = \frac{1}{16},$$

所以 X 和 Y 不相互独立.

例 7　设二维随机变量 $(X,Y) \sim N(\mu_1, \mu_2, \sigma_1^2, \sigma_2^2, \rho)$,求 ρ_{XY}.

解　(X,Y) 的概率密度为

$$f(x,y) = \frac{1}{2\pi\sigma_1\sigma_2\sqrt{1-\rho^2}} \exp\left\{\frac{-1}{2(1-\rho^2)}\left[\frac{(x-\mu_1)^2}{\sigma_1^2}\right.\right.$$

$$\left.\left.-\frac{2\rho(x-\mu_1)(y-\mu_2)}{\sigma_1\sigma_2} + \frac{(y-\mu_2)^2}{\sigma_2^2}\right]\right\},$$

在 3.2 节中已经知道

$$X \sim N(\mu_1,\sigma_1^2), \quad Y \sim N(\mu_2,\sigma_2^2),$$

故

$$E(X) = \mu_1, \quad D(X) = \sigma_1^2, \quad E(Y) = \mu_2, \quad D(Y) = \sigma_2^2.$$

而由协方差的定义知

$$\mathrm{Cov}(X,Y) = \int_{-\infty}^{+\infty}\int_{-\infty}^{+\infty}(x-\mu_1)(y-\mu_2)f(x,y)\mathrm{d}x\mathrm{d}y$$

$$= \frac{1}{2\pi\sigma_1\sigma_2\sqrt{1-\rho^2}}\int_{-\infty}^{+\infty}\int_{-\infty}^{+\infty}(x-\mu_1)(y-\mu_2)$$

$$\times \mathrm{e}^{-\frac{(x-\mu_1)^2}{2\sigma_1^2}}\mathrm{e}^{-\frac{1}{2(1-\rho^2)}\left[\frac{y-\mu_2}{\sigma_2}-\rho\frac{x-\mu_1}{\sigma_1}\right]^2}\mathrm{d}x\mathrm{d}y.$$

令

$$t = \frac{1}{\sqrt{1-\rho^2}}\left[\frac{y-\mu_2}{\sigma_2} - \rho\frac{x-\mu_1}{\sigma_1}\right], \quad u = \frac{x-\mu_1}{\sigma_1},$$

则

$$x-\mu_1 = \sigma_1 u, \quad y-\mu_2 = (t\sqrt{1-\rho^2}+\rho u)\sigma_2,$$

$$J = \begin{vmatrix} \dfrac{\partial t}{\partial x} & \dfrac{\partial t}{\partial y} \\ \dfrac{\partial u}{\partial x} & \dfrac{\partial u}{\partial y} \end{vmatrix} = -\sigma_1\sigma_2\sqrt{1-\rho^2},$$

所以

$$\mathrm{Cov}(X,Y)$$

$$= \frac{1}{2\pi\sigma_1\sigma_2\sqrt{1-\rho^2}}\int_{-\infty}^{+\infty}\int_{-\infty}^{+\infty}\sigma_1\sigma_2 u(t\sqrt{1-\rho^2}+\rho u)\mathrm{e}^{-\frac{t^2+u^2}{2}}\left|-\sigma_1\sigma_2\sqrt{1-\rho^2}\right|\mathrm{d}t\mathrm{d}u$$

$$= \frac{\sigma_1\sigma_2\sqrt{1-\rho^2}}{2\pi}\int_{-\infty}^{+\infty}u\mathrm{e}^{-\frac{u^2}{2}}\mathrm{d}u\int_{-\infty}^{+\infty}t\mathrm{e}^{-\frac{t^2}{2}}\mathrm{d}t + \frac{\rho\sigma_1\sigma_2}{2\pi}\int_{-\infty}^{+\infty}u^2\mathrm{e}^{-\frac{u^2}{2}}\mathrm{d}u\int_{-\infty}^{+\infty}\mathrm{e}^{-\frac{t^2}{2}}\mathrm{d}t$$

$$= 0 + \frac{\rho\sigma_1\sigma_2}{2\pi}\sqrt{2\pi}\sqrt{2\pi} = \rho\sigma_1\sigma_2,$$

于是

$$\rho_{XY} = \frac{\mathrm{Cov}(X,Y)}{\sqrt{D(X)}\sqrt{D(Y)}} = \frac{\rho\sigma_1\sigma_2}{\sigma_1\sigma_2} = \rho.$$

由此可见,二维正态随机变量(X,Y)的概率密度中的参数 ρ 就是 X 和 Y 的相关系数,因而二维正态随机变量(X,Y)的分布完全由它们的分量 X,Y 各自的数学期望、方差以及它们的相关系数确定.

另外,在 3.4 节中已经知道,若二维随机变量$(X,Y) \sim N(\mu_1,\mu_2,\sigma_1^2,\sigma_2^2,\rho)$,则 X 和 Y 相互独立的充分必要条件为 $\rho = 0$,而 $\rho = \rho_{XY}$,因此得到二维正态随机变量 (X,Y) 的又一个重要性质:

若二维随机变量$(X,Y) \sim N(\mu_1,\mu_2,\sigma_1^2,\sigma_2^2,\rho)$,则 X 和 Y 相互独立与不相关等价.

例 8　设二维随机变量$(X,Y) \sim N\left(1,0,9,16,-\dfrac{1}{2}\right)$且 $Z = \dfrac{X}{3} + \dfrac{Y}{2}$,求 $E(Z)$,$D(Z),\rho_{XZ}$.

解　据题意有

$$E(X) = 1, \quad D(X) = 9, \quad E(Y) = 0, \quad D(Y) = 16, \quad \rho_{XY} = -\frac{1}{2},$$

所以

$$E(Z) = E\left(\frac{X}{3} + \frac{Y}{2}\right) = \frac{1}{3}E(X) + \frac{1}{2}E(Y) = \frac{1}{3},$$

$$\mathrm{Cov}(X,Y) = \rho_{XY}\sqrt{D(X)}\sqrt{D(Y)} = \left(-\frac{1}{2}\right) \times 3 \times 4 = -6,$$

$$D(Z) = D\left(\frac{X}{3} + \frac{Y}{2}\right) = \frac{1}{9}D(X) + \frac{1}{4}D(Y) + 2 \times \frac{1}{3} \times \frac{1}{2}\mathrm{Cov}(X,Y) = 3.$$

又

$$\mathrm{Cov}(X,Z) = \mathrm{Cov}\left(X,\frac{X}{3} + \frac{Y}{2}\right)$$

$$= \frac{1}{3}\mathrm{Cov}(X,X) + \frac{1}{2}\mathrm{Cov}(X,Y) = \frac{1}{3}D(X) + \frac{1}{2}\mathrm{Cov}(X,Y) = 0,$$

所以

$$\rho_{XZ} = \frac{\mathrm{Cov}(X,Z)}{\sqrt{D(X)}\sqrt{D(Z)}} = 0.$$

下面再介绍一个相互独立和不相关等价的例子.

例 9　设 A 和 B 是试验的两个事件且 $P(A) > 0, P(B) > 0$,并定义随机变量 X,Y 如下:

$$X = \begin{cases} 1, & A \text{ 发生}, \\ 0, & A \text{ 不发生}, \end{cases} \qquad Y = \begin{cases} 1, & B \text{ 发生}, \\ 0, & B \text{ 不发生}. \end{cases}$$

试证若 $\rho_{XY} = 0$,则 X 和 Y 必定相互独立.

证　由 X 和 Y 的定义知

$$E(X) = P\{X = 1\} = P(A), \quad E(Y) = P\{Y = 1\} = P(B),$$

$$E(XY) = P\{XY = 1\} = P\{X = 1, Y = 1\} = P(AB).$$

因为
$$\rho_{XY} = 0,$$
所以
$$E(XY) = E(X)E(Y),$$
从而
$$P(AB) = P(A)P(B).$$
由此可见,随机事件 A 和 B 相互独立.

由两事件相互独立的性质,事件 A 和 $\overline{B}$,$\overline{A}$ 和 B,$\overline{A}$ 和 $\overline{B}$ 相互独立. 于是
$$P(A\overline{B}) = P(A)P(\overline{B}),$$
$$P(\overline{A}B) = P(\overline{A})P(B),$$
$$P(\overline{A}\overline{B}) = P(\overline{A})P(\overline{B}).$$
又
$$P(AB) = P(A)P(B) \Leftrightarrow P\{X=1,Y=1\} = P\{X=1\}P\{Y=1\},$$
$$P(A\overline{B}) = P(A)P(\overline{B}) \Leftrightarrow P\{X=1,Y=0\} = P\{X=1\}P\{Y=0\},$$
$$P(\overline{A}B) = P(\overline{A})P(B) \Leftrightarrow P\{X=0,Y=1\} = P\{X=0\}P\{Y=1\},$$
$$P(\overline{A}\overline{B}) = P(\overline{A})P(\overline{B}) \Leftrightarrow P\{X=0,Y=0\} = P\{X=0\}P\{Y=0\}.$$
综上知,X 和 Y 相互独立.

4.4　矩和协方差阵

课件 17

本节中我们总假设所涉及的数学期望存在.

4.4.1　矩

定义 4.4.1　设 X 是随机变量,若 $E(X^k)(k=1,2,\cdots)$ 存在,则称 $E(X^k)$ 是 X 的 k 阶原点矩.

若 $E[X-E(X)]^k(k=2,3,\cdots)$ 存在,则称 $E[X-E(X)]^k$ 是 X 的 k 阶中心矩.

若 $E[X-E(X)]^k[Y-E(Y)]^l(k,l=1,2,\cdots)$ 存在,则称 $E[X-E(X)]^k[Y-E(Y)]^l$ 是 X 的 $k+l$ 阶混合中心矩.

显然,X 的数学期望 $E(X)$ 是 X 的一阶原点矩,方差 $D(X)=E[X-E(X)]^2$ 是 X 的二阶中心矩,协方差 $\mathrm{Cov}(X,Y)=E[X-E(X)][Y-E(Y)]$ 是 X 的二阶混合中心矩.

矩的概念不仅在概率论与数理统计中具有重要的应用价值,并且在工程技术、生物、医学等领域都有十分重要的意义.

例 1　设随机变量 $X \sim N(0,\sigma^2)$,试求 $E(X^4)$.

解　X 的概率密度为

$$f(x) = \frac{1}{\sqrt{2\pi}\sigma}\mathrm{e}^{-\frac{x^2}{2\sigma^2}}.$$

根据(4.1.8)式有

$$E(X^4) = \int_{-\infty}^{+\infty} x^4 f(x)\,\mathrm{d}x = \frac{1}{\sqrt{2\pi}\sigma}\int_{-\infty}^{+\infty} x^4 \mathrm{e}^{-\frac{x^2}{2\sigma^2}}\,\mathrm{d}x \quad \left(\diamondsuit\, t = \frac{x}{\sigma}\right)$$

$$= \frac{\sigma^4}{\sqrt{2\pi}}\int_{-\infty}^{+\infty} t^4 \mathrm{e}^{-\frac{t^2}{2}}\,\mathrm{d}t = \frac{\sigma^4}{\sqrt{2\pi}}\int_{-\infty}^{+\infty} t^3 \mathrm{d}(-\mathrm{e}^{-\frac{t^2}{2}})$$

$$= \frac{\sigma^4}{\sqrt{2\pi}}\left(-t^3\mathrm{e}^{-\frac{t^2}{2}}\Big|_{-\infty}^{+\infty} + \int_{-\infty}^{+\infty} 3t^2\mathrm{e}^{-\frac{t^2}{2}}\,\mathrm{d}t\right) = \frac{3\sigma^4}{\sqrt{2\pi}}\int_{-\infty}^{+\infty} t^2\mathrm{e}^{-\frac{t^2}{2}}\,\mathrm{d}t$$

$$= \frac{3\sigma^4}{\sqrt{2\pi}}\int_{-\infty}^{+\infty} t\,\mathrm{d}(-\mathrm{e}^{-\frac{t^2}{2}}) = \frac{3\sigma^4}{\sqrt{2\pi}}\left(-t\mathrm{e}^{-\frac{t^2}{2}}\Big|_{-\infty}^{+\infty} + \int_{-\infty}^{+\infty}\mathrm{e}^{-\frac{t^2}{2}}\,\mathrm{d}t\right) = 3\sigma^4.$$

4.4.2　协方差阵

先介绍二维随机变量的协方差阵.

定义 4.4.2 设二维随机变量(X_1, X_2)的 4 个二阶中心矩都存在,分别记为

$$c_{11} = E[X_1 - E(X_1)]^2 = D(X_1),$$
$$c_{12} = E[X_1 - E(X_1)][X_2 - E(X_2)] = \mathrm{Cov}(X_1, X_2),$$
$$c_{21} = E[X_2 - E(X_2)][X_1 - E(X_1)] = \mathrm{Cov}(X_2, X_1),$$
$$c_{22} = E[X_2 - E(X_2)]^2 = D(X_2),$$

记

$$\boldsymbol{C} = \begin{bmatrix} c_{11} & c_{12} \\ c_{21} & c_{22} \end{bmatrix},$$

称矩阵 $\boldsymbol{C}$ 为二维随机变量(X_1, X_2)的**协方差阵**.

类似地,可定义 n 维随机变量$(X_1, X_2, \cdots, X_n)$的协方差阵为

$$\boldsymbol{C} = \begin{bmatrix} c_{11} & c_{12} & \cdots & c_{1n} \\ c_{21} & c_{22} & \cdots & c_{2n} \\ \vdots & \vdots & & \vdots \\ c_{n1} & c_{n2} & \cdots & c_{nn} \end{bmatrix},$$

其中

$$c_{ij} = E[X_i - E(X_i)][X_j - E(X_j)] = \mathrm{Cov}(X_i, X_j), \quad i,j = 1,2,\cdots,n.$$

由于

$$c_{ij} = c_{ji}, \quad i \neq j, \quad i,j = 1,2,\cdots,n,$$

因而上述矩阵是一个对称矩阵.

已经知道,二维正态概率密度的表达式比较复杂,有了协方差阵就可以将二维正态的概率密度用矩阵形式表示了.

设二维正态随机变量 $(X_1, X_2) \sim N(\mu_1, \mu_2, \sigma_1^2, \sigma_2^2, \rho)$，则 (X_1, X_2) 的协方差阵为

$$C = \begin{bmatrix} c_{11} & c_{12} \\ c_{21} & c_{22} \end{bmatrix} = \begin{bmatrix} \sigma_1^2 & \rho\sigma_1\sigma_2 \\ \rho\sigma_2\sigma_1 & \sigma_2^2 \end{bmatrix},$$

那么二维正态随机变量 (X_1, X_2) 概率密度的矩阵形式为

$$f(x_1, x_2) = \frac{1}{(2\pi)^{\frac{2}{2}} (\det C)^{\frac{1}{2}}} \exp\left\{ -\frac{1}{2} (X - \mu)' C^{-1} (X - \mu) \right\},$$

其中 $X = \begin{bmatrix} x_1 \\ x_2 \end{bmatrix}$，$\mu = \begin{bmatrix} \mu_1 \\ \mu_2 \end{bmatrix}$，$\det C$ 和 C^{-1} 分别为协方差阵 C 的行列式和逆矩阵，$(X - \mu)'$ 是矩阵 $X - \mu$ 的转置.

将上述结论推广得 n 维正态随机变量 $(X_1, X_2, \cdots, X_n)$ 概率密度的矩阵形式为

$$f(x_1, x_2, \cdots, x_n) = \frac{1}{(2\pi)^{\frac{n}{2}} (\det C)^{\frac{1}{2}}} \exp\left\{ -\frac{1}{2} (X - \mu)' C^{-1} (X - \mu) \right\},$$

其中 $X = \begin{bmatrix} x_1 \\ x_2 \\ \vdots \\ x_n \end{bmatrix}$，$\mu = \begin{bmatrix} \mu_1 \\ \mu_2 \\ \vdots \\ \mu_n \end{bmatrix}$，$C$ 为 $(X_1, X_2, \cdots, X_n)$ 的协方差阵，$(X - \mu)'$ 为矩阵 $X - \mu$ 的转置.

n 维正态随机变量具有以下 4 条重要性质（证明略）：

（1）n 维正态随机变量 $(X_1, X_2, \cdots, X_n)$ 的每一个分量 $X_i (i = 1, 2, \cdots, n)$ 都是一维正态随机变量. 反之，若 $X_1, X_2, \cdots, X_n$ 都是一维正态随机变量且相互独立，则 $(X_1, X_2, \cdots, X_n)$ 是 n 维正态随机变量.

（2）n 维随机变量 $(X_1, X_2, \cdots, X_n)$ 服从 n 维正态分布的充分必要条件是 $X_1, X_2, \cdots, X_n$ 的任意的线性组合 $a_1 X_1 + a_2 X_2 + \cdots + a_n X_n$ 都服从一维正态分布（其中 $a_1, a_2, \cdots, a_n$ 不全为零）.

（3）若 $(X_1, X_2, \cdots, X_n)$ 服从 n 维正态分布，设 $Y_1, Y_2, \cdots, Y_m$ 是 $X_i (i = 1, 2, \cdots, n)$ 的线性函数，设 $Y_k = a_{k1} X_1 + a_{k2} X_2 + \cdots + a_{kn} X_n (k = 1, 2, \cdots, m$，其中 $a_{k1}, a_{k2}, \cdots, a_{kn}$ 不全为零），则 $(Y_1, Y_2, \cdots, Y_m)$ 服从 m 维正态分布.

这一性质称为正态变量的线性变换不变性.

（4）设 $(X_1, X_2, \cdots, X_n)$ 服从 n 维正态分布，则 $X_1, X_2, \cdots, X_n$ 相互独立与两两不相关等价.

例 2 设二维随机变量 $(X, Y) \sim N\left(1, 2, 4, 9, \dfrac{1}{2}\right)$，求 $P\{2X < Y\}$.

解 根据题意知

$$E(X) = 1, \quad D(X) = 4, \quad E(Y) = 2, \quad D(Y) = 9, \quad \rho_{XY} = \frac{1}{2}.$$

由性质(2)知,$2X-Y$ 服从一维正态分布. 又

$$E(2X-Y) = 2E(X) - E(Y) = 2 \times 1 - 2 = 0,$$

$$D(2X-Y) = 4D(X) + D(Y) - 2 \times 2\mathrm{Cov}(X,Y)$$

$$= 4D(X) + D(Y) - 2 \times 2\rho_{XY}\sqrt{D(X)}\sqrt{D(Y)}$$

$$= 4 \times 4 + 9 - 4 \times \frac{1}{2} \times 2 \times 3 = 13,$$

所以

$$2X - Y \sim N(0,13),$$

于是

$$P\{2X < Y\} = P\{2X - Y < 0\} = 0.5.$$

例 3 设随机变量 X 和 Y 相互独立且 $X \sim N(\mu, \sigma^2)$, $Y \sim N(\mu, \sigma^2)$. 又

$$U = X + aY, \quad V = X - bY, \quad a, b \text{ 均为常数},$$

试给出 U 与 V 相互独立的充分必要条件.

解 由性质(1)知,(X,Y) 服从二维正态分布. 由 U,V 的定义及性质(3)知,(U,V) 也服从二维正态分布,所以 U 与 V 相互独立的充分必要条件是 $\mathrm{Cov}(U,V)=0$.

由于随机变量 X 和 Y 相互独立,所以

$$\mathrm{Cov}(X,Y) = 0,$$

而

$$\mathrm{Cov}(U,V) = \mathrm{Cov}(X+aY, X-bY)$$

$$= \mathrm{Cov}(X,X) - b\mathrm{Cov}(X,Y) + a\mathrm{Cov}(Y,X) - ab\mathrm{Cov}(Y,Y)$$

$$= D(X) - abD(Y) = (1-ab)\sigma^2,$$

所以 $\mathrm{Cov}(U,V)=0$ 的充分必要条件是 $(1-ab)=0$,故 U 与 V 相互独立的充分必要条件是

$$ab = 1.$$

4.5* 特 征 函 数

由前面介绍随机变量的数字特征知道,求高阶矩比较困难. 另外,直接计算有些随机变量的分布比较麻烦,如求 n 个相互独立随机变量之和的分布密度要计算 $n-1$ 次卷积,工作量很大,解决这些复杂问题有一个有力的工具,就是随机变量的特征函数.

---

* 本节涉及复变函数、实变函数的知识,为选学内容,可以不读.

4.5.1　特征函数的定义及计算

我们知道傅里叶(Fourier)变换能把卷积运算转化成乘积运算,乘积运算比卷积运算要简单得多,由此得到启示,引入下面定义.

定义 4.5.1　设 X 是随机变量,称
$$\varphi(t)=E\mathrm{e}^{\mathrm{i}tX}=E(\cos tX)+\mathrm{i}E(\sin tX)$$
为 X 的特征函数,其中 $\mathrm{i}^2=-1,t$ 是实数.

以下介绍几种重要分布的特征函数.

1. 退化分布

设随机变量 X 服从退化分布,即 $P\{X=c\}=1$,其中 c 为常数,则
$$\varphi(t)=E\mathrm{e}^{\mathrm{i}tc}=\mathrm{e}^{\mathrm{i}tc}.$$

2. 两点分布

设随机变量 X 的分布律为

X	0	1
P	$1-p$	p

则　$\varphi(t)=\mathrm{e}^{\mathrm{i}t\cdot0}(1-p)+\mathrm{e}^{\mathrm{i}t\cdot1}p=(1-p)+\mathrm{e}^{\mathrm{i}t}p.$

3. 二项分布

设随机变量 $X\sim b(n,p)$,X 的分布律为
$$P\{X=k\}=C_n^k p^k q^{n-k},\quad k=0,1,\cdots,n;q=1-p,$$
则 $\varphi(t)=\sum_{k=0}^{n}\mathrm{e}^{\mathrm{i}tk}C_n^k p^k q^{n-k}=\sum_{k=0}^{n}C_n^k(\mathrm{e}^{\mathrm{i}t}p)^k q^{n-k}=(q+\mathrm{e}^{\mathrm{i}t}p)^n.$

4. 泊松分布

设 $X\sim P(\lambda)$,X 的分布律为
$$P\{X=k\}=\frac{\lambda^k}{k!}\mathrm{e}^{-\lambda},\quad k=0,1,\cdots,$$
其中 $\lambda>0$,则
$$\varphi(t)=\sum_{k=0}^{n}\mathrm{e}^{\mathrm{i}tk}\frac{\lambda^k}{k!}\mathrm{e}^{-\lambda}=\mathrm{e}^{-\lambda}\sum_{k=0}^{n}\frac{(\lambda\mathrm{e}^{\mathrm{i}t})^k}{k!}=\mathrm{e}^{-\lambda}\mathrm{e}^{\lambda\mathrm{e}^{\mathrm{i}t}}=\mathrm{e}^{\lambda(\mathrm{e}^{\mathrm{i}t}-1)}.$$

5. 几何分布

设 X 的分布律为 $P\{X=k\}=pq^{k-1},k=1,2,\cdots;q=1-p$，则

$$\varphi(t)=\sum_{k=1}^{n}\mathrm{e}^{itk}pq^{k-1}=\frac{p}{q}\sum_{k=1}^{n}(q\mathrm{e}^{it})^k=\frac{p\mathrm{e}^{it}}{1-q\mathrm{e}^{it}}.$$

6. 均匀分布

设 $X\sim U[a,b]$，X 的概率密度为

$$f(x)=\begin{cases}\dfrac{1}{b-a},&a\leqslant x\leqslant b,\\0,&\text{其他},\end{cases}$$

则 $\varphi(t)=\dfrac{1}{b-a}\displaystyle\int_a^b\mathrm{e}^{itx}\mathrm{d}x=\dfrac{\mathrm{e}^{itb}-\mathrm{e}^{ita}}{it(b-a)}$，特别地，如果 $X\sim U[-a,a]$，则

$$\varphi(t)=\frac{\mathrm{e}^{ita}-\mathrm{e}^{-ita}}{2ait}=\frac{\sin at}{at}.$$

7. 指数分布

设 X 服从参数为 λ 的指数分布，X 的概率密度为

$$f(x)=\begin{cases}\lambda\mathrm{e}^{-\lambda x},&x>0,\\0,&x\leqslant0,\end{cases}\quad\lambda>0,$$

故

$$\varphi(t)=\int_0^{+\infty}\mathrm{e}^{itx}\lambda\mathrm{e}^{-\lambda x}\mathrm{d}x.$$

由数学分析知道

$$\int_0^{+\infty}\sin tx\,\mathrm{e}^{-\lambda x}\mathrm{d}x=\frac{t}{\lambda^2+t^2},$$

$$\int_0^{+\infty}\cos tx\,\mathrm{e}^{-\lambda x}\mathrm{d}x=\frac{\lambda}{\lambda^2+t^2},$$

由此可得 $\varphi(t)=\dfrac{\lambda}{\lambda-it}=\left(1-\dfrac{it}{\lambda}\right)^{-1}$.

8. 正态分布

设 $X\sim N(\mu,\sigma^2)$，X 的概率密度为

$$f(x)=\frac{1}{\sqrt{2\pi}\sigma}\mathrm{e}^{-\frac{(x-\mu)^2}{2\sigma^2}},\quad-\infty<x<+\infty,$$

利用复变函数中的围道积分法可求得

$$\int_{-\infty-it\sigma}^{+\infty-it\sigma} \mathrm{e}^{-z^2/2}\mathrm{d}z = \sqrt{2\pi},$$

则

$$\varphi(t) = \frac{1}{\sqrt{2\pi}\sigma}\int_{-\infty}^{+\infty} \mathrm{e}^{itx-\frac{(x-\mu)^2}{2\sigma^2}}\mathrm{d}x \xrightarrow[]{v=\frac{x-\mu}{\sigma}} \mathrm{e}^{i\mu t}\frac{1}{\sqrt{2\pi}}\int_{-\infty}^{+\infty}\mathrm{e}^{it\sigma v-\frac{v^2}{2}}\mathrm{d}v$$

$$= \mathrm{e}^{i\mu t-\frac{\sigma^2 t^2}{2}}\frac{1}{\sqrt{2\pi}}\int_{-\infty}^{+\infty}\mathrm{e}^{-(v-it\sigma)^2/2}\mathrm{d}v = \mathrm{e}^{i\mu t-\frac{\sigma^2 t^2}{2}}\frac{1}{\sqrt{2\pi}}\int_{-\infty-it\sigma}^{+\infty-it\sigma}\mathrm{e}^{-z^2/2}\mathrm{d}z = \mathrm{e}^{i\mu t-\frac{\sigma^2 t^2}{2}}.$$

4.5.2 特征函数的性质

任意随机变量 X 的特征函数 $\varphi(t)$ 具有下列性质:

性质 1 $|\varphi(t)| \leqslant \varphi(0)=1, -\infty < t < +\infty$.

性质 2 $\varphi(t)$ 在整个实数轴 $(-\infty, +\infty)$ 上一致连续.

性质 3 对于任意 $n \geqslant 1$, 任意实数 $t_1, \cdots, t_n$ 和任意复数 $z_1, \cdots, z_n$, 有

$$\sum_{j=1}^{n}\sum_{k=1}^{n}\varphi(t_j - t_k)z_j\bar{z}_k \geqslant 0.$$

性质 4 $\varphi(-t) = \overline{\varphi(t)}$, 其中 $\overline{\varphi(t)}$ 表示 $\varphi(t)$ 的共轭复数.

性质 5 设 $Y = aX + b$, 其中 a, b 为任意实数, $\varphi_X(t)$ 是 X 的特征函数, 则 Y 的特征函数为

$$\varphi_Y(t) = \mathrm{e}^{ibt}\varphi_X(at).$$

性质 6 设 X 和 Y 相互独立, 则

$$\varphi_{X+Y}(t) = \varphi_X(t)\varphi_Y(t).$$

一般地, 如果 $X_1, \cdots, X_n$ 相互独立, 则

$$\varphi_{X_1+\cdots+X_n}(t) = \varphi_{X_1}(t)\cdots\varphi_{X_n}(t).$$

性质 7 设随机变量 X 有 n 阶(原点)矩存在, 则 X 的特征函数 $\varphi(t)$ 可微分 n 次, 且对 $k \leqslant n$, 有

$$\varphi^{(k)}(0) = \mathrm{i}^k EX^k.$$

证明 设 X 的分布函数为 $F(x)$.

(1) 由特征函数的定义, 知

$$|\varphi(t)| \leqslant \int_{-\infty}^{+\infty}|\mathrm{e}^{itx}|\mathrm{d}F(x) = \int_{-\infty}^{+\infty}\mathrm{d}F(x) = 1.$$

(2) 因为

$$|\varphi(t+\Delta t)-\varphi(t)| = \left|\int_{-\infty}^{+\infty}\mathrm{e}^{itx}(\mathrm{e}^{i\Delta tx}-1)\mathrm{d}F(x)\right| \leqslant \int_{-\infty}^{+\infty}|\mathrm{e}^{i\Delta tx}-1|\mathrm{d}F(x)$$

$$= \int_{-\infty}^{+\infty}|\mathrm{e}^{i\frac{\Delta t}{2}x}||\mathrm{e}^{i\frac{\Delta t}{2}x}-\mathrm{e}^{-i\frac{\Delta t}{2}x}|\mathrm{d}F(x) = 2\int_{-\infty}^{+\infty}|\sin\frac{\Delta t}{2}x|\mathrm{d}F(x)$$

$$\leqslant 2\int_{|x|\leqslant a}\left|\sin\frac{\Delta t}{2}x\right|\mathrm{d}F(x)+2\int_{|x|>a}\mathrm{d}F(x),$$

对于任意 $\varepsilon>0$,取 a 充分大,使

$$2\int_{|x|>a}\mathrm{d}F(x)=2P\{|X|>a\}<\frac{\varepsilon}{2}.$$

对于 $x\in[-a,a]$,只要 $\Delta t<\dfrac{\varepsilon}{2a}$,便有 $2\left|\sin\dfrac{\Delta t}{2}x\right|<\dfrac{\varepsilon}{2}$,因而有

$$|\varphi(t+\Delta t)-\varphi(t)|<\frac{\varepsilon}{2}+\frac{\varepsilon}{2}\int_{-\infty}^{\infty}\mathrm{d}F(x)=\varepsilon$$

成立,所以 $\varphi(t)$ 在 $(-\infty,+\infty)$ 上一致连续.

(3) 对于任意 $n\geqslant1$,实数 $t_1,\cdots,t_n$ 和任意复数 $z_1,\cdots,z_n$,有

$$\sum_{j=1}^{n}\sum_{k=1}^{n}\varphi(t_j-t_k)z_j\bar{z}_k=\sum_{j=1}^{n}\sum_{k=1}^{n}E\mathrm{e}^{\mathrm{i}(t_j-t_k)X}z_j\bar{z}_k=E\Big[\sum_{j=1}^{n}\sum_{k=1}^{n}\mathrm{e}^{\mathrm{i}t_jX}z_j\,\overline{\mathrm{e}^{\mathrm{i}t_kX}z_k}\Big]$$

$$=E\Big|\sum_{r=1}^{n}\mathrm{e}^{\mathrm{i}t_rX}z_r\Big|^2\geqslant0,$$

称此性质为**非负定性**.

(4) $\varphi(-t)=E\mathrm{e}^{-\mathrm{i}tX}=E(\cos tX)-\mathrm{i}E(\sin tX)=\overline{E(\cos tX)+\mathrm{i}E(\sin tX)}=\overline{\varphi(t)}.$

(5) 由数学期望性质,有

$$\varphi_{aX+b}(t)=E\mathrm{e}^{\mathrm{i}t(aX+b)}=\mathrm{e}^{\mathrm{i}tb}E\mathrm{e}^{\mathrm{i}(ta)X}=\mathrm{e}^{\mathrm{i}tb}\varphi_X(at).$$

(6) 由数学期望性质,有

$$\varphi_{X+Y}(t)=E\mathrm{e}^{\mathrm{i}t(X+Y)}=E(\mathrm{e}^{\mathrm{i}tX}\cdot\mathrm{e}^{\mathrm{i}tY})=E\mathrm{e}^{\mathrm{i}tX}\cdot E\mathrm{e}^{\mathrm{i}tY}=\varphi_X(t)\varphi_Y(t).$$

由归纳法,不难推广到一般情况.

(7) X 有 n 阶矩存在,即有

$$\int_{-\infty}^{+\infty}|x|^n\mathrm{d}F(x)<+\infty,$$

从而 $\displaystyle\int_{-\infty}^{+\infty}\mathrm{e}^{\mathrm{i}tx}\mathrm{d}F(x)$ 可以在积分号下对 t 求导 n 次,于是对 $k\leqslant n$,有

$$\varphi^{(k)}(t)=\int_{-\infty}^{+\infty}\mathrm{i}^k x^k\mathrm{e}^{\mathrm{i}tx}\mathrm{d}F(x)=\mathrm{i}^k E(X^k\mathrm{e}^{\mathrm{i}tX}).$$

令 $t=0$,即得

$$\varphi^{(k)}(0)=\mathrm{i}^k EX^k.$$

特征函数提供了一种易于求各阶矩的途径.

例 1　设随机变量 X 服从正态分布,$X\sim N(\mu,\sigma^2)$,X 的特征函数为 $\varphi(t)=\mathrm{e}^{\mathrm{i}\mu t-\frac{\sigma^2t^2}{2}}$,求数学期望 EX 和方差 DX.

解　已知正态分布的特征函数为 $\varphi(t)=\mathrm{e}^{\mathrm{i}\mu t-\frac{\sigma^2t^2}{2}}$,对 t 求导,

$$\varphi'(t) = (\mathrm{i}\mu - \sigma^2 t) \mathrm{e}^{\mathrm{i}\mu t - \frac{\sigma^2 t^2}{2}}$$

$$\varphi''(t) = (\mathrm{i}\mu - \sigma^2 t)^2 \mathrm{e}^{\mathrm{i}\mu t - \frac{\sigma^2 t^2}{2}} - \sigma^2 \mathrm{e}^{\mathrm{i}\mu t - \frac{\sigma^2 t^2}{2}},$$

由性质 7 得

$$\mathrm{i}EX = \varphi'(0) = \mathrm{i}\mu, \quad \mathrm{i}^2 EX^2 = \varphi''(0) = -\mu^2 - \sigma^2,$$

由此得

$$EX = \mu, \quad DX = EX^2 - (EX)^2 = \sigma^2.$$

还可以利用特征函数求出高阶矩.

波赫纳-辛钦定理　函数 $\varphi(t)$ 为特征函数的充分必要条件是 $\varphi(t)$. 在 $(-\infty, +\infty)$ 上一致连续,非负定且 $\varphi(0) = 1$.

4.5.3　逆转公式与唯一性定理

由特征函数的定义可知,随机变量的分布函数唯一地确定了它的特征函数,反之,可以证明由特征函数也可以唯一地确定它的分布函数.

引理 4.5.1　设 $x_1 < x_2$,且

$$g(T, x, x_1, x_2) = \frac{1}{\pi} \int_0^T \left[\frac{\sin t(x - x_1)}{t} - \frac{\sin t(x - x_2)}{t} \right] \mathrm{d}t,$$

则

$$\lim_{T \to \infty} g(T, x, x_1, x_2) = \begin{cases} 0, & x < x_1 \text{ 或 } x > x_2, \\ \dfrac{1}{2}, & x = x_1 \text{ 或 } x = x_2, \\ 1, & x_1 < x < x_2. \end{cases}$$

证明　由数学分析知道狄利克雷积分

$$D(a) = \frac{1}{\pi} \int_0^{+\infty} \frac{\sin at}{t} \mathrm{d}t = \begin{cases} \dfrac{1}{2}, & a > 0, \\ 0, & a = 0, \\ -\dfrac{1}{2}, & a < 0, \end{cases}$$

于是有

$$\lim_{T \to \infty} g(T, x, x_1, x_2) = D(x - x_1) - D(x - x_2),$$

由此得证.

引理 4.5.2　$|\mathrm{e}^{\mathrm{i}a} - 1| \leqslant |a|$.

证明　当 $a \geqslant 0$ 时,有

$$|\mathrm{e}^{\mathrm{i}a} - 1| = \left| \int_0^a \mathrm{e}^{\mathrm{i}x} \mathrm{d}x \right| \leqslant \int_0^a |\mathrm{e}^{\mathrm{i}x}| \mathrm{d}x = a,$$

当 $a < 0$ 时,有

$$|\mathrm{e}^{\mathrm{i}a}-1|=|\mathrm{e}^{\mathrm{i}a}(\mathrm{e}^{-\mathrm{i}a}-1)|=|\mathrm{e}^{\mathrm{i}|a|}-1|\leqslant|a|,$$

归纳起来得证.

定理 4.5.1(逆转公式)　设随机变量 X 的分布函数为 $F(x),x\in(-\infty,\infty)$,
特征函数为 $\varphi(t),t\in(-\infty,\infty)$,则对于任意 x_1 和 x_2 有

$$\frac{F(x_2)+F(x_2-0)}{2}-\frac{F(x_1)+F(x_1-0)}{2}=\frac{1}{2\pi}\lim_{T\to\infty}\int_{-T}^{T}\frac{\mathrm{e}^{-\mathrm{i}tx_1}-\mathrm{e}^{-\mathrm{i}tx_2}}{\mathrm{i}t}\varphi(t)\mathrm{d}t,$$

特别地,如果 x_1 和 x_2 是 $F(x)$ 的连续点,则

$$F(x_2)-F(x_1)=\frac{1}{2\pi}\lim_{T\to\infty}\int_{-T}^{T}\frac{\mathrm{e}^{-\mathrm{i}tx_1}-\mathrm{e}^{-\mathrm{i}tx_2}}{\mathrm{i}t}\varphi(t)\mathrm{d}t.$$

上述由特征函数求分布函数的定理也称为勒维(Lévy)定理.

证明　不妨设 $x_1<x_2$,由于

$$I_T=\frac{1}{2\pi}\int_{-T}^{T}\frac{\mathrm{e}^{-\mathrm{i}tx_1}-\mathrm{e}^{-\mathrm{i}tx_2}}{\mathrm{i}t}\varphi(t)\mathrm{d}t$$

$$=\frac{1}{2\pi}\int_{-T}^{T}\int_{-\infty}^{+\infty}\frac{\mathrm{e}^{-\mathrm{i}tx_1}-\mathrm{e}^{-\mathrm{i}tx_2}}{\mathrm{i}t}\mathrm{e}^{\mathrm{i}tx}\mathrm{d}F(x)\mathrm{d}t.$$

由引理 4.5.2,有

$$\left|\frac{\mathrm{e}^{-\mathrm{i}tx_1}-\mathrm{e}^{-\mathrm{i}tx_2}}{\mathrm{i}t}\mathrm{e}^{\mathrm{i}tx}\right|=\left|\frac{\mathrm{e}^{-\mathrm{i}tx_1}-\mathrm{e}^{-\mathrm{i}tx_2}}{t}\right|=\left|\frac{\mathrm{e}^{-\mathrm{i}tx_2}(\mathrm{e}^{\mathrm{i}t(x_2-x_1)}-1)}{t}\right|$$

$$=\left|\frac{\mathrm{e}^{\mathrm{i}t(x_2-x_1)}-1}{t}\right|\leqslant\left|\frac{t(x_2-x_1)}{t}\right|=|x_2-x_1|.$$

于是由富比尼(Fubini)定理,可以交换积分次序,从而有

$$I_T=\frac{1}{2\pi}\int_{-\infty}^{+\infty}\int_{-T}^{T}\frac{\mathrm{e}^{\mathrm{i}t(x-x_1)}-\mathrm{e}^{\mathrm{i}t(x-x_2)}}{\mathrm{i}t}\mathrm{d}t\mathrm{d}F(x)$$

$$=\frac{1}{2\pi}\int_{-\infty}^{+\infty}\left[\int_{0}^{T}\frac{\mathrm{e}^{\mathrm{i}t(x-x_1)}-\mathrm{e}^{-\mathrm{i}t(x-x_1)}-\mathrm{e}^{\mathrm{i}t(x-x_2)}+\mathrm{e}^{-\mathrm{i}t(x-x_2)}}{\mathrm{i}t}\mathrm{d}t\right]\mathrm{d}F(x)$$

$$=\frac{1}{\pi}\int_{-\infty}^{+\infty}\left[\int_{0}^{T}\left(\frac{\sin t(x-x_1)}{t}-\frac{\sin t(x-x_2)}{t}\right)\mathrm{d}t\right]\mathrm{d}F(x)$$

$$=\int_{-\infty}^{+\infty}g(T,x,x_1,x_2)\mathrm{d}F(x)=\sum_{j=1}^{5}\int_{A_j}g(T,x,x_1,x_2)\mathrm{d}F(x),$$

其中 $A_1=(-\infty,x_1),A_2=\{x_1\},A_3=(x_1,x_2),A_4=\{x_2\},A_5=(x_2,\infty)$. 由引理
4.5.1 知 $|g(T,x,x_1,x_2)|$ 有界,根据勒贝格控制收敛定理,从而可以把积分号与
极限号交换,由引理 4.5.1 得

$$\lim_{T\to\infty}I_T=\lim_{T\to\infty}\frac{1}{2\pi}\int_{-T}^{T}\frac{\mathrm{e}^{-\mathrm{i}tx_1}-\mathrm{e}^{-\mathrm{i}tx_2}}{\mathrm{i}t}\varphi(t)\mathrm{d}t$$

$$=\sum_{j=1}^{5}\int_{A_j}\lim_{T\to\infty}g(T,x,x_1,x_2)\mathrm{d}F(x)$$

$$= 0 + \frac{1}{2}\big[F(x_1) - F(x_1 - 0)\big] + \big[F(x_2 - 0) - F(x_1)\big]$$

$$+ \frac{1}{2}\big[F(x_2) - F(x_2 - 0)\big] + 0$$

$$= \frac{F(x_2) + F(x_2 - 0)}{2} - \frac{F(x_1) + F(x_1 - 0)}{2}$$

特别地, 当 x_1 和 x_2 是 $F(x)$ 的连续点时直接推出.

定理 4.5.2(唯一性定理) 随机变量 X 的分布函数由其特征函数唯一决定.

证明 对 $F(x)$ 的每一个连续点 x, 由逆转公式得

$$F(x) = \lim_{y \to -\infty}\big[F(x) - F(y)\big]$$

$$= \frac{1}{2\pi}\lim_{y \to -\infty}\lim_{T \to \infty}\int_{-T}^{T}\frac{e^{-ity} - e^{-itx}}{it}\varphi(t)\mathrm{d}t.$$

于是, 对于 $F(x)$ 的每一个连续点 x, $F(x)$ 的值唯一地决定于它的特征函数 $\varphi(t)$. 由于分布函数 $F(x)$ 是右连续的, 从而分布函数由其连续点上的值唯一决定, 故结论成立.

下面给出分布函数有密度函数的充分条件.

定理 4.5.3 若随机变量 X 的特征函数为 $\varphi(t)$, 且 $\int_{-\infty}^{+\infty}|\varphi(t)|\mathrm{d}t < \infty$, 则对应于 $\varphi(t)$ 的分布函数 $F(x)$ 是连续型的, 而且它的密度 $f(x) = F'(x)$ 是有界连续函数, 且

$$f(x) = \frac{1}{2\pi}\int_{-\infty}^{+\infty}e^{-itx}\varphi(t)\mathrm{d}t.$$

证明 (1) 首先证明 $F(x)$ 是连续函数. 令 $G(x) = \dfrac{F(x) + F(x-0)}{2}$, 显然 $F(x)$ 和 $G(x)$ 的左极限相等, 即 $F(x-0) = G(x-0)$.

由逆转公式及引理 4.5.2, 有

$$|G(x + \Delta x) - G(x)| = \left|\frac{1}{2\pi}\lim_{T \to \infty}\int_{-T}^{T}\frac{e^{-itx} - e^{-it(x + \Delta x)}}{it}\varphi(t)\mathrm{d}t\right|$$

$$\leqslant \frac{1}{2\pi}\lim_{T \to \infty}\int_{-T}^{T}\left|\frac{e^{-itx}(1 - e^{-it\Delta x})}{it}\varphi(t)\right|\mathrm{d}t$$

$$= \frac{1}{2\pi}\lim_{T \to \infty}\int_{-T}^{T}\left|\frac{e^{-it\Delta x} - 1}{t}\right||\varphi(t)|\mathrm{d}t$$

$$\leqslant \frac{1}{2\pi}\lim_{T \to \infty}\int_{-T}^{T}\left|\frac{t\Delta x}{t}\right||\varphi(t)|\mathrm{d}t$$

$$\leqslant \frac{1}{2\pi}\lim_{T \to \infty}\int_{-T}^{T}|\Delta x||\varphi(t)|\mathrm{d}t < \infty.$$

根据勒贝格控制收敛定理, 从而可以把积分号与极限号交换,

$$\lim_{\Delta x \to 0}[G(x+\Delta x)-G(x)] = \lim_{\Delta x \to 0}\left[\frac{1}{2\pi}\lim_{T\to\infty}\int_{-T}^{T}\frac{\mathrm{e}^{-itx}-\mathrm{e}^{-it(x+\Delta x)}}{it}\varphi(t)\mathrm{d}t\right]$$

$$= \frac{1}{2\pi}\lim_{T\to\infty}\int_{-T}^{T}\lim_{\Delta x\to 0}\frac{\mathrm{e}^{-itx}-\mathrm{e}^{-it(x+\Delta x)}}{it}\varphi(t)\mathrm{d}t = 0,$$

可见 $G(x)$ 是连续函数, 因此 $F(x-0)=G(x-0)=G(x)$, 因为

$$G(x)=\frac{F(x)+F(x-0)}{2}=\frac{F(x)+G(x)}{2},$$

所以对于一切 $x\in(-\infty,+\infty)$, 有 $G(x)\equiv F(x)$, 从而 $F(x)$ 是连续函数.

(2) 因为 $F(x)$ 是连续函数, 由逆转公式, 则

$$F(x+\Delta x)-F(x-\Delta x)=\frac{1}{2\pi}\lim_{T\to\infty}\int_{-T}^{T}\frac{\mathrm{e}^{-it(x-\Delta x)}-\mathrm{e}^{-it(x+\Delta x)}}{it}\varphi(t)\mathrm{d}t$$

$$=\frac{1}{2\pi}\lim_{T\to\infty}\int_{-T}^{T}\frac{\mathrm{e}^{-itx}(\mathrm{e}^{it\Delta x}-\mathrm{e}^{-it\Delta x})}{it}\varphi(t)\mathrm{d}t$$

$$=\frac{1}{\pi}\lim_{T\to\infty}\int_{-T}^{T}\frac{\sin t\Delta x}{t}\mathrm{e}^{-itx}\varphi(t)\mathrm{d}t.$$

因此

$$\frac{F(x+\Delta x)-F(x-\Delta x)}{2\Delta x}=\frac{1}{2\pi}\lim_{T\to\infty}\int_{-T}^{T}\frac{\sin t\Delta x}{t\Delta x}\mathrm{e}^{-itx}\varphi(t)\mathrm{d}t.$$

由于

$$\left|\frac{\sin t\Delta x}{t\Delta x}\mathrm{e}^{-itx}\varphi(t)\right|\leqslant|\varphi(t)|,$$

根据勒贝格控制收敛定理, 可以交换极限号与积分号, 因此

$$f(x)=F'(x)=\lim_{\Delta x\to 0}\frac{F(x+\Delta x)-F(x-\Delta x)}{2\Delta x}$$

$$=\frac{1}{2\pi}\int_{-\infty}^{+\infty}\lim_{\Delta x\to 0}\frac{\sin t\Delta x}{t\Delta x}\mathrm{e}^{-itx}\varphi(t)\mathrm{d}t=\frac{1}{2\pi}\int_{-\infty}^{+\infty}\mathrm{e}^{-itx}\varphi(t)\mathrm{d}t.$$

(3) 对于 $x\in(-\infty,+\infty)$, 由 $|\mathrm{e}^{-itx}\varphi(t)|=|\varphi(t)|$ 和 $|\varphi(t)|$ 可积, 知 $F'(x)$ 有界:

$$|F'(x)|\leqslant\frac{1}{2\pi}\int_{-\infty}^{+\infty}|\varphi(t)|\mathrm{d}t<+\infty,$$

因此, 对于任意 $x_0\in(-\infty,+\infty)$, 根据勒贝格控制收敛定理, 知

$$\lim_{x\to x_0}f(x)=\lim_{x\to x_0}F'(x)=\frac{1}{2\pi}\int_{-\infty}^{+\infty}\lim_{x\to x_0}\mathrm{e}^{-itx}\varphi(t)\mathrm{d}t=F'(x_0).$$

可见 $F'(x)$ 在 $(-\infty,+\infty)$ 的任意一点连续.

例 2　设随机变量 X 的特征函数为

$$\varphi(t)=\mathrm{e}^{-\frac{t^2}{2}},$$

求 X 的密度函数 $f(x)$.

解　由定理 4.5.3 得

$$f(x) = \frac{1}{2\pi} \int_{-\infty}^{+\infty} e^{-itx} \varphi(t) dt = \frac{1}{2\pi} \int_{-\infty}^{+\infty} e^{-itx} e^{-\frac{t^2}{2}} dt$$

$$= \frac{1}{2\pi} \int_{-\infty}^{+\infty} e^{-\frac{(t+ix)^2}{2}} e^{\frac{(ix)^2}{2}} dt = \frac{1}{\sqrt{2\pi}} e^{-\frac{x^2}{2}} \cdot \frac{1}{\sqrt{2\pi}} \int_{-\infty}^{+\infty} e^{-\frac{(t+ix)^2}{2}} dt = \frac{1}{\sqrt{2\pi}} e^{-\frac{x^2}{2}}.$$

习　题　4

1. 某自动流水线在单位时间内生产的产品中,含有次品数为 X,已知 X 有如下分布:

X	0	1	2	3	4	5
P	$\frac{1}{12}$	$\frac{1}{6}$	$\frac{1}{4}$	$\frac{1}{4}$	$\frac{1}{6}$	$\frac{1}{12}$

求 $E(X), D(X), E(X^2 - 2X)$.

2. 设随机变量 X 服从几何分布,其分布律为

$$P\{X = k\} = p(1-p)^{k-1}, \quad k = 1, 2, \cdots,$$

其中 $0 < p < 1$ 为常数,求 $E(X), D(X)$.

3. 设随机变量 X 具有概率密度 $f(x) = \begin{cases} x, & 0 < x \leqslant 1, \\ 2-x, & 1 < x < 2, \\ 0, & \text{其他}, \end{cases}$ 求 $E(X), D(X)$.

4. 设随机变量 X 的概率密度为 $f(x) = \frac{1}{2} e^{-|x|} (-\infty < x < +\infty)$,求 $E(X), D(X)$.

5. 已知随机变量 X 服从参数为 1 的指数分布,$Y = X + e^{-2X}$,求 $E(Y), D(Y)$.

6. 设随机变量 (X, Y) 的分布律为

X \ Y	1	2	3
-1	0	$\frac{1}{15}$	$\frac{3}{15}$
0	$\frac{2}{15}$	$\frac{5}{15}$	$\frac{4}{15}$

求 (1) $E(X), E(Y), E(X+Y), E(XY)$;(2) $D(X), D(Y), D(X+Y), D(XY)$.

7. 设随机变量 (X, Y) 的概率密度为 $f(x, y) = \begin{cases} 3x, & 0 < x < 1, 0 < y < x, \\ 0, & \text{其他}, \end{cases}$ 求 $E(X), E(Y)$, $D(X), D(Y)$.

8. (1) 设相互独立的两个随机变量 X 和 Y 具有同一分布且 $X \sim b\left(1, \frac{1}{2}\right)$,求 $E[\max\{X, Y\}]$ 和 $E[\min\{X, Y\}]$;

(2) 设随机变量 $X_1, X_2, \cdots, X_n$ 相互独立且都服从区间 $[0, 1]$ 上的均匀分布,求 $U = \max\{X_1, X_2, \cdots, X_n\}$ 和 $V = \min\{X_1, X_2, \cdots, X_n\}$ 的数学期望.

9. 将 n 个球随机的放入 N 个盒子,并且每个球放入各个盒子是等可能的,求有球的盒子数

X 的数学期望.

10. 若有 n 把看上去样子相同的钥匙,只有一把能打开门上的锁,用它们去试开门上的锁. 设取到每只钥匙是等可能的. 若每把钥匙试开一次后除去. 试用下面两种方法求试开次数 X 的数学期望.

(1) 写出 X 的分布律;(2) 不写出 X 的分布律.

11. 设水电公司在指定时间内限于设备能力,其发电量为 X(单位:$10^4\,\mathrm{kW}$)均匀分布于 $[10,30]$,用户用电量 Y(单位:$10^4\,\mathrm{kW}$)均匀分布于 $[10,20]$. 假设 X 与 Y 相互独立,水电公司每供应 $1\mathrm{kW}$ 电可获得 0.32 元的利润,但空耗 $1\mathrm{kW}$ 电损失 0.12 元. 而当用户用电量超过供电量时,公司需从别处补电,$1\mathrm{kW}$ 电反而赔 0.20 元. 求在指定时间内,该公司获利 Z 的数学期望.

12. 若 $X\sim N(0,4)$,$Y\sim U(0,4)$ 且 X 和 Y 相互独立,求 $E(XY)$,$D(2X+3Y)$,$D(2X-3Y)$.

13. 设 ξ 和 η 相互独立且 $E(\xi)=E(\eta)=0$,$D(\xi)=D(\eta)=1$,求 $E(\xi+2\eta)^2$.

14. 设 $X\sim b(n,p)$ 且已知 $E(X)=2.4$,$D(X)=1.44$,求参数 n 和 p 的值.

15. 设 $X\sim U(a,b)$ 且 $E(X)=3$,$D(X)=\dfrac{1}{3}$,求 $P\{1<X<3\}$.

16. 设随机变量 X 的概率密度为 $f(x)=\dfrac{1}{\sqrt{\pi}}\mathrm{e}^{-x^2+2x-1}$,则 $E(X)=$ _____,$D(X)=$

_____.

17. 设随机变量 X 和 Y 相互独立且 $X\sim N(-3,1)$,$Y\sim N(2,1)$,又随机变量 $Z=X-2Y+7$,则 $Z\sim$ _____.

18. 设 X 和 Y 是两个随机变量,已知 $D(X)=1$,$D(Y)=4$,$\mathrm{Cov}(X,Y)=1$,$\xi=X-2Y$,$\eta=2X-Y$,求 $D(\xi)$,$D(\eta)$,$\mathrm{Cov}(\xi,\eta)$,$\rho_{\xi\eta}$.

19. 设 X 和 Y 是两个随机变量,已知 $D(X)=25$,$D(Y)=36$,$\rho_{XY}=0.4$,$\xi=X-Y$,$\eta=2X+Y$,求 $D(\xi)$,$D(\eta)$,$\mathrm{Cov}(\xi,\eta)$.

20. 设随机变量 (X,Y) 的概率密度为 $f(x,y)=\begin{cases}xe^{-(x+y)},&0<x,0<y,\\0,&\text{其他},\end{cases}$ 求 $E(X)$,$E(Y)$,$D(X)$,$D(Y)$,$\mathrm{Cov}(X,Y)$,ρ_{XY}.

21. 设随机变量 (X,Y) 的概率密度为 $f(x,y)=\begin{cases}\dfrac{1}{4}(1-x^3y+xy^3),&-1<x<1,-1<y<1,\\0,&\text{其他},\end{cases}$ 求证 X 与 Y 不相关,但不相互独立.

22. 设随机变量 (X,Y) 的分布律为

X\Y	-2	-1	1	2
1	0	$\dfrac{1}{4}$	$\dfrac{1}{4}$	0
4	$\dfrac{1}{4}$	0	0	$\dfrac{1}{4}$

求证 X 与 Y 不相关,但不相互独立.

23. 设随机变量 (X,Y) 的概率密度为

$$f(x,y)=\begin{cases}1,&|y|<x,0<x<1,\\0,&\text{其他},\end{cases}$$

求 X 和 Y 的协方差阵.

24. 设随机变量 X 和 Y 相互独立且 $X,Y \sim N(\mu,\sigma^2)(\sigma^2>0)$. 又
$$U = \alpha X + \beta Y, \quad V = \alpha X - \beta Y, \quad \alpha \neq 0, \beta \neq 0 \text{ 均为常数},$$
（1）求 U 与 V 的相关系数 ρ_{UV}；（2）当 α,β 为何值时，U 与 V 相互独立.

25. 已知正常男性成人血液每 mL 中白细胞数为 X. 设 $E(X)=7300, D(X)=490000$，试利用切比雪夫不等式估计每 mL 血液中含白细胞数为 $5200 \sim 9400$ 的概率.

26. 设随机变量 X 服从参数为 2 的泊松分布，试利用切比雪夫不等式估计 $P\{|X-2| \geqslant 4\}$.

综 合 题

1. 设随机变量 X 的概率密度为 $f(x) = \begin{cases} a\sin x + b, & 0 \leqslant x \leqslant \dfrac{\pi}{2}, \\ 0, & \text{其他} \end{cases}$，且 $E(X) = \dfrac{\pi+4}{8}$，求 a 和 b 的值.

2. 设连续型随机变量 X 的分布函数为 $F(x) = \begin{cases} 0, & x < -1, \\ a+b\arcsin x, & -1 \leqslant x < 1, \\ 1, & x \geqslant 1, \end{cases}$ 确定常数 a 和 b 的值，并求 $E(X)$ 和 $D(X)$.

3. 设篮球队 A 与 B 进行比赛，若有一队胜 4 场则比赛宣告结束. 如果 A,B 在每场比赛中获胜的概率都是 $\dfrac{1}{2}$，试求需要比赛场数的数学期望.

4. 设随机变量 Y 服从参数为 $\lambda=1$ 的指数分布，随机变量
$$X_k = \begin{cases} 0, & Y \leqslant k, \\ 1, & Y > k, \end{cases} \quad k = 1,2.$$
（1）求 X_1 和 X_2 的联合分布律；
（2）求 $E(X_1 + X_2)$.

5. 设随机变量 X 和 Y 分别服从参数为 $\dfrac{3}{4}$ 与 $\dfrac{1}{2}$ 的 0-1 分布且相关系数 $\rho_{XY} = \dfrac{\sqrt{3}}{3}$，试求 X 与 Y 的联合分布律.

6. 设 A 和 B 是试验的两个事件且 $P(A)>0, P(B)>0$，并定义随机变量 X,Y 如下：
$$X = \begin{cases} 1, & A \text{ 发生}, \\ -1, & A \text{ 不发生}, \end{cases} \qquad Y = \begin{cases} 1, & B \text{ 发生}, \\ -1, & B \text{ 不发生}. \end{cases}$$
证明若 $\rho_{XY}=0$，则 X 和 Y 必定相互独立.

7. 设 X 和 Y 都是标准化随机变量，它们的相关系数为 $\rho_{XY} = \dfrac{1}{2}$，令 $Z_1 = aX, Z_2 = bX + cY$，试确定 a,b,c 的值，使得 $D(Z_1) = D(Z_2) = 1$ 且 Z_1 和 Z_2 不相关.

第 4 章测试题

第 5 章　大数定律和中心极限定理

大数定律和中心极限定理是概率论中两类极限定理的统称.第 1 章已经指出,从频率的概念可以引入概率——概率是频率的稳定值,可是其中"稳定"一词是什么含义? 其确切数学意义是什么? 直观上讲,稳定是指频率在概率附近摆动,但如何摆动仍没有说清楚.这个结论在前面只是提及,并没有给予严格的证明.现在,我们希望通过严格的数学表达式来研究这一稳定现象,关于这一类问题的一系列定理统称为大数定律.另一类是研究大量随机因素的综合影响的总效应,如果其中每个因素所起的作用都是很微小的,那么由综合影响所形成的随机变量往往近似地服从正态分布,这种现象就是中心极限定理的体现,关于这一类问题的一系列定理统称为中心极限定理.

5.1　大 数 定 律

课件 18

本节研究有关随机变量序列的一些性质,其中主要讨论大量随机现象的算术平均值所具有的稳定性问题,为此,引入一个随机变量序列依概率收敛于某一个随机变量的概念.

定义 5.1.1　对于随机变量序列 $\{X_n, n=1,2,\cdots\}$ 和随机变量(或常量)X,如果对任意 $\varepsilon>0$ 有

$$\lim_{n\to\infty} P\{|X_n - X| < \varepsilon\} = 1,$$

则称随机变量序列 $\{X_n\}$ **依概率收敛于** X,并记为 $X_n \xrightarrow{P} X$.

若 $X_n \xrightarrow{P} X$,则此收敛意味着对任意 $\varepsilon>0$,当 n 充分大时,X_n 与 X 的偏差大于 ε 的可能性很小,即 X_n 很接近于 X 的概率很大.注意:这里收敛的意义是概率上的,不同于微积分意义下某一序列 a_n 收敛于数 a.

定义 5.1.2　设 $\{X_n, n=1,2,\cdots\}$ 是随机变量序列,数学期望 $E(X_n)(n=1,2,\cdots)$ 存在,如果

$$\frac{1}{n}\sum_{i=1}^{n} X_i - \frac{1}{n}\sum_{i=1}^{n} E(X_i)$$

依概率收敛于零,即对任意 $\varepsilon>0$,成立

$$\lim_{n\to\infty} P\left\{ \left| \frac{1}{n}\sum_{i=1}^{n} X_i - \frac{1}{n}\sum_{i=1}^{n} E(X_i) \right| < \varepsilon \right\} = 1,$$

则称随机变量序列$\{X_n\}$服从**大数定律**(law of large number),即

$$\frac{1}{n}\sum_{i=1}^{n}X_i-\frac{1}{n}\sum_{i=1}^{n}E(X_i)\xrightarrow{P}0.$$

从定义 5.1.2 可知,随机变量序列$\{X_n\}$服从大数定律所描述的是随机变量概率的极限,当 n 很大时,随机变量序列$\{X_n\}$的算术平均值逼近它们数学期望的算术平均值.

下面介绍几个大数定律,它们分别反映了算术平均值及频率的稳定性.

定理 5.1.1(切比雪夫大数定律)　设$\{X_n,n=1,2,\cdots\}$是两两互不相关的随机变量序列. 每一随机变量都有有限的方差 $D(X_n)(n=1,2,\cdots)$,并且存在公共上界 c,即存在常数 c,使得 $D(X_n)\leqslant c(n=1,2,\cdots)$,则对任意$\varepsilon>0$有

$$\lim_{n\to\infty}P\left\{\left|\frac{1}{n}\sum_{i=1}^{n}X_i-\frac{1}{n}\sum_{i=1}^{n}E(X_i)\right|<\varepsilon\right\}=1.$$

证　因为 $X_1,\cdots,X_n$ 两两互不相关,故有

$$D\left(\frac{1}{n}\sum_{i=1}^{n}X_i\right)=\frac{1}{n^2}\sum_{i=1}^{n}D(X_i)\leqslant\frac{c}{n},$$

又因为

$$E\left(\frac{1}{n}\sum_{i=1}^{n}X_i\right)=\frac{1}{n}\sum_{i=1}^{n}E(X_i),$$

所以根据切比雪夫不等式有

$$P\left\{\left|\frac{1}{n}\sum_{i=1}^{n}X_i-\frac{1}{n}\sum_{i=1}^{n}E(X_i)\right|\geqslant\varepsilon\right\}\leqslant D\left(\frac{1}{n}\sum_{i=1}^{n}X_i\right)\frac{1}{\varepsilon^2}\leqslant\frac{c}{n\varepsilon^2}\to0,\quad n\to\infty,$$

故有

$$\lim_{n\to\infty}P\left\{\left|\frac{1}{n}\sum_{i=1}^{n}X_i-\frac{1}{n}\sum_{i=1}^{n}E(X_i)\right|<\varepsilon\right\}=1,$$

定理得证.

推论 5.1.1　设$\{X_n,n=1,2,\cdots\}$是独立同分布的随机变量序列且 $E(X_n)=\mu,D(X_n)=\sigma^2(n=1,2,\cdots)$,则对任意$\varepsilon>0$有

$$\lim_{n\to\infty}P\left\{\left|\frac{1}{n}\sum_{i=1}^{n}X_i-\mu\right|<\varepsilon\right\}=1.$$

推论 5.1.2(马尔可夫大数定律)　设$\{X_n,n=1,2,\cdots\}$是随机变量序列. 如果

$$\lim_{n\to\infty}D\left(\frac{1}{n}\sum_{i=1}^{n}X_i\right)=0,\quad(\text{称为}\textbf{马尔可夫条件})$$

则对任意$\varepsilon>0$有

$$\lim_{n\to\infty}P\left\{\left|\frac{1}{n}\sum_{i=1}^{n}X_i-\frac{1}{n}\sum_{i=1}^{n}E(X_i)\right|<\varepsilon\right\}=1.$$

在马尔可夫大数定律中,不再要求随机变量序列的独立性,因此,马尔可夫条件给出一种研究相依随机变量序列大数定律的方法,具有重要的理论意义和应用价值.

定理 5.1.2(伯努利大数定律)   设 n_A 是 n 次伯努利试验中事件 A 出现的次数,$p(0<p<1)$ 是事件 A 在每次试验中出现的概率,则对任意 $\varepsilon>0$ 都有

$$\lim_{n\to\infty}P\left\{\left|\frac{n_A}{n}-p\right|<\varepsilon\right\}=1.$$

证   对于 $n=1,2,\cdots$,令

$$X_n=\begin{cases}1, & \text{在第 } n \text{ 次试验中 } A \text{ 发生},\\0, & \text{在第 } n \text{ 次试验中 } A \text{ 不发生},\end{cases}$$

则 $\{X_n,n=1,2,\cdots\}$ 是独立同分布随机变量序列且

$$E(X_n)=p,\quad D(X_n)=p(1-p).$$

又因为

$$n_A=\sum_{i=1}^{n}X_i,$$

则由切比雪夫大数定律,

$$\lim_{n\to\infty}P\left\{\left|\frac{n_A}{n}-p\right|<\varepsilon\right\}=1$$

成立.

伯努利大数定律说明了在大量重复独立试验中事件出现频率的稳定性,事件 A 发生的频率依概率收敛于事件 A 的概率,这也从理论上证明了频率的稳定性.同时还提供了通过试验来确定事件概率的方法,这是因为频率与事件发生的概率 p 很接近,所以可以通过试验确定事件发生的频率,以此作为相应概率的估计.

推论 5.1.3(泊松大数定律)   如果在独立试验序列中,事件 A 在第 n 次试验中出现的概率为 p_n,设 n_A 是前 n 次试验中事件 A 出现的次数,则对任意 $\varepsilon>0$ 有

$$\lim_{n\to\infty}P\left\{\left|\frac{n_A}{n}-\frac{p_1+p_2+\cdots+p_n}{n}\right|<\varepsilon\right\}=1.$$

上述大数定律都要求方差的存在性,这主要是因为需要应用切比雪夫不等式.在独立同分布的条件下,可减弱此条件,即下面的辛钦大数定律.

定理 5.1.3(辛钦大数定律)   设 $\{X_n,n=1,2,\cdots\}$ 是独立同分布随机变量序列且具有 $E(X_n)=\mu$,则对任意 $\varepsilon>0$ 有

$$\lim_{n\to\infty}P\left\{\left|\frac{1}{n}\sum_{i=1}^{n}X_i-\mu\right|<\varepsilon\right\}=1.$$

证明略.

辛钦大数定律在应用中十分重要,如下面例 2 中的用蒙特卡罗方法计算定积分等.如果要测量某一待估的量 μ,在不变的条件下重复试验 n 次,得到的观察值

$x_1, x_2, \cdots, x_n$ 可以看成服从同一分布且期望值为 μ 的 n 个相互独立随机变量 X_1, $X_2, \cdots, X_n$ 的试验数值. 由辛钦大数定律, 当 n 充分大时, 把 $\frac{1}{n}\sum_{i=1}^{n} x_i$ 作为 μ 的近似值.

例 1 抛掷一枚硬币, 正面出现的概率为 $p = 0.5$. 若把这枚硬币连续抛掷 10 次, 则因为 $n = 10$ 比较小, 发生大偏差的可能性有时会大一些, 有时会小一些. 若把这枚硬币连续抛掷 n 次, 当 n 很大时, 由切比雪夫不等式知, 正面出现的频率与 0.5 的偏差大于预先给定的精度 $\varepsilon > 0$ (下面取 $\varepsilon = 0.01$) 的可能性为

$$P\left\{\left|\frac{n_A}{n} - 0.5\right| > 0.01\right\} \leqslant \frac{0.5 \times 0.5}{n \times 0.01^2} = \frac{10^4}{4n}.$$

当 $n = 10^5$ 时, 大偏差发生的可能性小于 $1/40 = 0.025$. 当 $n = 10^6$ 时, 大偏差发生的可能性小于 $1/400 = 0.0025$. 由此可见, 试验次数越多, 偏差发生的可能性越小.

例 2(用蒙特卡罗方法计算定积分) 为计算积分

$$J = \int_a^b g(x) \mathrm{d}x$$

可采用下面的方法实现. 任取一列相互独立的随机变量 $\{X_n\}$, 它们都服从 $[a, b]$ 上的均匀分布, 则 $g(X_n)$ 也是一列相互独立、同分布的随机变量列且

$$E(g(X_n)) = \frac{1}{b-a}\int_a^b g(x) \mathrm{d}x = \frac{J}{b-a},$$

所以 $J = (b-a)E(g(X_n))$, 而由大数定律有

$$\frac{g(X_1) + g(X_2) + \cdots + g(X_n)}{n} \xrightarrow{P} E(g(X_n)),$$

因此, 只要能生成随机列就能求出 J 的近似值. 可以在计算机上首先生成服从均匀分布的随机数 $\{X_n\}$, 然后通过上面两式得出近似值, 也就是

$$J \approx (b-a)\frac{g(X_1) + g(X_2) + \cdots + g(X_n)}{n},$$

其中 $X_1, X_2, \cdots, X_n$ 是计算机上生成的随机数. 这种通过概率论的想法实现数值计算的方法叫做**蒙特卡罗方法**, 其理论根据之一就是大数定律.

5.2 中心极限定理

在随机变量的各种分布中, 正态分布具有重要的地位, 许多随机变量都近似地服从正态分布. 在实际问题中, 若所研究的随机变量是大量相互独立的随机变量之和, 而且其中每个随机变量所起的作用都是很微小的, 那么可以认为由这些微小因素所构成的随机变量往往近似地服从正态分布, 这种现象就是中心极限定理的体现. 例如, 测量误差、学生考试成绩、人的身高、炮弹的弹落点等, 都是由大量独立随

机因素综合影响的结果,因而近似地服从正态分布.

定义 5.2.1　设 $\{X_n,n=1,2,\cdots\}$ 是随机变量序列,并且有有限的数学期望和方差,$E(X_k)=\mu_k$,$D(X_k)=\sigma_k^2(k=1,2,\cdots)$. 如果前 n 项和的标准化

$$Y_n = \frac{\sum\limits_{i=1}^{n} X_i - \sum\limits_{i=1}^{n} E(X_i)}{\sqrt{D\left(\sum\limits_{i=1}^{n} X_i\right)}},\quad n=1,2,\cdots$$

的分布函数列收敛于标准正态分布函数,即对任意实数 x 有

$$\lim_{n\to\infty} P\{Y_n \leqslant x\} = \frac{1}{\sqrt{2\pi}} \int_{-\infty}^{x} \mathrm{e}^{-\frac{t^2}{2}} \mathrm{d}t,$$

则称随机变量序列 $\{X_n\}$ 服从**中心极限定理**(central limit theorem).

中心极限定理可以解释如下:假设被研究的随机变量可以表示为大量独立的随机变量的和,其中每一个随机变量对于总和的作用都很微小,则可以认为这个随机变量实际上是服从正态分布的. 在实际工作中,只要 n 足够大,便可以把独立同分布的随机变量之和当成正态变量.

下面先介绍最常用的一个中心极限定理.

定理 5.2.1(独立同分布的中心极限定理)　设 $\{X_n,n=1,2,\cdots\}$ 是独立同分布随机变量序列且有 $E(X_n)=\mu$,$D(X_n)=\sigma^2$,则对任意实数 x 有

$$\lim_{n\to\infty} P\left\{\frac{1}{\sqrt{n}\sigma}\left(\sum_{i=1}^{n} X_i - n\mu\right) \leqslant x\right\} = \frac{1}{\sqrt{2\pi}} \int_{-\infty}^{x} \mathrm{e}^{-\frac{t^2}{2}} \mathrm{d}t.$$

证明略.

定理 5.2.1 所描述的是无论随机变量 X_n 服从什么分布,只要 $\{X_n,n=1,2,\cdots\}$ 是独立同分布随机变量序列且 n 充分大,则 $\dfrac{1}{\sqrt{n}\sigma}\left(\sum\limits_{i=1}^{n} X_i - n\mu\right)$ 就近似地服从标准正态分布 $N(0,1)$,也就是 $\sum\limits_{i=1}^{n} X_i$ 近似地服从正态分布 $N(n\mu,n\sigma^2)$. 将定理 5.2.1 应用到伯努利试验的场合,便得到下面的棣莫弗—拉普拉斯定理.

定理 5.2.2(棣莫弗—拉普拉斯定理)　设 n_A 是 n 次伯努利试验中事件 A 出现的次数,$p(0<p<1)$ 是事件 A 在每次试验中出现的概率,则对任意实数 x 有

$$\lim_{n\to\infty} P\left\{\frac{n_A - np}{\sqrt{np(1-p)}} \leqslant x\right\} = \frac{1}{\sqrt{2\pi}} \int_{-\infty}^{x} \mathrm{e}^{-\frac{t^2}{2}} \mathrm{d}t = \Phi(x).$$

证　对于 $n=1,2,\cdots$,令

$$X_n = \begin{cases} 1, & \text{在第 } n \text{ 次试验中 } A \text{ 发生,} \\ 0, & \text{在第 } n \text{ 次试验中 } A \text{ 不发生,} \end{cases}$$

则 $\{X_n,n=1,2,\cdots\}$ 是独立同分布随机变量序列且

$$E(X_n) = p, \quad D(X_n) = p(1-p).$$

又因为 $n_A = \sum_{i=1}^{n} X_i$，则由独立同分布的中心极限定理得

$$\lim_{n \to \infty} P\left\{ \frac{n_A - np}{\sqrt{np(1-p)}} \leqslant x \right\} = \lim_{n \to \infty} P\left\{ \frac{1}{\sqrt{n}} \frac{1}{\sqrt{p(1-p)}} \left(\sum_{i=1}^{n} X_i - np \right) \leqslant x \right\}$$

$$= \frac{1}{\sqrt{2\pi}} \int_{-\infty}^{x} e^{-\frac{t^2}{2}} dt = \Phi(x),$$

即可证棣莫弗—拉普拉斯中心极限定理.

因为 $n_A = \sum_{i=1}^{n} X_i$ 服从二项分布 $B(n, p)$，所以由棣莫弗—拉普拉斯定理，当 n 很大时，二项分布可以用正态分布来近似，即当 n 很大时，对于任意 $a < b$ 有

$$P\{a < n_A \leqslant b\} = P\left\{ \frac{a - np}{\sqrt{np(1-p)}} < \frac{n_A - np}{\sqrt{np(1-p)}} \leqslant \frac{b - np}{\sqrt{np(1-p)}} \right\},$$

即有

$$P\{a < n_A \leqslant b\} \approx \Phi\left(\frac{b - np}{\sqrt{np(1-p)}} \right) - \Phi\left(\frac{a - np}{\sqrt{np(1-p)}} \right),$$

而且有

$$P\left\{ \left| \frac{n_A}{n} - p \right| < \varepsilon \right\} = P\left\{ -\varepsilon \sqrt{\frac{n}{p(1-p)}} < \frac{n_A - np}{\sqrt{np(1-p)}} < \varepsilon \sqrt{\frac{n}{p(1-p)}} \right\}$$

$$\approx \Phi\left(\varepsilon \sqrt{\frac{n}{p(1-p)}} \right) - \Phi\left(-\varepsilon \sqrt{\frac{n}{p(1-p)}} \right)$$

$$= 2\Phi\left(\varepsilon \sqrt{\frac{n}{p(1-p)}} \right) - 1. \tag{5.2.1}$$

(5.2.1)式表明，频率 $\frac{n_A}{n}$ 与概率 p 的误差小于 ε 的概率为 $2\Phi\left(\varepsilon \sqrt{\frac{n}{p(1-p)}} \right) - 1$.

例 1 设一台机器由 100 个相互独立起作用的零部件所组成，每个部件处于正常状态的概率为 0.9，这台机器若要正常运转至少要求有 85 个以上的零部件处于正常状态，求这台机器能正常运转的概率.

解 设 $X_k = 1$ 表示第 k 个零部件处于正常状态，$X_k = 0$ 表示第 k 个零部件处于不正常状态，其中，$k = 1, 2, \cdots, 100$，则 $\sum_{k=1}^{100} X_k$ 表示这台机器处于正常状态的零部件个数. 因为 $\{X_n, n = 1, 2, \cdots\}$ 是相互独立的随机变量序列，并且服从同一两点分布，

$$P\{X_k = 1\} = 0.9, \quad P\{X_k = 0\} = 0.1, \quad k = 1, 2, \cdots, 100.$$

由棣莫弗—拉普拉斯定理，

$$\dfrac{\sum\limits_{k=1}^{100} X_k - 100 \times 0.9}{\sqrt{100 \times 0.9 \times 0.1}} \text{ 近似服从 } N(0,1),$$

于是有

$$P\left\{ 85 < \sum_{k=1}^{100} X_k \right\}$$

$$= P\left\{ \dfrac{85 - 100 \times 0.9}{\sqrt{100 \times 0.9 \times 0.1}} < \dfrac{\sum\limits_{k=1}^{100} X_k - 100 \times 0.9}{\sqrt{100 \times 0.9 \times 0.1}} \right\}$$

$$\approx 1 - \Phi(-1.67) = \Phi(1.67)$$
$$= 0.9525,$$

即这台机器能正常运转的概率为 0.9525.

例 2　投掷一枚骰子,假设每次投掷之间彼此独立,问需要至少投掷多少次才能以 0.9 的概率,使得出现点数为"6"的频率与其概率的误差小于 1%.

解　设 n 为至少投掷的次数, $X_k = 1$ 表示第 k 次投掷出现点数"6", $X_k = 0$ 表示第 k 个次投掷没有出现点数"6",其中, $k = 1, 2, \cdots, n$,则 $n_A = \sum\limits_{i=1}^{n} X_i$ 表示出现点数"6"的个数. 因为 $\{X_n, n = 1, 2, \cdots\}$ 是相互独立的随机变量序列且 $p = P\{X_k = 1\} = \dfrac{1}{6}(k = 1, 2, \cdots, n)$,则由棣莫弗—拉普拉斯定理,所求的 n 应满足

$$P\left\{ \left| \dfrac{n_A}{n} - \dfrac{1}{6} \right| < 0.01 \right\} \geqslant 0.9.$$

由(5.2.1)式可知

$$P\left\{ \left| \dfrac{n_A}{n} - \dfrac{1}{6} \right| < 0.01 \right\} \approx 2\Phi\left(0.01 \sqrt{\dfrac{6 \times 6}{1 \times 5} n} \right) - 1 \geqslant 0.9,$$

所以有 $\Phi\left(0.01 \sqrt{\dfrac{6 \times 6}{1 \times 5} n} \right) \geqslant 0.95$. 查表可得 $0.01 \sqrt{\dfrac{6 \times 6}{1 \times 5} n} \geqslant 1.65$,于是 $n \geqslant 3782$,故需要至少投掷 3782 次.

例 3　对某一建筑构件进行误差测量,设每件构件误差是相互独立的且它们都服从均匀分布 $U(-0.5, 0.5)$,如果将 1000 个测得误差数相加,求误差总和的绝对值超过 10 的概率.

解　设 X_k 表示第 k 个构件的误差, $k = 1, 2, \cdots, 1000$,彼此相互独立且都服从 $U(-0.5, 0.5)$,则有 $E(X_k) = 0, D(X_k) = \dfrac{1}{12}$. 由独立同分布中心极限定理,

$$\sqrt{\dfrac{12}{1000}} \left(\sum_{k=1}^{1000} X_k - \sum_{k=1}^{1000} E(X_k) \right) \text{ 近似服从 } N(0,1),\text{于是有}$$

$$P\left\{\left|\sum_{k=1}^{1000}X_k\right|>10\right\}=2P\left\{\sqrt{\frac{12}{1000}}\sum_{k=1}^{1000}X_k>\sqrt{\frac{12}{1000}}\times10\right\}$$

$$\approx2[1-\Phi(1.1)]=2(1-0.8643)=0.2714.$$

例4　对于一个学生而言,来参加家长会的家长人数是一个随机变量.设无家长、1 名家长、2 名家长来参加会议的概率分别为 0.05,0.8,0.15.若学校共有 400 名学生,设各学生参加会议的家长数互相独立且服从同一分布.(1) 求参加会议的家长数超过 450 的概率;(2) 求有一名家长来参加会议的学生数不多于 340 的概率.

解　(1) 以 $X_k(k=1,2,\cdots,400)$ 记第 k 个学生来参加会议的家长数,则 X_k 的分布律为

X_k	0	1	2
P_k	0.05	0.8	0.15

易知 $E(X_k)=1.1,D(X_k)=0.19,k=1,2,\cdots,400$,而 $X=\sum_{k=1}^{400}X_k$. 由独立同分布的中心极限定理,随机变量

$$\frac{\sum_{k=1}^{400}X_k-400\times1.1}{\sqrt{400}\sqrt{0.19}}=\frac{X-400\times1.1}{\sqrt{400}\sqrt{0.19}}$$

近似服从正态分布 $N(0,1)$,于是

$$P\{X>450\}=P\left\{\frac{X-400\times1.1}{\sqrt{400}\sqrt{0.19}}>\frac{450-400\times1.1}{\sqrt{400}\sqrt{0.19}}\right\}$$

$$=1-P\left\{\frac{X-400\times1.1}{\sqrt{400}\sqrt{0.19}}\leqslant1.147\right\}$$

$$\approx1-\Phi(1.147)=0.1257.$$

(2) 以 Y 记有一名家长来参加会议的学生数,则 $Y\sim b(400,0.8)$.由棣莫弗—拉普拉斯定理得

$$P\{Y\leqslant340\}=P\left\{\frac{Y-400\times0.8}{\sqrt{400\times0.8\times0.2}}\leqslant\frac{340-400\times0.8}{\sqrt{400\times0.8\times0.2}}\right\}$$

$$=P\left\{\frac{Y-400\times0.8}{\sqrt{400\times0.8\times0.2}}\leqslant2.5\right\}$$

$$\approx\Phi(2.5)=0.9938.$$

案例　棣莫弗—拉普拉斯中心极限定理的应用

1. 二项分布随机变量概率的近似计算

问题1　掷一个均匀的骰子 100 次,计算出现 1 点的频率在 1/20 至 1/4 之间的概率.

解　用随机变量 X 表示掷 100 次骰子出现 1 点的次数,根据第 2 章所学知识,X 服从 $n=$

100，$p = 1/6$ 的二项分布，即 $X \sim B(100, 1/6)$．题目所求概率即为

$$P\left(\frac{1}{20} \leqslant \frac{X}{100} \leqslant \frac{1}{4}\right) = P(5 \leqslant X \leqslant 25)$$

$$= C_{100}^5 \left(\frac{1}{6}\right)^5 \left(\frac{5}{6}\right)^{95} + \cdots + C_{100}^{25} \left(\frac{1}{6}\right)^{25} \left(\frac{5}{6}\right)^{75}.$$

　　使用二项分布分布律计算上式，需要算 21 项求和，十分繁琐．有没有办法能简化这个概率的计算呢？虽然我们在第 2 章学过二项分布的泊松近似，但一方面泊松分布只在 n 大 p 小时近似效果好，更重要的是泊松分布也是个离散型分布，计算随机变量取值在区间内的概率时无法避免多项求和．

　　通过数值模拟，我们观察图 1 发现随着投掷次数的增加，二项分布分布律的轮廓和正态分布密度函数越来越接近．

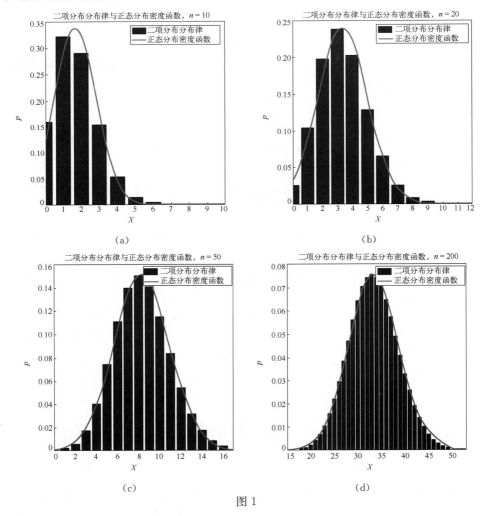

图 1

　　法国两位数学家也发现了这一现象. 1733 年,棣莫弗指出,当 n 较大时,针对 $p=1/2$ 这样特殊的二项分布可用正态分布近似. 1812 年,拉普拉斯经过严谨推导,将棣莫弗的研究成果推广至一般的二项分布,凝练出棣莫弗—拉普拉斯中心极限定理,并加以证明.

　　应用该定理,已知随机变量 $X \sim B(n,p)$,当 n 较大时,计算 $P(a < X \leqslant b)$ 就不需要计算多项求和了,而是可以利用正态分布进行近似计算,具体地,由于二项分布随机变量期望和方差分别为 $EX=np$, $DX=npq$(这里 $q=1-p$),利用第 4 章学习的对随机变量做标准化的知识,应用棣莫弗—拉普拉斯中心极限定理,可以得到

$$P(a < X \leqslant b) = P\left(\frac{a-np}{\sqrt{npq}} < \frac{X-np}{\sqrt{npq}} \leqslant \frac{b-np}{\sqrt{npq}}\right)$$

$$\approx \Phi\left(\frac{b-np}{\sqrt{npq}}\right) - \Phi\left(\frac{a-np}{\sqrt{npq}}\right).$$

　　其中,$\Phi(x)$ 是标准正态分布的分布函数. 如果我们已知二项分布的两个参数,已知随机变量取值所在的区间,就可以通过简单的计算后,查阅标准正态分布表得到上式的结果,这也正表明了标准化的意义. 通过应用中心极限定理进行计算,我们得到掷 100 次骰子出现 1 点的频率在 $1/20$ 至 $1/4$ 之间的概率约为0.9865.

　　由于中心极限定理是对二项分布做近似计算,自然地我们很关心近似的效果. 依旧以掷骰子为例,随机变量 X 表示掷 n 次骰子出现 1 点的次数,计算掷 n 次骰子出现 1 点的频率在 $(1/20, 1/4)$ 的概率,即 $P(1/20 \leqslant X/n \leqslant 1/4)$. 假设投掷次数是 20 的倍数,即 $n=20m$(这里 m 取整数),应用二项分布分布律得

$$P(1/20 \leqslant X/n \leqslant 1/4) = \sum_{k=m}^{5m} \mathrm{C}_{20m}^{k} \left(\frac{1}{6}\right)^k \left(\frac{5}{6}\right)^{20m-k} \quad (n=20m), \qquad (1)$$

可以看到该计算过程会随着投掷次数的增加而越来越繁琐.

　　当投掷次数较多时,即 n 较大时,可以使用中心极限定理,得

$$P\left(\frac{1}{20} \leqslant \frac{X}{n} \leqslant \frac{1}{4}\right) \approx \Phi\left(\frac{\frac{n}{4} - \frac{n}{6}}{\sqrt{\frac{5n}{36}}}\right) - \Phi\left(\frac{\frac{n}{20} - \frac{n}{6}}{\sqrt{\frac{5n}{36}}}\right)$$

$$= \Phi\left(\frac{\sqrt{n}}{2\sqrt{5}}\right) - \Phi\left(-\frac{7\sqrt{n}}{10\sqrt{5}}\right), \qquad (2)$$

　　此时得到这样一个关于 n 的函数,利用正态分布可以得到概率的近似值,该结果相较二项分布的结果形式简单很多. 对于不同的投掷次数 n,查表即可计算概率.

　　为了直观感受利用中心极限定理的近似效果,将这两个概率画在一幅图里(图 2),红色折线代表利用二项分布(1)式计算得到的概率值,蓝色曲线代表利用正态分布(2)式计算得到的概率近似值. n 较小的时候,两个结果还有差距,随着投掷次数的增加,两条曲线的重合度越来越高,表明利用正态分布的近似效果越来越好,特别地,投掷次数为 100 时即为问题 1,此时正态分布近似二项分布的误差仅在千分之一左右. 因此当 n 较大时,使用正态分布近似,不仅简化了计算过程,而且近似的效果也有保障.

2. 实例　航空公司如何指定合理的预售机票方案

　　旅客乘坐飞机出行时,可能存在购票后放弃旅行等情况,从而造成航班座位虚耗. 为了满

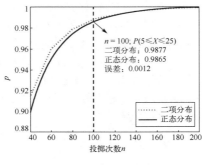

图 2

足更多旅客的出行需要和避免航班座位的浪费,航空公司会在部分容易出现座位虚耗的航班上进行适当的超售. 但如果超售张数太多,有出行需求的旅客很可能无法登机.

问题 2   假设某航班有 190 个座位,每名乘客独自登机,不登机的概率为 5%,航空公司想预售 200 张票,有多大可能会发生超员?

解   由于旅客登机与否是随机事件,因此用随机变量 X 表示登机的旅客数,根据第 2 章所学知识,X 服从 $n = 200$,$p = 0.95$ 的二项分布,即 $X \sim B(200, 0.95)$. 计算超员的可能性,也就是计算 $P(191 \leqslant X \leqslant 200)$. 如果直接计算,则需要计算

$$C_{200}^{191} \cdot 0.95^{191} \cdot 0.05^9 + C_{200}^{192} \cdot 0.95^{192} \cdot 0.05^8 + \cdots + C_{200}^{200} \cdot 0.95^{200} \cdot 0.05^0.$$

这样求和计算十分繁琐. 由于 $n = 200$,应用本章所学的棣莫弗－拉普拉斯中心极限定理,计算得超员的概率

$$P(191 \leqslant X \leqslant 200)$$
$$= P\Big(\frac{191 - 190}{\sqrt{200 \times 0.95 \times 0.05}} \leqslant \frac{X - 190}{\sqrt{200 \times 0.95 \times 0.05}} \leqslant \frac{200 - 190}{\sqrt{200 \times 0.95 \times 0.05}} \Big)$$
$$\approx \Phi\Big(\frac{10}{\sqrt{9.5}} \Big) - \Phi\Big(\frac{1}{\sqrt{9.5}} \Big) = 0.3722.$$

这个概率接近 40%,这样预售机票可能无法满足旅客的出行需求. 合理的预售票张数应该使得出现超员是小概率事件,根据概率的实际推断原理,如果控制超员是小概率事件,就可以认为该航班几乎不会超员. 实际中可以认为小于 0.05 是小概率,因此如果控制超员的概率不超过 0.05,计算应该如何预售机票.

问题 3   假设某航班有 190 个座位,每名乘客独自登机,不登机的概率为 5%,航空公司最多应预售多少张机票,使得发生超员的概率不超过 0.05?

解   假设最多预售 n 张票,依旧用随机变量 X 表示登机的旅客数,此时 $X \sim B(n, 0.95)$. 控制超员的概率小于 0.05,也就是控制不超员的概率至少是 0.95,即 $P(X \leqslant 190) \geqslant 0.95$. 应用中心极限定理,可以等价地得到

$$P(X \leqslant 190) \approx \Phi\Big(\frac{190 - 0.95n}{\sqrt{0.95 \times 0.05 \times n}} \Big) \geqslant 0.95.$$

通过查阅标准正态分布表,我们得到 $\Phi(1.645) = 0.95$,利用标准正态分布函数的严格单调递增性,可以等价地得到如下不等式:

$$\frac{190 - 0.95n}{0.2179\sqrt{n}} \geqslant 1.645.$$

经过求解,计算得 $n \leqslant 194$,即最多预售 194 张票,可以控制该航班发生超员的概率不超过 0.05.

2023 年 5 月 28 日,国产大飞机 C919 圆满完成商业航班首飞,标志着中国民航运输市场首次拥有了中国自主研发的喷气式干线飞机,大飞机事业迈入规模化系列化发展新征程. C919 采用 164 座两舱布局,请同学们根据上述案例分析,为 C919 设计合理的预售票方案.

习　题　5

1. 一部件包括 10 部分,每部分的长度是一个随机变量,它们是相互独立的且服从同一分布,其均值为 2,根方差为 0.05. 规定总长度为 20±0.1 时产品合格.求产品合格的概率.

2. 设有 30 个电子元件,它们的使用寿命(单位:h)是相互独立的且都服从参数为 $\lambda=0.1$ 的指数分布,其使用情况是第 1 个损坏第 2 个立即使用,第 2 个损坏第 3 个立即使用,……,令 T 为这 30 个元件使用的总计寿命,求 T 超过 350h 的概率.

3. 计算器在进行加法时,将每个加数舍入最靠近它的整数,设所有舍入误差是独立的且服从 $(-0.5, 0.5)$ 上的均匀分布.

(1) 若将 1500 个数相加,问误差总和的绝对值超过 15 的概率是多少?

(2) 最多可有几个数相加使得误差总和的绝对值小于 10 的概率不小于 0.9?

4. 设有 2500 个同一年龄段和同一社会阶层的人参加了某保险公司的人寿保险,据统计他们在一年内每个人死亡的概率为 0.0025,每个人在年初向保险公司缴纳保费 120 元,若在保险期内死亡其家属可从保险公司领得 20000 元. 问:

(1) 保险公司亏本的概率多大?

(2) 保险公司一年的利润不少于 100000 元的概率是多少?

5. 一本书共有 1000000 个印刷符号,排版时每个符号被排错的概率为 0.0001,校对时每个排版错误被改正的概率为 0.9. 求在校对后错误不多于 15 个的概率.

6. 有一批建筑房屋用的木柱,其中 80% 的长度不小于 3m,现从这批木柱中随机取 100 根,问其中至少有 30 根短于 3m 的概率是多少?

7. 一食品店有三种蛋糕出售,由于售出哪一种蛋糕是随机的,因而售出一只蛋糕的价格是一个随机变量,它取 1 元,1.2 元,1.5 元,各个值的概率分别为 0.3,0.2,0.5. 若售出 300 只蛋糕.(1) 求收入至少为 400 元的概率;(2) 求售出价格为 1.2 元的蛋糕多于 60 只的概率.

8. (1) 一复杂的系统由 100 个相互独立起作用的部件所组成. 在整个运动期间每个部件损坏的概率为 0.10. 为了使整个系统起作用,必须至少有 85 个部件正常工作,求整个系统起作用的概率.

(2) 一复杂的系统由 n 个相互独立起作用的部件所组成. 每个部件的可靠性为 0.90,并且必须至少有 80% 的部件工作才能使整个系统正常工作,问 n 至少为多大才能使系统的可靠性不低于 0.95.

9. 已知生男孩的概率为 0.515,求在 10000 个新生婴儿中女孩不少于男孩的概率.

10. 某种电子器件的寿命(单位:h)具有数学期望 μ(未知),方差 $\sigma^2 = 400$. 为了估计 μ,随机地取 n 只这种器件,在时刻 $t=0$ 投入测试(设测试是相互独立的)直到失效,测得其寿命为 X_1,

$X_2, \cdots, X_n$，以 $\overline{X} = \dfrac{1}{n}\sum\limits_{k=1}^{n} X_k$ 作为 μ 的估计. 为了使得 $P\{|\overline{X}-\mu|<1\} \geqslant 0.95$，问 n 至少为多少？

　　11. 某工厂每月生产 10000 台液晶投影机，但它的液晶片车间生产液晶片的合格率为 80%. 为了以 99.7% 的可能性保证出厂的液晶投影机都能装上合格的液晶片，试问该液晶片车间每月至少应该生产多少片液晶片？

第 5 章测试题

第6章 参数估计

前面 5 章介绍了概率论的基本内容,从本章起,讲述数理统计. 数理统计是以概率论为理论基础的,是一个内容丰富、应用广泛的数学分支,在高新科技发展的今天,它已成为工农业生产和科技试验中必不可少而且行之有效的工具之一.

在概率论中,通常假设随机变量的分布形式是已知的,包括参数也是已知的,但在实际问题中往往不是这样的,所研究的随机变量的分布形式可能已知但参数未知,也可能分布形式也未知. 这就需要对所研究的随机变量进行独立重复的观察,对所得的观察数据进行分析,由此推断随机变量的统计分布. 这便是数理统计部分介绍的主要内容.

本章介绍数理统计的一些基本概念以及参数估计问题.

6.1 样本与统计量

课件 19

6.1.1 总体与样本

考查某工厂所生产的一批空调机的平均寿命,由于测试其寿命具有破坏性,所以一般是从这批产品中抽取一部分进行寿命测试,并根据这部分产品的寿命数据对整批产品的寿命分布状态作出统计推断.

研究对象的某项数量指标的值的全体叫做**总体**(population)(或**母体**),总体中的每一个元素称为**个体**. 例如,上述的一批空调机的寿命指标的全体是一个总体,其中每一个空调机的寿命指标是一个个体,被抽出检测的一部分个体叫做总体的一个**样本**.

一般把研究的总体,即研究对象的某项数量指标,如空调机的寿命指标,记为 X,就此数量指标 X 而言,每个个体所取的值是不同的. 在测试中,抽取了若干个个体就观察到了 X 的若干个数值,因而这个数量指标 X 是一个随机变量,它的取值在客观上具有一定的分布. 假设 X 的分布函数为 $F(x)$,称这个总体为具有分布函数 $F(x)$ 的总体. 对总体的研究就是对相应的随机变量 X 的分布的研究. 这样就把总体和随机变量联系起来了. 今后凡是提到总体就是指一个随机变量.

为了了解总体 X 的分布规律,必须对总体进行抽样观测,根据抽样观测的结果来推断总体的分布. 从一个总体 X 中随机地抽取 n 个个体 $X_1, X_2, \cdots, X_n$,这样取得的 $(X_1, X_2, \cdots, X_n)$ 称为总体 X 的一个样本(或子样),样本中个体的数目 n 称为样本的**容量**. 由于每个个体 $X_i(i=1,2,\cdots,n)$ 由总体 X 中随机取出,它的取值就在总体 X 的所有可能取值范围内随机取得,样本 $(X_1,X_2,\cdots,X_n)$ 即为一个 n 维随机向量. 对样本中每个个体进行测试所取得的 n 个具体的数据 $(x_1,x_2,\cdots,x_n)$ 称为样本 $(X_1,X_2,\cdots,X_n)$ 的样本值.

由于抽取样本的目的是为了对总体分布规律进行合理的分析推断,所以要求抽取的样本能很好地反映总体的特征,并便于进行数据处理. 为此,必须对随机抽样的方法提出如下要求.

(1) 代表性:要求样本中的每一个个体 X_i 与总体 X 具有相同的分布 $F(x)$.

(2) 独立性:要求 $X_1,X_2,\cdots,X_n$ 是相互独立的随机变量,也就是说,每个观察结果既不影响其他观察结果,也不受其他观察结果的影响.

满足以上两个条件的样本称为**简单随机样本**(simple random sample),获得简单随机样本的抽样方法称为**简单随机抽样**. 一般来说,对于有限总体采用放回抽样就能得到简单随机样本,当总体中的个体数比样本容量大得多时,可将不放回抽样近似地当成放回抽样处理.

对于简单随机样本 $(X_1,X_2,\cdots,X_n)$,若总体 X 的分布函数为 $F(x)$,则样本的**联合分布函数**为

$$F(x_1,x_2,\cdots,x_n) = \prod_{i=1}^{n} F(x_i).$$

若总体 X 具有概率分布律 $P\{X=x\}=p(x)$,则样本的**联合分布律**为

$$P\{X_1=x_1,X_2=x_2,\cdots,X_n=x_n\} = \prod_{i=1}^{n} p(x_i).$$

又若总体 X 具有概率密度 $f(x)$,则样本的**联合概率密度**为

$$f(x_1,x_2,\cdots,x_n) = \prod_{i=1}^{n} f(x_i).$$

例 1　若 $X_1,\cdots,X_n$ 是总体 $X \sim B(1,p)$ 的样本,求 $(X_1,\cdots,X_n)$ 的联合分布律.

解　总体 X 的分布律为

$$p(x) = P\{X = x\} = p^x(1-p)^{1-x}, \quad x = 0,1,$$

所以 $(X_1,\cdots,X_n)$ 的联合分布律为

$$P\{X_1=x_1,\cdots,X_n=x_n\} = \prod_{i=1}^{n} p(x_i) = \prod_{i=1}^{n} p^{x_i}(1-p)^{1-x_i}$$

$$= p^{\sum_{i=1}^{n}x_i}(1-p)^{n-\sum_{i=1}^{n}x_i}, \quad x_i = 0,1, i=1,\cdots,n.$$

例 2　若 $X_1,\cdots,X_n$ 是参数为 λ 的泊松分布总体 X 的样本,求 $(X_1,\cdots,X_n)$ 的联合分布律.

解　总体 X 的分布律为

$$p(x) = P\{X = x\} = \frac{\lambda^x}{x!}\mathrm{e}^{-\lambda}, \quad x = 0,1,\cdots,$$

所以 $(X_1,\cdots,X_n)$ 的联合分布律为

$$P\{X_1 = x_1,\cdots,X_n = x_n\} = \prod_{i=1}^{n} p(x_i) = \prod_{i=1}^{n} \frac{\lambda^{x_i}}{x_i!}\mathrm{e}^{-\lambda}$$

$$= \frac{\lambda^{\sum_{i=1}^{n} x_i}}{\prod_{i=1}^{n} x_i!}\mathrm{e}^{-n\lambda}, \quad x_i = 0,1,\cdots,i = 1,\cdots,n.$$

例 3 若 $X_1,\cdots,X_n$ 是总体 $X \sim N(\mu,\sigma^2)$ 的样本,求 $(X_1,\cdots,X_n)$ 的联合概率密度.

解 总体 X 的概率密度为

$$f(x) = \frac{1}{\sqrt{2\pi}\sigma}\mathrm{e}^{-\frac{(x-\mu)^2}{2\sigma^2}}, \quad -\infty < x < +\infty,$$

所以 $(X_1,\cdots,X_n)$ 的联合概率密度为

$$f(x_1,\cdots,x_n) = \prod_{i=1}^{n} f(x_i) = \prod_{i=1}^{n} \frac{1}{\sqrt{2\pi}\sigma}\mathrm{e}^{-\frac{(x_i-\mu)^2}{2\sigma^2}}$$

$$= (2\pi)^{-\frac{n}{2}}\sigma^{-n}\mathrm{e}^{-\frac{\sum_{i=1}^{n}(x_i-\mu)^2}{2\sigma^2}}, \quad -\infty < x_i < +\infty, i = 1,\cdots,n.$$

6.1.2 统计量

样本是进行统计推断的依据,但其观测值是些杂乱无章的数据,看不出规律,所以不能直接用样本值来解决所要研究的问题,而需要把样本中我们关心的信息集中起来,针对不同的问题构造出相应合适的、依赖于样本的函数来解决问题,称这种样本的函数为统计量.

定义 6.1.1 设 $X_1,X_2,\cdots,X_n$ 是来自总体 X 的一个样本,$g(X_1,X_2,\cdots,X_n)$ 为样本的函数且不含任何未知参数,则称 $g(X_1,X_2,\cdots,X_n)$ 为**统计量**(statistic).

统计量 $g(X_1,X_2,\cdots,X_n)$ 是随机变量. 当给出样本的一组观测值 $x_1,x_2,\cdots,x_n$ 代入,则得 $g(x_1,x_2,\cdots,x_n)$,称为 $g(X_1,X_2,\cdots,X_n)$ 的观察值.

例 4 设 $X_1,\cdots,X_n$ 为来自总体 $X \sim N(\mu,\sigma^2)$ 的一个样本,其中 μ 已知,σ^2 未知. 问下列随机变量中哪些是统计量

$$\min\{X_1,X_2,\cdots,X_n\}, \quad \frac{X_1+X_n}{2}, \quad \frac{X_1+\cdots+X_n}{n}-\mu,$$

$$\frac{(X_1+X_n)^2}{\sigma^2}, \quad \frac{(X_1+\cdots+X_n)-n\mu}{\sqrt{n}\sigma}.$$

解 $\min\{X_1,X_2,\cdots,X_n\}, \frac{X_1+X_n}{2}, \frac{X_1+\cdots+X_n}{n}-\mu$ 是统计量.

定义 6.1.2　设 $X_1, X_2, \cdots, X_n$ 是来自总体 X 的一个样本,则定义

样本均值:$\overline{X} = \dfrac{1}{n} \sum\limits_{i=1}^{n} X_i$.

样本方差:$S^2 = \dfrac{1}{n-1} \sum\limits_{i=1}^{n} (X_i - \overline{X})^2 = \dfrac{1}{n-1} \Big[\sum\limits_{i=1}^{n} X_i^2 - n\overline{X}^2 \Big]$.

样本标准差:$S = \sqrt{\dfrac{1}{n-1} \sum\limits_{i=1}^{n} (X_i - \overline{X})^2}$.

样本 k 阶原点矩:$A_k = \dfrac{1}{n} \sum\limits_{i=1}^{n} X_i^k, k = 1, 2, \cdots$.

样本 k 阶中心矩:$B_k = \dfrac{1}{n} \sum\limits_{i=1}^{n} (X_i - \overline{X})^k, k = 1, 2, \cdots$.

上述几个常用的统计量表达了样本的数字特征,也称为**样本矩**(sample moment).根据辛钦大数定律可以证明只要总体的 k 阶矩存在,样本的 k 阶矩就依概率收敛于总体的 k 阶矩.由此在数理统计中,经常用样本的数字特征来估计总体的数字特征.

定理 6.1.1　设 $X_1, X_2, \cdots, X_n$ 是来自总体 X 的一个样本且期望、方差存在,记作 $EX = \mu, DX = \sigma^2$,则 $E\overline{X} = \mu, D\overline{X} = \dfrac{\sigma^2}{n}, ES^2 = \sigma^2$.

证

$$EX = E\left(\frac{\sum\limits_{i=1}^{n} X_i}{n} \right) = \frac{\sum\limits_{i=1}^{n} EX_i}{n} = \mu,$$

$$D\overline{X} = D\left(\frac{\sum\limits_{i=1}^{n} X_i}{n} \right) = \frac{\sum\limits_{i=1}^{n} DX_i}{n^2} = \frac{\sigma^2}{n},$$

$$ES^2 = E\left(\frac{1}{n-1} \sum\limits_{i=1}^{n} (X_i - \overline{X})^2 \right) = \frac{1}{n-1} E\left(\sum\limits_{i=1}^{n} X_i^2 - n\overline{X}^2 \right)$$

$$= \frac{1}{n-1} \left(\sum\limits_{i=1}^{n} EX_i^2 - nE\overline{X}^2 \right)$$

$$= \frac{1}{n-1} \left[\sum\limits_{i=1}^{n} (DX_i + (EX_i)^2) - n(D\overline{X} + (E\overline{X})^2) \right]$$

$$= \frac{1}{n-1} \left[\sum\limits_{i=1}^{n} (\sigma^2 + \mu^2) - n\left(\frac{\sigma^2}{n} + \mu^2 \right) \right]$$

$$= \frac{1}{n-1} (n\sigma^2 + n\mu^2 - \sigma^2 - n\mu^2) = \sigma^2.$$

定义 6.1.3(顺序统计量)　设 $X_1, X_2, \cdots, X_n$ 是来自总体 X 的样本,$x_1, x_2, \cdots, x_n$ 为样本的一组观察值,将样本观察值按从小到大顺序排列得 $x_{(1)} \leqslant x_{(2)} \leqslant \cdots \leqslant$

$x_{(n)}$，$X_{(k)}$ 的观察值为 $x_{(k)}$，则有 $X_{(1)} \leqslant X_{(2)} \leqslant \cdots \leqslant X_{(n)}$，称 $X_{(1)}$，$X_{(2)}$，$\cdots$，$X_{(n)}$ 为样本的一组顺序统计量.

在顺序统计量中，$X_{(1)} = \min\limits_{1 \leqslant i \leqslant n}\{X_i\}$ 称为**极小顺序统计量**，$X_{(n)} = \max\limits_{1 \leqslant i \leqslant n}\{X_i\}$ 称为**极大顺序统计量**，$R_{(n)} = X_{(n)} - X_{(1)}$ 称为**样本极差**.

令

$$\widetilde{X} = \begin{cases} X_{(k+1)}, & n = 2k+1, \\ \dfrac{1}{2}(X_{(k)} + X_{(k+1)}), & n = 2k, \end{cases}$$

称 $\widetilde{X}$ 为**样本中位数**. 当 n 很大时，可取中位数和极差作为总体均值和离散程度的一个衡量尺度.

6.1.3 经验分布

把总体 X 的分布称为理论分布，把总体 X 的分布函数称为理论分布函数. 根据样本观测结果求总体的分布函数是数理统计中要解决的一个重要问题. 为此，引入经验分布函数的概念.

定义 6.1.4 设 X_1，X_2，$\cdots$，X_n 是从总体 X 抽取的样本，将其观察值 x_1，x_2，$\cdots$，x_n 按从小到大的次序排列得 $x_{(1)} \leqslant x_{(2)} \leqslant \cdots \leqslant x_{(n)}$，并作出函数

$$F_n(x) = \begin{cases} 0, & x < x_{(1)}, \\ \dfrac{k}{n}, & x_{(k)} \leqslant x < x_{(k+1)}, k = 1, 2, \cdots, n-1, \\ 1, & x \geqslant x_{(n)}. \end{cases}$$

称 $F_n(x)$ 为 X 的**经验分布函数**（empirical distribution function）（或称为**样本分布函数**），如图 6.1 所示.

对于每一固定的 x，$F_n(x)$ 等于样本的 n 个观察值中不超过 x 的个数除以样本容量 n，它的可能取值为 0，$\dfrac{1}{n}$，$\dfrac{2}{n}$，$\cdots$，$\dfrac{n-1}{n}$，1.

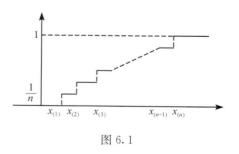

图 6.1

经验分布函数 $F_n(x)$ 表达了事件 $\{X \leqslant x\}$ 发生的频率. 由于总体 X 的分布函数 $F(x) = P\{X \leqslant x\}$，根据大数定律，事件发生的频率依概率收敛于该事件的概率，因此，当 n 充分大时，可用事件 $\{X \leqslant x\}$ 发生的频率 $\dfrac{k}{n}$ 来估计事件 $\{X \leqslant x\}$ 的概率 $P\{X \leqslant x\}$，也就是说，可用经验分布函数 $F_n(x)$ 来估计总体 X 的理论分布函数 $F(x)$.

6.1.4　直方图

对于连续型随机变量而言,本节介绍一种实际中常用的、根据样本值近似求得总体概率密度函数的图解法——**直方图法**.

设总体为随机变量 X,样本值为 $x_1,x_2,\cdots,x_n$,首先将样本值的数据按由小到大的顺序进行分组.假设分为 m 组,求出落入每组中样本的个数,也称为频数,如设为 $v_1,v_2,\cdots,v_m$,然后计算出落入每组中样本数的频率 $\dfrac{v_1}{n},\dfrac{v_2}{n},\cdots,\dfrac{v_m}{n}$,以样本值为横坐标,取分组组距为底,以频率除以组距为高作一长方形,i 依次取 $1,2,\cdots,m$,画出一排竖直的长方形即称为频率直方图(直方图).当 n 充分大时,此直方图的图形近似于 X 的概率密度函数的图形.下面举一实例说明直方图的具体作图过程.

例 5　某工厂生产一批 220V8W 的节能灯,由于各种偶然因素的影响,各灯管的光通量是有差异的.设此批灯管的光通量为随机变量 X,现从总体 X 中抽取容量 $n=120$ 的一个样本,进行测试得到光通量的 120 个测试值,试用直方图法近似画出 X 的密度函数.

测试数据(单位:流明)

216 203 197 208 206 209 206 208 202 203 206 213 218 207 208 202 194 203 213 211
193 213 208 208 204 206 204 206 208 209 213 203 206 207 196 201 208 207 213 208
210 208 211 211 214 220 211 203 216 224 211 209 218 214 219 211 208 221 211 218
218 195 219 211 208 199 214 207 207 214 206 217 214 201 212 213 211 212 216 206
210 216 204 221 208 209 214 214 199 204 211 201 216 211 209 208 209 202 211 207
202 205 206 216 206 213 206 207 200 198 200 202 203 208 216 206 222 213 209 219

作直方图.

1. 将数据分组

找出最小值为 193,最大值为 224,取起点 $a=192.5$,略小于最小值,取终点 $b=225.5$,略大于最大值,使得区间 (a,b) 包含全部样本值,等分区间 (a,b) 为 $m=11$ 个小区间,$a=t_0<t_1<t_2<\cdots<t_{11}=b$($m$ 的大小没有硬性规定,一般根据经验和由 n 的大小而定).分点 t_i 应选取比样本值多一位小数,使得数据不落在 t_i 上.组距 $t_{i+1}-t_i=\dfrac{b-a}{m}=3(i=0,1,\cdots,m-1)$.

2. 计算频数与频率

用唱票的方法计算数据落入各区间内的频数 v_i 及频率(表 6.1).

表 6.1

编号	小区间	频数 v_i	频率 $f_i = \dfrac{v_i}{n}$
1	192.5～195.5	3	0.025
2	195.5～198.5	3	0.025
3	198.5～201.5	7	0.050
4	201.5～204.5	15	0.125
5	204.5～207.5	19	0.158
6	207.5～210.5	23	0.192
7	210.5～213.5	23	0.192
8	213.5～216.5	14	0.117
9	216.5～219.5	8	0.067
10	219.5～222.5	4	0.033
11	222.5～225.5	1	0.008
合计		120	1.00

3. 画直方图

在 xOy 平面上,取区间 $[t_i, t_{i+1})$ 为底,用 $y_i = \dfrac{f_i}{t_{i+1} - t_i}(i = 0, 1, \cdots, 10)$ 为高,画一排竖直的长方形. 图中,$[t_i, t_{i+1})$ 上的长方形的面积为 $\dfrac{f_i}{t_{i+1} - t_i} \cdot (t_{i+1} - t_i) = f_i$. 由于 n 个样品的抽取是独立的,样本取值落入区间 $[t_i, t_{i+1})$ 是一个随机事件,由概率的统计定义可知,当 n 充分大,m 也比较大时,频率 f_i 近似等于随机变量区落入区间 $[t_i, t_{i+1})$ 的概率,也即 $f_i \approx P\{t_i \leqslant X < t_{i+1}\} = \int_{t_i}^{t_{i+1}} f(x)\mathrm{d}x (i = 0, 1, \cdots, m - 1)$,其中 $f(x)$ 为 X 的概率密度函数,它表明每个竖直的长方形的面积恰好近似地代表了 X 的取值落入"底边"的概率,那么整个直方图的面积近似地等于有相同底边的"曲边梯形"的面积,此曲边大致地描述了 X 的概率分布情况,所以只要有了直方图,就可以大致地画出概率密度曲线. 在画直方图时,注意到第 i 个长方形的高度 $\dfrac{f_i}{t_{i+1} - t_i} = \dfrac{v_i}{n(t_{i+1} - t_i)}$,为了直观起见,取纵坐标的单位长为 $\dfrac{1}{n(t_{i+1} - t_i)}$,则直方图中第 i 个长方形的高度正好是频数 v_i 个单位,如图 6.2 所示$\left(\text{纵坐标的单位为 } \dfrac{1}{n(t_{i+1} - t_i)} = \dfrac{1}{360}\right)$.

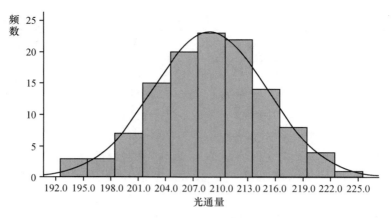

图 6.2

6.2 点 估 计

在许多实际问题中,总体的分布形式往往是已知的,但其中包含一个或多个未知参数.我们想通过抽取的样本来估计这些参数的取值.例如,灯泡厂生产的灯泡.由于种种随机因素的影响,虽然是同一批生产的灯泡,寿命却不相同,即灯泡的寿命是随机变量.若用 X 表示灯泡的寿命,由中心极限定理和实际经验知道,X 服从正态分布,即 $X \sim N(\mu, \sigma^2)$,一般来说,μ, σ^2 都是未知参数.为判定该批灯泡的质量如何,就需要知道灯泡的平均寿命以及寿命长短的差异程度,即要估计 μ 和 σ^2,这就是点估计问题.

设总体 X 的分布函数 $F(x; \theta)$ 的形式是已知的,θ 是待估参数(它可以是向量).$X_1, \cdots, X_n$ 是来自于 X 的一个样本,$x_1, \cdots, x_n$ 是相应的一组样本值.所谓点估计问题,就是构造一个适当的统计量 $\hat{\theta}(X_1, \cdots, X_n)$,用它的样本值 $\hat{\theta}(x_1, \cdots, x_n)$ 来作为未知参数 θ 的估计值,这里称 $\hat{\theta}(X_1, \cdots, X_n)$ 为 θ 的估计量,称 $\hat{\theta}(x_1, \cdots, x_n)$ 为 θ 的估计值,通常统称它们为 θ 的估计,记为 $\hat{\theta}$.由于估计量 $\hat{\theta}$ 是样本 $X_1, \cdots, X_n$ 的函数,故对于不同的样本值 $x_1, \cdots, x_n, \theta$ 的估计值也可以是不同的.下面介绍两种求估计量的方法.

6.2.1 矩估计法

已经知道,矩是描述随机变量统计规律的最简单的数字特征,随机变量分布中的一些参数往往就是随机变量的矩,或者是某些矩的函数.例如,若总体 $X \sim N(\mu, \sigma^2)$,μ, σ^2 未知,则 μ 就是 X 的数学期望,σ^2 是 X 的方差,它们都是总体 X 的矩.这时,自然想到用样本矩估计总体矩,这就是所谓的矩估计法.在理论上,由大数定律可知,样本矩依概率收敛于相应的总体矩.因此,当样本容量 n 充分大时,用样本矩估计相应的总体矩一定可达到任意的精确度.现在只就连续型的总体来说明矩估计法,离散型的总体可完全类似地讨论.

设总体 X 的概率密度为 $f(x;\theta_1,\cdots,\theta_l)$,其中 $\theta_1,\cdots,\theta_l$ 是 l 个未知参数.假设总体 X 的前 l 阶矩存在,则总体 X 的 k 阶原点矩 $\mu_k(\theta_1,\cdots,\theta_l)=\int_{-\infty}^{+\infty}x^k f(x;$ $\theta_1,\cdots,\theta_l)\mathrm{d}x(k=1,\cdots,l)$ 是 $\theta_1,\cdots,\theta_l$ 的函数.

对于来自总体 X 的样本 $X_1,\cdots,X_n$,其前 l 阶样本原点矩为

$$A_k = \frac{1}{n}\sum_{i=1}^{n}X_i^k, \quad k=1,\cdots,l.$$

现在用样本矩作为总体矩的估计,即令

$$\mu_k(\theta_1,\cdots,\theta_n)=A_k=\frac{1}{n}\sum_{1}^{n}X_i^k, \quad k=1,\cdots,l, \tag{6.2.1}$$

这样(6.2.1)式就是关于 l 个未知参数的 l 个方程.解此方程可得 $\theta_1,\cdots,\theta_l$ 的一组解,记为 $\hat{\theta}_1=\hat{\theta}_1(X_1,\cdots,X_n),\cdots,\hat{\theta}_l=\hat{\theta}_l(X_1,\cdots,X_n)$,它们都是样本 $X_1,\cdots,X_n$ 的函数且不包含任何未知参数,因此,它们是统计量.称它们为未知参数 $\theta_1,\cdots,\theta_l$ 的矩估计量.若 $x_1,\cdots,x_n$ 是一组样本值,这时 $\hat{\theta}_1=\hat{\theta}_1(x_1,\cdots,x_n),\cdots,\hat{\theta}_l=\hat{\theta}_l(x_1,\cdots,x_n)$ 就是一组数值,称它们为 $\theta_1,\cdots,\theta_l$ 的矩估计值.

例 1 设 X 服从参数为 λ 的泊松分布,$\lambda>0$ 未知,$X_1,\cdots,X_n$ 是来自于总体 X 的样本.试求参数 λ 的矩估计.

解 因为 $E(X)=D(X)=\lambda$,所以由方程组

$$\begin{cases} \lambda = \dfrac{1}{n}\sum_{i=1}^{n}X_i, \\ \lambda^2+\lambda = \dfrac{1}{n}\sum_{i=1}^{n}X_i^2 \end{cases}$$

得 EX 和 DX 的矩估计量为

$$\hat{\lambda}=\overline{X}, \tag{6.2.2}$$

$$\hat{\lambda}=\frac{1}{n}\sum_{i=1}^{n}X_i^2-\overline{X}^2=\frac{1}{n}\sum_{i=1}^{n}(X_i-\overline{X})^2. \tag{6.2.3}$$

从(6.2.2)和(6.2.3)式可见,参数 λ 的矩估计量既是样本均值,又是样本方差,也就是说,参数的估计量不唯一.以后会继续看到,对同一个参数,用相同的方法求出不同的估计量,或用不同的方法求出相同的估计量,或用不同的方法求出不同的估计量.

例 2 设总体 $X\sim N(\mu,\sigma^2)$,μ,σ^2 是未知参数,$X_1,\cdots,X_n$ 是来自总体 X 的样本.试求 μ,σ^2 的矩估计.

解 因为 $E(X)=\mu, E(X^2)=\sigma^2+\mu^2$,令

$$\begin{cases} \mu = \overline{X}, \\ \sigma^2 + \mu^2 = \dfrac{1}{n}\sum\limits_{i=1}^{n} X_i^2, \end{cases}$$

解出 μ, σ^2 的矩估计量分别为

$$\hat{\mu} = \overline{X},$$

$$\hat{\sigma}^2 = \frac{1}{n}\sum_{i=1}^{n} X_i^2 - \overline{X}^2 = \frac{1}{n}\sum_{i=1}^{n}(X_i - \overline{X})^2.$$

由此看出 $,\mu,\sigma^2$ 的估计量分别是样本均值和样本二阶中心矩.

例3 设总体 $X \sim U(a,b), a,b$ 未知 $,X_1, \cdots, X_n$ 是来自于总体 X 的样本. 试求 a,b 的矩估计.

解 由于 $E(X)=\dfrac{a+b}{2}, E(X^2)=\dfrac{(b-a)^2}{12}+\left(\dfrac{a+b}{2}\right)^2$,令

$$\begin{cases} \dfrac{a+b}{2} = \overline{X}, \\ \dfrac{(b-a)^2}{12} + \left(\dfrac{a+b}{2}\right)^2 = \dfrac{1}{n}\sum\limits_{i=1}^{n} X_i^2. \end{cases}$$

解此方程组得 a,b 矩估计量为

$$\hat{a} = \overline{X} - \sqrt{\frac{3}{n}\sum_{i=1}^{n}(X_i - \overline{X})^2},$$

$$\hat{b} = \overline{X} + \sqrt{\frac{3}{n}\sum_{i=1}^{n}(X_i - \overline{X})^2}.$$

矩估计具有良好的特性,它直观又方便. 当样本容量 n 充分大时,用矩法来估计总体分布中的未知参数一定可以达到任意精确的程度,而且它不需要知道分布的具体形式. 但是对于一些总体矩不存在的分布,如柯西分布,就不能用矩法估计总体分布中的未知参数.

6.2.2 极大似然法

课件 20

极大似然法是另一种求总体分布中未知参数估计的方法. 该方法最早是由德国的 C. F. Gauss(高斯)于 1821 年提出的,后来又由英国统计学家 R. A. Fisher(费希尔)于 1922 年重新提出,并给以发展. 该方法依据的是极大似然原理:设某一随机试验共有 $A_1, \cdots, A_k, \cdots$ 若干个可能结果,若在一次试验中 A_1 出现,则认为实验条件对 A_1 最有利,即 A_1 出现的概率最大.

例4 已知某盒中装有一些黑球和白球,不知道哪种球多,但知道它们的数目比是 $1:2$. 今从中有放回取出 5 个球,发现黑球有 2 只,白球 3 只. 问盒中哪种

球多?

解 设 X 表示抽取的 5 个球中的黑球数目,则 $X \sim B(5, p)$,即
$$P\{X = k\} = C_5^k p^k (1 - p)^{5-k}, \quad k = 0, \cdots, 5,$$
其中 p 为摸黑球的概率. 由已知条件知 $p = \dfrac{1}{3}$ 或者 $p = \dfrac{2}{3}$.

若 $p = \dfrac{1}{3}$,则有
$$P\{X = 2\} = C_5^2 \times \left(\frac{1}{3}\right)^2 \times \left(\frac{2}{3}\right)^3 = \frac{80}{243}.$$

若 $p = \dfrac{2}{3}$,则有
$$P\{X = 2\} = C_5^2 \times \left(\frac{2}{3}\right)^2 \times \left(\frac{1}{3}\right)^3 = \frac{40}{243}.$$

因为 $\dfrac{80}{243} > \dfrac{40}{243}$,所以认为 $p = \dfrac{1}{3}$,即认为黑球数目少. 这就是依据极大似然原理的思想.

极大似然估计

现在对极大似然法进行一般的讨论.

设总体 X 为连续型随机变量,其概率密度为 $f(x; \theta_1, \cdots, \theta_l)$,$\theta_1, \cdots, \theta_l$ 是 l 个待估的未知参数,$X_1, \cdots, X_n$ 是来自总体 X 的样本. 做一次试验,得样本的观察值 $x_1, \cdots, x_n$,则 $(X_1, \cdots, X_n)$ 落在 $(x_1, \cdots, x_n)$ 邻域内的概率为 $\prod\limits_{i=1}^{n} f(x_i; \theta_1, \cdots, \theta_l) \mathrm{d}x_i$,对固定的观察值 $x_1, \cdots, x_n$,此概率就是 $\theta_1, \cdots, \theta_l$ 的函数. 依据极大似然原理,应选取 $\theta_1, \cdots, \theta_l$,使得此概率达到最大值,即使得函数

$$L(\theta_1, \cdots, \theta_l) = \prod_{i=1}^{n} f(x_i; \theta_1, \cdots, \theta_l) \tag{6.2.4}$$

达到最大值. 称 (6.2.4) 中的函数 $L(\theta_1, \cdots, \theta_l)$ 为**似然函数**,使得似然函数达到最大值的 $\theta_1, \cdots, \theta_l$ 作为这些参数的估计值,记作 $\hat{\theta}_1(x_1, \cdots, x_n), \cdots, \hat{\theta}_l(x_1, \cdots, x_n)$,称为 $\theta_1, \cdots, \theta_l$ 的**极大似然估计值**,称 $\hat{\theta}_1(X_1, \cdots, X_n), \cdots, \hat{\theta}_l(X_1, \cdots, X_n)$ 为 $\theta_1, \cdots, \theta_l$ 的**极大似然估计量**(maximum likehood estimate).

如果总体 X 是离散型随机变量,其分布律为 $P\{X = x\} = p(x; \theta_1, \cdots, \theta_l)$,则上面的 $f(x_i; \theta_1, \cdots, \theta_l)$ 就换为 $p(x_i; \theta_1, \cdots, \theta_l)$,然后作同样的讨论. 此时,似然函数为

$$L(\theta_1, \cdots, \theta_l) = \prod_{i=1}^{n} p(x_i; \theta_1, \cdots, \theta_l). \tag{6.2.5}$$

若似然函数 L 关于 $\theta_j (j = 1, \cdots, l)$ 可微,便可采用微积分学求函数极值的一般方法,即可通过解方程组

$$\frac{\partial L}{\partial \theta_j} = 0, \quad j = 1, \cdots, l \tag{6.2.6}$$

求出 $\hat{\theta}_1,\cdots,\hat{\theta}_l$. 方程组(6.2.6)称为**似然方程组**.

由于 $\ln x$ 是 x 的单调函数, 使得

$$\ln(\hat{\theta}_1,\cdots,\hat{\theta}_l) = \max_{\theta_1,\cdots,\theta_l}\ln L(\theta_1,\cdots,\theta_l)$$

成立的 $\hat{\theta}_j(j=1,\cdots,l)$ 也使得

$$L(\hat{\theta}_1,\cdots,\hat{\theta}_l) = \max_{\theta_1,\cdots,\theta_l}L(\theta_1,\cdots,\theta_l)$$

成立. 为计算方便起见, 常通过解方程组

$$\frac{\partial \ln L}{\partial \theta_j} = 0, \quad j = 1,\cdots,l \tag{6.2.7}$$

求出 $\hat{\theta}_1,\cdots,\hat{\theta}_l$. 方程组(6.2.7)称为**对数似然方程组**.

如果似然函数 L 关于 $\theta_j(j=1,\cdots,l)$ 不可微, 或方程组 $\dfrac{\partial L}{\partial \theta_j}=0(j=1,\cdots,l)$ 不存在有限解, 则极大似然估计不能通过似然方程组求解, 而是通过其他方法求解.

例5　设总体 $X \sim N(\mu,\sigma^2)$, μ,σ^2 都是未知参数, $X_1,\cdots,X_n$ 是来自总体 X 的样本. 试求 μ,σ^2 的极大似然估计量.

解　总体 X 的概率密度为

$$f(x;\mu,\sigma^2) = \frac{1}{\sqrt{2\pi}\sigma}\exp\left\{-\frac{1}{2\sigma^2}(x-\mu)^2\right\}.$$

设 $x_1,\cdots,x_n$ 是样本观察值, 则似然函数为

$$L(\mu,\sigma^2) = \prod_{i=1}^{n}\frac{1}{\sqrt{2\pi}\sigma}\exp\left\{-\frac{1}{2\sigma^2}(x_i-\mu)^2\right\},$$

$$\ln L = -\frac{n}{2}\ln(2\pi) - \frac{n}{2}\ln\sigma^2 - \frac{1}{2\sigma^2}\sum_{i=1}^{n}(x_i-\mu)^2,$$

似然方程组为

$$\begin{cases} \dfrac{\partial \ln L}{\partial \mu} = \dfrac{1}{\sigma^2}\left(\sum_{i=1}^{n}x_i - n\mu\right) = 0, \\[3mm] \dfrac{\partial \ln L}{\partial \sigma^2} = -\dfrac{n}{2\sigma^2} + \dfrac{1}{2(\sigma^2)^2}\sum_{i=1}^{n}(x_i-\mu)^2 = 0. \end{cases}$$

由前一式解得 $\hat{\mu} = \dfrac{1}{n}\sum_{i=1}^{n}x_i = \bar{x}$, 代入后一式得 $\hat{\sigma}^2 = \dfrac{1}{n}\sum_{i=1}^{n}(x_i-\bar{x})^2$, 因此, μ,σ^2 的极大似然估计量为

$$\hat{\mu} = \overline{X},$$

$$\hat{\sigma}^2 = \frac{1}{n}\sum_{i=1}^{n}(X_i-\overline{X})^2.$$

这与矩估计量相同. 此例说明用不同方法求出的估计量可能是相同的.

例6　设总体 $X \sim B(1,p)$, p 是未知参数, $X_1,\cdots,X_n$ 是来自 X 的样本. 试求

p 的极大似然估计量.

解 总体 X 的概率分布律为

$$P\{X = x\} = p^x (1-p)^{1-x}, \quad x = 0,1.$$

设 $x_1, \cdots, x_n$ 是样本观察值,则似然函数为

$$L(p) = \prod_{i=1}^{n} p^{x_i} (1-p)^{1-x_i} = p^{\sum\limits_{i=1}^{n} x_i} (1-p)^{n-\sum\limits_{i=1}^{n} x_i},$$

$$\ln L = \left(\sum_{i=1}^{n} x_i \right) \ln p + \left(n - \sum_{i=1}^{n} x_i \right) \ln(1-p).$$

似然方程为

$$\frac{\mathrm{d}\ln L}{\mathrm{d}p} = \frac{\sum\limits_{i=1}^{n} x_i}{p} - \frac{n - \sum\limits_{i=1}^{n} x_i}{1-p} = 0,$$

解得

$$\hat{p} = \frac{1}{n} \sum_{i=1}^{n} x_i = \bar{x}.$$

故 p 的极大似然估计量为

$$\hat{p} = \frac{1}{n} \sum_{i=1}^{n} X_i = \bar{X}.$$

例 7 设总体 $X \sim U[a,b]$, a,b 是未知参数, $X_1, \cdots, X_n$ 是来自总体 X 的样本. 试求 a,b 的极大似然估计量.

解 总体 X 的概率密度为

$$f(x;a,b) = \begin{cases} \dfrac{1}{b-a}, & a \leqslant x \leqslant b, \\ 0, & \text{其他}. \end{cases}$$

设 $x_1, \cdots, x_n$ 是样本观察值,将其按大小递增的顺序排列得

$$x_{(1)} \leqslant x_{(2)} \leqslant \cdots \leqslant x_{(n)}.$$

由于

$$a \leqslant x_{(1)} \leqslant x_{(2)} \leqslant \cdots \leqslant x_n \leqslant b,$$

故似然函数为

$$L(a,b) = \begin{cases} \dfrac{1}{(b-a)^n}, & a \leqslant x_{(1)} \leqslant x_{(2)} \leqslant \cdots \leqslant x_{(n)} \leqslant b, \\ 0, & \text{其他}. \end{cases}$$

对于满足条件 $a \leqslant x_{(1)} \leqslant x_{(2)} \leqslant \cdots \leqslant x_{(n)} \leqslant b$ 的任意 a,b 有

$$L(a,b) = \frac{1}{(b-a)^n} \leqslant \frac{1}{(x_{(n)} - x_{(1)})^n},$$

即 $L(a,b)$ 在 $a = x_{(1)} = \min\limits_{1 \leqslant i \leqslant n} x_i$, $b = x_{(n)} = \max\limits_{1 \leqslant i \leqslant n} x_i$ 时达到最大值,故 a,b 的极大似然

估计值为

$$\hat{a} = \min_{1\leqslant i\leqslant n}x_i, \quad \hat{b} = \max_{1\leqslant i\leqslant n}x_i.$$

a,b 的极大似然估计量为

$$\hat{a} = \min_{1\leqslant i\leqslant n}X_i, \quad \hat{b} = \max_{1\leqslant i\leqslant n}X_i.$$

例 8 设总体 $X\sim U[\theta,\theta+1]$，其中 θ 是未知参数，$X_1,\cdots,X_n$ 是从该总体中抽取的样本. 试求 θ 的极大似然估计量.

解 总体 X 的概率密度为

$$f(x;\theta) = \begin{cases} 1, & \theta\leqslant x\leqslant\theta+1, \\ 0, & 其他. \end{cases}$$

设 $x_1,\cdots,x_n$ 是样本观察值，记 $x_{(1)}=\min\limits_{1\leqslant i\leqslant n}x_i, x_{(n)}=\max\limits_{1\leqslant i\leqslant n}x_i$，则似然函数为

$$L(\theta) = \begin{cases} 1, & \theta\leqslant x_{(1)}\leqslant\cdots\leqslant x_{(n)}\leqslant\theta+1, \\ 0, & 其他. \end{cases}$$

因此，当 $x_{(n)}-1\leqslant\theta\leqslant x_{(1)}$ 时，$L(\theta)$ 达到最大值 1. 故随机区间 $[X_{(n)}-1,X_{(1)}]$ 上任意一点 $\hat\theta$ 都是 θ 的极大似然估计量，即

$$X_{(n)}-1 \leqslant \hat\theta \leqslant X_{(1)}.$$

例 9 一个罐子里装有黑球和白球，有放回地抽取 n 个球，发现有 k 个黑球. 试求罐子里黑球数与白球数之比 R 的极大似然估计.

解 设罐中装有 a 个黑球，b 个白球，则 $R=\dfrac{a}{b}$. 设 $X_i = \begin{cases} 1, & 第 i 次摸到黑球, \\ 0, & 第 i 次摸到白球 \end{cases}$ $(i=1,\cdots,n)$，则 $X_1,\cdots,X_n$ 是总体 $X\sim b(1,p)$ 的样本，其中

$$p=P\{X_i=1\}=\frac{a}{a+b}=\frac{R}{1+R}.$$

似然函数

$$L(R)=\prod_{i=1}^n p(x_i)=\prod_{i=1}^n p^{x_i}(1-p)^{1-x_i}=\prod_{i=1}^n\left(\frac{R}{1+R}\right)^{x_i}\left(1-\frac{R}{1+R}\right)^{1-x_i}$$

$$=\left(\frac{R}{1+R}\right)^{\sum\limits_{i=1}^n x_i}\left(1-\frac{R}{1+R}\right)^{n-\sum\limits_{i=1}^n x_i},$$

则

$$\ln L = \sum_{i=1}^n x_i\ln\left(\frac{R}{1+R}\right)+\left(n-\sum_{i=1}^n x_i\right)\ln\left(\frac{1}{1+R}\right)$$

$$= \sum_{i=1}^n x_i[\ln R-\ln(1+R)]-\left(n-\sum_{i=1}^n x_i\right)\ln(1+R).$$

令 $\dfrac{\mathrm{d}\ln L}{\mathrm{d}R}=0$，则 $\sum\limits_{i=1}^n x_i\left(\dfrac{1}{R}-\dfrac{1}{1+R}\right)-\left(n-\sum\limits_{i=1}^n x_i\right)\dfrac{1}{1+R}=0$，解出

$$\hat{R} = \frac{\sum\limits_{i=1}^{n} x_i}{n - \sum\limits_{i=1}^{n} x_i} = \frac{k}{n-k}.$$

极大似然估计具有下述性质:

设总体 X 的分布函数为 $F(x;\theta)$,F 的形式是已知的,θ 是未知参数,$X_1,\cdots,$ X_n 是来自总体 X 的样本.已知 θ 的函数 $u(\theta)$ 有单值的反函数 $\theta=\theta(u)$.若 $\hat{\theta}$ 是 θ 的极大似然估计量,则 $\hat{u}=u(\hat{\theta})$ 是 $u(\theta)$ 的极大似然估计量.这就是所谓的极大似然估计量的不变性.

事实上,若 $\hat{u}$ 是 u 的极大似然估计量,则它必定是使得似然函数 $L(\theta(u))$ 取到最大值的 u 值.当 $\theta=\hat{\theta}$ 时,使得 $L(\theta)$ 取得最大值.因此有 $\hat{\theta}=\theta(\hat{u})$,即 $u(\hat{\theta})=\hat{u}$,故 $u(\hat{\theta})$ 是 $u(\theta)$ 的极大似然估计量.

当总体分布中含有多个未知参数时,也具有上述性质.例如,在例 5 中已求得 σ^2 的极大似然估计量为

$$\hat{\sigma}^2 = \frac{1}{n}\sum_{i=1}^{n}(X_i - \overline{X})^2.$$

函数 $u=u(\sigma^2)=\sqrt{\sigma^2}$ 有单值反函数 $\sigma^2=u^2$,根据极大似然估计的不变性得到标准差 σ 的极大似然估计量为

$$\hat{\sigma} = \sqrt{\hat{\sigma}^2} = \sqrt{\frac{1}{n}\sum_{i=1}^{n}(X_i - \overline{X})^2}.$$

6.3 估计量的评选标准

课件 21

6.2 节介绍了求估计量的方法:矩估计法和极大似然估计法.从 6.2 节的例子可以看出,对同一未知参数用同一方法或不同方法求得的估计量可能是不同的,即一个参数可能有多个估计量,那么哪一个估计量好呢?这就涉及用什么样的标准评价估计量的好坏问题.下面介绍几个常用的标准.

6.3.1 无偏性

设 $\hat{\theta}(X_1,\cdots,X_n)$ 是未知参数 θ 的估计量,对于不同的样本观察值 $x_1,\cdots,x_n$,就得到关于 θ 的不同估计值,我们自然希望这些估计值之间的偏差不要过大,换句话说,就是这些估计值都应在参数 θ 的真值附近摆动.这就引出了无偏性的概念.

定义 6.3.1 若估计量 $\hat{\theta}=\hat{\theta}(X_1,\cdots,X_n)$ 的数学期望 $E(\hat{\theta})$ 存在且 $E(\hat{\theta})=\theta$,则称 $\hat{\theta}$ 是 θ 的**无偏估计量**(unbiased estimator).

例 1 设 $X_1,\cdots,X_n$ 是来自具有数学期望 μ,方差 σ^2 的总体 X 的样本,并设

$EX^k = \mu_k$，则 $\overline{X}$ 是 μ 的无偏估计量，S^2 是 σ^2 的无偏估计量，$A_k = \dfrac{1}{n}\displaystyle\sum_{i=1}^{n} X_i^k$ 是 μ_k 的无偏估计.

证   由定理 6.1.1 知

$E(\overline{X}) = \mu$，所以 $\overline{X}$ 是 μ 的无偏估计量；

$E(S^2) = \sigma^2$，所以 S^2 是 σ^2 的无偏估计量.

而 $E(A_k) = E\left(\dfrac{1}{n}\displaystyle\sum_{i=1}^{n} X_i^k\right) = \dfrac{1}{n}\displaystyle\sum_{i=1}^{n} E(X_i^k) = \dfrac{1}{n}\displaystyle\sum_{i=1}^{n} \mu_k = \mu_k$，所以 $A_k = \dfrac{1}{n}\displaystyle\sum_{i=1}^{n} X_i^k$ 是 μ_k 的无偏估计.

若用样本二阶中心矩 $B_2 = \dfrac{1}{n}\displaystyle\sum_{i=1}^{n}(X_i - \overline{X})^2$ 作为 σ^2 的估计量，它就不是无偏的. 因为

$$E(B_2) = E\left[\frac{1}{n}\sum_{i=1}^{n}(X_i - \overline{X})^2\right] = \frac{n-1}{n} E\left[\frac{1}{n-1}\sum_{i=1}^{n}(X_i - \overline{X})^2\right]$$

$$= \frac{n-1}{n} E(S^2) = \frac{n-1}{n}\sigma^2 \neq \sigma^2,$$

所以 B_2 不是 σ^2 的无偏估计量，这样的估计量称为**有偏估计量**. 但是

$$\lim_{n\to\infty} E(B_2) = \lim_{n\to\infty} \frac{n-1}{n}\sigma^2 = \sigma^2,$$

称这样的估计量为**渐近无偏**的.

定义 6.3.2   若对未知参数 θ 的一列估计量 $\hat{\theta}_n = \hat{\theta}_n(X_1, \cdots, X_n)$ 有

$$\lim_{n\to\infty} E(\hat{\theta}_n) = \theta$$

成立，则称 $\hat{\theta}_n$ 是 θ 的**渐近无偏估计量**.

例 2   若 $\hat{\theta}_1(X_1, \cdots, X_n), \cdots, \hat{\theta}_k(X_1, \cdots, X_n)$ 都是未知参数 θ 的无偏估计量，$c_1, \cdots, c_k$ 是实数且 $\displaystyle\sum_{i=1}^{k} c_i = 1$，则 $\displaystyle\sum_{i=1}^{k} c_i\hat{\theta}_i$ 也是 θ 的无偏估计量.

证   因为 $E\left(\displaystyle\sum_{i=1}^{k} c_i\hat{\theta}_i\right) = \displaystyle\sum_{i=1}^{k} c_i E(\hat{\theta}_i) = \displaystyle\sum_{i=1}^{k} c_i\theta = \theta\displaystyle\sum_{i=1}^{k} c_i = \theta$，所以 $\displaystyle\sum_{i=1}^{k} c_i\hat{\theta}_i$ 是 θ 的无偏估计量.

一般地，若 $\hat{\theta}$ 是 θ 的无偏估计量，$u(\theta)$ 不是 θ 的线性函数，这时不能推出 $u(\hat{\theta})$ 是 $u(\theta)$ 的无偏估计量. 例如，例 1 证明了 $\overline{X}$ 是数学期望 μ 的无偏估计量，但是 $\overline{X}^2$ 就不是 μ^2 的无偏估计量，因为 $E(\overline{X}^2) = D(\overline{X}) + [E(\overline{X})]^2 = \dfrac{\sigma^2}{n} + \mu^2 \neq \mu^2$. 另外，矩估计量、极大似然估计量和无偏估计量之间没有必然联系. 6.2 节曾证明了对正态总体 $N(\mu, \sigma^2)$ 来说，μ 的矩估计量，极大似然估计量都是 $\overline{X}$ 且 $\overline{X}$ 是无偏估计量，而

σ^2 的矩估计量和极大似然估计量都是 $B_2 = \dfrac{1}{n} \sum\limits_{i=1}^{n} (X_i - \overline{X})^2$,但它是有偏估计量.

例 3 设总体 X 服从参数为 $\lambda > 0$ 的泊松分布,λ 未知,X_1 是总体 X 的一个样本. 试证 $(-1)^{X_1}$ 是待估函数 $\mathrm{e}^{-2\lambda}$ 的无偏估计量.

证
$$E[(-1)^{X_1}] = \sum_{k=0}^{+\infty} (-1)^k \frac{\lambda^k}{k!} \mathrm{e}^{-\lambda} = \mathrm{e}^{-\lambda} \sum_{k=0}^{+\infty} \frac{(-\lambda)^k}{k!}$$
$$= \mathrm{e}^{-\lambda} \times \mathrm{e}^{-\lambda} = \mathrm{e}^{-2\lambda}.$$

这就证明了 $(-1)^{X_1}$ 是 $\mathrm{e}^{-2\lambda}$ 的无偏估计量. 由于 $\mathrm{e}^{-2\lambda} > 0$,而当 X_1 取奇数时,$(-1)^{X_1}$ 取负值,用一个负值估计一个正值 $\mathrm{e}^{-2\lambda}$ 显然是不合适的. 因此,无偏估计量有时是有明显弊病的.

6.3.2 有效性

无偏性是衡量估计量好坏的一个重要标准,但有时无偏估计量不存在,或有弊病,而且当未知参数的无偏估计量不止一个时,仅用无偏性衡量估价量好坏,显然就不全面了. 事实上,我们不仅希望估计量的取值在待估参数真值附近摆动,还希望估计量的取值都集中在待估参数真值附近,即估计量的方差越小越好,这便是有效性这个概念.

定义 6.3.3 设 $\hat{\theta}_1 = \hat{\theta}_1(X_1, \cdots, X_n)$ 与 $\hat{\theta}_2 = \hat{\theta}_2(X_1, \cdots, X_n)$ 都是未知参数 θ 的无偏估计量,若有
$$D(\hat{\theta}_1) \leqslant D(\hat{\theta}_2),$$
则称 $\hat{\theta}_1$ 较 $\hat{\theta}_2$ 有效.

例 4 设总体 X 的数学期望为 μ,方差为 $\sigma^2 > 0$,μ, σ^2 未知,$X_1, \cdots, X_n$ 是来自 X 的样本,$n \geqslant 2$. 试判断下面 μ 的三个估计量的无偏性和有效性:
$$\hat{\mu}_1 = \frac{1}{4} X_1 + \frac{3}{4} X_n, \quad \hat{\mu}_2 = \overline{X}, \quad \hat{\mu}_3 = \frac{1}{2} X_1 + X_2.$$

解 因为
$$E(\hat{\mu}_1) = \frac{1}{4} E(X_1) + \frac{3}{4} E(X_n) = \frac{1}{4} \mu + \frac{3}{4} \mu = \mu,$$
$$E(\hat{\mu}_2) = E(\overline{X}) = \mu,$$
$$E(\hat{\mu}_3) = \frac{1}{2} E(X_1) + E(X_2) = \frac{3}{2} \mu,$$

所以 $\hat{\mu}_1, \hat{\mu}_2$ 是 μ 的无偏估计量,但是
$$D(\hat{\mu}_1) = \frac{1}{16} D(X_1) + \frac{9}{16} D(X_n) = \frac{1}{16} \sigma^2 + \frac{9}{16} \sigma^2 = \frac{5}{8} \sigma^2,$$
$$D(\hat{\mu}_2) = \frac{\sigma^2}{n}.$$

显然,$D(\hat{\mu}_2)<D(\hat{\mu}_1)$,故 $\hat{\mu}_2$ 较 $\hat{\mu}_1$ 有效.

6.3.3 一致性

前面介绍估计量的无偏性、有效性都是在样本容量 n 固定时给出的. 当样本容量 n 增大时,我们还希望估计量的值更接近于待估参数的真值,这就是对估计量的一致性要求.

定义 6.3.4 设 $\hat{\theta}_n(X_1,\cdots,X_n)$ 是未知参数 θ 的估计量. 若当 $n\to\infty$ 时,$\hat{\theta}_n(X_1,\cdots,X_n)$ 依概率收敛于 θ,即对任意 $\varepsilon>0$,
$$\lim_{n\to\infty}P\{|\hat{\theta}_n-\theta|>\varepsilon\}=0,$$
则称 $\hat{\theta}_n$ 为 θ 的**一致估计量**(或**相合估计量**).

例 5 试证样本原点矩是相应的总体原点矩的无偏估计量和一致估计量.

证 设 $X_1,\cdots,X_n$ 是总体 X 的样本,$\mu_k=E(X^k)$ 存在,$A_k=\dfrac{1}{n}\sum\limits_{i=1}^{n}X_i^K(k>0)$.
由于
$$E(A_k)=\frac{1}{n}\sum_{i=1}^{n}E(X_i^k)=\frac{1}{n}\sum_{i=1}^{n}\mu_k=\mu_k,$$
所以 A_k 是 μ_k 的无偏估计量. 又由于 $X_1^k,\cdots,X_n^k$ 相互独立且与 X^k 同分布,则根据辛钦大数定律,对任意 $\varepsilon>0$ 有
$$\lim_{n\to\infty}P\left\{\left|\frac{1}{n}\sum_{i=1}^{n}X_i^k-\mu_k\right|>\varepsilon\right\}=0,$$
即 A_k 是 μ_k 的一致估计量.

此外,还可证明在一定的条件下,极大似然估计量具有一致性.

6.4 正态总体统计量的分布

课件 22

统计量是样本的函数,它是随机变量,通常把统计量的概率分布称为抽样分布. 由于统计量是对总体的分布或数字特征进行推断的基础,因此,求统计量的分布是数理统计的基本问题之一. 一般来说,要确定一个统计量的精确分布是非常复杂的,但对于一些重要的特殊情况,如正态总体,此问题有较简单的解决方法. 本节介绍数理统计中几个常见的来自正态总体的统计量的分布.

6.4.1 χ^2 分布

定义 6.4.1 设 $(X_1,X_2,\cdots,X_n)$ 是来自标准正态总体 $N(0,1)$ 的样本,则称统计量
$$\chi^2=X_1^2+X_2^2+\cdots+X_n^2 \tag{6.4.1}$$

服从自由度为 n 的 χ^2 分布,记为 $\chi^2 \sim \chi^2(n)$.

此处自由度是指(6.4.1)式中右边包含的独立变量的个数.

$\chi^2(n)$ 分布的概率密度函数为

$$f(y) = \begin{cases} \dfrac{1}{2^{\frac{n}{2}}\,\Gamma(n/2)}\,\mathrm{e}^{-\frac{y}{2}}y^{\frac{n}{2}-1}, & y > 0, \\ 0, & y \leqslant 0. \end{cases} \tag{6.4.2}$$

证略. $f(y)$ 的图形如图 6.3 所示,图中给了当 $n=1,2,4,10$ 时,χ^2 分布的密度函数曲线.

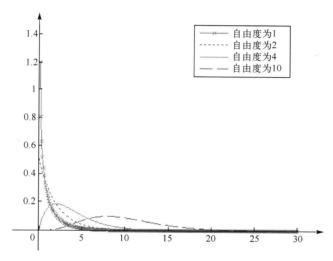

图 6.3 $\chi^2(n)$ 的密度曲线

当 $X_1, X_2, \cdots, X_n$ 为来自正态总体 $N(\mu, \sigma^2)$ 的样本时,$\dfrac{X_i - \mu}{\sigma}(i=1,2,\cdots,n)$ 都服从标准正态分布 $N(0,1)$,而且相互独立,故由定义 6.4.1 可推知

$$\sum_{i=1}^{n}\left(\frac{X_i - \mu}{\sigma}\right)^2 \sim \chi^2(n).$$

χ^2 分布具有如下性质:

性质 1 设 $\chi^2 \sim \chi^2(n)$,则有 $E(\chi^2)=n$,$D(\chi^2)=2n$.

证 由于 $X_i \sim N(0,1)$,故

$$E(X_i^2) = D(X_i) = 1,$$

$$D(X_i^2) = E(X_i^4) - [E(X_i^2)]^2 = \int_{-\infty}^{+\infty} \frac{1}{\sqrt{2\pi}} x^4 \mathrm{e}^{-\frac{x^2}{2}} \mathrm{d}x - 1 = 3 - 1 = 2.$$

因此,

$$E(\chi^2) = E\Big(\sum_{i=1}^{n} X_i^2\Big) = \sum_{i=1}^{n} E(X_i^2) = n.$$

由于 $X_1, X_2, \cdots, X_n$ 相互独立,所以 $X_1^2, X_2^2, \cdots, X_n^2$ 也相互独立,于是

$$D(\chi^2) = D\Big(\sum_{i=1}^{n} X_i^2\Big) = \sum_{i=1}^{n} D(X_i^2) = 2n.$$

性质 2　设 $\chi_1^2 \sim \chi^2(n_1), \chi_2^2 \sim \chi^2(n_2)$ 且 χ_1^2, χ_2^2 相互独立,则 $\chi_1^2 + \chi_2^2 \sim \chi^2(n_1 + n_2)$. 利用 Γ 分布的可加性即可得证,此性质可推广到有限个统计量(见第 3 章).

设 $\chi_i^2 \sim \chi^2(n_i)(i=1, 2, \cdots, k)$ 且相互独立,则

$$\sum_{i=1}^{k} \chi_i^2 \sim \chi^2\Big(\sum_{i=1}^{k} n_i\Big).$$

6.4.2　t 分布

定义 6.4.2　设 $X \sim N(0,1), Y \sim \chi^2(n)$,并且 X 与 Y 相互独立,则称随机变量

$$T = \frac{X}{\sqrt{Y/n}} \tag{6.4.3}$$

服从自由度为 n 的 t 分布,记作 $T \sim t(n).\ t(n)$ 分布的概率密度函数为

$$h(t) = \frac{\Gamma((n+1)/2)}{\sqrt{n\pi}\,\Gamma(n/2)}\Big(1 + \frac{t^2}{n}\Big)^{-\frac{n+1}{2}}, \quad -\infty < t < \infty. \tag{6.4.4}$$

证略. 当 $n=1, 4, 10$ 时,$h(t)$ 的图形如图 6.4 所示.

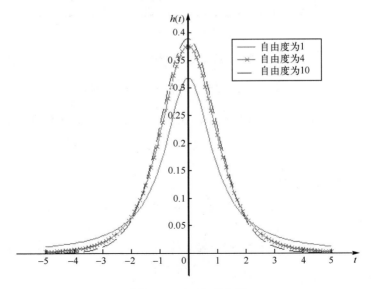

图 6.4　$t(n)$ 密度曲线

$h(t)$ 的图形关于 $t=0$ 对称,在 $t=0$ 处取得极大值,其曲线形状与正态分布 $N(0,\sigma^2)$ 的概率密度函数的曲线形状类似.当 $n\to\infty$ 时,$h(t)$ 收敛于标准正态分布的概率密度函数,但对于较小的 n,t 分布与标准正态分布之间存在着较大的差异.

若 $T\sim t(n)$,则当 $n>2$ 时有 $E(T)=0$,$D(T)=\dfrac{n}{n-2}$.

6.4.3 F 分布

定义 6.4.3 设 $X\sim\chi^2(m)$,$Y\sim\chi^2(n)$,而且 X 与 Y 相互独立,则称随机变量

$$F=\frac{X/m}{Y/n} \tag{6.4.5}$$

服从自由度为 (m,n) 的 F 分布,记作 $F\sim F(m,n)$,其中 m 称为**第一自由度**,n 称为**第二自由度**.

$F(m,n)$ 分布的概率密度函数为

$$\psi(u)=\begin{cases}\dfrac{\Gamma\left(\dfrac{m+n}{2}\right)}{\Gamma\left(\dfrac{m}{2}\right)\Gamma\left(\dfrac{n}{2}\right)}\left(\dfrac{m}{n}\right)\cdot\left(\dfrac{m}{n}u\right)^{\frac{m}{2}-1}\cdot\left(1+\dfrac{m}{n}u\right)^{-\frac{m+n}{2}},&u>0,\\[4mm]0,&u\leqslant0.\end{cases} \tag{6.4.6}$$

证略.$\psi(u)$ 的图形如图 6.5 所示.

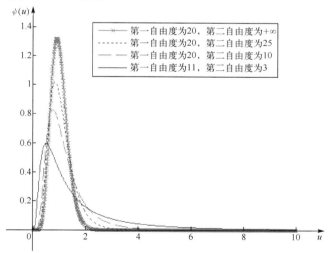

图 6.5 $F(n_1,n_2)$ 密度曲线

注意:F 分布的自由度 m 和 n 是有顺序的,$F(m,n)$ 和 $F(n,m)$ 是两个不同的分布.由定义 6.4.3 可知,如果 $F\sim F(m,n)$,则 $\dfrac{1}{F}\sim F(n,m)$.

设随机变量 F 服从 $F(m,n)$ 分布,则数字期望和方差分别为

$$E(F) = \frac{n}{n-2}, \quad n > 2,$$

$$D(F) = \frac{n^2(2m+2n-4)}{m(n-2)^2(n-4)}, \quad n > 4.$$

下面介绍概率分布的"分位点"的概念.

定义 6.4.4　设有随机变量 X 服从某分布且 $0 < \alpha < 1$,如果存在 x_α,使得

$$P\{X > x_\alpha\} = \alpha, \tag{6.4.7}$$

则称点 x_α 为 X 的概率分布的上 α 分位点,简称为 α 分点,如图 6.6 所示.

关于分位点,由 $P\{X > x_\alpha\} = \alpha$ 可推得下述公式:

(1) $P\{X > x_{1-\alpha}\} = 1 - \alpha$; $\tag{6.4.8}$

(2) 如果 X 的密度函数 $f(x)$ 是偶函数,则 $P\{|X| > x_{\frac{\alpha}{2}}\} = \alpha$(图 6.7).

$$\tag{6.4.9}$$

图 6.6　　　　　　　　　　　　　　　　　　图 6.7

对于标准正态分布、$\chi^2(n)$ 分布、$t(n)$ 分布以及 $F(m,n)$ 分布的分位点分别记作 $u_\alpha, \chi_\alpha^2(n), t_\alpha(n)$ 和 $F_\alpha(m,n)$,它们均可通过书后的相关附表查到,具体叙述如下.

(1) 标准正态分布:分位点 u_α 满足

$$P\{X > u_\alpha\} = \alpha. \tag{6.4.10}$$

当 α 确定时,通过标准正态分布表可算得 u_α 的值,由密度函数曲线的对称性有 $u_{1-\alpha} = -u_\alpha$,如 $u_{0.005} = 2.576, u_{0.75} = -u_{0.25} = -0.675$.

(2) $\chi^2(n)$ 分布:分位点 $\chi_\alpha^2(n)$ 满足

$$P\{\chi^2 > \chi_\alpha^2(n)\} = \alpha. \tag{6.4.11}$$

$\chi_\alpha^2(n)$ 的值通过查 χ^2 分布表可得,如 $\chi_{0.90}^2(20) = 12.443, \chi_{0.05}^2(12) = 21.026$. 但该表只列到 $n = 45$,当 $n > 45$ 时可引用费希尔的近似公式

$$\chi_\alpha^2(n) \approx \frac{1}{2}(u_\alpha + \sqrt{2n-1})^2, \tag{6.4.12}$$

其中,u_α 为标准正态分布的分位点,如 $\chi_{0.05}^2(50) \approx \frac{1}{2}(u_{0.05} + \sqrt{99})^2 = \frac{1}{2}(1.645 + \sqrt{99})^2 = 67.221$.

（3）$t(n)$分布：分位点 $t_\alpha(n)$ 应满足

$$P\{T > t_\alpha(n)\} = \alpha. \qquad (6.4.13)$$

$t_\alpha(n)$ 的值通过查 t 分布表可得，由密度函数 $h(t)$ 的对称性有

$$t_{1-\alpha}(n) = -t_\alpha(n).$$

当 $n > 45$ 时可用正态分布近似

$$t_\alpha(n) \approx u_\alpha.$$

（4）$F(m,n)$分布：分位点 $F_\alpha(m,n)$ 应满足

$$P\{F > F_\alpha(m,n)\} = \alpha. \qquad (6.4.14)$$

$F_\alpha(m,n)$ 的值通过查 F 分布表可得，由于当 $F \sim F(m,n)$ 时有 $\dfrac{1}{F} \sim F(n,m)$，所以 F 分布的分位点具有如下性质：

$$F_{1-\alpha}(m,n) = \frac{1}{F_\alpha(n,m)}. \qquad (6.4.15)$$

(6.4.15)式常用来求 F 分布表中未列出的一些分位点. 例如，

$$F_{0.95}(12,9) = \frac{1}{F_{0.05}(9,12)} = \frac{1}{2.80} = 0.357.$$

6.4.4 正态总体样本均值和方差的函数的分布

在许多领域的统计研究中，经常会遇到近似正态分布的总体（中心极限定理保证了这一点）. 因此，正态样本统计量在数理统计中占有重要地位，下面介绍几个重要的正态样本统计量的分布.

定理 6.4.1 设 $X_1, X_2, \cdots, X_n$ 是来自正态总体 $N(\mu, \sigma^2)$ 的一个样本，样本均值和样本方差分别为 $\overline{X} = \dfrac{1}{n}\sum\limits_{i=1}^{n} X_i$，$S^2 = \dfrac{1}{n-1}\sum\limits_{i=1}^{n}(X_i - \overline{X})^2$，则有

（1）$\overline{X}$ 与 S^2 相互独立；

（2）$\dfrac{\overline{X} - \mu}{\sigma/\sqrt{n}} \sim N(0,1)$; $\qquad (6.4.16)$

（3）$\dfrac{(n-1)S^2}{\sigma^2} \sim \chi^2(n-1)$; $\qquad (6.4.17)$

（4）$\dfrac{\overline{X} - \mu}{S/\sqrt{n}} \sim t(n-1)$. $\qquad (6.4.18)$

证　（1）与（3）的证明见本章末拓展阅读.

（2）因为

$$E(\overline{X}) = E\left(\frac{1}{n}\sum_{k=1}^{n} X_k\right) = \frac{1}{n}\sum_{k=1}^{n} E(X_k) = \mu,$$

$$D(\overline{X}) = D\left(\frac{1}{n}\sum_{k=1}^{n}X_k\right) = \frac{1}{n^2}\sum_{k=1}^{n}D(X_k) = \frac{\sigma^2}{n}.$$

根据"相互独立正态随机变量之和仍为正态随机变量",所以 $\overline{X} \sim N\left(\mu, \frac{\sigma^2}{n}\right)$. 将 $\overline{X}$ 标准化即得

$$\frac{\overline{X} - \mu}{\sigma/\sqrt{n}} \sim N(0,1).$$

(4) 由(1)~(3)可知 $\dfrac{\overline{X}-\mu}{\sigma/\sqrt{n}} \sim N(0,1)$, $\dfrac{(n-1)S^2}{\sigma^2} \sim \chi^2(n-1)$ 且二者独立,故根据 t 分布的定义可得

$$\frac{\overline{X}-\mu}{\sigma/\sqrt{n}} \Big/ \sqrt{\frac{(n-1)S^2}{\sigma^2(n-1)}} \sim t(n-1),$$

化简上式左边即得

$$\frac{\overline{X}-\mu}{S/\sqrt{n}} \sim t(n-1).$$

定理 6.4.2   设 $X_1, X_2, \cdots, X_{n_1}$ 和 $Y_1, Y_2, \cdots, Y_{n_2}$ 是分别来自具有相同方差的两个正态总体 $N(\mu_1, \sigma^2)$ 和 $N(\mu_2, \sigma^2)$ 的样本,它们相互独立,则

$$\frac{(\overline{X}-\overline{Y})-(\mu_1-\mu_2)}{\sqrt{\frac{(n_1-1)S_1^2+(n_2-1)S_2^2}{(n_1+n_2-2)}} \cdot \sqrt{\frac{1}{n_1}+\frac{1}{n_2}}} \sim t(n_1+n_2-2), \quad (6.4.19)$$

其中,$\overline{X}, \overline{Y}$ 和 S_1^2, S_2^2 分别为两个样本的样本均值和样本方差.

证   由定理条件得

$$(\overline{X}-\overline{Y}) \sim N\left(\mu_1-\mu_2, \frac{\sigma^2}{n_1}+\frac{\sigma^2}{n_2}\right),$$

因而

$$\frac{(\overline{X}-\overline{Y})-(\mu_1-\mu_2)}{\sqrt{\frac{\sigma^2}{n_1}+\frac{\sigma^2}{n_2}}} \sim N(0,1). \quad (6.4.20)$$

由定理 6.4.1 知

$$\frac{(n_1-1)S_1^2}{\sigma^2} \sim \chi^2(n_1-1), \quad \frac{(n_2-1)S_2^2}{\sigma^2} \sim \chi^2(n_2-1),$$

并且它们相互独立. 根据 χ^2 分布的可加性有

$$\frac{(n_1-1)S_1^2}{\sigma^2}+\frac{(n_2-1)S_2^2}{\sigma^2} \sim \chi^2(n_1+n_2-2). \quad (6.4.21)$$

由定理 6.4.1 知(6.4.20)式与(6.4.21)式互相独立,所以由 t 分布的定义可得

$$\frac{(\bar{X}-\bar{Y})-(\mu_1-\mu_2)}{\sqrt{\dfrac{(n_1-1)S_1^2+(n_2-1)S_2^2}{(n_1+n_2-2)}}\cdot\sqrt{\dfrac{1}{n_1}+\dfrac{1}{n_2}}}\sim t(n_1+n_2-2).$$

定理 6.4.3 设 $X_1,X_2,\cdots,X_{n_1}$ 和 $Y_1,Y_2,\cdots,Y_{n_2}$ 是分别来自正态总体 $N(\mu_1,\sigma_1^2)$ 和 $N(\mu_2,\sigma_2^2)$ 的样本,它们互相独立,则

$$F=\frac{S_1^2/\sigma_1^2}{S_2^2/\sigma_2^2}\sim F(n_1-1,n_2-1).$$

其中,S_1^2,S_2^2 分别为两个样本的样本方差.

证 由定理 6.4.1 知

$$\frac{(n_1-1)S_1^2}{\sigma_1^2}\sim\chi^2(n_1-1),\qquad\frac{(n_2-1)S_2^2}{\sigma_2^2}\sim\chi^2(n_2-1),$$

并且它们互相独立,由 F 分布定义,则有

$$\frac{\dfrac{(n_1-1)S_1^2}{\sigma_1^2}\Big/(n_1-1)}{\dfrac{(n_2-1)S_2^2}{\sigma_2^2}\Big/(n_2-1)}\sim F(n_1-1,n_2-1),$$

化简得

$$F=\frac{S_1^2/\sigma_1^2}{S_2^2/\sigma_2^2}\sim F(n_1-1,n_2-1).$$

6.5 置 信 区 间

课件 23

6.1 节和 6.2 节讨论的都是参数的点估计,在实际问题中,不仅要求出未知参数 θ 的点估计,还想知道这个估计的误差范围,这个范围常以区间的形式给出,同时还给出此区间包含参数 θ 真值的可信程度. 这便是求未知参数 θ 的置信区间问题.

定义 6.5.1 设总体 X 的分布函数 $F(x;\theta)$ 含有一个未知参数 θ,$X_1,\cdots,X_n$ 是来自 X 的样本. 对于给定的 $\alpha(0<\alpha<1)$,若由样本 $X_1,\cdots,X_n$ 确定的两个统计量 $\theta_1=\theta_1(X_1,\cdots,X_n)$ 和 $\theta_2=\theta_2(X_1,\cdots,X_n)$,使得

$$P\{\theta_1<\theta<\theta_2\}=1-\alpha,\tag{6.5.1}$$

则称随机区间 (θ_1,θ_2) 是参数 θ 的置信水平为 $1-\alpha$ 的**置信区间**(confidence interval),θ_1 和 θ_2 分别称为双侧置信区间的**置信下限**和**置信上限**,$1-\alpha$ 称为**置信水平**.

参数 θ 的置信区间的意义如下:若对样本 $(X_1,\cdots,X_n)$ 进行 m 次观察得 m 组观察值 $(x_{1k},\cdots,x_{nk})(k=1,\cdots,m)$,对应的统计量 θ_1,θ_2 的观察值为 $\theta_{1k}=\theta_1(x_{1k},\cdots,x_{nk})$,$\theta_{2k}=\theta_2(x_{1k},\cdots,x_{nk})(k=1,\cdots,m)$,则所得的 m 个区间 $(\theta_{1k},\theta_{2k})$,每个区间要么包含 θ 的真值,要么不包含 θ 的真值. 当(6.5.1)成立时,由伯努利大数定理知,

在这 m 个区间中,包含 θ 参数真值的约占 $100(1-\alpha)\%$,不包含参数 θ 真值的约占 $100\alpha\%$. 例如,若取 $\alpha=0.01$,则得 1000 个区间中不包含参数 θ 真值的约有 10 个.

例1　设 $X_1,\cdots,X_n$ 为来自总体 $X\sim N(\mu,\sigma^2)$ 的样本,μ 未知,σ_0^2 已知,求 μ 的置信水平为 $1-\alpha$ 的置信区间.

解　由前面所述(见 6.3 节)知,$\overline{X}$ 是 μ 的无偏估计且

$$U=\frac{\overline{X}-\mu}{\sigma_0/\sqrt{n}}\sim N(0,1),\tag{6.5.2}$$

与未知参数 μ 的取值无关. 对给定的置信水平 $1-\alpha$,按标准正态分布的上 α 分位点的定义有

$$P\left\{\left|\frac{\overline{X}-\mu}{\sigma_0/\sqrt{n}}\right|<u_{\frac{\alpha}{2}}\right\}=1-\alpha,\tag{6.5.3}$$

即

$$P\left\{\overline{X}-\frac{\sigma_0}{\sqrt{n}}u_{\frac{\alpha}{2}}<\mu<\overline{X}+\frac{\sigma_0}{\sqrt{n}}u_{\frac{\alpha}{2}}\right\}=1-\alpha.$$

这样就得到了参数 μ 的置信水平为 $1-\alpha$ 的置信区间

$$\left(\overline{X}-\frac{\sigma_0}{\sqrt{n}}u_{\frac{\alpha}{2}},\overline{X}+\frac{\sigma_0}{\sqrt{n}}u_{\frac{\alpha}{2}}\right).\tag{6.5.4}$$

通过例 1 可把求置信区间的步骤归纳如下:

(1) 寻求一个样本的函数 $Q(X_1,\cdots,X_n)$,它包含待估参数 θ,但不包含其他未知参数,并且 Q 的分布已知,不依赖于其他任何未知参数(也不依赖于 θ);

(2) 对于给定的置信水平 $1-\alpha$,寻求两个常数 a,b,使得
$$P\{a<Q<b\}=1-\alpha;$$

(3) 由不等式 $a<Q<b$ 求出等价的不等式 $\theta_1<\theta<\theta_2$,其中 $\theta_1=\theta_1(X_1,\cdots,X_n),\theta_2=\theta_2(X_1,\cdots,X_n)$ 都是统计量,这时随机区间 (θ_1,θ_2) 便是 θ 的置信水平为 $1-\alpha$ 的置信区间.

关于置信区间还有以下几点说明:

(1) 置信区间不唯一. 例如,在例 1 中,对相同置信水平 $1-\alpha$,则还有

$$P\left\{u_{1-\frac{\alpha}{4}}<\frac{\overline{X}-\mu}{\sigma_0/\sqrt{n}}<u_{\frac{3\alpha}{4}}\right\}=1-\alpha,$$

即

$$P\left\{\overline{X}-\frac{\sigma_0}{\sqrt{n}}u_{\frac{3\alpha}{4}}<\mu<\overline{X}+\frac{\sigma_0}{\sqrt{n}}u_{\frac{\alpha}{4}}\right\}=1-\alpha.$$

故

$$\left(\overline{X}-\frac{\sigma_0}{\sqrt{n}}u_{\frac{3\alpha}{4}},\overline{X}+\frac{\sigma_0}{\sqrt{n}}u_{\frac{\alpha}{4}}\right)\tag{6.5.5}$$

也是 μ 的置信水平为 $1-\alpha$ 的置信区间. 当样本容量 n 固定时,在相同的置信水平下,置信区间长度越短,表示估计精度越高,选用这样的置信区间,这也是在例 1 中选取(6.5.4)式而不采取(6.5.5)式的原因.

(2) 当样本容量 n 固定时,置信水平越大,置信区间长度就越长. 从例 1 容易看出.

(3) 当置信水平 $1-\alpha$ 固定时,只有增大样本容量 n,才能使置信区间长度变短,估计精度变高.

6.5.1　单个正态总体参数的置信区间

设 $X_1,\cdots,X_n$ 是来自总体 $X\sim N(\mu,\sigma^2)$ 的样本,$\overline{X},S^2$ 分别是样本均值和样本方差,置信水平为 $1-\alpha(0<\alpha<1)$.

1. 数学期望 μ 的置信区间

1) 当 σ^2 已知时,求参数 μ 的置信区间

此时,由例 1 采用的(6.5.2)式中的函数,得到 μ 的置信水平为 $1-\alpha$ 的置信区间为

$$\left(\overline{X}-\frac{\sigma_0}{\sqrt{n}}u_{\frac{\alpha}{2}},\overline{X}+\frac{\sigma_0}{\sqrt{n}}u_{\frac{\alpha}{2}}\right). \tag{6.5.6}$$

例 2　某炼铁厂的铁水含碳量 $X\%$ 在正常情况下服从正态分布,标准差为 $\sigma=0.108$. 测量 5 炉铁水,其含碳量分别为

$$4.28,\quad 4.40,\quad 4.42,\quad 4.35,\quad 4.37.$$

求铁水平均含碳量 μ 的置信水平为 0.95 的置信区间.

解　$n=5,\quad \overline{x}=\frac{1}{5}(4.28+4.40+4.42+4.35+4.37)=4.364.$

对 $\alpha=0.05$,查正态分布表算得 $u_{\frac{\alpha}{2}}=u_{0.025}=1.96$. 由(6.5.6)式得参数 μ 的置信区间为

$$\left(4.364-\frac{0.108}{\sqrt{5}}\times 1.96,4.364+\frac{0.108}{\sqrt{5}}\times 1.96\right),$$

即为

$$(4.269,4.459).$$

2) 当 σ^2 未知时,求参数 μ 的置信区间

此时不能用(6.5.6)式给出的区间,因为其中含有未知参数,但是已知 S^2 是 σ^2 的无偏估计,故将(6.5.2)式中的 σ^2 由 S^2 代替.这时构造随机变量

$$T=\frac{\overline{X}-\mu}{S/\sqrt{n}}. \tag{6.5.7}$$

由定理 6.4.1 知，$T \sim t(n-1)$ 且 T 的分布不依赖于任何参数. 对给定的 α，查 t 分布表得 $t_{\frac{\alpha}{2}}(n-1)$ 的值，使得

$$P\left\{-t_{\frac{\alpha}{2}}(n-1) < \frac{\overline{X}-\mu}{S/\sqrt{n}} < t_{\frac{\alpha}{2}}(n-1)\right\} = 1-\alpha, \qquad (6.5.8)$$

即

$$P\left\{\overline{X} - \frac{S}{\sqrt{n}}t_{\frac{\alpha}{2}}(n-1) < \mu < \overline{X} + \frac{S}{\sqrt{n}}t_{\frac{\alpha}{2}}(n-1)\right\} = 1-\alpha. \qquad (6.5.9)$$

于是参数 μ 的置信水平为 $1-\alpha$ 的置信区间为

$$\left(\overline{X} - \frac{S}{\sqrt{n}}t_{\frac{\alpha}{2}}(n-1), \overline{X} + \frac{S}{\sqrt{n}}t_{\frac{\alpha}{2}}(n-1)\right). \qquad (6.5.10)$$

例 3　有一批白糖，每袋净质量 X（单位：g）服从 $N(\mu,\sigma^2)$. 今取 8 袋，称得质量分别为 $493,496,510,503,499,501,502,498$. 求 μ 的置信水平为 0.95 的置信区间.

解　$n=8, \alpha=0.05$，查 t 分布表得 $t_{\frac{\alpha}{2}}(n-1) = t_{0.025}(7) = 2.3646$. 由给出的数据算得 $\overline{x} = 500.25, s = 5.12$. 由 (6.5.10) 式得 μ 的置信水平为 0.95 的置信区间为

$$\left(500.25 - \frac{5.12}{\sqrt{8}} \times 2.3646, 500.25 + \frac{5.12}{\sqrt{8}} \times 2.3646\right),$$

即

$$(495.97, 504.53).$$

2. 方差 σ^2 的置信区间

1）当 μ 已知时，求参数 σ^2 的置信区间
构造随机变量

$$\chi^2 = \frac{1}{\sigma^2}\sum_{i=1}^{n}(X_i-\mu)^2, \qquad (6.5.11)$$

由 χ^2 分布的定义知，随机变量 $\chi^2 \sim \chi^2(n)$ 且变量 χ^2 的分布不依赖于任何未知参数. 对给定的 α，查 χ^2 分布表可得 $\chi^2_{\frac{\alpha}{2}}(n), \chi^2_{1-\frac{\alpha}{2}}(n)$ 的值，使得

$$P\left\{\chi^2_{1-\frac{\alpha}{2}}(n) < \frac{1}{\sigma^2}\sum_{i=1}^{n}(X_i-\mu)^2 < \chi^2_{\frac{\alpha}{2}}(n)\right\} = 1-\alpha, \qquad (6.5.12)$$

即

$$P\left\{\frac{\sum_{i=1}^{n}(X_i-\mu)^2}{\chi^2_{\frac{\alpha}{2}}(n)} < \sigma^2 < \frac{\sum_{i=1}^{n}(X_i-\mu)^2}{\chi^2_{1-\frac{\alpha}{2}}(n)}\right\} = 1-\alpha. \qquad (6.5.13)$$

故未知参数 σ^2 的置信区间为

$$\left(\frac{\sum_{i=1}^{n}(X_i-\mu)^2}{\chi^2_{\frac{\alpha}{2}}(n)}, \frac{\sum_{i=1}^{n}(X_i-\mu)^2}{\chi^2_{1-\frac{\alpha}{2}}(n)}\right). \qquad (6.5.14)$$

例 4　在例 3 中假定 $\mu=500$,求标准差 σ 的置信水平为 0.95 的置信区间.

解　$n=8$, $\alpha=0.05$,查 χ^2 分布表得 $\chi^2_{\frac{\alpha}{2}}(n)=\chi^2_{0.025}(8)=17.535$, $\chi^2_{1-\frac{\alpha}{2}}(n)=\chi^2_{0.975}(8)=2.18$. 由给出的数据算得 $\sum_{i=1}^{8}(x_i-\mu)^2=184$. 由(6.5.14)得 σ^2 的置信水平为 0.95 的置信区间为

$$\left(\frac{184}{17.535},\frac{184}{2.180}\right),$$

即

$$(10.49,84.40).$$

故标准差 σ 的置信区间为 $(3.24,9.19)$.

2) 当 μ 未知时,求参数 σ^2 的置信区间

构造随机变量

$$\chi^2=\frac{(n-1)S^2}{\sigma^2}, \tag{6.5.15}$$

由定理 6.4.1 知,$\chi^2\sim\chi^2(n-1)$ 且随机变量 χ^2 的分布不依赖于任何未知参数. 对给定的 σ,查 χ^2 分布表得 $\chi^2_{1-\frac{\alpha}{2}}(n-1)$, $\chi^2_{\frac{\alpha}{2}}(n-1)$ 的值,使得

$$P\left\{\chi^2_{1-\frac{\alpha}{2}}(n-1)<\frac{(n-1)S^2}{\sigma^2}<\chi^2_{\frac{\alpha}{2}}(n-1)\right\}=1-\alpha, \tag{6.5.16}$$

即

$$P\left\{\frac{(n-1)S^2}{\chi^2_{\frac{\alpha}{2}}(n-1)}<\sigma^2<\frac{(n-1)S^2}{\chi^2_{1-\frac{\alpha}{2}}(n-1)}\right\}=1-\alpha. \tag{6.5.17}$$

故参数 σ^2 的置信水平为 $1-\alpha$ 的置信区间为

$$\left(\frac{(n-1)S^2}{\chi^2_{\frac{\alpha}{2}}(n-1)},\frac{(n-1)S^2}{\chi^2_{1-\frac{\alpha}{2}}(n-1)}\right). \tag{6.5.18}$$

例 5　已知某种电子元件的寿命 X 服从正态分布 $N(\mu,\sigma^2)$, μ,σ^2 都未知. 现取 6 个元件进行寿命测试得(单位:1000h) 5.2, 5.5, 5.4, 5.8, 6.1, 6.3. 求 σ^2 的置信水平为 0.95 的置信区间.

解　$n=6$, $\alpha=0.05$,查 χ^2 分布表得

$$\chi^2_{\frac{\alpha}{2}}(n-1)=\chi^2_{0.025}(5)=12.832, \quad \chi^2_{1-\frac{\alpha}{2}}(n-1)=\chi^2_{0.975}(5)=0.831.$$

由所给的数据算得 $s^2=0.182$,再由(6.5.18)得到 σ^2 的置信水平为 0.95 的区间为

$$\left(\frac{5\times0.182}{12.833},\frac{5\times0.182}{0.831}\right),$$

即

$$(0.071,1.093).$$

6.5.2　两个正态总体参数的置信区间

在实际问题中,经常遇到要讨论两个正态总体数学期望差、方差比的估计问题. 例如,考查不同厂家在技术改造前后生产出的同一种产品的性能有无明显变化;两个地区青少年的身高有无明显差异等.

设 $X_1, \cdots, X_m$ 是来自总体 $X \sim N(\mu_1, \sigma_1^2)$ 的样本,$Y_1, \cdots, Y_n$ 是来自总体 $Y \sim N(\mu_2, \sigma_2^2)$ 的样本且 X, Y 相互独立. 又设 $\overline{X}, S_1^2$ 是总体 X 的样本均值和样本方差,$\overline{Y}, S_2^2$ 是总体 Y 的样本均值和样本方差. 置信水平为 $1-\alpha(0 < \alpha < 1)$.

1. 数学期望差 $\mu_1 - \mu_2$ 的置信区间

1) 当 σ_1^2, σ_2^2 已知时,求 $\mu_1 - \mu_2$ 的置信区间

构造随机变量

$$U = \frac{(\overline{X} - \overline{Y}) - (\mu_1 - \mu_2)}{\sqrt{\dfrac{\sigma_1^2}{m} + \dfrac{\sigma_2^2}{n}}}. \tag{6.5.19}$$

由定理 6.4.2 的证明知 $U \sim N(0,1)$. 类似于(6.5.6)有 $\mu_1 - \mu_2$ 的置信水平为 $1-\alpha$ 的置信区间为

$$\left(\overline{X} - \overline{Y} - u_{\frac{\alpha}{2}} \sqrt{\frac{\sigma_1^2}{m} + \frac{\sigma_2^2}{n}}, \ \overline{X} - \overline{Y} + u_{\frac{\alpha}{2}} \sqrt{\frac{\sigma_1^2}{m} + \frac{\sigma_2^2}{n}} \right). \tag{6.5.20}$$

2) 当 σ_1^2, σ_2^2 未知,但 $\sigma_1^2 = \sigma_2^2$ 时,求 $\mu_1 - \mu_2$ 的置信区间

构造随机变量

$$T = \frac{(\overline{X} - \overline{Y}) - (\mu_1 - \mu_2)}{\sqrt{\dfrac{(m-1)S_1^2 + (n-1)S_2^2}{m+n-2}} \times \sqrt{\dfrac{1}{m} + \dfrac{1}{n}}}. \tag{6.5.21}$$

由定理 6.4.2 知,$T \sim t(m+n-2)$ 且 T 的分布不依赖于任何未知参数,对给定的 α,查 t 分布表得 $t_{\frac{\alpha}{2}}(m+n-2)$ 的值,使得

$$P\left\{ -t_{\frac{\alpha}{2}}(m+n-2) < \frac{\overline{X} - \overline{Y} - (\mu_1 - \mu_2)}{\sqrt{\dfrac{(m-1)S_1^2 + (n-1)S_2^2}{m+n-2}} \times \sqrt{\dfrac{1}{m} + \dfrac{1}{n}}} < t_{\frac{\alpha}{2}}(m+n-2) \right\}$$

$$= 1 - \alpha. \tag{6.5.22}$$

令

$$S_w^2 = \frac{(m-1)S_1^2 + (n-1)S_2^2}{m+n-2}, \tag{6.5.23}$$

则 $\mu_1 - \mu_2$ 的置信水平为 $1-\alpha$ 的置信区间为

$$\left(\bar{X}-\bar{Y}-t_{\frac{\alpha}{2}}(m+n-2)S_w\sqrt{\frac{1}{m}+\frac{1}{n}}\,,\bar{X}-\bar{Y}+t_{\frac{\alpha}{2}}(m+n-2)S_w\sqrt{\frac{1}{m}+\frac{1}{n}}\,\right).$$
(6.5.24)

例 6 有两种灯泡,一种用 A 型灯丝,另一种用 B 型灯丝,分别独立地从两种灯泡中各取出 10 只,测试寿命(单位:h)得下列数据:

A 型灯丝 1293,1380,1614,1497,1340,1643,1466,1627,1387,1711;

B 型灯丝 1061,1065,1092,1017,1021,1138,1143,1094,1270,1028.

设两种灯泡寿命分别服从 $X \sim N(\mu_1,\sigma^2)$,$Y \sim N(\mu_2,\sigma^2)$,试求 $\mu_1-\mu_2$ 的置信水平为 0.9 的置信区间.

解 这时 $m=n=10$,$m+n-2=18$,$\alpha=0.1$,查 t 分布表得 $t_{\frac{\alpha}{2}}(m+n-2)=t_{0.05}(18)=1.7341$.由测试数据算得

$$\bar{x}=1495.8,\quad s_1=145.65,\quad \bar{y}=1092.9,\quad s_2=76.63,$$
$$s_w^2=13530.58,\quad s_w=116.32.$$

由(6.5.24)知,$\mu_1-\mu_2$ 的置信水平为 0.9 的置信区间为

$$\left(1495.8-1092.9-1.7341\times116.32\times\sqrt{\frac{1}{10}+\frac{1}{10}}\,,\right.$$
$$\left.1495.8-1092.9+1.7341\times116.32\times\sqrt{\frac{1}{10}+\frac{1}{10}}\,\right),$$

即

$$(312.69,493.11).$$

3) 当 σ_1^2,σ_2^2 未知且 $\sigma_1^2 \neq \sigma_1^2$,但 $n=m$ 时,求 $\mu_1-\mu_2$ 的置信区间

在 1)与 2)中讨论所用的随机变量在此种情形下已不能使用,因为包含其他未知参数或分布未知. 这里,令

$$Z=X-Y,\quad Z_i=X_i-Y_i,i=1,\cdots,n,$$
$$\mu=\mu_1-\mu_2,\quad \sigma^2=\sigma_1^2+\sigma_2^2,$$
(6.5.25)

则 $Z_1,\cdots,Z_n$ 是来自总体 $Z \sim N(\mu,\sigma^2)$ 的样本且

$$\bar{Z}=\bar{X}-\bar{Y},\quad S_z^2=\frac{1}{n-1}\sum_{i=1}^{n}(Z-\bar{Z})^2.$$

这就将问题转变为当单个正态总体方差未知时求数学期望的置信区间问题. 由(6.5.10)式知,μ 的置信区间为

$$\left(\bar{Z}-t_{\frac{\alpha}{2}}(n-1)\frac{S_z}{\sqrt{n}},\bar{Z}+t_{\frac{\alpha}{2}}(n-1)\frac{S_z}{\sqrt{n}}\right),$$

即 $\mu_1-\mu_2$ 的置信水平为 $1-\alpha$ 的置信区间为

$$\left(\bar{Z}-t_{\frac{\alpha}{2}}(n-1)\frac{S_z}{\sqrt{n}},\bar{Z}+t_{\frac{\alpha}{2}}(n-1)\frac{S_z}{\sqrt{n}}\right).$$
(6.5.26)

2. 方差比 $\dfrac{\sigma_1^2}{\sigma_2^2}$ 的置信区间

1) 当 μ_1,μ_2 已知时,求 $\dfrac{\sigma_1^2}{\sigma_2^2}$ 的置信区间

构造随机变量

$$F = \frac{\sum\limits_{i=1}^{m}(X_i-\mu)^2/\sigma_1^2}{\sum\limits_{j=1}^{n}(Y_j-\mu)^2/\sigma_2^2} \cdot \frac{n}{m}. \tag{6.5.27}$$

由 F 分布的定义知,$F\sim F(m,n)$ 且变量 F 的分布不依赖于任何未知参数. 对给定的 α,查 F 分布表得 $F_{1-\frac{\alpha}{2}}(m,n)$,$F_{\frac{\alpha}{2}}(m,n)$ 的值,使得

$$P\left\{ F_{1-\frac{\alpha}{2}}(m,n) < \frac{\sum\limits_{i=1}^{m}(X_i-\mu)^2/m}{\sum\limits_{j=1}^{n}(Y_j-\mu)^2/n} \middle/ \frac{\sigma_1^2}{\sigma_2^2} < F_{\frac{\alpha}{2}}(m,n) \right\} = 1-\alpha, \tag{6.5.28}$$

即

$$P\left\{ \frac{\sum\limits_{i=1}^{m}(X_i-\mu)^2/m}{\sum\limits_{j=1}^{n}(Y_j-\mu)^2/n} \cdot \frac{1}{F_{\frac{\alpha}{2}}(m,n)} < \frac{\sigma_1^2}{\sigma_2^2} < \frac{\sum\limits_{i=1}^{m}(X_i-\mu)^2/m}{\sum\limits_{j=1}^{n}(Y_j-\mu)^2/n} \cdot \frac{1}{F_{1-\frac{\alpha}{2}}(m,n)} \right\} = 1-\alpha.$$

于是得到 $\dfrac{\sigma_1^2}{\sigma_2^2}$ 的置信水平为 $1-\alpha$ 的置信区间为

$$\left(\frac{\sum\limits_{i=1}^{m}(X_i-\mu)^2/m}{\sum\limits_{j=1}^{n}(Y_j-\mu)^2/n} \cdot \frac{1}{F_{\frac{\alpha}{2}}(m,n)}, \frac{\sum\limits_{i=1}^{m}(X_i-\mu)^2/m}{\sum\limits_{j=1}^{n}(Y_j-\mu)^2/n} \cdot \frac{1}{F_{1-\frac{\alpha}{2}}(m,n)} \right). \tag{6.5.29}$$

2) 当 μ_1,μ_2 未知时,求 $\dfrac{\sigma_1^2}{\sigma_2^2}$ 的置信区间

构造随机变量

$$F = \frac{S_1^2/\sigma_1^2}{S_2^2/\sigma_2^2}. \tag{6.5.30}$$

由定理 6.4.3 知,$F\sim F(m-1,n-1)$ 且变量 F 的分布不依赖于任何未知参数,类似于 (6.5.29) 有 $\dfrac{\sigma_1^2}{\sigma_2^2}$ 的置信水平为 $1-\alpha$ 的置信区间为

$$\left(\frac{S_1^2}{S_2^2} \cdot \frac{1}{F_{\frac{\alpha}{2}}(m-1,n-1)}, \frac{S_1^2}{S_2^2} \cdot \frac{1}{F_{1-\frac{\alpha}{2}}(m-1,n-1)} \right). \tag{6.5.31}$$

例 7　从两台机器生产的滚珠轴承中,分别独立地抽取容量为 $m=16,n=13$

的样本,测量它们的直径,得到样本方差分别为 $s_1^2 = 0.30 (\mathrm{mm}^2)$, $s_2^2 = 0.28 (\mathrm{mm}^2)$. 假设两台机器生产的滚珠轴承的直径分别服从正态分布 $N(\mu_1, \sigma_1^2)$, $N(\mu_2, \sigma_2^2)$, μ_1, σ_1^2; μ_2, σ_2^2 均未知. 试求方差比 $\dfrac{\sigma_1^2}{\sigma_2^2}$ 的置信水平为 0.95 的置信区间.

解　　$m = 16$,　$n = 13$,　$s_1^2 = 0.30$,　$s_2^2 = 0.28$,　$\alpha = 0.05$.
查 F 分布表得

$$F_{\frac{\alpha}{2}}(m-1, n-1) = F_{0.025}(15, 12) = 3.18,$$

$$F_{1-\frac{\alpha}{2}}(m-1, n-1) = F_{0.975}(15, 12) = \frac{1}{F_{0.025}(12, 15)} = \frac{1}{2.96}.$$

于是由 (6.5.31) 式得 $\dfrac{\sigma_1^2}{\sigma_2^2}$ 的置信水平为 0.95 的置信区间为

$$\left(\frac{0.3}{0.28} \times \frac{1}{3.18}, \frac{0.3}{0.28} \times 2.96 \right),$$

即

$$(0.34, 3.17).$$

6.5.3　大样本参数的置信区间

前面讨论的区间估计问题都是对正态总体进行的,所构造的随机变量的分布都是已知的,不依赖于任何未知参数. 在实际中,还会要求对非正态总体的参数进行区间估计,这时精确分布很难找到. 为对未知参数进行区间估计,只好利用大数定律和中心极限定理来处理. 这就要求样本量 n 充分大,一般地,$n \geqslant 50$.

1. 一般总体数学期望的置信区间

设二阶矩存在的总体 X 的数学期望为 μ,方差为 $\sigma^2 > 0$,从该总体中抽取容量为 $n (n \geqslant 50)$ 的样本 $X_1, \cdots, X_n$,给定置信水平 $1 - \alpha (0 < \alpha < 1)$.

1) 当 σ^2 已知时,求参数 μ 的置信区间

由中心极限定理知,当 n 充分大时,随机变量 $\dfrac{\sum\limits_{i=1}^{n} X_i - n\mu}{\sqrt{n}\sigma}$ 近似地服从正态分布 $N(0, 1)$,即

$$U = \frac{\overline{X} - \mu}{\sigma / \sqrt{n}} \tag{6.5.32}$$

近似服从正态分布 $N(0, 1)$. 对给定的 α,查正态分布表算得 $u_{\frac{\alpha}{2}}$ 的值,使得

$$P\left\{ \left| \frac{\overline{X} - \mu}{\sigma / \sqrt{n}} \right| < u_{\frac{\alpha}{2}} \right\} \approx 1 - \alpha. \tag{6.5.33}$$

由此可得 μ 的置信水平为 $1-\alpha$ 的近似置信区间为

$$\left(\overline{X}-u_{\frac{\alpha}{2}}\frac{\sigma}{\sqrt{n}},\overline{X}+u_{\frac{\alpha}{2}}\frac{\sigma}{\sqrt{n}}\right). \tag{6.5.34}$$

2) 当 σ^2 未知时,求参数 μ 的置信区间

这时可用样本方差 S^2 代替方差 σ^2 求得 μ 的置信区间. 可以证明当 n 充分大时有

$$U=\frac{\overline{X}-\mu}{S/\sqrt{n}} \tag{6.5.35}$$

近似地服从正态分布 $N(0,1)$. 类似于(6.5.34)可得参数 μ 的置信水平为 $1-\alpha$ 的近似置信区间为

$$\left(\overline{X}-u_{\frac{\alpha}{2}}\frac{S}{\sqrt{n}},\overline{X}+u_{\frac{\alpha}{2}}\frac{S}{\sqrt{n}}\right). \tag{6.5.36}$$

例 8 随机抽取 60 根钢丝绳,其样本的最大负荷的平均数和标准差分别为 11.09t 和 0.73t. 试求所有钢丝绳的最大负荷均值的置信水平为 0.99 的置信区间.

解 这里 $\alpha=0.01$,查正态分布表得到 $u_{\frac{\alpha}{2}}=u_{0.005}=2.58$. 根据题意有 $n=60,\bar{x}=11.09,s=0.73$,由(6.5.36)知,所有钢丝绳的最大负荷均值的置信水平为 0.99 的置信区间为

$$\left(11.09-2.58\times\frac{0.73}{\sqrt{60}},11.09+2.58\times\frac{0.73}{\sqrt{60}}\right),$$

即

$$(10.85,11.33).$$

2. 0-1 分布参数的置信区间

设总体 X 服从参数为 $p(0<p<1)$ 的 0-1 分布,即

$$P\{X=x\}=p^x(1-p)^{1-x}, \quad x=0,1.$$

$X_1,\cdots,X_n(n\geqslant 50)$ 是来自总体 X 的样本. 设给定置信水平为 $1-\alpha(0<\alpha<1)$,求 p 的置信区间.

由棣莫弗—拉普拉斯定理知,当 n 充分大时,随机变量

$$U=\frac{\overline{X}-p}{\sqrt{p(1-p)/n}} \tag{6.5.37}$$

近似地服从标准正态分布 $N(0,1)$,对给定的 α,查正态分布表算得 $u_{\frac{\alpha}{2}}$ 的值,使得

$$P\left\{\left|\frac{\overline{X}-p}{\sqrt{p(1-p)/n}}\right|<u_{\frac{\alpha}{2}}\right\}\approx 1-\alpha. \tag{6.5.38}$$

而不等式

$$\left| \frac{\overline{X} - p}{\sqrt{p(1-p)/n}} \right| < u_{\frac{\alpha}{2}}$$

等价于

$$(n + u_{\frac{\alpha}{2}}^2) p^2 - (2n\overline{X} + u_{\frac{\alpha}{2}}^2) + n\overline{X}^2 < 0. \tag{6.5.39}$$

设

$$p_1 = \frac{1}{2a}(-b - \sqrt{b^2 - 4ac}),$$

$$p_2 = \frac{1}{2a}(-b + \sqrt{b^2 - 4ac}), \tag{6.5.40}$$

其中 $a = n + u_{\frac{\alpha}{2}}^2$, $b = -(2n\overline{X} + u_{\frac{\alpha}{2}}^2)$, $c = n\overline{X}^2$. 于是参数 p 的置信水平为 $1-\alpha$ 的近似置信区间为

$$(p_1, p_2). \tag{6.5.41}$$

例 9 自一大批产品中抽取 100 件,发现其中有一级品 60 件,求这批产品一级品率 p 的置信水平为 0.95 的置信区间.

解 令

$$X_i = \begin{cases} 1, & \text{抽查的第 } i \text{ 件为一级品}, \\ 0, & \text{抽查第 } i \text{ 件不是一级品}, \end{cases}$$

则 $X_1, \cdots, X_n$ 是来自 0-1 分布的总体 X 的样本, $X \sim B(1, p)$. 由题意有 $n = 100$, $\overline{x} = \frac{60}{100} = 0.6$, $\alpha = 0.05$, 查正态分布表算得

$$u_{\frac{\alpha}{2}} = u_{0.025} = 1.96, \quad u_{\frac{\alpha}{2}}^2 = u_{0.025}^2 = 3.84,$$

$$a = u_{\frac{\alpha}{2}}^2 + n = 103.84, \quad b = -(2n\overline{x} + u_{\frac{\alpha}{2}}^2) = -123.84, \quad c = n\overline{x}^2 = 36.$$

故

$$p_1 = \frac{1}{2a}(-b - \sqrt{b^2 - 4ac}) = 0.50,$$

$$p_2 = \frac{1}{2a}(-b + \sqrt{b^2 - 4ac}) = 0.69.$$

因此, p 的置信水平为 0.95 的近似置信区间为

$$(0.50, 0.69).$$

6.5.4 单侧置信区间

在上述讨论中,对于未知参数 θ 研究的置信区间都是双侧的. 在实际问题中, 如对于电子元件的寿命,我们希望平均寿命越长越好,因此,只关心平均寿命的"下限";而对某批产品的废品率,我们又希望废品率越小越好,即只关心废品率的"上限". 这便是未知参数单侧区间估计问题.

设总体 X 的分布函数为 $F(x; \theta)$, θ 是未知参数, $X_1, \cdots, X_n$ 是总体 X 的容量

为 n 的样本. 对给定的 $0<\alpha<1$, 若存在统计量 $\hat{\theta}_1=\hat{\theta}_1(X_1,\cdots,X_n)$, 使得

$$P\{\hat{\theta}_1<\theta\}=1-\alpha,$$

则称随机区间 $(\hat{\theta}_1,\infty)$ 是 θ 的置信水平为 $1-\alpha$ 的**单侧置信区间**, $\hat{\theta}_1$ 称为**单侧置信下限**.

又若有统计量 $\hat{\theta}_2=\hat{\theta}_2(X_1,\cdots,X_n)$, 使得

$$P\{\theta<\hat{\theta}_2\}=1-\alpha,$$

则称随机区间 $(-\infty,\hat{\theta}_2)$ 为 θ 的置信水平为 $1-\alpha$ 的单侧置信区间, $\hat{\theta}_2$ 称为**单侧置信上限**.

例 10 为估计制造某种零件的所需要的平均工时(单位:min), 现制造 6 件, 记录每件所需工时如下:

$$15.8,\quad 13.2,\quad 14.6,\quad 13.8,\quad 14.2,\quad 12.8.$$

设制造该零件所需工时服从正态分布, 试求平均工时 μ 的置信水平为 0.95 的单侧置信上限.

解 构造随机变量

$$T=\frac{\overline{X}-\mu}{S/\sqrt{n}},$$

则 $T\sim t(n-1)$, 查 t 分布表可得 $t_\alpha(n-1)$ 的值, 使得

$$P\left\{\frac{\overline{X}-\mu}{S/\sqrt{n}}>-t_\alpha(n-1)\right\}=1-\alpha,$$

即

$$P\{\mu<\overline{X}+t_\alpha(n-1)\frac{S}{\sqrt{n}}\}=1-\alpha.$$

故 μ 的置信水平为 $1-\alpha$ 的单侧置信区间为

$$\left(-\infty,\overline{X}+t_\alpha(n-1)\frac{S}{\sqrt{n}}\right),$$

μ 的单侧置信上限为 $\overline{X}+t_\alpha(n-1)\dfrac{S}{\sqrt{n}}$.

由题设知 $n=6,\overline{x}=14.07,s=1.07$, 查表得 $t_\alpha(n-1)=t_{0.05}(5)=2.0150$, 故 μ 的置信水平为 0.95 的单侧置信区间为

$$\left(-\infty,14.07+2.0150\times\frac{1.07}{\sqrt{6}}\right),$$

即

$$(-\infty,14.95),$$

单侧置信上限为 14.95.

拓 展 阅 读

下面给出定理 6.4.1(1),(3)的证明.

令 $Y_i = \dfrac{X_i - \mu}{\sigma}(i=1,2,\cdots,n)$,由定理的假设知,$Y_1,Y_2,\cdots,Y_n$ 相互独立且都服从 $N(0,1)$分布.

构造一个 $n\times n$ 阶正交矩阵 $\boldsymbol{A}=(a_{ij})$,使其第一行为 $\left(\dfrac{1}{\sqrt{n}},\dfrac{1}{\sqrt{n}},\cdots,\dfrac{1}{\sqrt{n}}\right)$,引入正交变换 $\boldsymbol{Z}=\boldsymbol{AY}$,即

$$
\begin{pmatrix} Z_1 \\ Z_2 \\ \vdots \\ Z_n \end{pmatrix} = \begin{pmatrix} \dfrac{1}{\sqrt{n}} & \dfrac{1}{\sqrt{n}} & \cdots & \dfrac{1}{\sqrt{n}} \\ a_{21} & a_{22} & \cdots & a_{2n} \\ \vdots & \vdots & & \vdots \\ a_{n1} & a_{n2} & \cdots & a_{nn} \end{pmatrix} \begin{pmatrix} Y_1 \\ Y_2 \\ \vdots \\ Y_n \end{pmatrix},
$$

于是得到

$$
Z_1 = \frac{1}{\sqrt{n}}\sum_{j=1}^{n} Y_j = \sqrt{n}\,\bar{Y}, \quad Z_i = \sum_{j=1}^{n} a_{ij} Y_j, i=2,3,\cdots,n.
$$

由 $Y_i \sim N(0,1)(i=1,2,\cdots,n)$知

$$
E(Z_i) = \sum_{j=1}^{n} a_{ij} E(Y_j) = 0, \quad i=1,2,\cdots,n.
$$

又由 $\mathrm{Cov}(Y_i,Y_j)=\delta_{ij}=\begin{cases} 0, & i\neq j \\ 1, & i=j \end{cases}(i,j=1,2,\cdots,n)$知

$$
\begin{aligned}
\mathrm{Cov}(Z_i,Z_j) &= \mathrm{Cov}\left(\sum_{l=1}^{n} a_{il} Y_l, \sum_{m=1}^{n} a_{jm} Y_m\right) \\
&= \sum_{l=1}^{n}\sum_{m=1}^{n} a_{il} a_{jm} \mathrm{Cov}(Y_l,Y_m) \\
&= \sum_{l=1}^{n} a_{il} a_{jl} = \delta_{ij}.
\end{aligned}
$$

由正交矩阵的性质知,$Z_1,Z_2,\cdots,Z_n$ 两两不相关. 又因为 n 维随机变量$(Z_1,Z_2,\cdots,Z_n)$是由 n 维正态变量$(X_1,X_2,\cdots,X_n)$经线性变换而得的,所以$(Z_1,Z_2,\cdots,Z_n)$也为 n 维正态变量,故 $Z_1,Z_2,\cdots,Z_n$ 相互独立,都服从 $N(0,1)$分布. 由正交性有

$$
\sum_{i=1}^{n} Z_i^2 = \boldsymbol{Z}'\boldsymbol{Z} = (\boldsymbol{AY})'(\boldsymbol{AY}) = \boldsymbol{Y}'\boldsymbol{Y} = \sum_{i=1}^{n} Y_i^2.
$$

于是

$$
\begin{aligned}
\frac{(n-1)S^2}{\sigma^2} &= \frac{\sum_{i=1}^{n}(X_i-\bar{X})^2}{\sigma^2} = \sum_{i=1}^{n}\left[\frac{(X_i-\mu)-(\bar{X}-\mu)}{\sigma}\right]^2 \\
&= \sum_{i=1}^{n}(Y_i-\bar{Y})^2 = \sum_{i=1}^{n} Y_i^2 - n\bar{Y}^2 = \sum_{i=1}^{n} Z_i^2 - Z_1^2 \\
&= \sum_{i=2}^{n} Z_i^2 \sim \chi^2(n-1).
\end{aligned}
$$

再由 $\sum\limits_{i=2}^{n} Z_i^2$ 与 Z_1 相互独立知, $\dfrac{(n-1)S^2}{\sigma^2}$ 与 $\sqrt{n}\,\overline{Y} = \dfrac{\overline{X}-\mu}{\sigma/\sqrt{n}}$ 相互独立, 这说明 $\overline{X}$ 与 S^2 相互独立.

习　题　6

1. 总体 $X \sim N(\mu, \sigma^2)$, 其中 μ 已知, σ^2 未知, $X_1, X_2, \cdots, X_n$ 是该总体的一个样本.

(1) 写出 $(X_1, X_2, \cdots, X_n)$ 的联合概率密度函数;

(2) 指出 $\sum\limits_{i=1}^{n} X_i^2, \max\limits_{1 \le i \le n}\{X_i\}, \dfrac{\sum\limits_{i=1}^{n}(X_i-\mu)^2}{\sigma^2}, \sum\limits_{i=1}^{n} X_i + \mu$ 中哪些是统计量, 为什么?

2. 设 $(-2, -1.2, 1.5, 2.3, 3.5)$ 是容量为 5 的一组样本观察值, 试求经验分布函数, 并作出其图形.

3. 总体 X 服从参数为 λ 的指数分布, 其密度函数 $f(x) = \begin{cases} \lambda e^{-\lambda x}, & x > 0, \\ 0, & \text{其他} \end{cases} (\lambda > 0)$, X_1, $X_2, \cdots, X_n$ 为 X 的一个样本, $X_{(1)}, X_{(2)}, \cdots, X_{(n)}$ 为样本的顺序统计量, 求最大和最小顺序统计量 $X_{(n)}, X_{(1)}$ 的概率密度函数.

4. 某钢铁厂在正常生产的条件下, 测得 120 炉铁水含碳量 $X\%$ 的数据如下, 试用直方图法近似画出 Z 的概率密度函数曲线:

4.53, 4.59, 4.44, 4.53, 4.72, 4.72, 4.57, 4.39, 4.57, 4.59, 4.56, 4.47, 4.52, 4.55, 4.73,
4.67, 4.40, 4.62, 4.57, 4.62, 4.57, 4.53, 4.57, 4.57, 4.72, 4.77, 4.52, 4.44, 4.42, 4.59,
4.57, 4.66, 4.60, 4.64, 4.60, 4.62, 4.43, 4.67, 4.52, 4.68, 4.57, 4.59, 4.59, 4.84,
4.73, 4.53, 4.58, 4.67, 4.79, 4.70, 4.52, 4.60, 4.60, 4.48, 4.51, 4.50, 4.85, 4.61,
4.78, 4.50, 4.61, 4.48, 4.78, 4.57, 4.48, 4.40, 4.60, 4.61, 4.28, 4.66, 4.47, 4.43, 4.42,
4.92, 4.44, 4.57, 4.47, 4.42, 4.57, 4.55, 4.60, 4.54, 4.50, 4.39, 4.69, 4.52, 4.60, 4.56,
4.53, 4.33, 4.58, 4.36, 4.57, 4.41, 4.54, 4.50, 4.60, 4.50, 4.60, 4.52, 4.43, 4.51, 4.63,
4.37, 4.53, 4.50, 4.30, 4.55, 4.65, 4.54, 4.48, 4.68, 4.40, 4.51, 4.49, 4.54, 4.42, 4.50.

5. 从一批垫圈中随机地取 10 个, 测得它们的厚度(单位:mm)如下:

1.23, 1.24, 1.26, 1.29, 1.20, 1.32, 1.23, 1.29, 1.28, 1.23.

试求这批垫圈厚度的数学期望和方差的矩估计值.

6. 设 $(X_1, \cdots, X_n)$ 是来自总体 X 的一个样本, 试分别求未知参数的矩估计. 设总体 X 的概率密度为

(1) $$f(x) = \begin{cases} (\theta+1)x^{\theta}, & 0 < x < 1, \\ 0, & \text{其他}, \end{cases}$$

其中 $\theta > -1, \theta$ 是未知参数;

(2) $$f(x) = \begin{cases} \dfrac{x}{\theta^2} e^{-\frac{x^2}{2\theta^2}}, & x > 0, \\ 0, & \text{其他}, \end{cases}$$

其中 $\theta > 0, \theta$ 是未知参数;

(3) $$f(x) = \begin{cases} \dfrac{1}{\theta} e^{-\frac{x-\mu}{\theta}}, & x \ge \mu, \\ 0, & \text{其他}, \end{cases}$$

其中 $\theta > 0, \theta, \mu$ 是未知参数；

$$(4) \qquad f(x) = \begin{cases} 1, & \theta - \dfrac{1}{2} \leqslant x \leqslant \theta + \dfrac{1}{2}, \\ 0, & \text{其他}, \end{cases}$$

其中 θ 是未知参数.

7. 求第 6 题中未知参数的极大似然估计量.

8. 设总体 $X \sim B(m, p), 0 < p < 1, m$ 已知. $(X_1, \cdots, X_n)$ 为总体 X 的样本, 求参数 p 的矩估计量和极大似然估计量.

9. 设总体 $X \sim P(\lambda)(\lambda > 0), (X_1, \cdots, X_n)$ 是总体 X 的样本. 试问参数 λ 的极大似然估计量是无偏估计量吗?

10. 设总体 X 的概率密度为

$$f(x) = \begin{cases} \dfrac{1}{\theta}, & 0 < x \leqslant \theta, \\ 0, & \text{其他}, \end{cases}$$

其中 $\theta > 0, \theta$ 是未知参数. (X_1, X_2, X_3) 是总体 X 的容量为 3 的样本, 试证 $\dfrac{4}{3} \max\limits_{1 \leqslant i \leqslant 3} X_i$ 与 $4 \min\limits_{1 \leqslant i \leqslant 3} X_i$ 都是 θ 的无偏估计量, 问哪个有效?

11. 若 $(X_1, \cdots, X_n)$ 为总体 X 的样本, 欲使得 $\hat{\sigma}^2 = k \sum\limits_{i=1}^{n-1} (X_{i+1} - X_i)^2$ 是总体 X 的方差 σ^2 的无偏估计量, 问 k 取什么值?

12. 设总体 $X \sim N(\mu, \sigma^2), (X_1, X_2, X_3)$ 是来自 X 的样本, 试证下列估计量:

$$\hat{\mu}_1 = \frac{1}{5} X_1 + \frac{3}{10} X_2 + \frac{1}{2} X_3,$$

$$\hat{\mu}_2 = \frac{1}{3} X_1 + \frac{1}{4} X_2 + \frac{5}{12} X_3,$$

$$\hat{\mu}_3 = \frac{1}{3} X_1 + \frac{1}{6} X_2 + \frac{1}{2} X_3$$

都是 μ 的无偏估计量, 并说明它们哪个最有效.

13. 为了估计总体平均值, 抽取容量足够大的样本, 使得样本平均值偏离总体平均值不超过总体标准差的 20% 的概率为 0.95, 求样本容量.

14. 已知总体 $X \sim N(55, 6.3^2)$, 从中随机地抽取容量为 $n = 36$ 的样本, 求样本均值落在区间 $(53.8, 56.8)$ 内的概率.

15. 设总体 $X \sim N(0, 1), X_1, X_2, \cdots, X_n$ 为来自 X 的样本, 试问下列统计量各服从什么分布?

(1) $X_1 - X_2$; (2) $\dfrac{X_1 - X_2}{\sqrt{X_3^2 + X_4^2}}$; (3) $\dfrac{\sqrt{n-1} X_n}{\sqrt{\sum\limits_{i=1}^{n-1} X_i^2}}$; (4) $\dfrac{n-5}{5} \cdot \dfrac{\sum\limits_{i=1}^{5} X_i^2}{\sum\limits_{i=6}^{n} X_i^2}$.

16. 若 $T \sim t(n)$, 求证 $T^2 \sim F(1, n)$.

17. $X_1, X_2, \cdots, X_{10}$ 为来自总体 $X \sim N(0, 0.3^2)$ 的一个样本, 求 $P\left\{ \sum\limits_{i=1}^{10} X_i^2 > 1.44 \right\}$.

18. 查表求下列的下侧 α 分位点:

(1) $u_{0.975}$，$u_{0.95}$，$u_{0.145}$；

(2) $\chi^2_{0.95}(5)$，$\chi^2_{0.01}(20)$，$\chi^2_{0.05}(12)$；

(3) $t_{0.99}(7)$，$t_{0.975}(20)$，$t_{0.005}(5)$；

(4) $F_{0.95}(7,3)$，$F_{0.01}(10,6)$，$F_{0.05}(12,6)$.

19. 设总体 $X \sim N(\mu,\sigma^2)$，$X_1,X_2,\cdots,X_n$ 为 X 的一个样本，$\overline{X}$ 为样本均值，S^2 为样本方差，求：

(1) $P\{\mu-kS<\overline{X}<\mu+kS\}=0.9$ 中的常数 k；

(2) 当 $\sigma=5$ 时，$P\{S^2>\lambda\}=0.1$ 中的常数 λ.

20. 已知两总体 X,Y 相互独立，$X \sim N(1.8,2^2)$，$Y \sim N(1.8,3^2)$，分别从 X,Y 中取出容量 $n_1=12$，$n_2=30$ 的简单随机样本，样本均值分别为 $\overline{X},\overline{Y}$，求 $P\{|\overline{X}-\overline{Y}|\leqslant 0.2\}$.

21. 从一批钉子中抽取 16 枚，测得长度（单位：cm）为

$$2.14,\ 2.10,\ 2.13,\ 2.15,\ 2.13,\ 2.12,\ 2.13,\ 2.10,$$
$$2.15,\ 2.12,\ 2.14,\ 2.10,\ 2.13,\ 2.11,\ 2.14,\ 2.11.$$

设钉长服从正态分布 $N(\mu,\sigma^2)$. 试求总体数学期望 μ 的置信水平为 0.90 的置信区间，

(1) 已知 $\sigma=0.01\text{cm}$；

(2) σ 未知.

22. 为了了解某批灯泡的数学期望 μ 和标准差 σ，测量 10 个灯泡得 $\overline{x}=1500\text{h}$，$s=20\text{h}$. 如果又知灯泡的使用时数服从正态分布，求 μ 和 σ 的置信水平为 0.95 的置信区间.

23. 设某种油漆的 9 个样品，其干燥时间（单位：h）分别为

$$6.0,\ 5.7,\ 5.8,\ 6.5,\ 7.0,\ 6.3,\ 5.6,\ 6.1,\ 5.0.$$

设干燥时间总体服从正态分布 $N(\mu,\sigma^2)$，求 μ 和 σ 的置信水平为 0.95 的置信区间.

24. 设总体 X 服从正态分布 $N(\mu,\sigma^2)$，如果 σ^2 已知，问样本容量 n 取多大时才能保证 μ 的置信水平为 $1-\alpha(0<\alpha<1)$ 的置信区间的长度不大于 L？

25. 已知某种零件的长度服从正态分布 $N(\mu,0.5^2)$. 问至少应抽取多大容量的样本，才能使得样本均值 $\overline{X}$ 与总体数学期望值的绝对误差不超过 0.1 的概率不低于 0.95.

26. 随机的从 A 批导线中抽取 4 根，从 B 批导线中抽取 5 根，测得其电阻分别为

A 批导线　 0.143,0.142,0.143,0.137；

B 批导线　 0.140,0.142,0.136,0.138,0.140.

设两批导线的电阻分别从 $N(\mu_1,\sigma^2)$，$N(\mu_2,\sigma^2)$ 且两个总体独立，μ_1，μ_2 及 σ^2 都是未知的，试求 $\mu_1-\mu_2$ 的置信水平为 0.95 的置信区间.

27. 设两位化验员 A,B，他们独立地对某种聚合物的含氯量用相同方法各做了 10 次测定，其测定值的样本方差依次为 $s_A^2=0.5419$，$s_B^2=0.6065$. 设 σ_A^2，σ_B^2 分别为 A,B 所测定的测量值总体的方差. 设总体均为正态的，求方差比 $\dfrac{\sigma_A^2}{\sigma_B^2}$ 的置信水平为 0.95 的置信区间.

28. 假定一枚硬币掷了 400 次，正面出现了 175 次，求正面出现的概率的置信水平为 0.99 的置信区间. 这是一枚均匀的硬币吗？

29. 从某台机器一周内生产的滚珠轴承中随机抽取 200 只，测量它们的直径（单位：cm）得样本均值为 $\overline{x}=0.824$，样本标准差 $s=0.042$，试求所有滚珠轴承平均直径的置信水平为 0.95 的置信区间.

30. 设$(X_1,\cdots,X_n)$是总体 $X\sim P(\lambda)(\lambda>0)$的样本,$\lambda$ 是未知参数. 试求 λ 的置信水平为 $1-\alpha(0<\alpha<1)$的置信区间.

31. (1) 求第 21 题中 μ 的置信水平为 0.95 的单侧置信上限;

(2) 求第 22 题中 σ 的置信水平为 0.95 的单侧置信下限;

(3) 求第 27 题中方差比$\dfrac{\sigma_A^2}{\sigma_B^2}$的置信水平为 0.95 的单侧置信上限.

32. 设总体 X 服从分布

$$f(x)=\begin{cases}\lambda e^{-\lambda x}, & x>0,\\ 0, & x<0,\end{cases} \quad \lambda>0.$$

从总体中抽取数量为 n 的样本$(X_1,\cdots,X_n)$,求参数 λ 的置信水平为 $1-\alpha$ 的单侧置信下限. (提示:可认为 $2n\lambda\overline{X}$ 近似服从 $\chi^2(2n)$.)

第 6 章测试题(一)

第 6 章测试题(二)

第7章　假设检验

本章介绍统计推断的另一个重要内容——统计假设检验.统计假设检验的基本任务是根据样本所提供的信息,对未知总体分布的某些方面(如总体的均值、方差等数字特征,或分布本身等)的假设作出合理的判断.

假设检验的
基本概念(一)

7.1　假设检验的基本概念

7.1.1　假设检验问题

在科学研究、工业生产和社会实践中,往往要对一些问题作出是与非、接受或拒绝的判断.

课件24

例1　某种疾病在不进行任何治疗的情况下自然痊愈率为0.2,某医生声称自己研制出一种新药,对该病有疗效,至少没有副作用,他选出10名病人服用此新药,结果有4名痊愈,则是否可以判断此新药对该病有疗效?

在例1中,事先并没有新药的治愈率p的信息,从10名病人服用后,有4人痊愈可得治愈率p的估计值为$\hat{p}=0.4$,但这里需要的并不仅是一个估计,而是要判断新药是否有疗效,即关心的是通过试验的数据判断出"$p \geqslant 0.2$"这样一个假设是否成立.

例2　设某粮食加工厂用打包机包装大米,规定每袋的标准重量为100kg.设打包机包得的袋装大米重量服从正态分布,由以往长期经验知,其标准差$\sigma=0.9$kg且保持不变.某天开工后,为了检验打包机工作是否正常,随机抽取该机所装的9袋大米,测得其平均重量为100.66kg,则是否可以判断该天打包机工作正常?

在例2中,打包机包装出来的袋装大米的重量服从正态分布$N(\mu,0.9^2)$,由抽出的9个样本,可用样本均值100.66作为总体均值μ的估计.关心的是该天打包机是否正常工作,即要求的是对"$\mu=100$"这个假设,利用样本数据给出是否成立的判断.

例3　在一批灯泡中抽取200只做寿命试验,把测得结果记录下来,则是否可以认为灯泡的寿命服从指数分布?

与例1和例2相同,在例3中,关心的是通过得到的数据对"灯泡寿命的分布

F 为指数分布"的假设给出是否成立的判断.

上面所讨论的这类问题称为**假设检验**(hypothesis testing),它们有下面两个共同特点:

(1) 先根据实际问题的要求提出一个关于随机变量的一种论断,称为**统计假设**,简称为**假设**.用 H_0 表示原来的假设,称为**原假设**或**零假设**(null hypothesis).所考察的问题的反面称为**备选假设**或**对立假设**(opposite hypothesis),记为 H_1.

在例 1 中所讨论的新药是否具有疗效的问题,可归纳为统计假设

$$H_0: p \geqslant 0.2 \quad \text{v.s.} \quad H_1: p < 0.2;$$

例 2 中所讨论的打包机是否正常工作的问题,可归纳为统计假设

$$H_0: \mu = 100 \quad \text{v.s.} \quad H_1: \mu \neq 100;$$

例 3 中所讨论的灯泡寿命 X 的分布问题,可归纳为统计假设

$$H_0: X \text{ 服从指数分布} \quad \text{v.s.} \quad H_1: X \text{ 服从其他分布}.$$

(2) 抽取样本并集中样本的相关信息,对原假设 H_0 的真伪进行判断,称为**检验假设**,简称为**检验**,最后对原假设 H_0 作出拒绝或接受的决策.

假设检验问题可以分为**参数假设检验**和**非参数假设检验**两类.若总体的分布函数 $F(x; \theta_1, \cdots, \theta_k)$ 或概率函数 $P(x; \theta_1, \cdots, \theta_k)$ 的数学表达式已知,参数未知,原假设 H_0 是针对未知参数提出的,并要求检验,这类问题称为**参数假设检验**.上面讨论的例 1 和例 2 就属于此类问题.若总体的分布函数或概率函数未知,原假设 H_0 是针对总体的分布(如总体服从指数分布)、分布的特征(如密度函数是单峰对称的)或总体的数字特征(如均值、方差等)而提出的,并要求检验,则这类问题称为**非参数假设检验**.例 3 中所讨论的就是非参数假设检验问题.

7.1.2 假设检验的基本原理

对于给定的统计假设,接下来要做的是根据样本来检验,给出拒绝或接受的论断.假设检验的基本原理为概率性质的反证法,它主要的想法是:为了检验原假设 H_0 是否成立,先假定 H_0 成立,看由此能推出什么结果,如果导致一个不合理现象出现,则表明"假设 H_0 成立"是不能接受的,应拒绝原假设 H_0;否则,应接受原假设 H_0.

那么什么现象被称为"不合理现象"呢?这就涉及概率性质的反证法的理论根据问题.此方法的理论根据是小概率事件原理,该原理为"小概率事件(即概率很小的事件)在一次试验中几乎是不可能发生的".若从总体中所抽得的样本导致了在原假设 H_0 成立下的小概率事件发生了,则这就是"不合理的现象"发生了,应拒绝 H_0.

具体来叙述一下利用概率性质反证法进行假设检验的一般做法:设 H_0 是要进行检验的假设,先假定 H_0 成立,在此假定下,构造一个在 H_0 条件下的小概率

事件 A,接下来进行一次试验(即从总体中抽出一个容量为 n 的样本,样本值为 $(x_1, x_2, \cdots, x_n)$),若其使事件 A 发生了,则根据小概率事件原理,应拒绝 H_0;否则,应接受 H_0.

概率为多大的事件才能被称为小概率事件呢? 这没有绝对的标准,要根据实际的情况来给出.

下面给出一个具体的例子来体会一下如何应用概率性质反证法进行假设检验.

例 4 某车间用一台包装机包装葡萄糖,包得的袋装糖重量是一个随机变量,它服从正态分布. 当机器正常时,其均值为 0.5kg,标准差为 0.015kg. 某日开工后为检验包装机是否正常,随机地抽取它所包装的糖 9 袋,称得净重量(单位:kg)为

  0.497, 0.506, 0.518, 0.524, 0.498, 0.511, 0.520, 0.515, 0.512,

问机器是否正常?

解 用 μ 和 σ 来表示这天生产的袋装糖重量 X 的均值和标准差,由实践可知,标准差是相当稳定的,即 $\sigma = 0.015$,则 $X \sim N(\mu, 0.015^2)$,其中 μ 是未知的.

关心的问题是当天包装机是否在正常地工作,也就是要根据样本来判断是否 $\mu = 0.5$,提出如下的原假设与备选假设:

$$H_0: \mu = \mu_0 = 0.5 \quad \text{v.s.} \quad H_1: \mu \neq \mu_0 = 0.5.$$

若由样本判断出接受 H_0,则认为包装机在正常工作;若拒绝 H_0,则认为包装机工作不正常.

由于 $\hat{\mu} = \overline{X}$ 是总体均值 μ 的无偏估计,如果原假设 H_0 成立,则样本均值 $\overline{X}$ 应集中在 $\mu_0 = 0.5$ 附近,即 $\overline{x}$ 与 $\mu_0 = 0.5$ 的差别不大. 若 $|\overline{x} - \mu_0| = |\overline{x} - 0.5|$ 比较大就应该认为是小概率事件,即 $|\overline{x} - \mu_0| = |\overline{x} - 0.5| \geq k$ 是小概率事件,其中 k 是待定的正数.

下面来确定正数 k.

取 α 作为小概率事件的标准,当 H_0 为真时,$|\overline{x} - \mu_0| = |\overline{x} - 0.5| \geq k$ 是小概率事件,即

$$P\{|\overline{x} - \mu_0| \geq k \mid H_0 \text{ 为真}\} = P\{|\overline{x} - 0.5| \geq k \mid H_0 \text{ 为真}\} = \alpha.$$

当 H_0 为真时有 $X \sim N(\mu_0, \sigma^2) = N(0.5, 0.015^2)$,从而有

$$\overline{X} \sim N\left(\mu_0, \frac{\sigma^2}{n}\right) = N\left(0.5, \frac{0.015^2}{n}\right),$$

于是得

$$U = \frac{\overline{X} - \mu_0}{\sigma/\sqrt{n}} = \frac{\overline{X} - 0.5}{\sigma/\sqrt{n}} \sim N(0,1),$$

这里的统计量 U 称为**检验统计量**(test statistic).

于是

$$P\{\,|\,\bar{x}-\mu_0\,|\geqslant k\mid H_0\ \text{为真}\}=P\left\{\left|\frac{\bar{X}-\mu_0}{\sigma/\sqrt{n}}\right|\geqslant\frac{k}{\sigma/\sqrt{n}}\mid H_0\ \text{为真}\right\}=\alpha.$$

当 H_0 为真时,由标准正态分布的上分位点的定义可得

$$P\left\{\left|\frac{\bar{X}-\mu_0}{\sigma/\sqrt{n}}\right|\geqslant z_{\frac{\alpha}{2}}\right\}=P\left\{\left|\frac{\bar{X}-0.5}{0.015/\sqrt{n}}\right|\geqslant z_{\frac{\alpha}{2}}\right\}=\alpha,$$

从而得

$$\frac{k}{\sigma/\sqrt{n}}=z_{\frac{\alpha}{2}},$$

即

$$k=\frac{\sigma}{\sqrt{n}}z_{\frac{\alpha}{2}}.$$

于是对于一个样本值 $(x_1,x_2,\cdots,x_n)$,若满足 $|\bar{x}-0.5|\geqslant k$,则应拒绝 H_0,认为当天的包装机工作不正常;否则,就应该接受 H_0,认为当天的包装机工作正常.

例 4 中取 $\alpha=0.05$,易算得 $n=9,\bar{x}=0.511$,从而得

$$|\,\bar{x}-0.5\,|=0.011>k=\frac{0.015}{\sqrt{9}}\times 1.96=0.0098,$$

因此,拒绝原假设 H_0,认为包装机不正常,要停机进行维修或调整.

在例 4 中,构造了一个原假设 H_0 的检验法则:当 $|\bar{x}-0.5|\geqslant 0.0098$ 时,则拒绝 H_0;当 $|\bar{x}-0.5|<0.0098$ 时,则接受 H_0.这种使原假设被拒绝的样本观测值所在的区域称为**拒绝域**(rejection region).使原假设被接受的样本观测值所在的区域称为**接受域**(acceptance region).

另外,还要指出的是,概率性质的反证法与纯数学中的反证法在推理过程上类似,但二者有着本质的不同.纯数学中的反证法在推理中所得到的"矛盾"是在严格的逻辑推导中得到的,它完全能够证明原假定正确与否;而概率性质的反证法的理论依据是小概率原理,即"小概率事件在一次试验中几乎是不可能发生的",但这并不表明"小概率事件在一次试验中绝对不发生".若 H_0 是正确的,但在一次试验中小概率事件发生了,则根据概率性质的反证法就要拒绝 H_0,这一判断就是错误的.因此,在假设检验中,作出接受 H_0 或拒绝 H_0 的决策,并不等于证明了原假设 H_0 正确或错误,而只是根据样本提供的信息以一定的可靠程度认为 H_0 是正确的或错误的.

7.1.3 两类错误

由于概率性质反证法自身的缺陷,以及用总体的部分信息(即样本)来推断总体信息的局限性,检验的结果与真实情况可能吻合,也可能不吻合,因此,检验是可

能犯错误的. 检验的错误分为如下两种(表 7.1):

表 7.1   检验的两类错误

真实情况(未知)	所作决策	
	接受 H_0	拒绝 H_0
H_0 为真	正确	第一类错误
H_0 不真	第二类错误	正确

假设检验的
基本概念(二)

(1) 原假设 H_0 原本是真的,但由于随机性样本观测值落在拒绝域 W 中,从而拒绝了原假设 H_0,这类错误称为**拒真(弃真)错误**,也称为**第一类错误**,其发生的概率称为**第一类错误概率**,或称为**拒真概率**,通常用 α 来表示,即

$$\alpha = P\{拒绝\ H_0 \mid H_0\ 为真\} = P_\theta\{X \in W\}, \quad \theta \in \Theta_0,$$

其中,$X = (x_1, x_2, \cdots, x_n)$ 表示样本,Θ_0 是原假设 H_0 成立条件下,参数 θ 所在的参数空间.

(2) 原假设 H_0 原本是不真(即备选假设 H_1 为真)的,但由于随机性使得样本观测值落在接受域 $\overline{W}$ 中,从而接受原假设 H_0,这类错误称为**受伪错误**,或称为**第二类错误**,其发生的概率称为**第二类错误概率**,或称为**受伪概率**,通常用 β 来表示,即

$$\beta = P\{接受\ H_0 \mid H_1\ 为真\} = P_\theta\{X \in \overline{W}\}, \quad \theta \in \Theta_1,$$

其中 Θ_1 是备选假设 H_1 成立条件下,参数 θ 所在的参数空间.

拒真概率 α 和受伪概率 β 可用同一个函数表示,这个函数就是**势函数**,它是假设检验中的主要概念之一.

定义 7.1.1   设检验问题 $H_0: \theta \in \Theta_0$ 和 $H_1: \theta \in \Theta_1$ 的拒绝域为 W,则样本观测值 X 落在拒绝域 W 内的概率称为该检验的**势函数**,记为 $g(\theta) = P_\theta\{X \in W\}$($\theta \in \Theta = \Theta_0 \bigcup \Theta_1$).

显然,势函数是定义在参数空间 Θ 上的函数,并且检验的两类错误都与参数 θ 有关,则

$$g(\theta) = \begin{cases} \alpha(\theta), & \theta \in \Theta_0, \\ 1 - \beta(\theta), & \theta \in \Theta_1. \end{cases}$$

在处理检验问题时,自然是希望把两类错误都能够降到最低,但下面的例子却告诉我们,这种愿望是无法实现的.

例 5   设总体 $X \sim N(\mu, \sigma^2)$,σ^2 已知,$X_1, X_2, \cdots, X_n$ 为样本,考虑检验问题

$$H_0: \mu = \mu_0 \quad 和 \quad H_1: \mu = \mu_1, \quad \mu_0 < \mu_1.$$

选取 $\overline{X}$ 作为均值 μ 的估计量,则 $\overline{X} \sim N\left(\mu, \dfrac{\sigma^2}{n}\right)$. 若原假设 H_0 成立,则 $\overline{X}$ 应在 μ_0 附近,由备选假设 H_1 可知,当 $\overline{X} - \mu_0$ 比较大时,应看成是小概率事件,即检验的拒绝域为

$$W = \{(x_1, x_2, \cdots, x_n): \overline{x} - \mu_0 \geqslant k\},$$

其中,k 为适当大的待定正数. 由此可以求得两类错误的概率分别为

$$\alpha(\mu_0) = P_{\mu_0}\left\{\frac{\overline{X}-\mu_0}{\sigma/\sqrt{n}} \geqslant \frac{k}{\sigma/\sqrt{n}}\right\} = 1 - \Phi\left(\frac{k}{\sigma/\sqrt{n}}\right)$$

和

$$\begin{aligned}
\beta(\mu_1) &= P_{\mu_1}\left\{\frac{\overline{X}-\mu_0}{\sigma/\sqrt{n}} \leqslant \frac{k}{\sigma/\sqrt{n}}\right\} \\
&= P_{\mu_1}\left\{\frac{\overline{X}-\mu_0-(\mu_1-\mu_0)}{\sigma/\sqrt{n}} \leqslant \frac{k-(\mu_1-\mu_0)}{\sigma/\sqrt{n}}\right\} \\
&= \Phi\left(\frac{k-(\mu_1-\mu_0)}{\sigma/\sqrt{n}}\right).
\end{aligned}$$

从中可以看出,当第一类错误概率 α 减小时,则 k 变大,必然导致第二类错误 β 变大;反之,当第二类错误概率 β 减小时,则 k 变小,必导致第一类错误 α 变大. 进一步,可以得到这样的结论:在样本量一定的条件下,不可能找到一个使两类错误概率 α,β 都减小的检验.

那么只能退而求其次,控制第一类错误概率 α,同时尽量降低第二类错误概率 β. 英国统计学家 Neyman(奈曼)和 Pearson(皮尔逊)提出了水平为 α 的显著性检验的概念.

定义 7.1.2 对检验问题 $H_0:\theta\in\Theta_0$ 和 $H_1:\theta\in\Theta_1$,如果一个检验满足对任意 $\theta\in\Theta_0$ 都有 $g(\theta)\leqslant\alpha$,则称该检验为**显著性水平为 α 的显著性检验**,简称为**水平为 α 的检验**.

定义 7.1.2 的提出就是为了控制第一类错误概率 α,但 α 的取值不能过小,否则,第二类错误概率 β 就会过大了,通常选取 α 为 $0.05,0.10$ 或 0.01.

7.1.4 假设检验的基本步骤

1）建立假设

根据实际问题提出原假设 H_0 和备选假设 H_1. 通常情况下,都把不应轻易加以否定的假设或者久已存在的状态作为原假设.

2）构造检验统计量与确定拒绝域的形式

当分布函数 $P(x,\theta)$ 的表达式已知时,通常以 θ 的 MLE$\hat{\theta}$ 为基础构造一个检验统计量 $T=T(X_1,\cdots,X_n)$,并在 H_0 成立的条件下,确定 T 的精确分布或渐近分布,要求检验统计量的分布与未知参数 θ 无关.

确定检验统计量 T 后,根据原假设 H_0 与备选假设 H_1 确定拒绝域 W 的形式. 常用的拒绝域形式有

（1）单侧拒绝域
$$W = \{(x_1,x_2,\cdots,x_n): T(x_1,x_2,\cdots,x_n) \geqslant C\},$$
$$W = \{(x_1,x_2,\cdots,x_n): T(x_1,x_2,\cdots,x_n) \leqslant C\}.$$

（2）双侧拒绝域

$$W = \{(x_1, x_2, \cdots, x_n) : T(x_1, x_2, \cdots, x_n) \geqslant C_1 \ 或 \ T(x_1, x_2, \cdots, x_n) \leqslant C_2\},$$
$$W = \{(x_1, x_2, \cdots, x_n) : |\ T(x_1, x_2, \cdots, x_n)\ | \geqslant C\},$$

其中临界值 C, C_1, C_2 待定.

3）选择适当的显著性水平 α，再根据检验统计量 T 的分布给出拒绝域的临界值

由 $P\{X \in W | H_0$ 为真$\} \leqslant \alpha$ 出发，应当使犯第一类错误的概率尽量接近 α. 特别地，当总体为连续型随机变量时，通常使它等于 α，以此来确定拒绝域的临界值. 当拒绝域确定了，检验的判断准则也确定了.

如果 $(x_1, x_2, \cdots, x_n) \in W$，则拒绝 H_0；

如果 $(x_1, x_2, \cdots, x_n) \notin W$，则接受 H_0.

4）根据样本观测值确定是否拒绝 H_0

由样本值 $(x_1, x_2, \cdots, x_n)$ 算得 $T(x_1, x_2, \cdots, x_n)$，把它与临界值相比较，若 $(x_1, x_2, \cdots, x_n) \in W$，则拒绝 H_0；否则，就要接受 H_0.

7.2　正态总体均值的假设检验

参数的假设检验问题常见的有以下三种基本的形式：

（1）$H_0 : \theta = \theta_0$　　v. s.　　$H_1 : \theta \neq \theta_0$；

（2）$H_0 : \theta = \theta_0$　　v. s.　　$H_1 : \theta > \theta_0$，

　　　$H_0 : \theta \leqslant \theta_0$　　v. s.　　$H_1 : \theta > \theta_0$；

（3）$H_0 : \theta = \theta_0$　　v. s.　　$H_1 : \theta < \theta_0$，

　　　$H_0 : \theta \geqslant \theta_0$　　v. s.　　$H_1 : \theta < \theta_0$，

其中 θ_0 为常数. 问题（1）的检验称为双侧检验，（2）的检验称为右侧检验，（3）的检验称为左侧检验. 一般情况下，这三种假设采取相同的检验统计量. 此外，还要说明的是，对于参数检验问题，如果满足假设条件的参数空间中的点只有一个，则此假设称为**简单假设**；如果满足假设条件的参数空间中的点多于一个，则此假设称为**复合假设**.

本节中主要讨论正态总体均值的假设检验问题.

7.2.1　一个正态总体均值的假设检验

设总体 $X \sim N(\mu, \sigma^2)$，$X_1, X_2, \cdots, X_n$ 为 X 的一个容量为 n 的样本，$(x_1, x_2, \cdots, x_n)$ 为其样本观察值. 在给定显著性水平 α 下，讨论关于 μ 的三种假设检验问题：

（1）$H_0 : \mu = \mu_0$　　v. s.　　$H_1 : \mu \neq \mu_0$；　　（双侧检验）

（2）$H_0 : \mu = \mu_0$　　v. s.　　$H_1 : \mu > \mu_0$，　　（右侧检验）

　　　$H_0 : \mu \leqslant \mu_0$　　v. s.　　$H_1 : \mu > \mu_0$；

(3) $H_0 : \mu = \mu_0$ v. s. $H_1 : \mu < \mu_0$，（左侧检验）

       $H_0 : \mu \geqslant \mu_0$ v. s. $H_1 : \mu < \mu_0$，

其中 μ_0 为常数.

1. 方差 σ^2 已知时，均值 μ 的假设检验

当 σ^2 为已知时，检验问题（1）实际上在 7.1 节的例 4 中已经讨论了，这里仅对问题（2）的检验法则进行推导.

一个正态总体方差
已知时均值的检验

先讨论检验问题

$$H_0 : \mu = \mu_0 \quad \text{v. s.} \quad H_1 : \mu > \mu_0.$$

对于正态总体，$\overline{X}$ 是 μ 的 MLE，并且 $\overline{X} \sim N\left(\mu, \dfrac{\sigma^2}{n}\right)$. 当 H_0 为真时，$\overline{X}$ 应集中在 μ_0 的附件而偏左侧. 若 $\overline{X} - \mu_0$ 比较大，则应该认定在 H_0 为真时，出现了小概率事件，应该拒绝原假设 H_0. 于是取

$$P\{\overline{X} - \mu_0 \geqslant k \mid H_0 \text{ 为真}\} = \alpha. \tag{7.2.1}$$

因为在 H_0 下，检验统计量

$$U = \frac{\overline{X} - \mu_0}{\sigma / \sqrt{n}} \sim N(0, 1),$$

由 $N(0, 1)$ 的分位点定义，(7.2.1)式可改写为

$$P\left\{\frac{\overline{X} - \mu_0}{\sigma / \sqrt{n}} \geqslant z_\alpha\right\} = \alpha,$$

因此，该检验的拒绝域为

$$W = \left\{(x_1, x_2, \cdots, x_n) : \frac{\overline{x} - \mu_0}{\sigma / \sqrt{n}} \geqslant z_\alpha\right\}$$

$$= \left\{(x_1, x_2, \cdots, x_n) : \overline{x} \geqslant \mu_0 + z_\alpha \cdot \frac{\sigma}{\sqrt{n}}\right\}.$$

下面再来讨论问题（2）的另外部分：

$$H_0 : \mu \leqslant \mu_0 \quad \text{v. s.} \quad H_1 : \mu > \mu_0.$$

当 H_0 为真时有

$$\frac{\overline{X} - \mu}{\sigma / \sqrt{n}} \geqslant \frac{\overline{X} - \mu_0}{\sigma / \sqrt{n}},$$

于是有

$$\left\{\omega : \frac{\overline{X} - \mu}{\sigma / \sqrt{n}} \geqslant z_\alpha\right\} \supseteq \left\{\omega : \frac{\overline{X} - \mu_0}{\sigma / \sqrt{n}} \geqslant z_\alpha\right\}.$$

由于总体 $X \sim N(\mu, \sigma^2)$，因此，

$$\frac{\overline{X} - \mu}{\sigma / \sqrt{n}} \sim N(0, 1),$$

故有
$$\alpha = P\left\{\frac{\overline{X}-\mu}{\sigma/\sqrt{n}} \geqslant z_\alpha\right\} \geqslant P\left\{\frac{\overline{X}-\mu_0}{\sigma/\sqrt{n}} \geqslant z_\alpha\right\}.$$

由此可得拒绝域为
$$W = \left\{(x_1, x_2, \cdots, x_n) : \frac{\overline{x}-\mu_0}{\sigma/\sqrt{n}} \geqslant z_\alpha\right\}$$

的检验法则保证了此检验的显著性水平为 α. 也就是说,对于右侧检验问题来讲,原假设不管是简单假设或是复合假设,检验法则的拒绝域是相同的.

利用与上面类似的方法可以得到问题(3)的拒绝域也是相同的,均为
$$W = \left\{(x_1, x_2, \cdots, x_n) : \frac{\overline{x}-\mu_0}{\sigma/\sqrt{n}} \leqslant z_{1-\alpha}\right\}.$$

对于问题(1) $H_0 : \mu = \mu_0$ v. s. $H_1 : \mu \neq \mu_0$ 来说,当 $|\overline{X}-\mu_0|$ 比较大时,应拒绝 H_0,选取与上面相同的统计量,可得拒绝域为
$$W = \left\{(x_1, x_2, \cdots, x_n) : \left|\frac{\overline{x}-\mu_0}{\sigma/\sqrt{n}}\right| \geqslant z_{\frac{\alpha}{2}}\right\}.$$

一个正态总体均值的假设检验问题,当 σ^2 为已知时,都是利用检验统计量 $U \sim N(0,1)$ 来进行检验的,这种假设检验方法又称为 **U 检验法**.

例 1　要求一种元件平均使用寿命不得低于 1000h,生产者从一批这种元件中随机抽取 25 件,测得其寿命的平均值为 950h. 已知该种元件寿命服从标准差为 $\sigma = 100$h 的正态分布,试在显著水平 $\alpha = 0.05$ 下判断这批元件是否合格?

解　由题意可知,本题是要求在水平 $\alpha = 0.05$ 下,检验正态总体均值的假设
$$H_0 : \mu \geqslant 1000 \quad \text{v. s.} \quad H_1 : \mu < 1000.$$
因 σ^2 已知,采用 U 检验,取检验统计量 $U = \dfrac{\overline{X}-\mu_0}{\sigma/\sqrt{n}}$,由 $n = 25, \overline{x} = 950, \sigma = 100, \alpha = 0.05, z_{0.05} = 1.645$,故此检验的拒绝域为
$$u = \frac{\overline{x}-\mu_0}{\sigma/\sqrt{n}} \leqslant -z_{0.05} = -1.645.$$
因 U 的观测值为 $u = \dfrac{950-1000}{100/\sqrt{25}} = -2.5 < -1.645$,落在拒绝域内,故在水平 $\alpha = 0.05$ 下拒绝原假设 H_0,认为这批元件不合格.

一个正态总体方差未知时均值的检验

2. 方差 σ^2 未知时,均值 μ 的假设检验

当 σ^2 为未知时,仅在这里推导出假设问题(3)的检验法则. 先讨论
$$H_0 : \mu = \mu_0 \quad \text{v. s.} \quad H_1 : \mu < \mu_0$$

同样利用 $\overline{X}$ 来作检验,当 H_0 为真时,样本均值 $\overline{X}$ 的观测值应落在 μ_0 附近而偏右侧,若 $\mu_0 - \overline{X}$ 比较大时,应拒绝 H_0. 于是取

$$P\{\mu_0 - \overline{X} \geqslant k \mid H_0 \text{ 为真}\} = \alpha,$$

其中 k 为待定的适当大的正数,所以

$$P\left\{\frac{\overline{X}-\mu_0}{S/\sqrt{n}} \leqslant \frac{-k}{S/\sqrt{n}} \mid H_0 \text{ 为真}\right\} = \alpha,$$

其中 S 为样本的标准差.

当 H_0 为真时,检验统计量 $T=\dfrac{\overline{X}-\mu_0}{S/\sqrt{n}} \sim t(n-1)$,由此,上式可改写为

$$P\left\{\frac{\overline{X}-\mu_0}{S/\sqrt{n}} \leqslant t_{1-\alpha}(n-1)\right\} = \alpha,$$

于是得到检验的拒绝域为

$$W = \left\{(x_1, x_2, \cdots, x_n): \frac{\overline{X}-\mu_0}{S/\sqrt{n}} \leqslant t_{1-\alpha}(n-1)\right\}.$$

再讨论问题(3)的另一部分内容

$$H_0: \mu \geqslant \mu_0 \quad \text{v.s.} \quad H_1: \mu < \mu_0.$$

当 H_0 为真时有

$$\frac{\overline{X}-\mu}{S/\sqrt{n}} \leqslant \frac{\overline{X}-\mu_0}{S/\sqrt{n}},$$

于是

$$\left\{\omega: \frac{\overline{X}-\mu}{S/\sqrt{n}} \leqslant t_{1-\alpha}(n-1)\right\} \supseteq \left\{\omega: \frac{\overline{X}-\mu_0}{S/\sqrt{n}} \leqslant t_{1-\alpha}(n-1)\right\},$$

所以

$$\alpha = P\left\{\frac{\overline{X}-\mu}{S/\sqrt{n}} \leqslant t_{1-\alpha}(n-1)\right\} \geqslant P\left\{\frac{\overline{X}-\mu_0}{S/\sqrt{n}} \leqslant t_{1-\alpha}(n-1)\right\}.$$

因此,对于左侧检验问题(3)来说,原假设为简单假设或复合假设的拒绝域是相同的,均为

$$W = \left\{(x_1, x_2, \cdots, x_n): \frac{\overline{X}-\mu_0}{S/\sqrt{n}} \leqslant t_{1-\alpha}(n-1)\right\}.$$

用同样的方法可讨论出问题(2)的拒绝域为

$$W = \left\{(x_1, x_2, \cdots, x_n): \frac{\overline{X}-\mu_0}{S/\sqrt{n}} \geqslant t_\alpha(n-1)\right\};$$

问题(1)的拒绝域为

$$W = \left\{(x_1, x_2, \cdots, x_n): \left|\frac{\overline{X}-\mu_0}{S/\sqrt{n}}\right| \geqslant t_{\frac{\alpha}{2}}(n-1)\right\}.$$

一个正态总体均值的假设检验,当 σ^2 为未知时,都是利用统计量 $T \sim t(n-1)$ 进行检验,这种检验方法称为 t **检验法**.

例 2 设某批矿砂的镍含量(%)的测定值总体 X 服从正态分布,从中随机地抽取 5 个样品,测定镍含量为 $3.25, 3.27, 3.24, 3.26, 3.24$. 问在 $\alpha = 0.01$ 的情况下,能否认为这批矿砂镍含量的均值为 3.25%.

解 由题意可知,本题是在 σ^2 未知的条件下,均值 μ 的假设检验问题

$$H_0 : \mu = \mu_0 = 3.25 \quad \text{v. s.} \quad H_1 : \mu \neq \mu_0.$$

在原假设 H_0 下,检验统计量

$$T = \frac{\overline{X} - \mu_0}{S/\sqrt{n}} \sim t(n-1).$$

当显著性水平为 $\alpha = 0.01$ 时,此检验的拒绝域为

$$\{ |T| > t_{\frac{\alpha}{2}}(n-1) \},$$

其中 $t_{0.005}(4) = 4.6041$. 由样本值可得 $n=5$,并求得 $\overline{x} = 3.252, s^2 = 1.7 \times 10^{-4}, s = 0.013$,由此统计量的观测值为

$$|t| = \frac{3.252 - 3.25}{0.013/\sqrt{5}} \approx 0.344 < 4.6041.$$

因此,应接受 H_0,可以认为这批矿砂镍含量的均值为 3.25%.

7.2.2 两个正态总体均值差的检验

设总体 $X \sim N(\mu_1, \sigma_1^2)$,$X_1, X_2, \cdots, X_{n_1}$ 为 X 的一个样本;总体 $Y \sim N(\mu_2, \sigma_2^2)$,$Y_1, Y_2, \cdots, Y_{n_2}$ 为 Y 的一个样本,并且两个总体是相互独立的. 在显著性水平 α 下,讨论均值差 $\mu_1 - \mu_2$ 的如下三类假设检验问题:

(1) $H_0 : \mu_1 - \mu_2 = \delta \quad \text{v. s.} \quad H_1 : \mu_1 - \mu_2 \neq \delta$;

(2) $H_0 : \mu_1 - \mu_2 = \delta \quad \text{v. s.} \quad H_1 : \mu_1 - \mu_2 > \delta$,

$\quad\ H_0 : \mu_1 - \mu_2 \leqslant \delta \quad \text{v. s.} \quad H_1 : \mu_1 - \mu_2 > \delta$;

(3) $H_0 : \mu_1 - \mu_2 = \delta \quad \text{v. s.} \quad H_1 : \mu_1 - \mu_2 < \delta$,

$\quad\ H_0 : \mu_1 - \mu_2 \geqslant \delta \quad \text{v. s.} \quad H_1 : \mu_1 - \mu_2 < \delta$,

其中 δ 为任意已知的常数,通常情况下取 $\delta = 0$.

1. 方差已知时,均值差 $\mu_1 - \mu_2$ 的假设检验

当 σ_1^2, σ_2^2 已知时,先来推导右侧检验问题(2)的检验法则.

首先讨论

$$H_0 : \mu_1 - \mu_2 = \delta \quad \text{v. s.} \quad H_1 : \mu_1 - \mu_2 > \delta.$$

因 $\overline{X} - \overline{Y}$ 是均值差 $\mu_1 - \mu_2$ 的极大似然估计量,当 H_0 为真时,$(\overline{X} - \overline{Y}) - \delta$ 比较大,就应该拒绝 H_0,于是

$$P\{ (\overline{X} - \overline{Y}) - \delta \geqslant k \mid H_0 \text{ 为真} \} = \alpha,$$

其中，k 为适当大的正数.

在原假设下，检验统计量

$$U = \frac{(\overline{X} - \overline{Y}) - \delta}{\sqrt{\dfrac{\sigma_1^2}{n_1} + \dfrac{\sigma_2^2}{n_2}}} \sim N(0,1)$$

可得当 H_0 为真时，

$$P\left\{ \frac{(\overline{X} - \overline{Y}) - \delta}{\sqrt{\dfrac{\sigma_1^2}{n_1} + \dfrac{\sigma_2^2}{n_2}}} \geqslant z_\alpha \right\} = \alpha.$$

再讨论问题(2)的另一部分

$$H_0 : \mu_1 - \mu_2 \leqslant \delta \quad \text{v. s.} \quad H_1 : \mu_1 - \mu_2 > \delta.$$

当 H_0 为真时有

$$\frac{(\overline{X} - \overline{Y}) - \delta}{\sqrt{\dfrac{\sigma_1^2}{n_1} + \dfrac{\sigma_2^2}{n_2}}} \leqslant \frac{(\overline{X} - \overline{Y}) - (\mu_1 - \mu_2)}{\sqrt{\dfrac{\sigma_1^2}{n_1} + \dfrac{\sigma_2^2}{n_2}}},$$

则

$$P\left\{ \frac{(\overline{X} - \overline{Y}) - \delta}{\sqrt{\dfrac{\sigma_1^2}{n_1} + \dfrac{\sigma_2^2}{n_2}}} \geqslant z_\alpha \mid H_0 \text{ 为真} \right\} \leqslant P\left\{ \frac{(\overline{X} - \overline{Y}) - (\mu_1 - \mu_2)}{\sqrt{\dfrac{\sigma_1^2}{n_1} + \dfrac{\sigma_2^2}{n_2}}} \geqslant z_\alpha \mid H_0 \text{ 为真} \right\} = \alpha.$$

综上所述，右侧检验问题(2)的拒绝域相同，均为

$$W = \left\{ (x_1, x_2, \cdots, x_{n_1}, y_1, y_2, \cdots, y_{n_2}) : \frac{(\overline{X} - \overline{Y}) - \delta}{\sqrt{\dfrac{\sigma_1^2}{n_1} + \dfrac{\sigma_2^2}{n_2}}} \geqslant z_\alpha \right\}.$$

通过类似的讨论可以得到左侧检验问题(3)的拒绝域为

$$W = \left\{ (x_1, x_2, \cdots, x_{n_1}, y_1, y_2, \cdots, y_{n_2}) : \frac{(\overline{X} - \overline{Y}) - \delta}{\sqrt{\dfrac{\sigma_1^2}{n_1} + \dfrac{\sigma_2^2}{n_2}}} \leqslant z_{1-\alpha} \right\};$$

双侧检验问题(1)的拒绝域为

$$W = \left\{ (x_1, x_2, \cdots, x_{n_1}, y_1, y_2, \cdots, y_{n_2}) : \left| \frac{(\overline{X} - \overline{Y}) - \delta}{\sqrt{\dfrac{\sigma_1^2}{n_1} + \dfrac{\sigma_2^2}{n_2}}} \right| \geqslant z_{\frac{\alpha}{2}} \right\}.$$

当方差 σ_1^2, σ_2^2 已知时，对均值差 $\mu_1 - \mu_2$ 的检验问题都用到了检验统计量

$$U = \frac{(\overline{X} - \overline{Y}) - \delta}{\sqrt{\dfrac{\sigma_1^2}{n_1} + \dfrac{\sigma_2^2}{n_2}}} \sim N(0,1),$$

因此,此类检验法也称为 **U 检验法**.

2. 方差未知但相等时,均值差 $\mu_1 - \mu_2$ 的假设检验

由第 6 章的知识可得当 $\sigma_1^2 = \sigma_2^2 = \sigma^2$ 且未知时,

$$T = \frac{(\overline{X} - \overline{Y}) - (\mu_1 - \mu_2)}{S_w \sqrt{\dfrac{1}{n_1} + \dfrac{1}{n_2}}} \sim t(n_1 + n_2 - 2),$$

其中 $S_w = \sqrt{\dfrac{(n_1 - 1)S_1^2 + (n_2 - 1)S_2^2}{n_1 + n_2 - 2}}$, S_1^2 和 S_2^2 分别为两个正态总体的样本方差.

把 T 作为检验统计量,利用与上面类似的方法可得当显著性水平为 α 时,双侧检验问题(1)的拒绝域为

$$W = \left\{ (x_1, x_2, \cdots, x_{n_1}, y_1, y_2, \cdots, y_{n_2}) : \left| \frac{(\overline{x} - \overline{y}) - \delta}{S_w \sqrt{\dfrac{1}{n_1} + \dfrac{1}{n_2}}} \right| \geqslant t_{\frac{\alpha}{2}}(n_1 + n_2 - 2) \right\};$$

右侧检验问题(2)的拒绝域为

$$W = \left\{ (x_1, x_2, \cdots, x_{n_1}, y_1, y_2, \cdots, y_{n_2}) : \frac{(\overline{x} - \overline{y}) - \delta}{S_w \sqrt{\dfrac{1}{n_1} + \dfrac{1}{n_2}}} \geqslant t_{\alpha}(n_1 + n_2 - 2) \right\};$$

左侧检验问题(3)的拒绝域为

$$W = \left\{ (x_1, x_2, \cdots, x_{n_1}, y_1, y_2, \cdots, y_{n_2}) : \frac{(\overline{x} - \overline{y}) - \delta}{S_w \sqrt{\dfrac{1}{n_1} + \dfrac{1}{n_2}}} \leqslant t_{1-\alpha}(n_1 + n_2 - 2) \right\}.$$

当方差 σ_1^2, σ_2^2 未知但相等时,对均值差 $\mu_1 - \mu_2$ 的检验问题都用到了检验统计量

$$T = \frac{(\overline{X} - \overline{Y}) - \delta}{S_w \sqrt{\dfrac{1}{n_1} + \dfrac{1}{n_2}}} \sim t(n_1 + n_2 - 2),$$

因此,此类检验法也称为 **T 检验法**.

例 3 某化工厂为了提高某种化工产品的得率(%),提出了两种方案,为了研究哪一种方案更能提高得率,分别用两种工艺各进行了 10 次试验,数据如下:

方案甲得率   68.1, 62.4, 64.3, 64.7, 68.4, 66.0, 65.5, 66.7, 67.3, 66.2;

方案乙得率   69.1, 71.0, 69.1, 70.0, 69.1, 69.1, 67.3, 70.2, 72.1, 67.3.

假设两种方案的得率分别服从 $N(\mu_1, \sigma^2)$ 和 $N(\mu_2, \sigma^2)$,其中 σ^2 是未知的. 问方案乙是否比方案甲显著提高得率(取显著水平 $\alpha=0.01$).

解 由题意可知,本题要做的检验问题为

$$H_0: \mu_1 \geqslant \mu_2 \quad \text{v.s.} \quad H_1: \mu_1 < \mu_2.$$

对于 $\alpha=0.01$,查 t 分布表得 $t_{0.99}(18)=-2.5524$,则此检验的拒绝域为 $W=\{t \leqslant -2.5524\}$,由样本可得 $\bar{x}=65.96$,$\bar{y}=69.43$,$s_1^2=3.3755$,$s_2^2=2.2244$,则检验统计量的观测值为

$$t = \frac{\bar{x}-\bar{y}}{\sqrt{\dfrac{9s_1^2+9s_2^2}{10+10-2}}\sqrt{\dfrac{1}{10}+\dfrac{1}{10}}} = \frac{65.96-69.43}{\sqrt{\dfrac{9(3.3755+2.2244)}{18}}\sqrt{\dfrac{1}{5}}} = -4.637.$$

因为 $t=-4.637 < -2.5524$,所以应拒绝 H_0,即认为采用方案乙可以比方案甲提高得率.

3. 基于成对数据的检验

在解决实际问题时,通常要比较两种产品、两种仪器或两种方法之间的差异,为了避免其他因素的干扰,常在相同的条件下做对比试验,得到一批成对的观测值,这样的数据称为**成对数据**. 对成对数据进行分析和推断的方法常称为**逐对比较法**.

基于成对数据的检验

设有 n 对相互独立的观测结果:$(X_1, Y_1), (X_2, Y_2), \cdots, (X_n, Y_n)$. 令 $D_1=X_1-Y_1, D_2=X_2-Y_2, \cdots, D_n=X_n-Y_n$,则 $D_1, D_2, \cdots, D_n$ 相互独立,并且 $D_1, D_2, \cdots, D_n$ 之间的差异仅是由一种因素引起的(如方法不同、仪器不同等). 设 $D_i \sim N(\mu_D, \sigma_D^2)(i=1, 2, \cdots, n)$,其中 μ_D, σ_D^2 是未知的. 要求基于此成对数据检验以下的假设问题:

(1) $H_0: \mu_D=0 \quad \text{v.s.} \quad H_1: \mu_D \neq 0$;(双侧检验)

(2) $H_0: \mu_D=0 \quad \text{v.s.} \quad H_1: \mu_D > 0$,(右侧检验)

$\quad\ H_0: \mu_D \leqslant 0 \quad \text{v.s.} \quad H_1: \mu_D > 0$;

(3) $H_0: \mu_D=0 \quad \text{v.s.} \quad H_1: \mu_D < 0$,(左侧检验)

$\quad\ H_0: \mu_D \geqslant 0 \quad \text{v.s.} \quad H_1: \mu_D < 0$.

这就转化为对单个正态总体方差未知时对均值的检验问题,可用 t 检验法,引入检验统计量

$$T = \frac{\bar{D}}{S_D/\sqrt{n}},$$

其中,$\bar{D}$ 和 S_D 分别为 $D_1, D_2, \cdots, D_n$ 的样本均值与样本标准差.

由讨论可知,双侧检验问题(1)的拒绝域为

$$|t| = \left|\frac{\bar{d}}{s_D/\sqrt{n}}\right| \geqslant t_{\frac{\alpha}{2}}(n-1);$$

右侧检验问题(2)的拒绝域为

$$t = \frac{\overline{d}}{s_D/\sqrt{n}} \geq t_\alpha(n-1);$$

左侧检验问题(3)的拒绝域为

$$t = \frac{\overline{d}}{s_D/\sqrt{n}} \leq -t_\alpha(n-1).$$

例 4 要比较甲、乙两种橡胶轮胎的耐磨性,现从甲、乙两种轮胎中各抽取 8 个,各取一个组成一对.再随机抽取 8 架飞机,将 8 对轮胎随机配给 8 架飞机,做耐磨试验.飞行了一定时间的起落后,测得轮胎磨损量(单位:mg)数据如下:

x_i 4900,5220,5500,6020,6340,7660,8650,4870;

y_i 4930,4900,5140,5700,6110,6880,7930,5010.

试问这两种轮胎的耐磨性能有无显著性的差异? 取 $\alpha=0.05$,假定甲、乙两种轮胎的磨损量分别为 X,Y,又 $X \sim N(\mu_1,\sigma_1^2)$,$Y \sim N(\mu_2,\sigma_2^2)$ 且两个总体相互独立.

解 将试验数据进行配对分析.记 $D=X-Y$,则 $D \sim N(\mu_1-\mu_2,\sigma_1^2+\sigma_2^2) \triangleq N(\mu_D,\sigma_D^2)$,$d_i=x_i-y_i(i=1,2,\cdots,n)$ 为 D 的一组样本观测值.当 $n=8$ 时有

$\qquad d_i$ $-30,320,360,320,230,780,720,-140.$

问题转化为在显著性水平 $\alpha=0.05$ 下,检验假设

$$H_0:\mu_D=0 \quad \text{v.s.} \quad H_1:\mu_D \neq 0.$$

通过计算得 $\overline{d}=320,s_D^2=102100,$

$$t = \frac{\overline{d}-\mu_D}{s_D/\sqrt{n}} = \frac{320-0}{\sqrt{102100/8}} \approx 2.83,$$

查 t 分布表得 $t_{0.025}(7)=2.3646$,于是有 $|t|=2.83>2.3646$,应拒绝 H_0,即认为这两种轮胎的耐磨性有显著差异,并且从 $\overline{d}>0$ 可推得甲种轮胎磨损比乙种轮胎厉害.

7.3 正态总体方差的检验

本节讨论正态总体方差的假设检验问题,与 7.2 节相同,也是分为一个正态总体和两个正态总体的情况来进行讨论.

7.3.1 一个正态总体方差的假设检验

设 $X \sim N(\mu,\sigma^2)$,$X_1,X_2,\cdots,X_n$ 为来自于总体 X 的一个样本,$(x_1,x_2,\cdots,x_n)$ 为观测值.在显著性水平 α 下,方差 σ^2 的假设检验问题有以下三种:

(1) $H_0:\sigma^2=\sigma_0^2 \quad \text{v.s.} \quad H_1:\sigma^2 \neq \sigma_0^2$;(双侧检验)

(2) $H_0:\sigma^2=\sigma_0^2 \quad \text{v.s.} \quad H_1:\sigma^2 > \sigma_0^2$,(右侧检验)

$\qquad H_0:\sigma^2 \leq \sigma_0^2 \quad \text{v.s.} \quad H_1:\sigma^2 > \sigma_0^2$;

(3) $H_0:\sigma^2=\sigma_0^2 \quad \text{v.s.} \quad H_1:\sigma^2 < \sigma_0^2$.(左侧检验)

$$H_0:\sigma^2 \geqslant \sigma_0^2 \quad \text{v. s.} \quad H_1:\sigma^2 < \sigma_0^2,$$

其中 σ_0^2 为已知常数.

1. 均值 μ 为已知时,方差 σ^2 的假设检验

当 μ 已知时,先来推导双侧检验问题(1),

$$H_0:\sigma^2 = \sigma_0^2 \quad \text{v. s.} \quad H_1:\sigma^2 \neq \sigma_0^2$$

的检验法则.

对于正态总体,当 μ 已知时,$\dfrac{1}{n}\sum\limits_{i=1}^{n}(X_i-\mu)^2$ 是 σ^2 的极大似然估计. 因此,当 $H_0:\sigma^2 = \sigma_0^2$ 为真时,$\dfrac{\frac{1}{n}\sum\limits_{i=1}^{n}(X_i-\mu)^2}{\sigma_0^2}$ 应接近 1,当比值接近 0 或比 1 大很多时,都应当拒绝 H_0.

取

$$P\left\{\frac{\frac{1}{n}\sum\limits_{i=1}^{n}(X_i-\mu)^2}{\sigma_0^2} \leqslant k_1 \mid H_0 \text{ 为真}\right\} + P\left\{\frac{\frac{1}{n}\sum\limits_{i=1}^{n}(X_i-\mu)^2}{\sigma_0^2} \geqslant k_2 \mid H_0 \text{ 为真}\right\} = \alpha,$$

其中 k_1 为适当小的正数,k_2 为适当大的正数.

为简便起见,取

$$P\left\{\frac{\frac{1}{n}\sum\limits_{i=1}^{n}(X_i-\mu)^2}{\sigma_0^2} \leqslant k_1 \mid H_0 \text{ 为真}\right\} = P\left\{\frac{\frac{1}{n}\sum\limits_{i=1}^{n}(X_i-\mu)^2}{\sigma_0^2} \geqslant k_2 \mid H_0 \text{ 为真}\right\} = \frac{\alpha}{2},$$

当 H_0 为真时,检验统计量 $\chi^2 = \dfrac{\sum\limits_{i=1}^{n}(X_i-\mu)^2}{\sigma_0^2} \sim \chi^2(n)$,所以

$$P\left\{\frac{\sum\limits_{i=1}^{n}(X_i-\mu)^2}{\sigma_0^2} \leqslant \chi_{1-\frac{\alpha}{2}}^2(n)\right\} = P\left\{\frac{\sum\limits_{i=1}^{n}(X_i-\mu)^2}{\sigma_0^2} \geqslant \chi_{\frac{\alpha}{2}}^2(n)\right\} = \frac{\alpha}{2}.$$

因此,问题(1)的拒绝域为

$$W = \left\{(x_1,x_2,\cdots,x_n): \frac{\sum\limits_{i=1}^{n}(X_i-\mu)^2}{\sigma_0^2} \leqslant \chi_{1-\frac{\alpha}{2}}^2(n) \text{ 或 } \frac{\sum\limits_{i=1}^{n}(X_i-\mu)^2}{\sigma_0^2} \geqslant \chi_{\frac{\alpha}{2}}^2(n)\right\}.$$

接下来推导右侧检验问题(2)的检验法则.

首先来讨论 $H_0:\sigma^2 = \sigma_0^2$ 和 $H_1:\sigma^2 > \sigma_0^2$,仍然选取检验统计量

$$\chi^2 = \frac{\sum\limits_{i=1}^{n} (X_i - \mu)^2}{\sigma_0^2}.$$

当 H_0 为真时,若统计量 χ^2 的观测值比较大,则应认为小概率事件发生了,取

$$P\left\{ \frac{\sum\limits_{i=1}^{n} (X_i - \mu)^2}{\sigma_0^2} \geqslant \chi_\alpha^2(n) \mid H_0 \text{ 为真} \right\} = \alpha,$$

此检验的拒绝域为

$$W = \left\{ (x_1, x_2, \cdots, x_n) : \frac{\sum\limits_{i=1}^{n} (X_i - \mu)^2}{\sigma_0^2} \geqslant \chi_\alpha^2(n) \right\}.$$

接下来再讨论另一右侧检验问题

$$H_0 : \sigma^2 \leqslant \sigma_0^2 \quad \text{和} \quad H_1 : \sigma^2 > \sigma_0^2.$$

当 H_0 为真时有 $\sigma^2 \leqslant \sigma_0^2$,则可得

$$\frac{\sum\limits_{i=1}^{n} (X_i - \mu)^2}{\sigma_0^2} \leqslant \frac{\sum\limits_{i=1}^{n} (X_i - \mu)^2}{\sigma^2}.$$

若总体 $X \sim N(\mu, \sigma^2)$,$X_1, X_2, \cdots, X_n$ 为 X 的一个样本,由第 6 章的内容知

$$\frac{\sum\limits_{i=1}^{n} (X_i - \mu)^2}{\sigma^2} \sim \chi^2(n).$$

故当 H_0 为真时有

$$P\left\{ \frac{\sum\limits_{i=1}^{n} (X_i - \mu)^2}{\sigma_0^2} \geqslant \chi_\alpha^2(n) \right\} \leqslant P\left\{ \frac{\sum\limits_{i=1}^{n} (X_i - \mu)^2}{\sigma^2} \geqslant \chi_\alpha^2(n) \right\} = \alpha.$$

由此可知,该检验问题的拒绝域也是

$$W = \left\{ (x_1, x_2, \cdots, x_n) : \frac{\sum\limits_{i=1}^{n} (X_i - \mu)^2}{\sigma_0^2} \geqslant \chi_\alpha^2(n) \right\}.$$

利用类似的方法可以推导出左侧检验问题(3)的拒绝域为

$$W = \left\{ (x_1, x_2, \cdots, x_n) : \frac{\sum\limits_{i=1}^{n} (X_i - \mu)^2}{\sigma_0^2} \leqslant \chi_{1-\alpha}^2(n) \right\}.$$

2. 均值 μ 为未知时,方差 σ^2 的假设检验

当 μ 为未知时,样本方差 $S^2 = \dfrac{1}{n-1}\sum\limits_{i=1}^{n}(X_i - \overline{X})^2$ 是 σ^2 的无偏估计,在 $H_0:\sigma^2 = \sigma_0^2$ 下,选取检验统计量

$$\chi^2 = \frac{\sum\limits_{i=1}^{n}(X_i - \overline{X})^2}{\sigma_0^2} = \frac{(n-1)S^2}{\sigma_0^2} \sim \chi^2(n-1),$$

类似于 μ 已知情况下的讨论可得双侧检验问题(1)的拒绝域为

$$W = \left\{(x_1, x_2, \cdots, x_n): \frac{(n-1)S^2}{\sigma_0^2} \leqslant \chi_{1-\frac{\alpha}{2}}^2(n-1) \text{ 或} \frac{(n-1)S^2}{\sigma_0^2} \geqslant \chi_{\frac{\alpha}{2}}^2(n-1)\right\};$$

右侧检验问题(2)的拒绝域为

$$W = \left\{(x_1, x_2, \cdots, x_n): \frac{(n-1)S^2}{\sigma_0^2} \geqslant \chi_{\alpha}^2(n-1)\right\};$$

左侧检验问题(3)的拒绝域为

$$W = \left\{(x_1, x_2, \cdots, x_n): \frac{(n-1)S^2}{\sigma_0^2} \leqslant \chi_{1-\alpha}^2(n-1)\right\}.$$

此检验称为 χ^2 **检验法**.

例 1 某厂生产某种型号的电机,其寿命长期以来服从方差为 $\sigma^2 = 2500 h^2$ 的正态分布,现有一批这种电机,从它的生产情况来看,寿命的波动性有所改变,现随机取 26 只电机,测出其寿命的样本方差 $s^2 = 4600 h^2$. 问根据这一数据,能否推断这批电机的寿命的波动性较以往有显著变化(取显著性水平 $\alpha = 0.02$)?

解 本题要求在水平 $\alpha = 0.02$ 下检验假设

$$H_0:\sigma^2 = \sigma_0^2 = 2500, \quad H_1:\sigma^2 \neq \sigma_0^2 = 2500.$$

现有

$$n = 26, \quad \chi_{\frac{\alpha}{2}}^2(n-1) = \chi_{0.01}^2(25) = 44.313,$$

$$\chi_{1-\frac{\alpha}{2}}^2(n-1) = \chi_{0.99}^2(25) = 11.523,$$

则此检验的拒绝域为

$$\frac{(n-1)s^2}{\sigma_0^2} \geqslant 44.313 \quad \text{或} \quad \frac{(n-1)s^2}{\sigma_0^2} \leqslant 11.523.$$

由观察值 $s^2 = 4600$ 得 $\dfrac{(n-1)s^2}{\sigma_0^2} = 46 > 44.313$,所以应拒绝 H_0,认为这批电机寿命的波动性较以往有显著变化.

7.3.2 两个正态总体方差比的检验

设总体 $X \sim N(\mu_1, \sigma_1^2)$,$X_1, X_2, \cdots, X_{n_1}$ 为 X 的一个样本;总体 $Y \sim N(\mu_2, \sigma_2^2)$,$Y_1, Y_2, \cdots, Y_{n_2}$ 为 Y 的一个样本,并且两个总体是相互独立的. 在这里,仅讨论 μ_1,

μ_2 未知时,在显著性水平 α 下,σ_1^2 和 σ_2^2 的如下检验问题:

(1) $H_0:\sigma_1^2=\sigma_2^2$ v. s. $H_1:\sigma_1^2\neq\sigma_2^2$;(双侧检验)

(2) $H_0:\sigma_1^2=\sigma_2^2$ v. s. $H_1:\sigma_1^2>\sigma_2^2$,(右侧检验)

  $H_0:\sigma_1^2\leqslant\sigma_2^2$ v. s. $H_1:\sigma_1^2>\sigma_2^2$;

(3) $H_0:\sigma_1^2=\sigma_2^2$ v. s. $H_1:\sigma_1^2<\sigma_2^2$,(左侧检验)

  $H_0:\sigma_1^2\geqslant\sigma_2^2$ v. s. $H_1:\sigma_1^2<\sigma_2^2$.

下面来推导双侧检验问题(1)的检验法则.

由于两个总体的样本方差 S_1^2 和 S_2^2 分别是 σ_1^2 和 σ_2^2 的无偏估计,因此,当 H_0 为真时,$\dfrac{S_1^2}{S_2^2}$ 应接近 1. 若 $\dfrac{S_1^2}{S_2^2}$ 接近于 0 或比 1 大很多,就应该认为当 H_0 为真时出现了小概率事件,即

$$P\left\{\frac{S_1^2}{S_2^2}\leqslant k_1 \mid H_0 \text{ 为真}\right\}+P\left\{\frac{S_1^2}{S_2^2}\geqslant k_2 \mid H_0 \text{ 为真}\right\}=\alpha,$$

其中,k_1 为适当小的正数,k_2 为适当大的正数.

为了简便起见,取

$$P\left\{\frac{S_1^2}{S_2^2}\leqslant k_1 \mid H_0 \text{ 为真}\right\}=P\left\{\frac{S_1^2}{S_2^2}\geqslant k_2 \mid H_0 \text{ 为真}\right\}=\frac{\alpha}{2},$$

当 H_0 为真时,检验统计量

$$F=\frac{S_1^2}{S_2^2}\sim F(n_1-1,n_2-1),$$

则可得此检验的拒绝域为

$$W=\left\{(x_1,x_2,\cdots,x_{n_1},y_1,y_2,\cdots,y_{n_2}):\frac{S_1^2}{S_2^2}\leqslant F_{1-\frac{\alpha}{2}}(n_1-1,n_2-1)\right.$$

$$\left.\text{或}\frac{S_1^2}{S_2^2}\geqslant F_{\frac{\alpha}{2}}(n_1-1,n_2-1)\right\}.$$

类似于前面的讨论可得右侧检验问题(2)的拒绝域为

$$W=\left\{(x_1,x_2,\cdots,x_{n_1},y_1,y_2,\cdots,y_{n_2}):\frac{S_1^2}{S_2^2}\geqslant F_{\alpha}(n_1-1,n_2-1)\right\};$$

左侧检验问题(3)的拒绝域为

$$W=\left\{(x_1,x_2,\cdots,x_{n_1},y_1,y_2,\cdots,y_{n_2}):\frac{S_1^2}{S_2^2}\leqslant F_{1-\alpha}(n_1-1,n_2-1)\right\}.$$

例 2 某化工厂为了提高某种化工产品的得率(%),提出了两种方案,为了研究哪一种方案好,分别用两种工艺各进行了 10 次试验,数据如下:

  方案甲 68.1, 62.4, 64.3, 64.7, 68.4, 66.0, 65.5, 66.7, 67.3, 66.2;

  方案乙 69.1, 71.0, 69.1, 70.0, 69.1, 69.1, 67.3, 70.2, 72.1, 67.3.

假设得率服从正态分布,问方案乙是否比方案甲显著提高得率(取显著水平 $\alpha=0.01$)?

解 设用方案甲和方案乙的得率分别服从正态分布 $N(\mu_1,\sigma_1^2)$ 和 $N(\mu_2,\sigma_2^2)$,所关心的是两种方案的得率是否有变化,即对两个总体均值进行检验,需要用到 t 检验法,但这要求两个总体的方差相等,而题中没有给出任何关于 σ_1^2 和 σ_2^2 的信息. 因此,首先要做如下的检验问题:

$$H_0:\sigma_1^2=\sigma_2^2, \quad H_1:\sigma_1^2\neq\sigma_2^2.$$

对于方差的检验,通常选取较大的显著性水平. 令 $\alpha=0.5$,查 F 分布表得 $F_{0.25}(9,9)=1.59$,从而得 $F_{0.75}(9,9)=\dfrac{1}{1.59}$. 检验的拒绝域为

$$F=\frac{s_1^2}{s_2^2}\leqslant\frac{1}{1.59} \quad 或 \quad F=\frac{s_1^2}{s_2^2}\geqslant 1.59.$$

由样本值算得两个总体的样本均值和样本方差为

$$\overline{x_1}=65.96,\quad \overline{x_2}=69.43,\quad s_1^2=3.3511,\quad s_2^2=2.2244,\quad F=\frac{s_1^2}{s_2^2}=1.51,$$

因为 $\dfrac{1}{1.59}<1.51<1.59$. 所以应接受假设 $H_0:\sigma_1^2=\sigma_2^2$.

接下来在条件 $\sigma_1^2=\sigma_2^2$ 下,再检验假设

$$H_0':\mu_1\geqslant\mu_2, \quad H_0':\mu_1<\mu_2.$$

对于 $\alpha=0.01$,查 t 分布表得 $t_{0.01}(18)=2.5524$,假设 H_0' 的拒绝域为 $W=\{t\leqslant-2.5524\}$. 由样本值算得

$$t=\frac{\overline{x_1}-\overline{x_2}}{\sqrt{\dfrac{9s_1^2+9s_2^2}{10+10-2}}\sqrt{\dfrac{1}{10}+\dfrac{1}{10}}}=\frac{65.96-69.43}{\sqrt{\dfrac{9(3.3511+2.2244)}{18}}\sqrt{\dfrac{1}{10}+\dfrac{1}{10}}}=-4.647,$$

因为 $t=-4.647<-2.5524$,所以应拒绝 H_0',即认为采用方案乙可以比方案甲提高得率.

7.4 置信区间与假设检验之间的关系

置信水平为 $1-\alpha$ 的置信区间是指该随机区间以概率 $1-\alpha$ 包含被估参数的真实值;在显著性水平为 α 的假设检验中,当原假设成立时,接受域发生的概率为 $1-\alpha$,则二者之间存在明显的联系. 首先考察置信区间与双侧检验之间的对应关系. 设总体 X 的分布函数为 $F(x,\theta)(\theta\in\Theta)$,其中 θ 为参数,Θ 为参数空间,$X_1,X_2,\cdots,X_n$ 是一个来自总体 X 的样本,$x_1,x_2,\cdots,x_n$ 是相应的样本值.

设 $(\hat{\theta}_L(X_1,X_2,\cdots,X_n),\hat{\theta}_U(X_1,X_2,\cdots,X_n))$ 是参数 θ 的一个置信水平为 $1-\alpha$ 的置信区间,则对于 $\forall\theta\in\Theta$ 有

$$P_\theta\{\hat{\theta}_L(X_1,X_2,\cdots,X_n)<\theta<\hat{\theta}_U(X_1,X_2,\cdots,X_n)\}\geqslant 1-\alpha. \quad (7.4.1)$$

考虑双侧检验问题
$$H_0:\theta=\theta_0 \quad \text{v.s.} \quad H_1:\theta\neq\theta_0. \tag{7.4.2}$$
由(7.4.1)式可得
$$P_{\theta_0}\{\hat\theta_L(X_1,X_2,\cdots,X_n)<\theta_0<\hat\theta_U(X_1,X_2,\cdots,X_n)\}\geqslant1-\alpha,$$
即有
$$P_{\theta_0}\{(\theta_0\leqslant\hat\theta_L(X_1,X_2,\cdots,X_n))\bigcup(\theta_0\geqslant\hat\theta_U(X_1,X_2,\cdots,X_n))\}\leqslant\alpha.$$
由显著水平为 α 的假设检验的拒绝域的定义可知,检验(7.4.2)的拒绝域为
$$\theta_0\leqslant\hat\theta_L(x_1,x_2,\cdots,x_n) \quad \text{或} \quad \theta_0\geqslant\hat\theta_U(x_1,x_2,\cdots,x_n).$$
　　这就是说,当要在显著水平为 α 下检验假设(7.4.2)时,先由样本值求出 θ 的置信水平为 $1-\alpha$ 的置信区间 $(\hat\theta_L,\hat\theta_U)$,若 $\theta_0\in(\hat\theta_L,\hat\theta_U)$,则接受 H_0;若 $\theta_0\notin(\hat\theta_L,\hat\theta_U)$,则拒绝 H_0.

　　反之,对于 $\forall\theta_0\in\Theta$,考虑显著水平为 α 的双侧假设检验问题
$$H_0:\theta=\theta_0 \quad \text{v.s.} \quad H_1:\theta\neq\theta_0.$$
假设它的接受域为
$$\hat\theta_L(x_1,x_2,\cdots,x_n)<\theta_0<\hat\theta_U(x_1,x_2,\cdots,x_n),$$
即有
$$P_{\theta_0}\{\hat\theta_L(X_1,X_2,\cdots,X_n)<\theta_0<\hat\theta_U(X_1,X_2,\cdots,X_n)\}\geqslant1-\alpha,$$
则由 θ_0 的任意性,由上式知,对 $\forall\theta\in\Theta$ 有
$$P_\theta\{\hat\theta_L(X_1,X_2,\cdots,X_n)<\theta<\hat\theta_U(X_1,X_2,\cdots,X_n)\}\geqslant1-\alpha.$$
由此,$(\hat\theta_L(X_1,X_2,\cdots,X_n),\hat\theta_U(X_1,X_2,\cdots,X_n))$ 是参数 θ 的一个置信水平为 $1-\alpha$ 的置信区间.

　　这就是说,为求出参数 θ 的置信水平为 $1-\alpha$ 的置信区间,先求出显著性水平为 α 的假设检验问题
$$H_0:\theta=\theta_0 \quad \text{v.s.} \quad H_1:\theta\neq\theta_0$$
的接受域 $\hat\theta_L(X_1,X_2,\cdots,X_n)<\theta_0<\hat\theta_U(X_1,X_2,\cdots,X_n)$,那么 $(\hat\theta_L(X_1,X_2,\cdots,X_n),\hat\theta_U(X_1,X_2,\cdots,X_n))$ 就是 θ 的置信水平为 $1-\alpha$ 的置信区间.

　　同样可验证置信水平为 $1-\alpha$ 的单侧置信区间 $(-\infty,\hat\theta_U(X_1,X_2,\cdots,X_n))$ 与显著性水平为 α 的左侧检验问题 $H_0:\theta\geqslant\theta_0,H_1:\theta<\theta_0$ 有类似的对应关系;置信水平为 $1-\alpha$ 的单侧置信区间 $(\hat\theta_L(X_1,X_2,\cdots,X_n),+\infty)$ 与显著性水平为 α 的右侧检验问题 $H_0:\theta\leqslant\theta_0,H_1:\theta>\theta_0$ 也有类似的对应关系.

　　例1　设 $X_1,X_2,\cdots,X_n$ 为取自总体 $N(\mu,\sigma^2)$ 的简单样本.由第7章的知识可知
$$\left(\bar x-\frac{s}{\sqrt n}t_{\frac{\alpha}{2}}(n-1),\bar x+\frac{s}{\sqrt n}t_{\frac{\alpha}{2}}(n-1)\right) \tag{7.4.3}$$
为 μ 的置信水平为 $1-\alpha$ 的置信区间.因此,对双侧假设检验问题
$$H_0:\mu=\mu_0, \quad H_1:\mu\neq\mu_0,$$

可以作显著性水平为 α 的检验如下：当 μ_0 属于区间(7.4.3)时就接受 H_0；否则，就拒绝 H_0.

7.5 分布拟合检验

前面所讨论的是参数假设检验问题，往往是在总体分布的数学表达式已知的前提条件下，对总体均值与方差等参数进行假设检验. 但在实际问题中，有时不能预先知道总体所服从的分布，而要根据样本值 $(x_1, x_2, \cdots, x_n)$ 来判断总体 X 是否服从某种指定的分布.

例1 上海 $1875 \sim 1955$ 年的 81 年间，根据其中 63 年观察记录到的一年中 $(5 \sim 9$ 月)下暴雨次数的整理资料：

一年中暴雨次数 i	0	1	2	3	4	5	6	7	8	$\geqslant 9$
实际年数 n_i	4	8	14	19	10	4	2	1	1	0

在概率论中，我们对泊松分布有了一定的了解，那么是否可以认为一年中下暴雨的次数 X 服从泊松分布呢？

例2 某灯泡厂对生产的灯泡进行寿命的检验，从中抽出 100 只灯泡做试验，并记录它们寿命的数据，那么可否认为该厂生产的灯泡的寿命服从指数分布？

以上的例子都可以归纳为在给定的显著性水平 α 下，对假设

$$H_0 : F(x) = F_0(x), \quad H_1 : F(x) \neq F_0(x) \tag{7.5.1}$$

作显著性检验，其中 $F_0(x)$ 为已知的、具有明确表达式的分布函数，这种假设检验通常称为**分布的拟合优度检验**，简称为**分布拟合检验**.

首先讨论 $F_0(x)$ 中不含有未知参数的情形. 把作为总体的随机变量 X 的值域 Ω 划分为互不相交的 k 个区间：$A_1 = (a_0, a_1], A_2 = (a_1, a_2], \cdots, A_k = (a_{k-1}, a_k]$. 这些区间的长度可以不相等. 设 $(x_1, x_2, \cdots, x_n)$ 是总体 X 的容量为 n 的样本观测值，v_i 为样本值落入区间 A_i 的频数，则 $\sum_{i=1}^{k} v_i = n$. 随机变量 X 落入区间 A_i 的事件仍然用 A_i 表示. 把 $(x_1, x_2, \cdots, x_n)$ 作为一次 n 重独立试验的结果，那么在这 n 重独立试验中，事件 A_i 发生的频率为 $\frac{v_i}{n}$. 当 $H_0 : F(x) = F_0(x)$ 为真时，事件 A_i 发生的概率为

$$p_i = P(A_i) = P\{a_{i-1} < X \leqslant a_i\} = F_0(a_i) - F_0(a_{i-1}), \quad i = 1, 2, \cdots, k.$$

根据大数定律，当 H_0 为真且 n 充分大时，事件 A_i 的频率 $\frac{v_i}{n}$ 与事件 A_i 的概率 p_i 的差异应该比较小. 若 $\sum_{i=1}^{k} \left(\frac{v_i}{n} - p_i \right)^2$ 比较大，则很自然应拒绝 H_0. 由此想法，

K. Pearson 构造了检验统计量

$$\chi^2 = \sum_{i=1}^{k}\left(\frac{v_i}{n}-p_i\right)^2 \cdot \frac{n}{p_i} = \sum_{i=1}^{k}\frac{(v_i-np_i)^2}{np_i},$$

称之为 K. Pearson 统计量,它反映了频率和概率之间的差异. 若 χ^2 的观测值过大就拒绝 H_0.

如果分布函数 $F_0(x)$ 中含有未知参数,则要在 H_0 成立的条件下,求出未知参数的极大似然估计,以估计值作为参数值,求出 p_i 的估计值,带入 χ^2 统计量中.

χ^2 统计量的渐近分布由下面的定理给出.

定理 7.5.1(K. Pearson-Fisher 定理)　设 $F_0(x;\theta_1,\theta_2,\cdots,\theta_r)$ 为总体的真实分布,其中 $\theta_1,\theta_2,\cdots,\theta_r$ 为 r 个未知参数. 在 $F_0(x;\theta_1,\theta_2,\cdots,\theta_r)$ 中用 $\theta_1,\theta_2,\cdots,\theta_r$ 的极大似然估计量 $\hat\theta_1,\hat\theta_2,\cdots,\hat\theta_r$ 代替得 $F_0(x;\hat\theta_1,\hat\theta_2,\cdots,\hat\theta_r)$.

令 $\hat p_i=F_0(a_i;\hat\theta_1,\hat\theta_2,\cdots,\hat\theta_r)-F_0(a_{i-1};\hat\theta_1,\hat\theta_2,\cdots,\hat\theta_r)$,则当样本容量 $n\to\infty$ 时有

$$\chi^2 = \sum_{i=1}^{k}\frac{(v_i-n\hat p_i)^2}{n\hat p_i} \xrightarrow{L} \chi^2(k-r-1).$$

由定理 7.5.1 可得假设问题(7.5.1)的检验法则为

若 $\chi^2 = \sum_{i=1}^{k}\frac{(v_i-n\hat p_i)^2}{n\hat p_i} \geqslant \chi_\alpha^2(k-r-1)$,则拒绝 H_0;

若 $\chi^2 = \sum_{i=1}^{k}\frac{(v_i-n\hat p_i)^2}{n\hat p_i} < \chi_\alpha^2(k-r-1)$,则接受 H_0.

由前面的叙述,总结 K. Pearson 的 χ^2 拟合检验法的步骤如下:

(1) 用极大似然估计法求出 $F_0(x;\theta_1,\theta_2,\cdots,\theta_r)$ 的所有未知参数的估计值 $\hat\theta_1,\hat\theta_2,\cdots,\hat\theta_r$;

(2) 把总体的值域划分为 k 个互不相交的区间 $(a_{i-1},a_i](i=1,\cdots,k)$,若样本值已经是分组观测数值,则可参考其分点,将各组作适当合并,一般地,$5\leqslant k\leqslant16$,每个区间通常包含不少于 5 个的数据,数据个数少于 5 的区间并入相邻的区间;

(3) 假定 H_0 成立,计算

$$\hat p_i = F_0(a_i;\hat\theta_1,\hat\theta_2,\cdots,\hat\theta_r) - F_0(a_{i-1};\hat\theta_1,\hat\theta_2,\cdots,\hat\theta_r);$$

(4) 根据样本观测值 $(x_1,x_2,\cdots,x_n)$ 算出落在区间 $(a_{i-1},a_i]$ 中的实际频数 v_i,再计算统计量 χ^2 的观测值

$$\chi^2 = \sum_{i=1}^{k}\frac{(v_i-n\hat p_i)^2}{n\hat p_i};$$

(5) 根据显著性水平 α,查 χ^2 分布表得 $\chi_\alpha^2(k-r-1)$;

(6) 若 $\chi^2\geqslant\chi_\alpha^2(k-r-1)$,则拒绝 H_0;若 $\chi^2<\chi_\alpha^2(k-r-1)$,则接受 H_0.

例 3　这是遗传学上的一个著名的例子. 遗传学家 Mendel(孟德尔)根据对豌

豆的观察发现豌豆的两对特征——圆和皱、黄和绿所出现的 4 种组合有下述频数:

组合	圆黄	皱黄	圆绿	皱绿	n
n_i	315	101	108	32	556

根据他的遗传学理论,孟德尔认为豌豆的上述 4 种组合应该有理论上的概率如下:

组合	圆黄	皱黄	圆绿	皱绿	和
概率	9/16	3/16	3/16	1/16	1

则可否认为孟德尔的理论与实际观测结果相符(取显著性水平 $\alpha=0.05$)?

解 利用χ^2统计量来检验孟德尔的理论与实际观测数据的拟合优度. 当 $\alpha=0.05$ 时,查表可得$\chi^2_{0.05}(3)=7.815$,由样本可得χ^2统计量的值为

$$\chi^2 = \frac{\left(315-556\times\frac{9}{16}\right)^2}{556\times\frac{9}{16}} + \frac{\left(101-556\times\frac{3}{16}\right)^2}{556\times\frac{3}{16}} + \frac{\left(108-556\times\frac{3}{16}\right)^2}{556\times\frac{3}{16}}$$

$$+ \frac{\left(32-556\times\frac{1}{16}\right)^2}{556\times\frac{1}{16}} = 0.47 < 7.815,$$

由此可知,理论分布与实际数据拟合得很好.

例 4 数据如例 1 所示,试检验一年中下暴雨的次数 X 是否服从 Poisson 分布(取显著性水平 $\alpha=0.05$)?

解 现在的问题是在显著性水平 $\alpha=0.05$ 下要检验

$$H_0:X \text{ 服从 } p(\lambda), \lambda > 0.$$

依题意有

$$\sum_{i=0}^{9} v_i = n = 63.$$

先计算出在假定 H_0 为真时,参数 λ 的极大似然估计值

$$\hat{\lambda} = \bar{x} = \frac{1}{63}(0\times 4 + 1\times 8 + \cdots + 8\times 1 + 9\times 0) = \frac{180}{63} = 2.8571,$$

按 X 服从 Poisson 分布,由

$$\hat{p}_i = \hat{P}\{X=i\} = \frac{(2.8571)^i}{i!}e^{-2.8571}, \quad i = 0,1,\cdots,6,$$

把暴雨次数大于 6 的频数和为一组算得($i \geqslant 6$ 作为一组)

$$\hat{p}_0 = 0.0574, \quad \hat{p}_1 = 0.1641, \quad \hat{p}_2 = 0.2344,$$

$$\hat{p}_3 = 0.2233, \quad \hat{p}_4 = 0.1595, \quad \hat{p}_5 = 0.0911,$$

$$\hat{p}_6 = \sum_{i=6}^{\infty} \frac{(2.8571)^i}{i!}e^{-2.8571} = 0.0702.$$

检验统计量 χ^2 的观测值为

$$\chi^2 = \sum_{i=0}^{6} \frac{(v_i - 63\hat{p}_i)^2}{63\hat{p}_i} = 2.9064,$$

由 χ^2 分布表可得 $\chi_\alpha^2(k-r-1)=\chi_{0.05}^2(7-1-1)=11.07$. 则 $\chi^2=2.9046<11.07$. 根据 χ^2 拟合检验法则, 应接受原假设 H_0, 即认为 X 服从 Poisson 分布.

习　题　7

1. 为了检验投币正面出现的概率 p 是否为 0.5, 独立地投币 10 次, 检验如下假设:
$$H_0 : p = 0.5 \quad \text{v. s.} \quad H_1 : p \neq 0.5.$$
当 10 次投币全为正面或全为反面时, 拒绝原假设, 试求这一检验法则的实际检验水平是多少?

2. 设 $x_1, x_2, \cdots, x_n$ 是来自 $N(\mu, 1)$ 的样本, 考虑如下假设检验问题:
$$H_0 : \mu = 2 \quad \text{v. s.} \quad H_1 : \mu = 3.$$
若检验由拒绝域为 $W = \{\bar{x} \geqslant 2.6\}$ 确定.

(1) 当 $n = 20$ 时, 求检验犯两类错误的概率;

(2) 如果要使得检验犯第二类错误的概率 $\beta \leqslant 0.01$, 则 n 最小应取多少?

(3) 证明当 $n \to +\infty$ 时, $\alpha \to 0, \beta \to 0$.

3. 设总体为均匀分布 $U(0, \theta)$, $X_1, X_2, \cdots, X_n$ 是样本, 最大顺序统计量 $X_{(n)} = \max\limits_{1 \leqslant i \leqslant n}\{X_i\}$, 考虑检验问题 $H_0 : \theta \geqslant 3$ 和 $H_1 : \theta < 3$, 拒绝域取为 $W = \{X_{(n)} \leqslant 2.5\}$, 求检验犯第一类错误的最大值 α, 若要使得该最大值 α 不超过 0.05, 则 n 至少应取多大?

4. 设正态总体的方差 σ^2 为已知, 均值 μ 只可能取 μ_0 或 $\mu_1 (> \mu_0)$ 二值之一, $\bar{x}$ 为总体的容量为 n 的样本均值. 在给定的水平 α 下, 检验假设
$$H_0 : \mu = \mu_0, \quad H_1 : \mu = \mu_1 (> \mu_0)$$
时, 犯第二类错误的概率 β,
$$\beta = P\{\bar{X} - \mu_0 < k \mid \mu = \mu_1\},$$
试验证
$$\beta = \Phi\left(z_\alpha - \frac{\mu_1 - \mu_0}{\sigma/\sqrt{n}}\right),$$
并由此推导出关系式
$$z_\alpha + z_\beta = \frac{\mu_1 - \mu_0}{\sigma/\sqrt{n}}$$
及
$$n = (z_\alpha + z_\beta)^2 \frac{\sigma^2}{(\mu_1 - \mu_0)^2}.$$
又问: (1) 若 n 固定, 则当 α 减少时, β 的值怎样变化?

(2) 若 n 固定, 则当 β 减少时, α 的值怎样变化? 并写出当 $\sigma = 0.12, \mu_1 - \mu_0 = 0.02, \alpha = 0.05, \beta = 0.025$ 时, 样本容量 n 至少等于多少?

5. 有一种电子元件, 要求其使用寿命不得低于 1000h, 现抽 25 件, 测得其均值为 950h. 已知该种元件寿命服从正态分布, 并且已知 $\sigma = 100$, 问在 $\alpha = 0.05$ 下, 这批元件是否合格?

6. 从甲地发送一个信号到乙地. 设乙地接受到信号值是一个服从正态分布 $N(\mu,0.2^2)$ 的随机变量, 其中 μ 为甲地发送的真实信号值. 现甲地重复发送同一信号 5 次, 乙地接收到的信号值为 8.05, 8.15, 8.2, 8.1, 8.25, 设接受方有理由猜测甲地发送的信号值为 8, 问能否接受这个猜测(取显著水平 $\alpha=0.05$).

7. 切割机在正常工作时, 切割出的每段金属棒长 X 是服从正态分布的随机变量, 即总体 $X \sim N(\mu,\sigma^2)$, $\mu=10.5$cm, $\sigma=0.15$cm. 今从生产出的一批产品中随机地抽取 15 段进行测量, 测得长度(单位:cm)如下:

10.4, 10.6, 10.1, 10.4, 10.5, 10.3, 10.3, 10.2, 10.9, 10.6, 10.8, 10.5, 10.7, 10.2, 10.7.

试问该切割机工作是否正常(取显著水平 $\alpha=0.05$).

8. 某厂生产一种钢索, 其断裂强度 X(单位: 10^5Pa)服从正态分布 $N(\mu,40^2)$, 从中抽取容量为 9 的样本, 测得断裂强度值为

$$793, 782, 795, 802, 797, 775, 768, 798, 809.$$

据此样本值能否认为这批钢索的平均断裂强度为 800×10^5Pa(取显著水平 $\alpha=0.05$)?

9. 现规定某种食品每 100g 中维生素 C 的含量不得少于 21mg. 设维生素 C 含量的测定值总体 X 服从正态分布 $N(\mu,\sigma^2)$. 现从这批食品中随机地抽取 17 个样品, 测得每 100g 食品中维生素 C 的含量(单位:mg)为

16, 22, 21, 20, 23, 21, 19, 15, 13, 23, 17, 20, 29, 18, 22, 16, 25.

试以 $\alpha=0.025$ 的检验水平, 检验这批食品的维生素 C 含量是否合格.

10. 一个小学校长在报纸上看到这样的报道:"这一城市的初中学生平均每周看 8h 电视". 她认为她所在学校的学生看电视的时间明显小于该数字. 为此, 她在该校随机调查了 100 个学生得知, 平均每周看电视的时间 $\bar{x}=6.5$h, 样本标准差为 $s=2$h, 问是否可以认为这位校长的看法是对的(取 $\alpha=0.05$).

11. 已知用某种钢生产的钢筋强度服从正态分布. 长期以来, 其抗拉强度平均为 52.00(kg/mm²). 现改变炼钢的配方, 利用新法炼了 7 炉钢, 从这 7 炉钢生产的钢筋中每炉抽一根, 测得其强度分别为

$$52.45, 48.51, 56.02, 51.53, 49.02, 53.38, 54.04.$$

问用新法炼钢生产的钢筋, 其强度的均值是否有明显提高(取显著水平 $\alpha=0.05$).

12. 已知用精料养鸡时, 经若干天, 鸡的平均重量为 2kg. 现对一批鸡改用粗料饲养, 同时改善饲养方法, 经过同样长的饲养期, 随机抽测 10 只, 得重量数据(单位 kg)如下:

$$2.15, 1.85, 1.90, 2.05, 1.95, 2.30, 2.35, 2.50, 2.25, 1.90.$$

经验表明, 同一批鸡的重量服从正态分布, 试判断这批鸡的平均重量是否提高了(取显著水平 $\alpha=0.05$)?

13. 某香烟生产厂向化验室送去两批烟叶, 要化验尼古丁的含量. 各抽质量相同的 5 例化验, 得尼古丁含量(单位:mg)为

A 24, 27, 26, 21, 24;

B 27, 28, 23, 31, 26.

设化验数据服从正态分布, A 批烟叶的方差为 5, B 批烟叶的方差为 8. 在 $\alpha=0.05$ 下, 检验两种烟叶的尼古丁平均含量是否相同?

14. 下面给出两种型号的计算器充电以后所能使用的时间(单位:h)的观测值:

型号 A   5.5, 5.6, 6.3, 4.6, 5.3, 5.0, 6.2, 5.8, 5.1, 5.2, 5.9;

型号 B   3.8, 4.3, 4.2, 4.0, 4.9, 4.5, 5.2, 4.8, 4.5, 3.9, 3.7, 4.6.

设两个样本独立且数据所属的两个总体的正态密度函数至多差一个平移量.试问能否认为型号 A 的计算器的平均使用时间比型号 B 来得长($\alpha=0.01$)?

15. 从两处煤矿各取若干个样本得其含灰率(%)为

甲   24.3, 20.3, 23.7, 21.3, 17.4;

乙   18.2, 16.9, 20.2, 16.7.

问甲、乙两矿煤的平均含灰率有无显著差异? 取 $\alpha=0.05$,设含灰率服从正态分布且 $\sigma_1^2=\sigma_2^2$.

16. 在漂白工艺中要考察温度对针织品断裂强力的影响,在 70℃ 与 80℃ 下分别作了 7 次和 9 次测验,测得断裂强力的数据(单位:kg)如下:

70℃   22.5, 18.8, 20.9, 21.5, 19.5, 21.6, 21.8;

80℃   21.7, 19.2, 20.3, 20.0, 18.6, 19.0, 19.2, 20.0, 18.1.

根据以往经验知,两种温度下的断裂强力都近似服从正态分布,其方差相等且相互独立.试问两种温度下的平均断裂强力有无显著差异($\alpha=0.05$).

17. 从某锌矿的东、西两支矿脉中,各抽取样本容量分别为 9 和 8 的样本进行测试,得样本含锌平均数及样本方差如下:

东支 $\overline{x}_1=0.230, s_1^2=0.1337$;

西支 $\overline{x}_2=0.269, s_2^2=0.1736$.

若东、西两支矿脉的含锌量都服从正态分布且方差相同,问东、西两支矿脉含锌量的平均值是否可以看成一样的($\alpha=0.05$)?

18. 某工厂有甲、乙两个条件完全相同的化验室,每天同时从工厂的冷却水中取样,测量水中含氯量(ppm)一次,下面是 7 天的记录:

甲   1.15, 1.86, 0.75, 1.82, 1.24, 1.65, 1.90;

乙   1.00, 1.90, 0.90, 1.80, 1.20, 1.70, 1.95.

问两个化验室测定的结果之间有无显著差异(取显著水平 $\alpha=0.05$)? 由经验知道,测量结果近似服从正态分布.

19. 甲、乙两种稻种,分别种在 10 块试验田中,每块田中甲、乙稻种各种一半,假定两种作物产量之差服从正态分布,现获 10 块田中的产量(单位:kg)如下所示:

甲   140, 137, 136, 140, 145, 148, 140, 135, 144, 141;

乙   135, 118, 115, 140, 128, 131, 130, 115, 131, 125.

问两种稻种的产量是否有显著差异($\alpha=0.05$).

20. 随机地选了 8 个人,分别测量了他们在早晨起床和晚上就寝时的身高(单位:cm),得到以下的数据.设各对数据的差 D_i 是来自正态总体 $N(\mu_D, \sigma_D^2)$ 的样本,μ_D, σ_D^2 均未知.问是否可以认为早上的身高比晚上的身高要高($\alpha=0.05$)?

序 号	1	2	3	4	5	6	7	8
早上 x_i	162	168	180	181	160	163	165	177
晚上 y_i	162	167	177	179	159	161	166	175

21. 某厂生产的铜丝,要求其拉断力的方差不得超过 $16(\mathrm{kg})^2$,今从某日生产的铜丝中随机抽取 9 根,测得其拉断力(单位:kg)为

$$289,\ 286,\ 285,\ 284,\ 286,\ 285,\ 286,\ 298,\ 292.$$

设拉断力总体服从正态分布 $N(\mu,\sigma^2)$,问该日生产的铜丝的拉断力的方差是否合乎标准(取显著水平 $\alpha=0.05$)?

22. 检查一批保险丝,抽取 10 根在通过强电流后熔化所需的时间(单位:s)为

$$42,\ 65,\ 75,\ 78,\ 59,\ 71,\ 57,\ 68,\ 54,\ 55.$$

可认为熔化所需时间服从正态分布,问

(1) 能否认为这批保险丝的平均熔化时间不小于 65(取 $\alpha=0.05$)?

(2) 能否认为熔化时间的方差不超过 80(取 $\alpha=0.05$)?

23. 某类钢板的重量指标平日服从正态分布,它的制造规格规定,钢板质量的方差不得超过 $\sigma_0^2=0.016\mathrm{kg}^2$. 现有 25 块钢板组成的一个随机样本给出的样本方差为 0.025,从这些数据能否得出钢板不合规格的结论(取 $\alpha=0.01,0.05$)?

24. 两台车床生产同一种滚珠,滚珠的直径服从正态分布,从中分别抽取 8 个和 9 个产品,测得其直径为

甲车床　15.0, 14.5, 15.2, 15.5, 14.8, 15.1, 15.2, 14.8;

乙车床　15.2, 15.0, 14.8, 15.2, 15.0, 15.0, 14.8, 15.1, 14.8.

比较两台车床生产的滚珠直径的方差是否有明显差异($\alpha=0.05$)?

25. 机床厂某日从两台机器所加工的同一种零件中,分别抽出样品若干个,测量零件尺寸得

第一台　6.2, 5.7, 6.5, 6.0, 6.3, 5.8, 5.7, 6.0, 5.8, 6.0, 6.0;

第二台　5.6, 5.9, 5.6, 5.7, 5.8, 6.0, 5.5, 5.7, 5.5.

设零件尺寸近似服从正态分布,问这两台机器加工这种零件的精度是否有显著差异($\alpha=0.05$)?(提示:精度指数据的方差.)

26. 用两种方法研究冰的潜热,样本都取自 $-0.72℃$ 的冰. 用方法 A 做,取样本容量 $n_1=13$;用方法 B 做,取样本容量 $n_2=8$,测得每克冰从 $-0.72℃$ 变成 $0℃$ 的水,其中热量的变化数据为

方法 A　79.98, 80.04, 80.02, 80.04, 80.03, 80.04, 80.03, 79.97, 80.05, 80.03, 80.02, 80.00, 80.02;

方法 B　80.02, 79.94, 79.97, 79.98, 79.97, 80.03, 79.95, 79.97.

假设两种方法测得数据总体都服从正态分布,试问

(1) 两种方法测量总体的方差是否相等($\alpha=0.05$)?

(2) 两种方法测量总体的均值是否相等($\alpha=0.05$)?

27. 测得两批电子器件的样品的电阻(单位:Ω)为

A 批 x　0.140, 0.138, 0.143, 0.142, 0.144, 0.137;

B 批 y　0.135, 0.140, 0.142, 0.136, 0.138, 0.140.

设这两批器材的电阻值分别服从分布 $N(\mu_1,\sigma_1^2)$,$N(\mu_2,\sigma_2^2)$ 且两样本独立.

(1) 试检验两个总体的方差是否相等($\alpha=0.05$);

(2) 试检验两个总体的均值是否相等($\alpha=0.05$).

28. 有两个正态总体 $X\sim N(\mu_1,\sigma_1^2)$,$Y\sim N(\mu_2,\sigma_2^2)$,由此,两个总体分别抽取样本

X　4.4，4.0，2.0，4.8；

Y　6.0，1.0，3.2，0.4，

在显著水平 $\alpha=0.05$ 下，能否认为这两个样本来自同一个总体？

29．设 $X\sim N(\mu,1)$，μ 为未知参数，$\alpha=0.05$，抽出容量为 $n=16$ 的一个样本，由样本值可得 $\bar{x}=5.20$，求出 μ 的置信水平为 $1-\alpha$ 的置信区间，并由此讨论检验问题 $H_0:\mu=5.5$，$H_1:\mu\neq5.5$.

30．数据如第 29 题，试由右侧检验问题 $H_0:\mu\leqslant\mu_0$，$H_1:\mu>\mu_0$ 的接受域，求出参数 μ 的置信水平为 α 的单侧置信下限.

31．为募集社会福利基金，某地方政府发行福利彩票，中彩者用摇大转盘的方法确定最后中奖金额. 大转盘均分为 20 份，其中金额为 5 万、10 万、20 万、30 万、50 万、100 万的分别占 2 份、4 份、6 份、4 份、2 份、2 份. 假定大转盘是均匀的，则每一点朝下是等可能的，于是摇出各个奖项的概率如下：

额度	5 万	10 万	20 万	30 万	50 万	100 万
概率	0.1	0.2	0.3	0.2	0.1	0.1

现 20 人参加摇奖，摇得 5 万、10 万、20 万、30 万、50 万和 100 万的人数分别为 2,6,6,3,3,0，由于没有一个人摇到 100 万，于是有人怀疑大转盘是不均匀的，那么该怀疑是否成立呢（$\alpha=0.05$）？

32．检查产品质量时，每次抽取 10 个产品来检查，共抽取 100 次，记录每 10 个产品中的次品数如下：

次品数	0	1	2	3	4	5	6	7	8	9	10
频数	35	40	18	5	1	1	0	0	0	0	0

试问次品数是否服从二项分布（$\alpha=0.05$）？

第 7 章测试题

第 8 章　回归分析及方差分析

8.1　一元线性回归

在实际问题中,我们常常会遇到这样的情况:虽然变量 Y 与变量 X 之间有一定关系,但是这种关系与通常的函数关系不一样,即变量 Y 的值不能够完全精确地由变量 X 的值所确定.这种关系通常被称为非确定性的关系,即所谓的相关关系.一般来说,在客观世界中,变量之间的关系可分为确定性的和不确定性的两种.确定性的关系是指变量之间的关系可以用函数关系来表达,在初等数学和微积分中见过很多这种关系.而非确定性的关系也是广泛存在的.例如,正常人的血压与年龄有一定关系,一般地,年龄大的人血压相对高一些,但同年龄人的血压往往不相同.因此,血压的值并不能完全精确地由年龄来决定.再如,商品的销售与销售价格的关系、人的身高与体重之间的关系等,它们之间的关系都是相关关系.

回归分析就是研究相关关系的一种数学工具,它能帮助我们从一个变量取得的值去估计另一个变量所取得的值.

8.1.1　一元线性回归模型

设 Y 与 x 之间有相关关系.依照函数关系的情形,称 x 为自变量,Y 为因变量,在知道 x 取值后,Y 的取值并不是确定的,通常可表示为

$$Y = \mu(x) + \varepsilon, \tag{8.1.1}$$

其中,ε 代表一个期望为零的随机误差,它描述了 Y 与 x 的关系中不能确定的那一部分,因此,Y 是一个随机变量,它有一个分布.从(8.1.1)可以看到对于给定的 x,Y 的数学期望就是 $\mu(x)$,它是 x 的函数,通常称它为 Y 关于 x 的回归函数.由于 $\mu(x)$ 的大小在一定程度上反映在 x 处随机变量 Y 的观测值的大小上,因此,如果能设法通过一组样本来估计 $\mu(x)$,那么在一定条件下就能对 Y 的取值有一个预测.

假定对 x 的取定的一组不完全相同的值 $x_1, x_2, \cdots, x_n$ 做独立试验,观测到 Y 的相应的一组值 $y_1, y_2, \cdots, y_n$,它们组成一个容量为 n 的样本:

$$(x_1, y_1), (x_2, y_2), \cdots, (x_n, y_n), \tag{8.1.2}$$

其中 y_i 为 $x = x_i$ 处对随机变量 Y 观察的结果.利用这 n 对观察结果,要解决的问题是如何来估计 Y 关于 x 的回归 $\mu(x)$.为此,首先需要推测 $\mu(x)$ 的形式.在有些问题中,可以根据专业知识知道 $\mu(x)$ 的形式.此外,也可以在直角坐标系中描出每

对观测值 (x_i, y_i) 的相应的点,这种图称为散点图. 它可以帮助我们粗略地看出 $\mu(x)$ 的形式(图 8.1 和图 8.2).

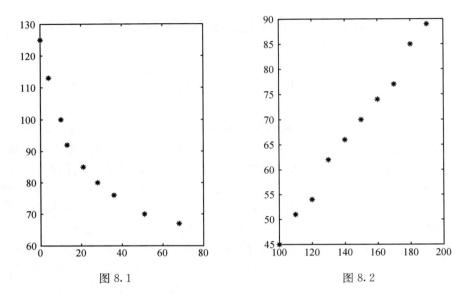

图 8.1   图 8.2

例 1　表 8.1 是某工厂油漆的生产记录,其中 x_i 为搅拌速度,y_i 为 $x = x_i$ 时所产生的油漆的杂质含量(%).

表 8.1

搅拌速度 x_i	20	22	24	26	28	30	32	34	36	38	40	42
杂质含量 y_i	8.4	9.5	11.8	10.4	13.3	14.8	13.2	14.7	16.4	16.5	18.9	18.5

将点 $(x_i, y_i)(i = 1, 2, \cdots, 12)$ 画在平面直角坐标系中,散点图大致呈直线状,所以 Y 与 x 有线性回归关系,即 $\mu(x)$ 具有线性函数 $a + bx$ 的形式. 本节只讨论 $\mu(x)$ 在具有线性函数 $a + bx$ 的形式下如何利用样本估计 $\mu(x)$ 的问题. 通常假定随机误差 $\varepsilon \sim N(0, \sigma^2)$,因此有模型

$$Y = a + bx + \varepsilon, \quad \varepsilon \sim N(0, \sigma^2), \tag{8.1.3}$$

其中未知参数 a, b 及 σ^2 都不依赖于 x. 这种模型称为一元正态线性回归模型,简称为**一元线性回归模型**.

如果由样本(8.1.2)得到(8.1.3)中 a, b 的估计 $\hat{a}, \hat{b}$,则对于给定的 x,取 $\hat{y} = \hat{a} + \hat{b}x$ 作为 $\mu(x) = a + bx$ 的估计. 称

$$\hat{y} = \hat{a} + \hat{b}x \tag{8.1.4}$$

为 Y 关于 x 的经验回归方程,其图形称为回归直线. 它是否真正描述了 Y 与 x 这

两个量之间的关系,还需要作进一步的统计检验.

8.1.2　未知参数的估计

首先,取 x 的 n 个不全相同的值 $x_1, x_2, \cdots, x_n$,做独立试验,得到样本$(x_1, Y_1), (x_2, Y_2), \cdots, (x_n, Y_n)$. 由(8.1.3)式可知

$$Y_i = a + bx_i + \varepsilon_i, \quad \varepsilon_i \sim N(0, \sigma^2), \tag{8.1.5}$$

其中,ε_i 相互独立. 因此,$Y_i \sim N(a + bx_i, \sigma^2)(i=1,2,\cdots,n)$且相互独立.

1. 回归系数 a, b 的点估计

用极大似然估计法来估计未知参数 a, b. 注意到 Y_i 的概率密度为

$$f(y_i; a, b, \sigma^2) = \frac{1}{\sqrt{2\pi}\sigma} \exp\left\{-\frac{1}{2\sigma^2}(y_i - a - bx_i)^2\right\}, \tag{8.1.6}$$

由 $Y_1, Y_2, \cdots, Y_n$ 的独立性可知,样本的似然函数就是 $Y_1, Y_2, \cdots, Y_n$ 的联合密度,即

$$L(a, b, \sigma^2) = \prod_{i=1}^{n} (\sigma\sqrt{2\pi})^{-1} \exp\left[-(2\sigma^2)^{-1}(y_i - a - bx_i)^2\right]$$

$$= (\sigma\sqrt{2\pi})^{-n} \exp\left[-(2\sigma^2)^{-1} \sum_{i=1}^{n}(y_i - a - bx_i)^2\right]. \tag{8.1.7}$$

因此,要使得 $L(a, b, \sigma^2)$ 取最大值,只需(8.1.7)式右端方括弧中的平方和部分为最小即可. 令

$$Q(a, b) = \sum_{i=1}^{n}(y_i - a - bx_i)^2. \tag{8.1.8}$$

取 Q 分别关于 a, b 的一阶偏导数,并令它们为零,

$$\begin{cases} \dfrac{\partial Q}{\partial a} = -2\sum_{i=1}^{n}(y_i - a - bx_i) = 0, \\ \dfrac{\partial Q}{\partial b} = -2\sum_{i=1}^{n}(y_i - a - bx_i)x_i = 0. \end{cases} \tag{8.1.9}$$

经整理后得到关于参数 a, b 的一个线性方程组

$$\begin{cases} na + b\sum_{i=1}^{n}x_i = \sum_{i=1}^{n}y_i, \\ a\sum_{i=1}^{n}x_i + b\sum_{i=1}^{n}x_i^2 = \sum_{i=1}^{n}x_iy_i, \end{cases} \tag{8.1.10}$$

这个方程组通常被称为**正规方程组**.

由 x_i 不全相同可知,正规方程组的系数行列式

$$\begin{vmatrix} n & \sum\limits_{i=1}^{n} x_i \\ \sum\limits_{i=1}^{n} x_i & \sum\limits_{i=1}^{n} x_i^2 \end{vmatrix} = n\sum_{i=1}^{n} x_i^2 - \left(\sum_{i=1}^{n} x_i\right)^2 = n\sum_{i=1}^{n} (x_i - \overline{x})^2 \neq 0, \quad (8.1.11)$$

故正规方程组有唯一的解. 解得 a, b 的极大似然估计为

$$\begin{cases} \hat{a} = \dfrac{1}{n}\sum_{i=1}^{n} y_i - \dfrac{\hat{b}}{n}\sum_{i=1}^{n} x_i = \overline{y} - \hat{b}\overline{x}, \\[3mm] \hat{b} = \dfrac{n\sum\limits_{i=1}^{n} x_i y_i - \left(\sum\limits_{i=1}^{n} x_i\right)\left(\sum\limits_{i=1}^{n} y_i\right)}{n\sum\limits_{i=1}^{n} x_i^2 - \left(\sum\limits_{i=1}^{n} x_i\right)^2} = \dfrac{\sum\limits_{i=1}^{n} (x_i - \overline{x})(y_i - \overline{y})}{\sum\limits_{i=1}^{n} (x_i - \overline{x})^2}, \end{cases} \quad (8.1.12)$$

其中, $\overline{x} = \dfrac{1}{n}\sum_{i=1}^{n} x_i, \overline{y} = \dfrac{1}{n}\sum_{i=1}^{n} y_i$. 于是所求的经验回归方程为

$$\hat{y} = \hat{a} + \hat{b}x, \quad (8.1.13)$$

即 $\hat{y} = \overline{y} + \hat{b}(x - \overline{x})$. 它表明, 对于样本观察值 $(x_1, y_1), (x_2, y_2), \cdots, (x_n, y_n)$, 回归直线通过散点图的几何中心 $(\overline{x}, \overline{y})$. 为了以后计算上的方便, 引入下述记号:

$$\begin{cases} S_{xx} = \sum\limits_{i=1}^{n} (x_i - \overline{x})^2 = \sum\limits_{i=1}^{n} (x_i)^2 - \dfrac{1}{n}\left(\sum\limits_{i=1}^{n} x_i\right)^2, \\[3mm] S_{yy} = \sum\limits_{i=1}^{n} (y_i - \overline{y})^2 = \sum\limits_{i=1}^{n} (y_i)^2 - \dfrac{1}{n}\left(\sum\limits_{i=1}^{n} y_i\right)^2, \\[3mm] S_{xy} = \sum\limits_{i=1}^{n} (x_i - \overline{x})(y_i - \overline{y}) = \sum\limits_{i=1}^{n} x_i y_i - \dfrac{1}{n}\left(\sum\limits_{i=1}^{n} x_i\right)\left(\sum\limits_{i=1}^{n} y_i\right). \end{cases} \quad (8.1.14)$$

综合上面的记号, a, b 的估计也可写成

$$\begin{cases} \hat{a} = \overline{y} - \hat{b}\overline{x}, \\[2mm] \hat{b} = \dfrac{S_{xy}}{S_{xx}}. \end{cases} \quad (8.1.15)$$

例 1（续）　不难算出 $\overline{x} = 31, \overline{y} = 13.87, \sum\limits_{i=1}^{12} y_i = 166.4, \sum\limits_{i=1}^{12} x_i^2 = 12104,$
$\sum\limits_{i=1}^{12} y_i^2 = 2435.14, \sum\limits_{i=1}^{12} x_i y_i = 5149.60.$ 因此, $\hat{a} = -0.29, \hat{b} = 0.46,$ 于是可以建立如下的经验回归方程:

$$\hat{y} = -0.29 + 0.46x.$$

2. 参数 σ^2 的点估计

当回归系数 a, b 的极大似然估计量 $\hat{a}, \hat{b}$ 已经得到后, 求 σ^2 的估计量可以通过

解似然方程

$$\frac{\partial \ln L(a,b,\sigma^2)}{\partial \sigma^2} = -\frac{n}{2\sigma^2} + \frac{1}{2\sigma^4} \sum_{i=1}^{n} (y_i - \hat{a} - \hat{b}x_i)^2 = 0. \quad (8.1.16)$$

于是得到 σ^2 的极大似然估计量为

$$\hat{\sigma}_L^2 = \frac{1}{n} \sum_{i=1}^{n} (y_i - \hat{a} - \hat{b}x_i)^2. \quad (8.1.17)$$

记 $\hat{y}_i = \hat{a} + \hat{b}x_i$,称 $y_i - \hat{y}_i$ 为 x_i 处的残差.进一步,称平方和

$$Q_e = \sum_{i=1}^{n} (y_i - \hat{y}_i)^2 = \sum_{i=1}^{n} (y_i - \hat{a} - \hat{b}x_i)^2 \quad (8.1.18)$$

为残差平方和.其直观解释是据经验回归算出的 $\hat{y}_i (i=1,2,\cdots,n)$ 与观测得到的 $y_i (i=1,2,\cdots,n)$ 的偏差 $\hat{y}_i - y_i (i=1,2,\cdots,n)$ 的平方和.

定理 8.1.1 在一元线性回归模型(8.1.3)中,

$$\frac{Q_e}{\sigma^2} \sim \chi^2(n-2). \quad (8.1.19)$$

证明略.

于是根据定理 8.1.1 有 $E(Q_e/\sigma^2) = n-2$,从而

$$\hat{\sigma}^2 = \frac{Q_e}{n-2} \quad (8.1.20)$$

是 σ^2 的无偏估计.

例 1(续) 不难算出 $Q_e = 7.58$,因此得 $\hat{\sigma}^2 = 0.758$.

有时,为了便于计算 $\hat{\sigma}^2$,可将 Q_e 作如下分解:

$$Q_e = \sum_{i=1}^{n} (y_i - \hat{y}_i)^2 = \sum_{i=1}^{n} \left[y_i - \bar{y} - \hat{b}(x_i - \bar{x}) \right]^2$$

$$= \sum_{i=1}^{n} (y_i - \hat{y}_i)^2 - 2\hat{b} \sum_{i=1}^{n} (x_i - \bar{x}) \left(y_i - \bar{y} + \hat{b}^2 \sum_{i=1}^{n} (x_i - \bar{x}) \right)^2$$

$$= S_{xx} - 2\hat{b}S_{xy} + \hat{b}^2 S_{xx},$$

再由 $\hat{b} = S_{xy}/S_{xx}$ 得到

$$Q_e = S_{yy} - \hat{b}S_{xy}. \quad (8.1.21)$$

8.1.3 线性回归的显著性检验

对于求得的线性回归方程是否具有实用价值,一般来说,需要经过检验才能确定,即上面假定回归函数 $\mu(x)$ 具有线性形式这一假设是否合理.如果线性假设符合实际,则 $b \neq 0$;否则,$b=0$,则 y 就不依赖于 x 了.因此,下面来介绍根据样本观测值 $(x_i, y_i)(i=1,2,\cdots,n)$ 来进行回归检验的一般做法.在显著性水平 α 下来检验假设

$$H_0 : b = 0 \leftrightarrow H_1 : b \neq 0. \tag{8.1.22}$$

如最终拒绝 H_0，则所求的线性回归方程有意义，即认为 Y 与 x 之间存在线性关系；否则，认为 Y 与 x 之间的关系不能用一元线性回归模型来描述，则此时可能存在下面几种情形：

（1）x 对 Y 没有显著影响，此时应该丢掉 x；

（2）x 对 Y 有影响但不是线性的，而是存在着其他的关系，如非线性；

（3）影响 Y 取值的除 x 外，还有其他不可忽略的因素，从而削弱了 x 对 Y 的影响.

基于以上的几种可能，需要进一步地分析原因，分别处理.

下面使用 t 检验法来检验假设(8.1.22).首先由(8.1.15)知估计量

$$\hat{b} = \frac{1}{S_{xx}} \sum_{i=1}^{n} (x_i - \bar{x}) Y_i, \tag{8.1.23}$$

因此，$\hat{b}$ 为相互独立的正态变量的线性组合，它也是服从正态分布的. 注意到

$$E\hat{b} = \frac{\displaystyle\sum_{i=1}^{n} (x_i - \bar{x})(a + bx_i)}{S_{xx}} = \frac{a \displaystyle\sum_{i=1}^{n} (x_i - \bar{x}) + b \displaystyle\sum_{i=1}^{n} (x_i - \bar{x}) x_i}{S_{xx}} = b \tag{8.1.24}$$

和

$$D\hat{b} = \frac{\displaystyle\sum_{i=1}^{n} (x_i - \bar{x})^2 DY_i}{S_{xx}^2} = \frac{\displaystyle\sum_{i=1}^{n} (x_i - \bar{x})^2 \sigma^2}{S_{xx}^2} = \frac{\sigma^2}{S_{xx}}, \tag{8.1.25}$$

所以

$$\hat{b} \sim N\left(b, \frac{\sigma^2}{S_{xx}}\right). \tag{8.1.26}$$

定理 8.1.2　在一元线性回归模型(8.1.3)中，$\hat{b}$ 与 Q_e 相互独立.

证明略.

因此，根据(8.1.26)式以及定理 8.1.1 和定理 8.1.2 有

$$\frac{\hat{b} - b}{\sqrt{\sigma^2/S_{xx}}} \Big/ \sqrt{\frac{\hat{\sigma}^2}{\sigma^2}} \sim t(n-2), \tag{8.1.27}$$

即

$$\frac{\hat{b} - b}{\hat{\sigma}} \sqrt{S_{xx}} \sim t(n-2), \tag{8.1.28}$$

其中 $\hat{\sigma} = \sqrt{\hat{\sigma}^2}$.

当原假设 H_0 为真时 $b = 0$ 有

$$t = \frac{\hat{b}}{\hat{\sigma}} \sqrt{S_{xx}} \sim t(n-2), \tag{8.1.29}$$

从而得到 H_0 的拒绝域为

$$|t| = \frac{|\hat{b}|}{\hat{\sigma}}\sqrt{S_{xx}} \geq t_{\alpha/2}(n-2),\qquad (8.1.30)$$

其中 σ 为显著性水平.

例 1（续） 已知 $S_{xx}=572, \hat{b}=0.46, \hat{\sigma}^2=0.758$. 取 $\alpha=0.05$, 则查表可得 $t_{0.025}(10)=2.2281$. 因为

$$|t| = \frac{0.46}{\sqrt{0.758}} \times \sqrt{572} = 12.6363 > 2.2281,$$

所以拒绝原假设 H_0, 认为回归效果显著, 即 Y 与 x 之间存在线性关系.

8.1.4 回归系数 b 的置信区间

当回归效果显著时, 还可以对系数 b 作区间估计. 由(8.1.28)式不难得到 b 的置信度为 $1-\alpha$ 的置信区间为

$$\left(\hat{b} \pm t_{\alpha/2}(n-2) \times \frac{\hat{\sigma}}{\sqrt{S_{xx}}}\right). \qquad (8.1.31)$$

例如, 例 1 中, 若取 $\alpha=0.05$, 则回归系数 b 的置信度为 $1-\alpha$ 的置信区间为

$$\left(0.46 - 2.2281 \times \frac{\sqrt{0.758}}{\sqrt{572}}, 0.46 + 2.2281 \times \frac{\sqrt{0.758}}{\sqrt{572}}\right).$$

8.1.5 预测

预测分为点预测和区间预测, 经验回归方程的一个重要应用是, 对于给定的点 $x=x_0$, 可以预测出尚未观测到的 Y_0 的取值, 它的方法很简单, 即用

$$\hat{Y}_0 = \hat{a} + \hat{b}x_0 \qquad (8.1.32)$$

的观测值 $\hat{Y}_0$ 来作为 $Y_0=a+bx_0+\varepsilon_0$ 的预测值. 事实上, 还可以得到下面的定理.

定理 8.1.3 在一元线性回归模型(8.1.3)中, 对于给定的点 $x=x_0$,

$$\hat{Y}_0 \sim N\left(a+bx_0, \left[\frac{1}{n} + \frac{(x_0-\bar{x})^2}{S_{xx}}\right]\sigma^2\right).$$

证明略.

除了上面的点预测外, 还可以以一定的置信度预测对应的 Y 的观测值的取值范围, 即所谓的区间预测. 预测区间的求法如下: 假定 Y_0 是在 $x=x_0$ 处对随机变量 Y 的观察结果, 则根据(8.1.3),

$$Y_0 = a + bx_0 + \varepsilon_0, \quad \varepsilon_0 \sim N(0,\sigma^2), \qquad (8.1.33)$$

因此,

$$Y_0 \sim N(a+bx_0,\sigma^2). \qquad (8.1.34)$$

因此, (x_0,Y_0) 是将要做的一次独立试验的结果, 故 $Y_0,Y_1,\cdots,Y_n$ 相互独立. 而已知 $\hat{b}$ 是 $Y_1,\cdots,Y_n$ 的线性组合. 再由 $\hat{a}=\dfrac{1}{n}\sum\limits_{i=1}^{n}Y_i - \bar{x}\hat{b}$ 知 $\hat{Y}_0=\hat{a}+\hat{b}x_0$ 是

$Y_1,\cdots,Y_n$ 的线性组合,故 $Y_0,\hat{Y}_0$ 相互独立,于是由(8.1.34)式和定理 8.1.3 得

$$Y_0-\hat{Y}_0 \sim N\Big(0,\Big[1+\frac{1}{n}+\frac{(x_0-\bar{x})^2}{S_{xx}}\Big]\sigma^2\Big),$$

即

$$\frac{Y_0-\hat{Y}_0}{\sigma\sqrt{1+\frac{1}{n}+\frac{(x_0-\bar{x})^2}{S_{xx}}}} \sim N(0,1). \qquad (8.1.35)$$

由定理 8.1.1 有

$$\frac{(n-2)\hat{\sigma}^2}{\sigma^2} \sim \chi^2(n-2),$$

并且类似于定理 8.1.2 可以证明 $Y_0,\hat{Y}_0,\hat{\sigma}^2$ 相互独立(详细的证明略),因此,

$$\frac{Y_0-\hat{Y}}{\hat{\sigma}\sqrt{1+\frac{1}{n}+\frac{(x_0-\bar{x})^2}{S_{xx}}}} = \frac{Y_0-\hat{Y}_0}{\sigma\sqrt{1+\frac{1}{n}+\frac{(x_0-\bar{x})^2}{S_{xx}}}}\Bigg/\sqrt{\frac{(n-2)\hat{\sigma}^2}{\sigma^2(n-2)}} \sim t(n-2),$$

其中 $\hat{\sigma}=\sqrt{\hat{\sigma}^2}$.

于是对于给定的置信度 $1-\alpha$ 有

$$P\left\{\frac{\mid Y_0-\hat{Y}_0 \mid}{\hat{\sigma}\sqrt{1+\frac{1}{n}+\frac{(x_0-\bar{x})^2}{S_{xx}}}} < t_{\alpha/2}(n-2)\right\} = 1-\alpha. \qquad (8.1.36)$$

等价地,

$$P\Bigg\{\hat{Y}_0-t_{\alpha/2}(n-2)\hat{\sigma}\sqrt{1+\frac{1}{n}+\frac{(x_0-\bar{x})^2}{S_{xx}}}$$
$$< Y_0 < \hat{Y}_0+t_{\alpha/2}(n-2)\hat{\sigma}\sqrt{1+\frac{1}{n}+\frac{(x_0-\bar{x})^2}{S_{xx}}}\Bigg\} = 1-\alpha.$$

称

$$\left[\hat{Y}_0 \pm t_{\alpha/2}(n-2)\hat{\sigma}\sqrt{1+\frac{1}{n}+\frac{(x_0-\bar{x})^2}{S_{xx}}}\right] \qquad (8.1.37)$$

为 Y_0 的置信度为 $1-\alpha$ 的预测区间.

由(8.1.37)知,对于给定的样本观测值 $(x_i,y_i)(i=1,2,\cdots,n)$ 及置信度 $1-\alpha$, x_0 越靠近 $\bar{x}$,预测区间的宽度就越窄,预测就越精密. 如果记 $\delta(x_0)=t_{\alpha/2}(n-2)\hat{\sigma}\sqrt{1+\frac{1}{n}+\frac{(x_0-\bar{x})^2}{S_{xx}}}$,则上述预测区间可写成 $(\hat{Y}_0\pm\delta(x_0))$. 对于给定的样本观测值,作出曲线 $y_1(x)=\hat{y}(x)-\delta(x)$ 和 $y_2(x)=\hat{y}(x)+\delta(x)$,不难看出,这两条曲线形成包含经验回归方程 $\hat{y}=\hat{a}+\hat{b}x$ 的带域,这一带域在 $x=\bar{x}$ 处最窄.

8.1.6 可化为一元线性回归模型的例子

以上介绍了一元线性回归模型. 在实际中, 常会遇到很多复杂的回归问题. 在某些情况下, 可以通过适当的变量替换将变量间的非线性的关系式化为线性的形式. 例如, 模型

$$Y = a + b\sin t + \varepsilon, \quad \varepsilon \sim N(0, \sigma^2), \tag{8.1.38}$$

其中 a, b, σ^2 为与 t 无关的未知参数. 令 $x = \sin t$, 即可将(8.1.38)转化为(8.1.3)的形式. 再如, 模型

$$y = a + bt + ct^2 + \varepsilon, \quad \varepsilon \sim N(0, \sigma^2), \tag{8.1.39}$$

其中 a, b, c, σ^2 为与 t 无关的未知参数. 令 $x_1 = t, x_2 = t^2$, 则得

$$y = a + bx_1 + cx_2 + \varepsilon, \quad \varepsilon \sim N(0, \sigma^2), \tag{8.1.40}$$

这是多元线性回归的一种特别情形, 它的自变量有两个, 可以称为二元线性回归模型.

当然, 有时遇到的模型是没有办法化为线性形式的, 处理它的手段要复杂很多. 例如, 下面的一种被称为 Logistic 模型的模型:

$$Y = \frac{a}{1 + \exp(b - c^x)} + \varepsilon, \tag{8.1.41}$$

它本质上就是一种非线性模型, 是无法被化为线性形式的.

8.2 多元线性回归

在有些实际问题中, 随机变量 Y 往往与多个普通变量 $x_1, x_2, \cdots, x_p (p > 1)$ 之间存在着相关关系. 对于自变量 $x_1, x_2, \cdots, x_p$ 的一组取定的值有

$$Y = \mu(x_1, x_2, \cdots, x_p) + \varepsilon, \tag{8.2.1}$$

其中, ε 为随机误差, 其数学期望为零. 因此, Y 有它的分布且数学期望 $\mu(x_1, x_2, \cdots, x_p)$ 是 $x_1, x_2, \cdots, x_p$ 的函数. 和一元线性回归类似, 它也称为 Y 关于 x 的回归函数. 主要考虑 $\mu(x_1, x_2, \cdots, x_p)$ 是 $x_1, x_2, \cdots, x_p$ 的线性函数的情况.

定义下面的多元正态线性回归模型:

$$Y = a + b_1 x_1 + \cdots + b_p x_p + \varepsilon, \quad \varepsilon \sim N(0, \sigma^2), \tag{8.2.2}$$

其中 $a, b_1, b_2, \cdots, b_p, \sigma^2$ 都是与 $x_1, x_2, \cdots, x_p$ 无关的未知参数, $p > 1$. 由(8.2.2)式得到

$$Y \sim N(a + b_1 x_1 + \cdots + b_p x_p, \sigma^2), \tag{8.2.3}$$

因此, 当 $(x_1, x_2, \cdots, x_p)$ 取不同的值 $(x_{i1}, x_{i2}, \cdots, x_{ip})(i = 1, 2, \cdots, n)$ 时, 便得到不同的正态随机变量 $Y_1, Y_2, \cdots, Y_n$ 且

$$\begin{cases} Y_1 = a + b_1 x_{11} + b_2 x_{12} + \cdots + b_p x_{1p} + \varepsilon_1, \\ Y_2 = a + b_1 x_{21} + b_2 x_{22} + \cdots + b_p x_{2p} + \varepsilon_2, \\ \qquad\qquad\qquad \cdots\cdots \\ Y_n = a + b_1 x_{n1} + b_2 x_{n2} + \cdots + b_p x_{np} + \varepsilon_n. \end{cases} \tag{8.2.4}$$

假定

$$(x_{11}, x_{12}, \cdots, x_{1p}, y_1), \cdots, (x_{n1}, x_{n2}, \cdots, x_{np}, y_n) \tag{8.2.5}$$

是观测到的一个容量为 n 的样本,其中 $y_i (i=1,2,\cdots,n)$ 为 $(x_1, x_2, \cdots, x_p)$ 取 $(x_{i1}, x_{i2}, \cdots, x_{ip})$ 时,对 Y_i 进行一次试验得到的观测值.

类似一元线性回归的情形,首先用极大似然估计法来估计回归参数 $a, b, \cdots, b_p$.

定义 8.2.1

$$Q = \sum_{i=1}^{n} (y_i - a - b_1 x_{i1} - \cdots - b_p x_{ip})^2. \tag{8.2.6}$$

取 Q 分别关于 $a, b_1, \cdots, b_p$ 的一阶导数,并令它们等于零得

$$\begin{cases} \dfrac{\partial Q}{\partial a} = -2\sum_{i=1}^{n}(y_i - a - b_1 x_{i1} - \cdots - b_p x_{ip}) = 0, \\ \dfrac{\partial Q}{\partial b_j} = -2\sum_{i=1}^{n}(y_i - a - b_1 x_{i1} - \cdots - b_p x_{ip})x_{ij} = 0, \quad j = 1,2,\cdots,p. \end{cases} \tag{8.2.7}$$

经过整理后得到下面的线性方程组:

$$\begin{cases} na + b_1 \sum_{i=1}^{n} x_{i1} + b_2 \sum_{i=1}^{n} x_{i2} + \cdots + b_p \sum_{i=1}^{n} x_{ip} = \sum_{i=1}^{n} y_i, \\ a \sum_{i=1}^{n} x_{i1} + b_1 \sum_{i=1}^{n} x_{i1}^2 + b_2 \sum_{i=1}^{n} x_{i1}x_{i2} + \cdots + b_p \sum_{i=1}^{n} x_{i1}x_{ip} = \sum_{i=1}^{n} x_{i1} y_i, \\ \qquad\qquad\qquad \cdots\cdots \\ a \sum_{i=1}^{n} x_{ip} + b_1 \sum_{i=1}^{n} x_{ip}x_{i1} + b_2 \sum_{i=1}^{n} x_{ip}x_{i2} + \cdots + b_p \sum_{i=1}^{n} x_{ip}^2 = \sum_{i=1}^{n} x_{ip} y_i. \end{cases} \tag{8.2.8}$$

(8.2.8)式称为**正规方程组**. 在回归分析中,正规方程组的系数矩阵通常是可逆的. 对于多元线性回归问题使用矩阵工具将会带来很多的方便. 为了求解正规方程组, 将(8.2.8)写成矩阵的形式. 引入下面的矩阵记号:

$$\boldsymbol{Y} = \begin{bmatrix} y_1 \\ y_2 \\ \vdots \\ y_n \end{bmatrix}, \quad \boldsymbol{X} = \begin{bmatrix} 1 & x_{11} & x_{12} & \cdots & x_{1p} \\ 1 & x_{21} & x_{22} & \cdots & x_{2p} \\ \vdots & \vdots & \vdots & & \vdots \\ 1 & x_{n1} & x_{n2} & \cdots & x_{np} \end{bmatrix}, \quad \boldsymbol{B} = \begin{bmatrix} a \\ b_1 \\ \vdots \\ b_p \end{bmatrix},$$

$$\boldsymbol{X'X} = \begin{bmatrix} 1 & 1 & \cdots & 1 \\ x_{11} & x_{21} & \cdots & x_{n1} \\ \vdots & \vdots & & \vdots \\ x_{1p} & x_{2p} & \cdots & x_{np} \end{bmatrix} \begin{bmatrix} 1 & x_{11} & x_{12} & \cdots & x_{1p} \\ 1 & x_{21} & x_{22} & \cdots & x_{2p} \\ \vdots & \vdots & \vdots & & \vdots \\ 1 & x_{n1} & x_{n2} & \cdots & x_{np} \end{bmatrix}$$

$$= \begin{bmatrix} n & \sum_{i=1}^{n} x_{i1} & \cdots & \sum_{i=1}^{n} x_{ip} \\ \sum_{i=1}^{n} x_{i1} & \sum_{i=1}^{n} x_{i1}^2 & \cdots & \sum_{i=1}^{n} x_{i1} x_{ip} \\ \vdots & \vdots & & \vdots \\ \sum_{i=1}^{n} x_{ip} & \sum_{i=1}^{n} x_{ip} x_{i1} & \cdots & \sum_{i=1}^{n} x_{ip}^2 \end{bmatrix},$$

$$\boldsymbol{X'Y} = \begin{bmatrix} 1 & 1 & \cdots & 1 \\ x_{11} & x_{21} & \cdots & x_{n1} \\ \vdots & \vdots & & \vdots \\ x_{1p} & x_{2p} & \cdots & x_{np} \end{bmatrix} \begin{bmatrix} y_1 \\ y_2 \\ \vdots \\ y_n \end{bmatrix} = \begin{bmatrix} \sum_{i=1}^{n} y_i \\ \sum_{i=1}^{n} x_{i1} y_i \\ \vdots \\ \sum_{i=1}^{n} x_{ip} y_i \end{bmatrix}.$$

于是得到正规方程组(8.2.8)的矩阵形式

$$\boldsymbol{X'XB} = \boldsymbol{X'Y}.$$

假定矩阵 $\boldsymbol{X'X}$ 的逆矩阵 $(\boldsymbol{X'X})^{-1}$ 存在,在上式两边左乘 $(\boldsymbol{X'X})^{-1}$ 得到

$$\boldsymbol{\hat{B}} = \begin{bmatrix} \hat{a} \\ \hat{b} \\ \vdots \\ \hat{b}_p \end{bmatrix} = (\boldsymbol{X'X})^{-1} \boldsymbol{X'Y}, \tag{8.2.9}$$

从而得到 $a, b_1, \cdots, b_p$ 的极大似然估计 $\hat{a}, \hat{b}_1, \cdots, \hat{b}_p$. 将它们代入回归函数 $\mu(x_1, x_2, \cdots, x_p) = a + b_1 x_1 + \cdots + b_p x_p$. 称方程

$$\hat{y} = \hat{a} + \hat{b}_1 x_1 + \cdots + \hat{b}_p x_p \tag{8.2.10}$$

为 p 元线性回归方程,简称为回归方程.

例 1 表 8.2 给出了某种产品每件单价 Y(单位:元)与批量 x(单位:件)之间关系的一组观测数据.

表 8.2

x	20	25	30	35	40	50	60	65	70	75	80	90
y	1.81	1.70	1.65	1.55	1.48	1.40	1.30	1.26	1.24	1.21	1.20	1.18

基于散点图,利用模型

$$Y = a + b_1 x + b_2 x^2 + \varepsilon, \quad \varepsilon \sim N(0, \sigma^2) \tag{8.2.11}$$

来描述这组数据.

在(8.2.11)式中,作简单的变量替换,即令 $x_1 = x, x_2 = x^2$,得到下面的二元线性回归模型

$$Y = a + b_1 x_1 + b_2 x_2 + \varepsilon, \quad \varepsilon \sim N(0, \sigma^2). \tag{8.2.12}$$

结合上面表中的数据有

$$\boldsymbol{Y} = \begin{bmatrix} 1.81 \\ 1.70 \\ 1.65 \\ 1.55 \\ 1.48 \\ 1.40 \\ 1.30 \\ 1.26 \\ 1.24 \\ 1.21 \\ 1.20 \\ 1.18 \end{bmatrix}, \quad \boldsymbol{X} = \begin{bmatrix} 1 & 20 & 400 \\ 1 & 25 & 625 \\ 1 & 30 & 900 \\ 1 & 35 & 1225 \\ 1 & 40 & 1600 \\ 1 & 50 & 2500 \\ 1 & 60 & 3600 \\ 1 & 65 & 4225 \\ 1 & 70 & 4900 \\ 1 & 75 & 5625 \\ 1 & 80 & 6400 \\ 1 & 90 & 8100 \end{bmatrix}, \quad \boldsymbol{B} = \begin{bmatrix} a \\ b_1 \\ b_2 \end{bmatrix},$$

从而

$$\boldsymbol{X'X} = \begin{bmatrix} 12 & 640 & 40100 \\ 640 & 40100 & 2779000 \\ 40100 & 2779000 & 204702500 \end{bmatrix}, \quad \boldsymbol{X'X} = \begin{bmatrix} 16.98 \\ 851.3 \\ 51162 \end{bmatrix},$$

$$(\boldsymbol{X'X})^{-1} = \begin{bmatrix} 4.8572925 \times 10^{11} & -1.95717 \times 10^{10} & 170550000 \\ -1.95717 \times 10^{10} & 848420000 & -7684000 \\ 170550000 & -7684000 & 71600 \end{bmatrix} \times \frac{1}{1.41918 \times 10^{11}},$$

于是正规方程组的解为

$$\hat{\boldsymbol{B}} = \begin{bmatrix} \hat{a} \\ \hat{b}_1 \\ \hat{b}_2 \end{bmatrix} = (\boldsymbol{X'X})^{-1} \boldsymbol{X'Y} = \begin{bmatrix} 2.19826629 \\ -0.02252236 \\ 0.00012507 \end{bmatrix}.$$

将原来的变量替换回来,得到回归方程为

$$\hat{y} = 2.19826629 - 0.02252236 x + 0.00012507 x^2.$$

不难发现,它事实上是一个二元非线性回归方程. 类似于一元线性回归,同样需要进行以下的假设检验:

$$H_0 : b_1 = b_2 = \cdots = b_p = 0 \leftrightarrow H_1 : b_i \ \text{不全为零}.$$

检验模型的回归效果是否显著. 同样, 也可以利用多元线性回归方程来构造当给定点 $(x_{01}, x_{02}, \cdots, x_{0p})$ 时对应的 Y 的观察值的预测区间.

8.3 单因素的方差分析

方差分析是数理统计的基本方法之一, 也是生产实践和科学研究中分析数据的一个重要工具. 已经知道在科学研究和生产实践中, 影响一事物的因素往往很多. 每一因素的改变都有可能影响这一事物的数量和质量. 例如, 在气候、水利、土地、肥料和管理等条件相同时, 想知道水稻品种这一因素对水稻的产量的影响有多大, 从而选出能使产量达到最高的水稻品种. 这就是一个典型的单因素方差分析问题.

8.3.1 单因素方差分析模型

单因素的方差分析实质上仍然是研究两个变量之间的相关关系. 通常把因素称为自变量, 而把其影响的事物称为因变量, 也叫做指标. 例如, 上例中可以把水稻产量看成指标. 和回归分析不同的是, 在方差分析中, 自变量不一定是数量性的因素, 可以是属性因素, 如水稻的品种就是属性因素, 并且关心更多的是因素的变化是否对指标有显著性影响这一定性结论, 而不像回归分析那样, 结论总是定量的. 因此, 方差分析有别于回归分析, 研究的目的不同, 方法也不一样.

例 1 某灯泡厂用甲、乙、丙、丁 4 种不同的配料方案生产了 4 批灯泡, 从 4 批灯泡中取样, 测得的使用寿命数据如表 8.3 所示.

表 8.3 灯泡的寿命 单位: 小时

甲	乙	丙	丁
1600	1580	1460	1510
1800	1750	1820	1600
1720	1700	1660	1680
1610	1640	1600	1530
1680	1650	1615	1675

这里的指标是灯泡的寿命, 配料为因素. 4 种不同的配料就是配料这个因素的 4 个水平. 假定除配料这一因素外, 材料的规格、操作人员的水平等其他条件都相同. 因此, 这是一个单因素的试验. 试验的目的就是为了考察不同的配料所生产的灯泡的寿命有无显著的差异, 即考察配料这一因素对寿命指标有无显著的影响. 如果没有显著差异, 则可以选择一种经济方便的配料方案; 如有差异, 则可以选一种最好的配料方案以提高灯泡的寿命.

用 X_1, X_2, X_3 和 X_4 表示这 4 种不同配料的灯泡的寿命,它们就是 4 个总体. 表中数据可看成来自 4 个不同总体的样本值. 将各个总体的均值依次记为 $\mu_2, \mu_2,$ μ_3 及 μ_4. 按题意,需检验假设

$$H_0 : \mu_1 = \mu_2 = \mu_3 = \mu_4,$$
$$H_1 : \mu_1, \mu_2, \mu_3, \mu_4 \text{ 不全相等}.$$

假定各总体均为正态变量且各总体的方差相等,因此,这就是一个具有方差齐性的 4 个正态总体的均值是否相等的假设检验问题. 如果按照假设检验的一般做法来进行检验,就需要两个总体都进行检验,这不但工作量大且结论不可靠. 而方差分析法则是解决这类问题的一种有效的统计方法.

通常用大写的英文字母来表示不同的因素,如 $A, B, C, \cdots$,而把因素的每一个状态或者等级称为因素的一个水平. 现设因素 A 有 s 个水平 $A_1, A_2, \cdots, A_s$,在每个水平 $A_i (i=1,2,\cdots,s)$ 下,进行 $n_i (n_i \geqslant 2)$ 次独立试验,得到 n_i 个试验结果

$$X_{1i}, X_{2i}, \cdots, X_{n_i i}, \quad i = 1, 2, \cdots, s.$$

把这试验结果看成总体 X_i 的容量为 n_i 的样本. 整理成表 8.4 的形式.

表 8.4

0	1	2	$\cdots$	n_i
A_1	X_{11}	X_{21}	$\cdots$	$X_{n_1 1}$
A_2	X_{12}	X_{22}	$\cdots$	$X_{n_2 2}$
$\vdots$	$\vdots$	$\vdots$		$\vdots$
A_s	A_{1s}	A_{2s}	$\cdots$	$X_{n_s s}$

同时,假定各个水平 $A_i (i=1,2,\cdots,s)$ 下的样本来自具有相同方差 σ^2,均值分别为 $\mu_i (i=1,2,\cdots,s)$ 的相互独立的正态总体 $N(\mu_i, \sigma^2)$,即

$$X_{ji} \sim N(\mu_i, \sigma^2), \quad j = 1, 2, \cdots, n_i, i = 1, 2, \cdots, s,$$

并且各水平 A_i 下的样本之间互相独立.

由于 $X_{ji} \sim N(\mu_i, \sigma^2)$,即有 $X_{ji} - \mu_i \sim N(0, \sigma^2)$,从而 $X_{ji} - \mu_i$ 可看成是随机误差. 记 $X_{ji} - \mu_i = \varepsilon_{ji}$,则进一步,$X_{ji}$ 可写成

$$\begin{cases} X_{ji} = \mu_i + \varepsilon_{ji}, \quad j = 1, 2, \cdots, n_i, i = 1, 2, \cdots, s, \\ \varepsilon_{ji} \sim N(0, \sigma^2), \\ \text{各 } \varepsilon_{ji} \text{ 独立}, \end{cases} \tag{8.3.1}$$

其中 μ_i 与 σ^2 均为未知参数. (8.3.1)式称为单因素方差分析的数学模型.

对于模型(8.3.1),首先要检验的是 s 个总体 $N(\mu_1, \sigma^2), \cdots, N(\mu_s, \sigma^2)$ 的均值是否相等,即检验假设

$$H_0 : \mu_1 = \mu_2 = \cdots = \mu_s,$$
$$H_1 : \mu_1, \mu_2, \cdots, \mu_s \text{ 不全相等}. \tag{8.3.2}$$

为讨论问题的方便起见,作些形式上的改变,记

$$n = \sum_{i=1}^{s} n_i, \quad \mu = \frac{1}{n}\sum_{i=1}^{s} n_i\mu_i, \quad \delta_i = \mu_i - \mu, i = 1, 2, \cdots, s, \quad (8.3.3)$$

其中 μ 称为总平均,δ_i 称为因素 A 的第 i 个水平 A_i 对试验结果的效应. 容易验证

$$\sum_{i=1}^{s} n_i\delta_i = 0. \quad (8.3.4)$$

利用(8.3.3)和(8.3.4),模型(8.3.1)可改写成

$$\begin{cases} X_{ji} = \mu + \delta_i + \varepsilon_{ji}, \\ \sum_{i=1}^{s} n_i\delta_i = 0, \\ \varepsilon_{ji}(j = 1, 2, \cdots, n_i, i = 1, 2, \cdots, s) \text{ 独立同分布且 } \varepsilon_{ji} \sim N(0, \sigma^2). \end{cases}$$
$$(8.3.5)$$

同时,假设(8.3.2)等价于假设

$$H_0 : \delta_1 = \delta_2 = \cdots = \delta_s = 0, \quad H_1 : \delta_1, \delta_2, \cdots, \delta_s \text{ 不全为零.} \quad (8.3.6)$$

8.3.2 平方和的分解

下面来构造检验假设 H_0 的统计量. 首先来分析引起 X_{ji} 的波动的原因. 原因有两个:其一,当 H_0 为真时,引起诸 X_{ji} 的差异的原因完全是由随机误差引起的;其二,当 H_0 不成立时,各个 X_{ji} 的均值不同,从而自然有差异. 基于这种想法,引入一个量来刻画 X_{ji} 的波动程度,把导致诸 X_{ji} 的差异的两个原因分开来.

定义全部样本的总偏差平方和

$$S_T = \sum_{i=1}^{s}\sum_{j=1}^{n_i}(X_{ji} - \overline{X})^2, \quad (8.3.7)$$

其中

$$\overline{X} = \frac{1}{n}\sum_{i=1}^{s}\sum_{j=1}^{n_i} X_{ji} \quad (8.3.8)$$

为全部样本的均值. 显然,S_T 反映了全部试验数据之间的波动程度的大小.

记

$$S_E = \sum_{i=1}^{s}\sum_{j=1}^{n_i}(X_{ji} - \overline{X}_{\cdot i})^2, \quad (8.3.9)$$

其中,$\overline{X}_{\cdot i} = \frac{1}{n_i}\sum_{j=1}^{n_i} X_{ji}$ 代表第 i 个水平 A_i 下的样本均值. 不难看出,S_E 中的各项 $(X_{ji} - \overline{X}_{\cdot i})^2$ 反映的是同一水平下样本观测值与样本均值的差异. 因此,S_E 称为试验误差平方和(简称为组内平方和).

记

$$S_A = \sum_{i=1}^{s} \sum_{j=1}^{n_i} (\overline{X}_{\cdot i} - \overline{X})^2. \tag{8.3.10}$$

不难看出, S_A 主要反映了由于因素 A 各个水平的不同作用在样本 X_{ji} 中引起的波动. 称它为效应平方和(简称为组间平方和). 重写 S_T 为

$$S_T = \sum_{i=1}^{s} \sum_{j=1}^{n_i} \left[(X_{ji} - \overline{X}_{\cdot i}) + (\overline{X}_{\cdot i} - \overline{X}) \right]^2$$

$$= \sum_{i=1}^{s} \sum_{j=1}^{n_i} (X_{ji} - \overline{X}_{\cdot i})^2 + \sum_{i=1}^{s} \sum_{j=1}^{n_i} (\overline{X}_{\cdot i} - \overline{X})^2 + 2 \sum_{i=1}^{s} \sum_{j=1}^{n_i} (X_{ji} - \overline{X}_{\cdot i})(\overline{X}_{\cdot i} - \overline{X}). \tag{8.3.11}$$

注意到(8.3.11)式第三项(即交叉项) $2 \sum_{i=1}^{s} \sum_{j=1}^{n_i} (X_{ji} - \overline{X}_{\cdot i})(\overline{X}_{\cdot i} - \overline{X}) = 2 \sum_{i=1}^{s} (\overline{X}_{\cdot i} - \overline{X}) \left(\sum_{j=1}^{n_i} (X_{ji} - \overline{X}_{\cdot i}) \right) = 2 \sum_{i=1}^{s} (\overline{X}_{\cdot i} - \overline{X}) \left(\sum_{j=1}^{n_i} X_{ji} - n_i \overline{X}_{\cdot i} \right) = 0$, 于是就将 S_T 分解成为

$$S_T = S_E + S_A. \tag{8.3.12}$$

(8.3.12)式就是所需要的平方和分解式. 即总偏差平方和等于误差平方和与效应平方和之和, 也可以说成总偏差平方和等于组内平方和与组间平方和之和.

8.3.3　S_E, S_A 的统计特性

依次讨论 S_E, S_A 的一些统计特征. 首先将 S_E 写成

$$S_E = \sum_{j=1}^{n_1} (X_{j1} - \overline{X}_{\cdot 1})^2 + \cdots + \sum_{j=1}^{n_s} (X_{js} - \overline{X}_{\cdot s})^2. \tag{8.3.13}$$

注意到(8.3.13)式中一般项 $\sum_{j=1}^{n_i} (X_{ji} - \overline{X}_{\cdot i})^2$ 是总体 $N(\mu_i, \sigma^2)$ 的样本方差的 $n_i - 1$ 倍, 于是有

$$\sum_{j=1}^{n_i} \frac{(X_{ji} - \overline{X}_{\cdot i})^2}{\sigma^2} \sim \chi^2(n_i - 1). \tag{8.3.14}$$

由于不同总体的样本 X_{ji} 相互独立, 从而(8.3.13)式中各平方和独立. 由 χ^2 分布的可加性知

$$\frac{S_E}{\sigma^2} \sim \chi^2 \left(\sum_{i=1}^{s} (n_i - 1) \right), \tag{8.3.15}$$

即

$$\frac{S_E}{\sigma^2} \sim \chi^2(n - s), \tag{8.3.16}$$

其中, $n = \sum\limits_{i=1}^{s} n_i$. 于是可以证明如下的定理.

定理 8.3.1 在一个因素的方差分析模型中有

$$\frac{S_E}{\sigma^2} \sim \chi^2(n-s).$$

由定理 8.3.1 知道, S_E 的自由度为 $n-s$ 且有

$$E(S_E) = (n-s)\sigma^2. \tag{8.3.17}$$

对于 S_A, 有下面的定理.

定理 8.3.2 在一个因素的方差分析模型中有

$$E(S_A) = (s-1)\sigma^2 + \sum_{i=1}^{s} n_i\delta_i^2.$$

证 由 $X_{ji}(j=1,2,\cdots,n_i, i=1,2,\cdots,s)$ 的独立性知

$$\overline{X}_{\cdot i} \sim N\left(\mu_i, \frac{\sigma^2}{n_i}\right), \quad \overline{X} \sim N\left(\mu, \frac{\sigma^2}{n}\right). \tag{8.3.18}$$

于是

$$E(S_A) = E\Big[\sum_{i=1}^{s} n_i\overline{X}_{\cdot i}^2 - n\overline{X}^2\Big] = \sum_{i=1}^{s} n_i E(\overline{X}_{\cdot i}^2) - nE\big[\overline{X}^2\big]$$

$$= \sum_{i=1}^{s} n_i\Big[\frac{\sigma^2}{n_i} + (\mu+\delta_i)^2\Big] - n\Big[\frac{\sigma^2}{n} + \mu^2\Big] \tag{8.3.19}$$

$$= (s-1)\sigma^2 + 2\mu\sum_{i=1}^{s} n_i\delta_i + \sum_{i=1}^{s} n_i\delta_i^2.$$

由于 $\sum\limits_{i=1}^{s} n_i\delta_i = 0$, 从而

$$E(S_A) = (s-1)\sigma^2 + \sum_{i=1}^{s} n_i\delta_i^2. \tag{8.3.20}$$

定理 8.3.2 得证.

8.3.4 假设检验问题的拒绝域

基于上面的两个定理, 进一步可以得到下面的定理.

定理 8.3.3 在一个因素的方差分析模型中, 当 H_0 为真时有

(1) $S_A/\sigma^2 \sim \chi^2(s-1)$;

(2) S_A 与 S_E 相互独立, 因而

$$F = \frac{S_A/(s-1)}{S_E/(n-s)} \sim F(s-1, n-s).$$

证明略.

根据定理 8.3.3, 构造检验统计量

$$F = \frac{S_A/(s-1)}{S_E/(n-s)}. \qquad (8.3.21)$$

当 H_0 为真时, $F \sim F(s-1, n-s)$; 当 H_1 为真时, 因为 $\sum\limits_{i=1}^{s} n_i \delta_i^2 > 0$, 所以

$$E\left(\frac{S_A}{s-1}\right) = \sigma^2 + \frac{1}{s-1} \sum_{i=1}^{s} n_i \delta_i^2 > \sigma^2. \qquad (8.3.22)$$

又由定理 8.3.1 知

$$E\left(\frac{S_E}{n-s}\right) = \sigma^2. \qquad (8.3.23)$$

因此, 当 H_1 为真时, F 的取值有大于 1 的趋势. 于是检验问题的拒绝域具有形式

$$F = \frac{S_A/(s-1)}{S_E(n-s)} \geqslant k,$$

其中 k 由预先给定的显著性水平 α 确定. 由此得检验问题的拒绝域为

$$F = \frac{S_A/(s-1)}{S_E(n-s)} \geqslant F_\alpha(s-1, n-s). \qquad (8.3.24)$$

　　上述分析结果可以表 8.5 的形式出现, 称为方差分析表. 表中, $\bar{S}_A \triangleq S_A/(s-1)$, $\bar{S}_E \triangleq S_E/(n-s)$ 分别称为 S_A, S_E 的均方.

表 8.5　单因素试验方差分析表

方差来源	平方和	自由度	均方	F 比
效应	S_A	$s-1$	$\bar{S}_A = \dfrac{S_A}{s-1}$	$F = \dfrac{\bar{S}_A}{\bar{S}_E}$
误差	S_E	$n-s$	$\bar{S}_E = \dfrac{S_E}{s-1}$	
总和	S_T	$n-1$		

　　例 2　某单位研制出一种治疗头痛的新药. 现在把这种药和阿司匹林、安慰剂 (一种生理盐水, 并不是真正的药) 做比较, 观测病人服药后, 头不痛所持续的时间, 得到如表 8.6 的数据.

表 8.6

药　种	观测值 X_{ji}	数据个数 n_i	$X_{\cdot i}$
安慰剂	$0.0, 1.0$	2	0.5
新药	$2.3, 3.5, 2.8, 2.5$	4	2.78
阿司匹林	$3.1, 2.7, 3.8$	3	3.2

　　这里因素有三个水平, 即 $s=3$, 而 $n = \sum\limits_{i=1}^{3} n_i = 9$. 经过简单的计算, 不难得到

$$S_E = 1.95, \quad S_A = 9.70.$$

列成方差分析表的形式如表 8.7 所示.

表 8.7

方差来源	平方和	自由度	均方	F 比
效应	9.70	2	4.85	15.15
误差	1.95	6	0.32	
总和	11.65	8		

在显著性水平 $\alpha=0.05$ 时有 $F>F_{0.05}(2,6)=5.14$,所以应当拒绝原假设 H_0: $\delta_1=\delta_2=\delta_3$,认为三种药之间存在显著差异.

8.3.5 未知参数的估计

由于定理 8.3.1 不依赖于 H_0 成立与否,因此,

$$\hat{\sigma}^2 = \frac{S_E}{n-s} \tag{8.3.25}$$

总是 σ^2 的无偏估计.

由(8.3.18)知

$$E(\overline{X}_{\cdot i}) = \mu_i, i=1,2,\cdots,s, \quad E(\overline{X}) = \mu. \tag{8.3.26}$$

因此,

$$\hat{\mu}_i = \overline{X}_{\cdot i} \tag{8.3.27}$$

和

$$\hat{\mu} = \overline{X} \tag{8.3.28}$$

分别是 $\mu_i(i=1,2,\cdots,s)$ 和 μ 的无偏估计.

当假设 H_0 被拒绝时,从而效应 $\delta_1,\delta_2,\cdots,\delta_s$ 不全为零. 注意到

$$\delta_i = \mu_i - \mu, \quad i=1,2,\cdots,s,$$

因此,

$$\hat{\delta}_i = \overline{X}_{\cdot i} - \overline{X} \tag{8.3.29}$$

是 $\delta_i(i=1,2,\cdots,s)$ 的无偏估计. 此时,还有关系式

$$\sum_{i=1}^{s} n_i\hat{\delta}_i = \sum_{i=1}^{s} n_i\overline{X}_{\cdot i} - n\overline{X} = 0.$$

最后来求 H_0 被拒绝时两个水平所对应的总体 $N(\mu_i,\sigma^2)$ 和 $N(\mu_k,\sigma^2)(i\neq k)$ 的均值差 $\mu_i-\mu_k=\delta_i-\delta_k$ 的区间估计问题.

由(8.3.18)式和 $\overline{X}_{\cdot i}(i=1,2,\cdots,s)$ 之间的独立性可以知道

$$\overline{X}_{\cdot i} - \overline{X}_{\cdot k} \sim N\left(\mu_i-\mu_k, \sigma^2\left(\frac{1}{n_i}+\frac{1}{n_k}\right)\right),$$

并且根据前面章节的知识有 $\overline{X}_{\cdot i}-\overline{X}_{\cdot k}$ 与 $\hat{\sigma}^2=S_E/(n-s)$ 独立. 于是

$$\frac{(\overline{X}_{\cdot i} - \overline{X}_{\cdot k}) - (\mu_i - \mu_k)}{\sqrt{\overline{S}_E\left(\frac{1}{n_i} + \frac{1}{n_k}\right)}} = \frac{(\overline{X}_{\cdot i} - \overline{X}_{\cdot k}) - (\mu_i - \mu_k)}{\sigma\sqrt{\frac{1}{n_i} + \frac{1}{n_k}}} \bigg/ \sqrt{\frac{S_E}{\sigma^2} \bigg/ (n-s)} \sim t(n-s).$$

由此得到均值 $\mu_i - \mu_k = \delta_i - \delta_k$ 的置信度为 $1 - \alpha$ 的区间估计为

$$\left(\overline{X}_{\cdot i} - \overline{X}_{\cdot k} \pm t_{\frac{\alpha}{2}}(n-s)\sqrt{\overline{S}_E\left(\frac{1}{n_i} + \frac{1}{n_k}\right)}\right). \qquad (8.3.30)$$

8.4　两因素的方差分析

在实际问题中,影响指标的因素往往不止一个,而是两个或者两个以上. 这时就要涉及多因素的方差分析. 本节介绍两因素的方差分析. 在两个因素的试验中,不但每个因素对试验结果(指标)起作用,而且两个因素还会联合起来起作用. 这种作用称为两个因素的交互作用或者交互效应.

8.4.1　有交互作用的两因素方差分析

设在某项试验中有两个因素 A, B 作用于试验的指标,因素 A 有 r 个水平 A_1,$A_2, \cdots, A_r$,因素 B 有 s 个水平 $B_1, B_2, \cdots, B_s$. 在水平组合 (A_i, B_j) 下的试验结果用 $X_{ij}(i = 1, 2, \cdots, r, j = 1, 2, \cdots, s)$ 表示. 假定 X_{ij} 相互独立且服从 $N(\mu_{ij}, \sigma^2)$,μ_{ij}, σ^2 均为未知参数. 也就是有 rs 个相互独立的正态总体. 现对 X_{ij} 都做 $t(t \geq 2)$ 次重复独立试验(称为等重复试验),得到如表 8.8 所示的结果.

表 8.8

	B_1	B_2	$\cdots$	B_s
A_1	$X_{111}, X_{112}, \cdots, X_{11t}$	$X_{121}, X_{122}, \cdots, X_{12t}$	$\cdots$	$X_{1s1}, X_{1s2}, \cdots, X_{1st}$
A_2	$X_{211}, X_{212}, \cdots, X_{21t}$	$X_{221}, X_{222}, \cdots, X_{22t}$	$\cdots$	$X_{2s1}, X_{2s2}, \cdots, X_{2st}$
$\vdots$	$\vdots$	$\vdots$		$\vdots$
A_r	$X_{r11}, X_{r12}, \cdots, X_{r1t}$	$X_{r21}, X_{r22}, \cdots, X_{r2t}$	$\cdots$	$X_{rs1}, X_{rs2}, \cdots, X_{rst}$

由样本的定义知道,$X_{ijk} \sim N(\mu_{ij}, \sigma^2)(k = 1, 2, \cdots, t)$ 且各 X_{ijk} 独立. 把 $X_{ijk} - \mu_{ij}$ 看成一个随机变量 ε_{ijk},则 $\varepsilon_{ijk} \sim N(0, \sigma^2)$ 且相互独立. 它代表了重复独立试验中的随机误差. 于是可以把上面的试验结果进一步表示成

$$\begin{cases} X_{ijk} = \mu_{ij} + \varepsilon_{ijk}, & i = 1, 2, \cdots, r, j = 1, 2, \cdots, s, k = 1, 2, \cdots, t, \\ \varepsilon_{ijk} \sim N(0, \sigma^2) \text{ 且 } \varepsilon_{ijk} \text{ 相互独立}. \end{cases} \qquad (8.4.1)$$

对上述的两个因素的试验,关心的首要问题是 μ_{ij} 是否都相等. 因此,和单因素的方差分析一样,需要建立假设检验:$H_0: \mu_{ij}$ 全相等 $\leftrightarrow \mu_{ij}$ 不全相等.

为讨论问题的方便起见,引入下面的记号:

$$\mu = \frac{1}{rs}\sum_{i=1}^{r}\sum_{j=1}^{s}\mu_{ij},$$

$$\mu_{i\cdot} = \frac{1}{s}\sum_{j=1}^{s}\mu_{ij}, \quad \alpha_i = \mu_{i\cdot} - \mu, \quad i = 1,2,\cdots,r,$$

$$\mu_{\cdot j} = \frac{1}{r}\sum_{i=1}^{r}\mu_{ij}, \quad \beta_j = \mu_{\cdot j} - \mu, \quad j = 1,2,\cdots,s,$$

其中称 μ 为总平均,它表示所有 rs 个总体的数学期望的总平均. 称 α_i 为水平 A_i 对指标的效应, β_j 为水平 B_j 对指标的效应. 同时,不难验证

$$\sum_{i=1}^{r}\alpha_i = 0, \quad \sum_{j=1}^{s}\beta_j = 0.$$

这样可将 $\mu_{ij}(i=1,2,\cdots,r,j=1,2,\cdots,s)$ 表示成

$$\mu_{ij} = \mu + \alpha_i + \beta_j + (\mu_{ij} - \mu_{i\cdot} - \mu_{\cdot j} + \mu). \tag{8.4.2}$$

进一步,记

$$\gamma_{ij} = \mu_{ij} - \mu_{i\cdot} - \mu_{\cdot j} + \mu, \tag{8.4.3}$$

则

$$\mu_{ij} = \mu + \alpha_i + \beta_j + \gamma_{ij}. \tag{8.4.4}$$

称 γ_{ij} 为水平 A_i 和水平 B_j 的交互效应,这是由 A_i,B_j 联合起作用而引起的. 同样,不难得到下面的事实:

$$\sum_{i=1}^{r}\gamma_{ij} = 0, \quad j = 1,2,\cdots,s,$$

$$\sum_{j=1}^{s}\gamma_{ij} = 0, \quad i = 1,2,\cdots,r.$$

利用上面的事实,(8.4.1)可写成

$$\begin{cases} X_{ijk} = \mu + \alpha_i + \beta_j + \gamma_{ij} + \varepsilon_{ijk}, \\ \varepsilon_{ijk} \sim N(0,\sigma^2), \quad i = 1,2,\cdots,r,j = 1,2,\cdots,s,k = 1,2,\cdots,t, \\ \text{各 } \varepsilon_{ijk} \text{ 独立}, \\ \sum_{i=1}^{r}\alpha_i = 0, \sum_{j=1}^{s}\beta_j = 0, \sum_{i=1}^{r}\gamma_{ij} = 0, \sum_{j=1}^{s}\gamma_{ij} = 0, \end{cases} \tag{8.4.5}$$

其中 $\mu,\alpha_i,\beta_j,\gamma_{ij}$ 及 σ^2 都是未知参数.

(8.4.5)式就是所要研究的两因素的方差分析的数学模型. 对于这一模型,感兴趣的是检验以下三个对立假设:

$$\begin{cases} H_{01}:\alpha_1 = \alpha_2 = \cdots = \alpha_r = 0, \\ H_{11}:\alpha_1,\alpha_2,\cdots,\alpha_r \text{ 不全为零}, \end{cases} \tag{8.4.6}$$

$$\begin{cases} H_{02}:\beta_1 = \beta_2 = \cdots = \beta_s = 0, \\ H_{12}:\beta_1,\beta_2,\cdots,\beta_s \text{ 不全为零}, \end{cases} \tag{8.4.7}$$

$$\begin{cases} H_{03} : \gamma_{11} = \gamma_{12} = \cdots = \gamma_{rs} = 0, \\ H_{13} : \gamma_{11}, \gamma_{12}, \cdots, \gamma_{rs} \text{ 不全为零}. \end{cases} \qquad (8.4.8)$$

为了检验上面的假设，类似于单因素的方差分析，同样需要对总偏差平方和作分解. 为此，记

$$\overline{X} = \frac{1}{rst} \sum_{i=1}^{r} \sum_{j=1}^{s} \sum_{k=1}^{t} X_{ijk},$$

$$\overline{X}_{ij.} = \frac{1}{t} \sum_{k=1}^{t} X_{ijk},$$

$$\overline{X}_{i..} = \frac{1}{st} \sum_{j=1}^{s} \sum_{k=1}^{t} X_{ijk},$$

$$\overline{X}_{.j.} = \frac{1}{rt} \sum_{i=1}^{r} \sum_{k=1}^{t} X_{ijk}.$$

于是有如下定理.

定理 8.4.1　在交互效应存在的两因素的方差分析模型中，总偏差平方和有如下的分解式：

$$\sum_{i=1}^{r} \sum_{j=1}^{s} \sum_{k=1}^{t} (X_{ijk} - \overline{X})^2 = \sum_{i=1}^{r} \sum_{j=1}^{s} \sum_{k=1}^{t} (X_{ijk} - \overline{X}_{ij.})^2 + st \sum_{i=1}^{r} (\overline{X}_{i..} - \overline{X})^2$$

$$+ rt \sum_{j=1}^{s} (\overline{X}_{.j.} - \overline{X})^2 + t \sum_{i=1}^{r} \sum_{j=1}^{s} (\overline{X}_{ij.} - \overline{X}_{i..} - \overline{X}_{.j.} + \overline{X})^2.$$

证　因为

$$\sum_{i=1}^{r} \sum_{j=1}^{s} \sum_{k=1}^{t} (X_{ijk} - \overline{X})^2$$

$$= \sum_{i=1}^{r} \sum_{j=1}^{s} \sum_{k=1}^{t} \left[(X_{ijk} - \overline{X}_{ij.}) + (\overline{X}_{i..} - \overline{X}) \right.$$

$$+ (\overline{X}_{.j.} + \overline{X}) + (\overline{X}_{ij.} - \overline{X}_{i..} - \overline{X}_{.j.} + \overline{X}) \Big]^2$$

$$= \sum_{i=1}^{r} \sum_{j=1}^{s} \sum_{k=1}^{t} (X_{ijk} - \overline{X}_{ij.})^2 + st \sum_{i=1}^{r} (\overline{X}_{i..} - \overline{X})^2$$

$$+ rt \sum_{j=1}^{s} (\overline{X}_{.j.} - \overline{X})^2 + t \sum_{i=1}^{r} \sum_{j=1}^{s} (\overline{X}_{ij.} - \overline{X}_{i..} - \overline{X}_{.j.} + \overline{X})^2.$$

定理证毕.

若记

$$S_T = \sum_{i=1}^{r} \sum_{j=1}^{s} \sum_{k=1}^{t} (X_{ijk} - \overline{X})^2,$$

$$S_E = \sum_{i=1}^{r} \sum_{j=1}^{s} \sum_{k=1}^{t} (X_{ijk} - \overline{X}_{ij.})^2,$$

$$S_A = st \sum_{i=1}^{r} (\overline{X}_{i..} - \overline{X})^2,$$

$$S_B = rt \sum_{j=1}^{s} (\overline{X}_{.j.} - \overline{X})^2,$$

$$S_{A \times B} = t \sum_{i=1}^{r} \sum_{j=1}^{s} (\overline{X}_{ij.} - \overline{X}_{i..} - \overline{X}_{.j.} + \overline{X})^2,$$

可将 S_T 写成如下的平方和分解式:

$$S_T = S_E + S_A + S_B + S_{A \times B}, \tag{8.4.9}$$

其中 S_T 为总偏差平方和,S_E 称为误差平方和,S_A,S_B 分别称为因素 A,因素 B 的效应平方和,$S_{A \times B}$ 称为 A,B 交互效应平方和. S_T 反映了全部数据之间的波动,S_E 则反映了由于随机误差的作用而在数据中引起的波动. S_A,S_B 则分别反映了由于因素 A,因素 B 的各个水平的不同作用而在数据中引起的波动,$S_{A \times B}$ 反映了因素 A 与 B 的交互作用对数据的影响. 进一步,有下面两个定理.

定理 8.4.2　在交互效应存在的两因素的方差分析模型中有

$$E(S_A) = (r-1)\sigma^2 + st \sum_{i=1}^{r} \alpha_i^2, \quad E(S_B) = (s-1)\sigma^2 + rt \sum_{j=1}^{s} \beta_j^2,$$

$$E(S_E) = rs(t-1)\sigma^2, \quad E(S_{A \times B}) = (r-1)(s-1)\sigma^2 + t \sum_{i=1}^{r} \sum_{j=1}^{s} \gamma_{ij}^2.$$

证明略.

定理 8.4.3　在交互效应存在的两因素的方差分析模型中,

(1) 当 $H_{01} : \alpha_1 = \alpha_2 = \cdots = \alpha_r = 0$ 为真时,

$$F_A = \frac{S_A/(r-1)}{S_E/rs(t-1)} \sim F(r-1, rs(t-1));$$

(2) 当 $H_{02} : \beta_1 = \beta_2 = \cdots = \beta_s = 0$ 为真时,

$$F_B = \frac{S_B/(s-1)}{S_E/rs(t-1)} \sim F(s-1, rs(t-1));$$

(3) 当 $H_{03} : \gamma_{11} = \gamma_{12} = \cdots = \gamma_{rs} = 0$ 为真时,

$$F_{A \times B} = \frac{S_{A \times B}/[(r-1)(s-1)]}{S_E/rs(t-1)} \sim F((r-1)(s-1), rs(t-1)).$$

证明略.

于是取显著性水平为 α,便可以得假设 H_{01} 的拒绝域为

$$F_A = \frac{S_A/(r-1)}{S_E/rs(t-1)} \geqslant F_\alpha(r-1, rs(t-1)). \tag{8.4.10}$$

在显著性水平 α 下,假设 H_{02} 的拒绝域为

$$F_B = \frac{S_B/(s-1)}{S_E/rs(t-1)} \geqslant F_\alpha(s-1, rs(t-1)). \tag{8.4.11}$$

在显著性水平 α 下,假设 H_{03} 的拒绝域为

$$F_{A\times B} = \frac{S_{A\times B}/[(r-1)(s-1)]}{S_E/rs(t-1)} \geqslant F_\alpha((r-1)(s-1), rs(t-1)).$$

$$(8.4.12)$$

上述结果可汇总成下列的方差分析表(表 8.9):

表 8.9　两因素的方差分析表

方差来源	平方和	自由度	均方	F 比
因素 A	S_A	$r-1$	$\bar{S}_A = \dfrac{S_A}{r-1}$	$F_A = \dfrac{\bar{S}_A}{\bar{S}_E}$
因素 B	S_B	$s-1$	$\bar{S}_B = \dfrac{S_B}{s-1}$	$F_B = \dfrac{\bar{S}_B}{\bar{S}_E}$
交互作用	$S_{A\times B}$	$(r-1)(s-1)$	$\bar{S}_{A\times B} = \dfrac{S_{A\times B}}{(r-1)(s-1)}$	$F_{A\times B} = \dfrac{\bar{S}_{A\times B}}{\bar{S}_E}$
误差	S_E	$rs(t-1)$	$\bar{S}_E = \dfrac{S_E}{rs(t-1)}$	
总和	S_T	$rst-1$		

如果引入记号

$$T_{\cdots} = \sum_{i=1}^r \sum_{j=1}^s \sum_{k=1}^t x_{ijk},$$

$$T_{ij\cdot} = \sum_{k=1}^t x_{ijk}, \quad i=1,2,\cdots,r, j=1,2,\cdots,s,$$

$$T_{i\cdot\cdot} = \sum_{j=1}^s \sum_{k=1}^t x_{ijk}, \quad i=1,2,\cdots,r,$$

$$T_{\cdot j\cdot} = \sum_{i=1}^r \sum_{k=1}^t x_{ijk}, \quad j=1,2,\cdots,s,$$

则也可以按照下述公式来计算表 8.9 中的各个平方和:

$$\begin{cases} S_T = \displaystyle\sum_{i=1}^r \sum_{j=1}^s \sum_{k=1}^t x_{ijk}^2 - \frac{T_{\cdots}^2}{rst}, \\[2mm] S_A = \dfrac{1}{st} \displaystyle\sum_{i=1}^r T_{i\cdot\cdot}^2 - \frac{T_{\cdots}^2}{rst}, \\[2mm] S_B = \dfrac{1}{rt} \displaystyle\sum_{j=1}^s T_{\cdot j\cdot}^2 - \frac{T_{\cdots}^2}{rst}, \\[2mm] S_{A\times B} = \left[\dfrac{1}{T} \displaystyle\sum_{i=1}^r \sum_{j=1}^s T_{ij\cdot}^2 - \frac{T_{\cdots}^2}{rst}\right] - S_A - S_B, \\[2mm] S_E = S_T - S_A - S_B - S_{A\times B}. \end{cases} \qquad (8.4.13)$$

例1 一火箭使用 4 种燃料(因素 A)、三种推进器(因素 B),作火箭的射程试验. 每种燃料与每种推进器的组合作两次试验,得到火箭射程数据(单位:海里①)如表 8.10 所示.试检验燃料、推进器以及它们之间的交互作用对射程有无显著影响.

表 8.10

	B_1	B_2	B_3
A_1	58.2, 52.6	56.2, 41.2	65.3, 60.8
A_2	49.1, 42.8	54.1, 50.5	51.6, 48.4
A_3	60.1, 58.3	70.9, 73.2	39.2, 40.7
A_4	75.8, 71.5	58.2, 51.0	48.7, 41.4

经过简单的数据计算后,得到如表 8.1 方差分析表:

表 8.11 例 1 的两因素的方差分析表

方差来源	平方和	自由度	均方	F 比
因素 A	$S_A=261.68$	3	$\bar{S}_A=87.23$	$F_A=4.42$
因素 B	$S_B=370.98$	2	$\bar{S}_B=185.49$	$F_B=9.39$
交互作用	$S_{A\times B}=1768.66$	6	$\bar{S}_{A\times B}=294.78$	$F_{A\times B}=14.93$
误差	$S_E=236.98$	12	$\bar{S}_E=19.75$	
总和	$S_T=2638.30$	23		

取显著性水平 $\alpha=0.05$,查 F 分布表得到
$$F_{0.05}(3,12)=3.49, \quad F_{0.05}(2,12)=3.89, \quad F_{0.05}(6,12)=3.00.$$
因此,在水平 $\alpha=0.05$ 下,拒绝假设 H_{01},H_{02} 和 H_{03},即认为因素 A 与 B 对指标的影响显著,并且它们的交互效应对指标也有显著影响.

8.4.2 无交互作用的两因素方差分析

在上面的讨论中,考虑了两因素试验中两个因素的交互作用.有时根据生产实际或者专业知识知道,因素 A 与 B 之间并不存在交互作用,或者交互作用对试验的指标影响非常小,可以忽略不计,则就可以不考虑交互作用.对于无交互作用的情形,为了分析因素 A 与因素 B 各自对指标的影响,则可以对于两个因素的每一组合 (A_i,B_j) 只做一次试验,各获得一个结果就够了.

设 $X_{ij}\sim N(\mu_{ij},\sigma^2)$ 且 $X_{ij}(i=1,2,\cdots,r,j=1,2,\cdots,s)$ 独立,其中 μ_{ij},σ^2 均为未知参数.利用 8.4.1 小节中的记号,并注意到此时不存在交互作用,进一步,可写成

---

① 1 海里约等于 1.852 公里.

$$
\begin{cases}
X_{ij} = \mu + \alpha_i + \beta_j + \varepsilon_{ij}, \\
\varepsilon_{ij} \sim N(0,\sigma^2), \quad i=1,2,\cdots,r, j=1,2,\cdots,s, \\
\text{各 } \varepsilon_{ij} \text{ 独立.} \\
\sum_{i=1}^{r} \alpha_i = 0, \sum_{j=1}^{s} \beta_j = 0.
\end{cases}
\tag{8.4.14}
$$

这就是无交互效应的两因素的方差分析模型.

对这个模型,所要检验的假设有两个,即

$$
\begin{cases}
H_{01}: \alpha_1 = \alpha_2 = \cdots = \alpha_r = 0, \\
H_{11}: \alpha_1, \alpha_2, \cdots, \alpha_r \text{ 不全为零,}
\end{cases}
\tag{8.4.15}
$$

$$
\begin{cases}
H_{02}: \beta_1 = \beta_2 = \cdots = \beta_s = 0, \\
H_{12}: \beta_1, \beta_2, \cdots, \beta_s \text{ 不全为零.}
\end{cases}
\tag{8.4.16}
$$

类似于 8.4.1 小节中的讨论可得方差分析表如下(表 8.12):

表 8.12

方差来源	平方和	自由度	均方	F 比
因素 A	S_A	$r-1$	$\overline{S}_A = \dfrac{S_A}{r-1}$	$F_A = \dfrac{\overline{S}_A}{\overline{S}_E}$
因素 B	S_B	$s-1$	$\overline{S}_B = \dfrac{S_B}{s-1}$	$F_B = \dfrac{\overline{S}_B}{\overline{S}_E}$
误差	S_E	$(r-1)(s-1)$	$\overline{S}_E = \dfrac{S_E}{(r-1)(s-1)}$	
总和	S_T	$rs-1$		

取显著性水平为 α,可得假设 $H_{01}: \alpha_1 = \alpha_2 = \cdots = \alpha_r = 0$ 的拒绝域为

$$
F_A = \frac{\overline{S}_A}{\overline{S}_E} \geqslant F_\alpha(r-1,(r-1)(s-1)).
$$

假设 $H_{02}: \beta_1 = \beta_2 = \cdots = \beta_s = 0$ 的拒绝域为

$$
F_B = \frac{\overline{S}_A}{\overline{S}_E} \geqslant F_\alpha(s-1,(r-1)(s-1)).
$$

例 2   为了研究酵母的分解作用对血糖的影响,从 8 名健康人中抽取了血液并制备成血滤液.每一个受试者的血滤液又分成 4 份.然后随机地把 4 份血滤液分别放置 0min,45min,90min,135min,测得其血糖浓度如表 8.13 所示.试问

(1) 放置不同时间的血糖浓度的差别是否显著?

(2) 不同受试者的血糖浓度的差别是否显著?

表 8.13

A(受试者)\B(时间)	0min	45min	90min	135min
1	95	95	89	83
2	95	94	88	84
3	106	105	87	90
4	98	97	95	90
5	102	98	97	88
6	112	112	101	94
7	105	103	97	88
8	95	92	90	80

通过表 8.12 可算得对应的方差分析表(表 8.14).

表 8.14

方差来源	平方和	自由度	均方	F 比
受试者的差异	$S_A=806.3$	7	$\bar{S}_A=115.2$	$F_A=\dfrac{\bar{S}_A}{\bar{S}_E}=28.8$
放置时间的影响	$S_B=943.6$	3	$\bar{S}_B=314.5$	$F_B=\dfrac{\bar{S}_B}{\bar{S}_E}=78.6$
误差	$S_E=84.1$	21	$\bar{S}_E=4.0$	
总和	$S_T=1834.0$	31		

在水平 $\alpha=0.01$ 时,查表得到

$$F_{0.01}(7,21)=3.64, \quad F_{0.01}(3,21)=4.87.$$

因此,应当拒绝假设 H_{01} 和 H_{02},可认为不同放置时间和不同的受试者对血糖浓度的影响是显著的.

习　题　8

1. 考察某一种物质在水中的溶解度的问题时,可到溶解质量与温度的数据如下:

温度 x_i	0	4	10	15	21	29	36	51	68
溶解质量 Y_i	66.7	71.0	76.3	80.6	85.7	92.9	99.4	113.6	125.1

已知 Y 服从一元正态线性模型

$$Y = a + bx + \varepsilon, \quad \varepsilon \sim N(0, \sigma^2).$$

试给出未知参数 a, b 和 σ^2 的估计.

2. 某种物质的繁殖量与月份之间的关系如下:

月份 x_i	2	4	6	8	10
繁殖量 Y_i	66	120	210	270	320

已知它们之间服从正态线性模型且回归函数为

$$\mu(x) = \beta_0 + \beta_1 x.$$

试求参数 β_0 和 β_1 的估计,并检验 β_1 是否等于零(取 $\alpha = 0.05$).

3. 测得某种合成材料的强度 Y 与其拉伸倍数 x 有下表的关系:

x_i	2.0	2.5	2.7	3.5	4.0	4.5	5.2	6.3	7.1	8.0	9.0	10.0
Y_i	1.3	2.5	2.5	2.7	3.5	4.2	5.0	6.4	6.3	7.0	8.0	8.1

(1) 求 Y 对 x 的经验回归方程;

(2) 检验回归直线的显著性($\alpha = 0.05$);

(3) 求当 $x_0 = 6$ 时, Y_0 的预测值和预测区间(置信度为 0.95).

4. 抽查某地区的三所小学三年级男学生的身高(单位:cm),得到下表的数据:

身高数据

第一小学	128	127	133.4	134.5	135.5	138
第二小学	126.3	128.1	136.1	150.47	155.4	157.8
第三小学	140.7	143.2	144.5	148	147.6	149.2

试问该地区这三所小学五年级男学生的平均身高是否有显著差异($\alpha = 0.05$)?

5. 有某种型号的电池三批,它们分别来自甲、乙、丙三个工厂,为了评比它们的质量,各随机地抽取 5 只电池作为样品,测量得到寿命数据如下:

寿命数据

甲厂	40	48	38	42	45
乙厂	26	34	30	28	32
丙厂	39	40	43	50	50

试问这三个厂的电池的平均寿命有无显著差异($\alpha = 0.05$). 若差异是显著的,给出 $\mu_1 - \mu_2$, $\mu_1 - \mu_3$ 及 $\mu_2 - \mu_3$ 的置信度为 0.95 的置信区间.

6. 下表是三位操作工人分别在 4 台不同的机器上操作三天的日产量:

机器 M\操作工 W	操作工 W_1	操作工 W_2	操作工 W_3
机器 M_1	15，15，17	19，19，16	16，18，21
机器 M_2	17，17，17	15，15，15	19，22，22
机器 M_3	15，17，16	18，17，16	18，18，18
机器 M_4	18，20，22	15，16，17	17，17，17

试检验:在水平 $\alpha=0.05$ 下,

（1）操作工之间的差异是否显著；

（2）机器之间的差异是否显著；

（3）交互效应的影响是否显著.

第9章　MATLAB 在数理统计中的应用

　　MATLAB 原意为矩阵实验室(Matrix Laboratory)，最初的 MATLAB 软件包是 1967 年由 Clere Maler 用 FORTRAN 语言编写而成的，后来 MATLAB 改用 C 语言编写.1984 年由 Mathworks 公司正式把 MATLAB 推向市场，其强大的扩展功能为各个领域的应用提供了基础，现已成为国际认可(IEEE)的最优化的科技应用软件，MATLAB 软件优秀的数值计算能力和卓越的数据可视化能力使其很快在数学软件中脱颖而出，MATLAB 已经发展成为多学科、多种工作平台的功能强大的大型软件.本章将对 MATLAB 在参数估计、假设检验、方差分析和回归诊断及统计图的绘制等方面的应用作一些介绍.

9.1　频率直方图

　　直方图是比较常用的统计图，由函数 hist 实现.

函数　hist

格式　[n, xout]＝hist(data, nbins)　％ data 为向量，nbins 是数量，由自己设定. 将 data 的取值范围[a, b]划分为 nbins 个等份，统计出在每个子范围内的元素个数作为返回值 n，返回每个子范围内元素分布决定的中心点的坐标值 xout

　　　　[n, xout]＝hist(data, m)　％m 是向量，将以向量 m 的每个元素值为中心，统计出在每个中心附近的 data 的元素个数，并将其作为返回值 n

　　例1　下面列出了 84 个伊特拉斯坎(Etruscan)人男子的头颅的最大宽度(单位:mm)，现在来画这些数据的"频率直方图(frequency histogram)".

141	148	132	138	154	142	150	146	155	158
150	140	147	148	144	150	149	145	149	158
143	141	144	144	126	140	144	142	141	140
145	135	147	146	141	136	140	146	142	137
148	154	137	139	143	140	131	143	141	149
148	135	148	152	143	144	141	143	147	146
150	132	142	142	143	153	149	146	149	138

　　142　149　142　137　134　144　146　147　140　142
　　140　137　152　145

解　这些数据的最小值、最大值分别为 $126,158$,现取区间 $[124.5,159.5]$,它能覆盖所有数据,将区间 $[124.5,159.5]$ 等分为 7 个小区间,小区间长度 $\Delta=(159.5-124.5)/7=5$,利用 MATLAB 求出每个小区间的中心点,用矩阵表示为

m=[127　132　137　142　147　152　157]

```
>>x=[141  148  132  138  154  142  150  146  155  158...
150  140  147  148  144  150  149  145  149  158...
143  141  144  144  126  140  144  142  141  140...
145  135  147  146  141  136  140  146  142  137...
148  154  137  139  143  140  131  143  141  149...
148  135  148  152  143  144  141  143  147  146...
150  132  142  142  143  153  149  146  149  138...
142  149  142  137  134  144  146  147  140  142...
140  137  152  145];
>> [n,xout]=hist(x,m);
>>n
```

结果显示如下:

```
n=
   1   4   10   33   24   9   3   % 落在每个小区间内的数据的频数 f_i
```

依次在各个小区间上作以 $\dfrac{f_i}{N}\Big/\Delta\,(N=84,i=1,2,\cdots,7)$ 为高的小矩形.

```
>>bar(xout,n./(xout(2)-xout(1))/sum(n),1);
```

得到频率直方图如图 9.1 所示.

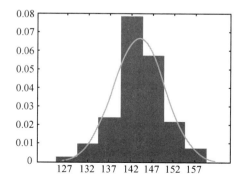

图 9.1

叠上拟合的正态分布的概率密度,看起来样本很像来自某一正态总体.

9.2　参　数　估　计

利用样本对总体进行统计推断,主要有两大类,一类是参数估计(parameter estimation),另一类是检验函数估计.本节将对参数估计作一些介绍.在 MAT-LAB 中,用于参数估计的函数如表 9.1 所示.

表 9.1　参数估计函数表

函数名	调用形式	函数说明
binofit	PHAT=binofit(X,N) [PHAT,PCI]=binofit(X,N) [PHAT,PCI]=binofit(X,N,ALPHA)	二项分布的概率的极大似然估计 置信度为 95%的参数估计和置信区间 返回置信度为 $1-\alpha$ 的参数估计和置信区间
poissfit	Lambdahat=poissfit(X) [Lambdahat,Lambdaci]=poissfit(X) [Lambdahat,Lambdaci]=poissfit(X,ALPHA)	泊松分布的参数的极大似然估计 置信度为 95%的参数估计和置信区间 返回置信度为 $1-\alpha$ 的 λ 参数和置信区间
normfit	[muhat,sigmahat,muci,sigmaci]=normfit(X) [muhat,sigmahat,muci,sigmaci]=normfit(X,ALPHA)	正态分布的最小方差无偏估计,置信度为 95% 返回置信度为 $1-\alpha$ 的期望、标准差和置信区间
unifit	[ahat,bhat]=unifit(X) [ahat,bhat,ACI,BCI]=unifit(X) [ahat,bhat,ACI,BCI]=unifit(X,ALPHA)	均匀分布参数的极大似然估计 置信度为 95%的参数估计和置信区间 返回置信度为 $1-\alpha$ 的参数估计和置信区间
expfit	muhat=expfit(X) [muhat,muci]=expfit(X) [muhat,muci]=expfit(X,alpha)	指数分布参数的极大似然估计 置信度为 95%的参数估计和置信区间 返回置信度为 $1-\alpha$ 的参数估计和置信区间

说明　各函数返回已给数据向量 X 的参数极大似然估计值和置信度为 $(1-\alpha)\times100\%$ 的置信区间.α 的默认值为 0.05,即置信度为 95%.

下面重点对正态分布参数估计函数作介绍,其他函数的使用方法,读者可触类旁通.

命令　正态分布的参数估计

函数　normfit

格式　[muhat,sigmahat,muci,sigmaci]=normfit(X)

　　　　[muhat,sigmahat,muci,sigmaci]=normfit(X,alpha)

说明　muhat,sigmahat 分别为正态分布的参数 μ 和 σ 的估计值,muci,sigmaci 分别为置信区间,其置信度为 $(1-\alpha) \times 100\%$;alpha 给出显著水平 α,缺省时默认为 0.05,即置信度为 95%.

例1 设某种油漆的 9 个样品,其干燥时间(单位:h)分别为

$$6.0, 5.7, 5.8, 6.5, 7.0, 6.3, 5.6, 6.1, 5.0.$$

设干燥时间总体服从正态分布 $N(\mu, \sigma^2)$,μ 和 σ 为未知. 求 μ 和 σ 的置信度为 0.95 置信区间.

解

```
>>X=[6.0  5.7  5.8  6.5  7.0  6.3  5.6  6.1  5.0];
>>[mu,sigma,muci,sigmaci]=normfit(X)
```

运行后结果显示如下:

```
mu=
    6
sigma=
    0.5745
muci=
    5.5584
    6.4416
sigmaci=
    0.3880
    1.1005
```

由上可知,μ 的估计值为 6,置信区间为 $[5.5584, 6.4416]$;σ 的估计值为 0.5745,置信区间为 $[0.3880, 1.1005]$.

9.3 假 设 检 验

9.3.1 σ^2 已知,单个正态总体的均值 μ 的假设检验(U 检验法)

函数 ztest

格式 h=ztest(x,m,sigma)　%x 为正态总体的样本,m 为均值 μ_0,sigma 为标准差,显著性水平为 0.05(默认值)

　　　　h=ztest(x,m,sigma,alpha)　%显著性水平为 alpha

　　　　[h,sig]=ztest(x,m,sigma,alpha,tail)　%sig 为观察值的概率,当 sig 为小概率时,对原假设提出质疑

说明 原假设为 $H_0: \mu = \mu_0 = m$,

tail＝0 表示备择假设：$H_1:\mu\neq\mu_0=m$（默认,双边检验）；

tail＝1 表示备择假设：$H_1:\mu>\mu_0=m$（单边检验）；

tail＝－1 表示备择假设：$H_1:\mu<\mu_0=m$（单边检验）.

$h＝0$ 表示在显著性水平 alpha 下,不能拒绝原假设；

$h＝1$ 表示在显著性水平 alpha 下,可以拒绝原假设.

例 1　某工厂生产 10Ω 的电阻.根据以往生产的电阻的实际情况可以认为,其电阻值服从正态分布,标准差 $\sigma=0.1$. 现在随机抽取 10 个电阻,测得它们的电阻值为

　　　　9.9, 10.1, 10.2, 9.7, 9.9, 9.9, 10, 10.5, 10.1, 10.2.

问从这些样本能否认为该厂生产的电阻的平均值为 10Ω？

解　该问题是当 σ^2 为已知时,在水平 $\alpha=0.05$ 下,根据样本值判断 $\mu=10$ 还是 $\mu\neq10$. 为此,提出假设如下：

原假设：　$H_0:\mu=\mu_0=10$,

备择假设：$H_1:\mu\neq10$.

>>X=[9.9　10.1　10.2　9.7　9.9　9.9　10　10.5　10.1　10.2];

>>[h,sig]=ztest(X,10,0.1,0.05,0)

结果显示为

　　h=

　　　　0

　　sig=

　　　　0.1138　　　　　　　% 样本观察值的概率

结果表明 $h=0$,说明在水平 $\alpha=0.05$ 下,可接受原假设,即认为该厂生产的电阻值的均值为 10Ω.

9.3.2　σ^2 未知,单个正态总体的均值 μ 的假设检验（t 检验法）

函数　ttest

格式　h＝ttest(x,m)　　％x 为正态总体的样本,m 为均值 μ_0,显著性水平为
　　　　　　　　　　　　　　0.05.

　　　　h＝ttest(x,m,alpha)　　％alpha 为给定显著性水平.

　　　　[h,sig]＝ttest(x,m,alpha,tail)　　％sig 为观察值的概率,当 sig 为小
　　　　　　　　　　　　　　　　　　　　概率时,对原假设提出质疑.

说明　原假设：$H_0:\mu=\mu_0=m$,

tail＝0 表示备择假设：$H_1:\mu\neq\mu_0=m$（默认,双边检验）；

tail＝1 表示备择假设：$H_1:\mu>\mu_0=m$（单边检验）；

tail＝－1 表示备择假设：$H_1:\mu<\mu_0=m$（单边检验）.

$h=0$ 表示在显著性水平 alpha 下,不能拒绝原假设;

$h=1$ 表示在显著性水平 alpha 下,可以拒绝原假设.

例 2 某种电子元件的寿命 X(单位:h)服从正态分布,μ,σ^2 均未知. 现测得 16 只元件的寿命如下:

159,280,101,212,224,379,179,264,222,362,168,250,149,260,485,170.

问是否有理由认为元件的平均寿命大于 225h?

解 未知 σ^2,在水平 $\alpha=0.05$ 下检验假设:$H_0:\mu<\mu_0=225,H_1:\mu>225$.

```
>>X=[159   280   101   212   224   379   179   264   222   362   168
     250
     149   260   485   170];
>>[h,sig]=ttest(X,225,0.05,1)
```

结果显示为

```
h=
    0
sig=
    0.2570
```

结果表明 $h=0$,表示在水平 $\alpha=0.05$ 下,应该接受原假设 H_0,即认为元件的平均寿命不大于 225h.

9.3.3 两个正态总体均值差的检验(t 检验)

两个正态总体方差未知但等方差时,比较两个正态总体样本均值的假设检验.

函数 ttest2

格式 $[h,sig,ci]=$ttest2(X,Y)　％X,Y 为两个正态总体的样本,显著性水平为 0.05

$[h,sig,ci]=$ttest2$(X,Y,alpha)$　％alpha 为显著性水平

$[h,sig,ci]=$ttest2$(X,Y,alpha,tail)$　％sig 为当原假设为真时得到观察值的概率,当 sig 为小概率时,对原假设提出质疑,ci 为真正均值 μ 的 $1-$alpha 置信区间

说明 原假设:$H_0:\mu_1=\mu_2$(μ_1 为 X 的期望值,μ_2 为 Y 的期望值),

tail$=0$ 表示备择假设:$H_1:\mu_1\neq\mu_2$(默认,双边检验);

tail$=1$ 表示备择假设:$H_1:\mu_1>\mu_2$(单边检验);

tail$=-1$ 表示备择假设:$H_1:\mu_1<\mu_2$(单边检验).

$h=0$ 表示在显著性水平 alpha 下,不能拒绝原假设;

$h=1$ 表示在显著性水平 alpha 下,可以拒绝原假设.

例 3　在平炉上进行一项试验,以确定改变操作方法的建议是否会增加钢的产率,试验是在同一只平炉上进行的. 每炼一炉钢时除操作方法外,其他条件都尽可能做到相同. 先用标准方法炼一炉,然后用建议的新方法炼一炉,以后交替进行,各炼 10 炉,其产率(%)分别为

　　(1) 标准方法:78.1,72.4,76.2,74.3,77.4,78.4,76.0,75.5,76.7,77.3;

　　(2) 新方法:79.1,81.0,77.3,79.1,80.0,79.1,79.1,77.3,80.2,82.1.

设这两个样本相互独立且分别来自正态总体 $N(\mu_1,\sigma^2)$ 和 $N(\mu_2,\sigma^2)$,μ_1,μ_2,σ^2 均未知. 问建议的新操作方法能否提高产率(取 $\alpha=0.05$).

解　当两个总体方差不变时,在水平 $\alpha=0.05$ 下检验假设:$H_0:\mu_1=\mu_2$,$H_1:\mu_1<\mu_2$.

```
>>X=[78.1   72.4   76.2   74.3   77.4   78.4   76.0   75.5   76.7
     77.3];
>>Y=[79.1   81.0   77.3   79.1   80.0   79.1   79.1   77.3   80.2
     82.1];
>>[h,sig,ci]=ttest2(X,Y,0.05,-1)
```

结果显示为

```
h=
    1
sig=
    2.1759e-004      % 说明两个总体均值相等的概率很小
ci=
    -Inf  -1.9083
```

结果表明 $h=1$,表示在水平 $\alpha=0.05$ 下,应该拒绝原假设,即认为建议的新操作方法提高了产率,因此,比原方法好.

9.4　方　差　分　析

9.4.1　单因素方差分析

单因素方差分析可由函数 anova1 来实现.

函数　anova1

格式　p=anova1(X)　%矩阵 X 的各列为彼此独立的样本观察值,其元素个数相同,p 为各列均值相等的概率值,若 p 值接近于 0,则原假设受到怀疑,说明至少有一列均值与其余列均值有明显不同

$$p=\text{anoval}(X,\text{group}) \quad \%X\text{ 和 group 为向量输入.输入向量 group 要}$$
与 X 的元素相对应,但输入向量间无严格的向量元素个数相等的约束

说明 anoval 函数产生两个图:标准的方差分析表图和盒图.

方差分析表中有 6 列.第 1 列(source)显示:X 中数据可变性的来源.第 2 列(SS)显示:用于每一列的平方和.第 3 列(df)显示:与每一种可变性来源有关的自由度.第 4 列(MS)显示:SS/df 的比值.第 5 列(F)显示:F 统计量数值,它是 MS 的比率.第 6 列显示:从 F 累积分布中得到的概率,当 F 增加时,p 值减少.

例 1 用 4 种不同的生产工艺生产同种产品,从所生产的产品中各取三个,测定其长度,所得结果如表 9.2 所示.

表 9.2

生产工艺	产品长度/cm		
A_1	25.6	26.4	27.0
A_2	25.8	24.5	23.4
A_3	27.5	25.3	26.7
A_4	28.2	29.4	28.9

试分析产品的长度是否有显著差异.

解

```
>> X=[25.6 26.4 27.0;25.8 24.5 23.4;27.5 25.3 26.7;28.2 29.4
28.9];
>>P=anoval(X')
```

结果为

```
P=
   0.0039
```

还有两个图,即图 9.2 和图 9.3.

ANOVA Table					
Source	SS	df	MS	F	Prob>F
Columns	27.5892	3	9.19639	10.39	0.0039
Error	7.08	8	0.885		
Total	34.6692	11			

图 9.2

不同的生产工艺测量结果的盒图如图 9.3 所示.从图上可以看出不同的生产工艺测量结果的大致情况.

由结果可知,4 种不同的生产工艺生产的产品长度有特别显著的差异.

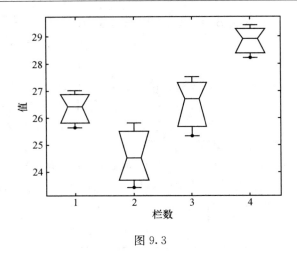

图 9.3

9.4.2 双因素方差分析

函数 anova2

格式 p＝anova2(X,reps)

说明 执行平衡的双因素试验的方差分析来比较 X 中两个或多个列(行)的均值,不同列的数据表示某一因素的差异,不同行的数据表示另一因素的差异. 如果每行列对有多于一个的观察点,则变量 reps 指出每一单元观察点的数目,每一单元包含 reps 行.

例 2   一火箭使用了 4 种燃料、三种推进器做射程试验,每种燃料与每种推进器的组合各发射火箭两次,得到结果如下:

推进器 B		$B1$	$B2$	$B3$
	$A1$	58.2000	56.2000	65.3000
		52.6000	41.2000	60.8000
	$A2$	49.1000	54.1000	51.6000
燃料 A		42.8000	50.5000	48.4000
	$A3$	60.1000	70.9000	39.2000
		58.3000	73.2000	40.7000
	$A4$	75.8000	58.2000	48.7000
		71.5000	51.0000	41.4000

考察推进器和燃料这两个因素对射程是否有显著的影响?

解

```
>>X=[58.2000     56.2000      65.3000
   52.6000     41.2000     60.8000
```

```
    49.1000    54.1000    51.6000
    42.8000    50.5000    48.4000
    60.1000    70.9000    39.2000
    58.3000    73.2000    40.7000
    75.8000    58.2000    48.7000
    71.5000    51.0000    41.4000];
>>P=anova2(X,2)
```

结果为

```
P=
    0.0035    0.0260    0.0001
```

显示方差分析图为图 9.4.

```
                         ANOVA Table
Source        SS      df      MS       F      Prob>F
Columns      370.98   2     185.49    9.39    0.0035
Rows         261.68   3      87.225   4.42    0.026
Interaction 1768.69   6     294.782  14.93    0.0001
Error        236.95  12      19.746
Total       2638.3   23
```

图 9.4

由结果可知,各试验均值相等的概率都为小概率,故可拒绝概率相等假设,即认为不同燃料或不同推进器下的射程有显著差异,也就是说,燃料和推进器对射程的影响都是显著的.

9.5   回 归 分 析

在 MATLAB 中,统计回归问题主要由函数 polyfit 实现.

例 1   在钢线碳含量对于电阻的效应的研究中,得到表 9.3 的数据.

表 9.3

碳含量/%	0.10	0.30	0.40	0.55	0.70	0.80	0.95
20℃时电阻 $y/\mu\Omega$	15	18	19	21	22.6	23.8	26

试作回归直线 $y=a+bx$.

解

```
>>x=[0.10  0.30  0.40  0.55  0.70  0.80  0.95];
>>y=[15  18  19  21  22.6  23.8  26];
```

```
>>[m,n]=polyfit(x,y,1)
```
运行结果为
```
    m=
      12.5503  13.9584
    n=
        R:[2x2 double]
        df: 5
    normr: 0.4647
```
结果说明回归直线为 $y=13.9584+12.5503x$.
```
>>plot(x,y,'+');lsline
```
得到回归直线如图 9.5 所示.

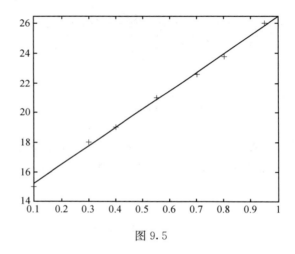

图 9.5

9.6　常见分布的随机数产生

　　在不同的技术中,常需要模拟产生各种分布的随机变量的简单随机样本的样本值.某一分布随机变量的样本值,就称为这一分布的**随机数**(random numbers).产生随机数有多种不同的方法,这些方法被称为随机数发生器.它有广泛的应用,可以帮助模拟一些试验,代替人们做大量重复的试验.

9.6.1　常见分布的随机数产生

　　在 MATLAB 中,用于产生常见分布的随机数的函数如表 9.4 所示.

表 9.4 随机数产生函数表

函数名	调用形式	注释
Unifrnd	unifrnd(A,B,m,n)	[A,B]上均匀分布(连续)随机数
Unidrnd	unidrnd(N,m,n)	均匀分布(离散)随机数
Exprnd	exprnd(Lambda,m,n)	参数为 Lambda 的指数分布随机数
Normrnd	normrnd(MU,SIGMA,m,n)	参数为 MU,SIGMA 的正态分布随机数
chi2rnd	chi2rnd(N,m,n)	自由度为 N 的卡方分布随机数
Trnd	trnd(N,m,n)	自由度为 N 的 t 分布随机数
Frnd	frnd(N_1,N_2,m,n)	第一自由度为 N_1,第二自由度为 N_2 的 F 分布随机数
raylrnd	raylrnd(B,m,n)	参数为 B 的瑞利分布随机数
binornd	binornd(N,P,m,n)	参数为 N,P 的二项分布随机数
geornd	geornd(P,m,n)	参数为 P 的几何分布随机数
hygernd	hygernd(M,K,N,m,n)	参数为 M,K,N 的超几何分布随机数
Poissrnd	poissrnd(Lambda,m,n)	参数为 Lambda 的泊松分布随机数

下面重点对正态分布的随机数的产生作介绍.

命令 参数为 μ、σ 的正态分布的随机数

函数 normrnd

格式 R＝normrnd(MU,SIGMA) ％返回均值为 MU,标准差为 SIGMA 的正态分布的随机数,R 可以是向量或矩阵. 如果 MU,SIGMA 为同阶矩阵,R 和它们的阶相同

R＝normrnd(MU,SIGMA,m) ％m 指定随机数的个数,与 R 同维数

R＝normrnd(MU,SIGMA,m,n) ％m,n 分别表示 R 的行数和列数

例 1

```
>>n1=normrnd(1:7,1./(1:7))
n1=
    1.5913  1.6782  3.1268  3.7477  4.9961  5.9920  7.0000
>>n2=normrnd(0,1,[1 6])
n2=
    -0.1586  0.8709  -0.1948  0.0755  -0.5266  -0.6855
>>n3=normrnd([1 2 3;4 5 6],0.1,2,3)  % mu 为均值矩阵
n3=
    0.9053  1.8814  3.1472
    3.9626  4.8944  6.0056
>>R=normrnd(10,0.5,[2,3])
  R= 9.7837  10.0627  9.4268
```

```
        9.1672   10.1438   10.5955
>>R=normrnd(20,0.5,[2,3])      % mu 为 20,sigma 为 0.5 的 2 行 3 列
                               % 个正态随机数
R=
    20.0643   19.4161   19.8688
    20.3282   19.7697   19.3934
```

9.6.2　通用函数求各分布的随机数

命令　求指定分布的随机数

函数　random

格式　y＝random('name',A1,A2,A3,m,n)　%name 的取值如表 9.3 所示;A1,A2,A3 为分布的参数;m,n 指定随机数的行和列

常见的分布函数如表 9.5 所示.

表 9.5　常见分布函数表

name 的取值			函数说明
'bino'	或	'Binomial'	二项分布
'chi2'	或	'Chisquare'	卡方分布
'exp'	或	'Exponential'	指数分布
'f'	或	'F'	F 分布
'geo'	或	'Geometric'	几何分布
'hyge'	或	'Hypergeometric'	超几何分布
'norm'	或	'Normal'	正态分布
'poiss'	或	'Poisson'	泊松分布
'rayl'	或	'Rayleigh'	瑞利分布
't'	或	'T'	T 分布
'unif'	或	'Uniform'	均匀分布
'unid'	或	'Discrete Uniform'	离散均匀分布

例 2　产生 20(4 行 5 列)个均值为 2,标准差为 0.3 的正态分布随机数.

```
>>y=random('norm',2,0.3,4,5)
y=
    1.8876   2.0195   2.6711   2.1664   1.9058
    1.8587   1.9122   2.0981   2.3005   2.0680
    2.5254   2.0248   2.2590   2.3778   2.2990
    2.2260   2.2299   2.2038   2.0132   2.3648
```

习题参考答案

习 题 1

1. (1) $S=\left\{\dfrac{i}{n}:i=0,1,\cdots,100n\right\}$，其中 n 为小班人数； (2) $S=\{2,3,\cdots,12\}$；

   (3) $S=\{00,100,0100,0101,0110,1100,1010,1011,0111,1101,1110,1111\}$，其中 1 表示正品，0 表示次品； (4) $S=\{(x,y):x^2+y^2<1\}$； (5) $S=\{v:v\geqslant0\}$

2. (1) "21 世纪以前出版的英文版数学书"；

   (2) 在"馆中所有数学书都是 21 世纪出版的英文书"的条件下,等式成立；

   (3) "21 世纪以前出版的书都是英文版的"；

   (4) "馆中非数学书都是英文版的,并且所有英文版的书都不是数学书"

3. (1) $P(A\cup B)=P(B),P(AB)=0.6$； (2) $P(A\cup B)=1,P(AB)=0.3$

4. $P(A\cup B\cup C)=\dfrac{5}{8}$

5. (1) $\dfrac{1}{10}$； (2) $\dfrac{3}{10}$； (3) $\dfrac{2}{5!}$

6. $P(A)=\dfrac{n-k}{n+m-k}$

7. $\dfrac{2mn}{(m+n)(m+n-1)}$

8. $P(A)\approx0.0129$

9. (1) $\dfrac{1}{12}$； (2) $\dfrac{1}{20}$

10. $\dfrac{C_{365}^r r!}{365^r}$

11. 0.323

12. $\dfrac{3}{7}$

13. $\dfrac{31}{32}$

14. 0.25

15. (1) $\dfrac{2^{2r}C_n^{2r}}{C_{2n}^{2r}}$； (2) $\dfrac{n\cdot2^{2r-2}C_{n-1}^{2r-2}}{C_{2n}^{2r}}$； (3) $\dfrac{2^{2r-4}C_n^2 C_{n-2}^{2r-4}}{C_{2n}^{2r}}$； (4) $\dfrac{C_n^r}{C_{2n}^{2r}}$

16. 0.95

17. 0.504

18. 0.18

19. (1) $\dfrac{28}{45}$; (2) $\dfrac{1}{45}$; (3) $\dfrac{16}{45}$; (4) $\dfrac{1}{5}$

20. 0.72

21. $\dfrac{1}{3}$

22. 0.375

23. (1) 0.56; (2) 0.94; (3) 0.38

24. 0.6

25. 0.6

26. 0.36

27. $\dfrac{20}{21}$

28. (1) $\dfrac{3}{2}p - \dfrac{1}{2}p^2$; (2) $\dfrac{2p}{p+1}$

29. 0.9

30. (1) 0.5; (2) $\dfrac{2}{3}$; (3) 0.8; (4) 0.6

31. 0.8629

32. 略

33. 略

34. (1) 0.973; (2) 0.25

35. 0.985

36. $1 - \dfrac{1}{2!} + \dfrac{1}{3!} - \dfrac{1}{4!} + \cdots + (-1)^{n-1}\dfrac{1}{n!}$

37. $1 - \dfrac{13}{6^4}$

38. $\dfrac{2\alpha p_1}{(3\alpha-1)p_1 + 1 - \alpha}$

39. (1) $\alpha = 0.94^n$; (2) $\beta = C_n^2 (0.94)^{n-2}(0.06)^2$;

  (3) $\theta = 1 - n \cdot (0.94)^{n-1}(0.06) - 0.94^n$

习 题 2

1.

X	0	1	2	4
P	$\dfrac{7}{16}$	$\dfrac{1}{4}$	$\dfrac{1}{4}$	$\dfrac{1}{16}$

2. $P\{X=k\} = \left(\dfrac{6-k+1}{6}\right)^n - \left(\dfrac{6-k}{6}\right)^n$,

  $P\{Y=k\} = \left(\dfrac{k}{6}\right)^n - \left(\dfrac{k-1}{6}\right)^n$, $k=1,2,\cdots,6$

3. (1) k 个人有反应的概率为
$$P\{X=k\} = C_5^k (0.10)^k (0.90)^{5-k}, \quad k=0,1,2,3,4,5;$$

（2）不多余两人有反应的概率为

$$P\{X\leqslant 2\}=\sum_{k=0}^{2}C_5^k(0.10)^k(0.90)^{5-k}=0.5905+0.3281+0.0729=0.9915;$$

（3）至少一人有反应的概率为

$$P\{X\geqslant 1\}=1-P\{X=0\}=1-C_5^0(0.10)^0(0.90)^5=0.40951$$

4. （1）$p=0.7+0.3\times0.8=0.94$；

（2）设 X 为不能出厂的产品数 $X\sim B(m,0.06)$，故

$$P\{X\geqslant 2\}=1-P\{X=1\}-P\{X=0\}=1-m\times 0.6\times(0.94)^{m-1}-(0.94)^m$$

5.

$$p_3+p_4+p_5=C_5^3\left(\frac{1}{4}\right)^3\left(\frac{3}{4}\right)^2+C_5^4\left(\frac{1}{4}\right)^4\left(\frac{3}{4}\right)+C_5^5\left(\frac{1}{4}\right)^5\approx 0.10$$

6. （1）

X	1	2	3	$\cdots$
P	$\frac{1}{3}$	$\left(\frac{2}{3}\right)\frac{1}{3}$	$\left(\frac{2}{3}\right)^2\frac{1}{3}$	$\cdots$

（2）

Y	1	2	3
P	$\frac{1}{3}$	$\frac{1}{3}$	$\frac{1}{3}$

（3）$\frac{8}{27},\frac{38}{81}$

7. $P\{X=4\}=\frac{2^4}{4!}e^{-2}$

8. （1）$e^{-\frac{3}{2}}$；　（2）$1-e^{-\frac{5}{2}}$

9. $\frac{(\lambda p)^l}{l!}e^{-\lambda p}$

10. $P\{X=0\}=e^{-3}=0.0498$

11.

$$P\{X=k\}=(1-p)^{k-1}p,\quad k=1,2,\cdots,$$
$$F(x)=\begin{cases}0,&x<1,\\1-q^{[x]},&x\geqslant 1,\end{cases}\quad q=1-p$$

12. $\frac{3}{5}$

13. （1）$A=\frac{1}{2}$；　（2）$P\{0<X<1\}=\frac{1}{2}(1-e^{-1})$；　（3）$F(x)=\begin{cases}\frac{1}{2}e^x,&x<0,\\1-\frac{1}{2}e^{-x},&x\geqslant 0\end{cases}$

14.

$$P\{Y=k\}=C_5^k e^{-2k}(1-e^{-2})^{5-k},\quad k=0,1,\cdots,5,$$
$$P\{Y\geqslant 1\}=0.5167$$

15. 分数线在 86 分较为合理

16. 0.4

17. $\sigma \leqslant 31.25$

18. (1) 由全概率公式得 $\alpha = 0.06415$；   (2) 由贝叶斯公式得 $\beta = 0.00898$

19. $P\{X=k\} = C_{k-1}^{r-1} p^r (1-p)^{k-r}$, $k=r, r+1, \cdots$

20. (1) 1000；   (2) $\dfrac{8}{17}$；   (3) $\dfrac{4}{9}$

21. 至少要进行 3 次独立测量才能满足要求

22. (1) $A = \dfrac{1}{3}, B = \dfrac{1}{2}$；

   (2) $F(x) = \begin{cases} 0, & x \leqslant 1, \\ \dfrac{1}{6}(x^2 - 1), & 1 < x \leqslant 2, \\ \dfrac{1}{2}(x-1), & 2 < x < 3, \\ 1, & x \geqslant 3 \end{cases}$

23.

$2X$	-2	0	2	4	5
p_k	0.2	0.1	0.1	0.3	0.3

X^2	0	1	4	$\dfrac{25}{4}$
p_k	0.1	0.3	0.3	0.3

24. (1) $P\{T_1 \leqslant 70\} = \Phi(2) = 0.9772, P\{T_2 \leqslant 70\} = \Phi(2.5) = 0.9938$, 应走第二条线路.

   (2) $P\{T_1 \leqslant 65\} = \Phi(1.5) = 0.9332, P\{T_2 \leqslant 65\} = \Phi(1.25) = 0.8944$ 应走第一条线路.

25.
$$f(y) = \begin{cases} \dfrac{2}{3}, & 0 \leqslant y < 1, \\ \dfrac{1}{3}, & 1 \leqslant y < 2, \\ 0, & \text{其他} \end{cases}$$

26.
$$f(y) = \begin{cases} 0, & y < 0, \\ \dfrac{1}{2}, & 0 \leqslant y < 1, \\ \dfrac{1}{2y^2}, & 1 \leqslant y < +\infty \end{cases}$$

27. 0.2403

28. (1) $f_Y(y) = \begin{cases} \left(\dfrac{y-3}{2}\right)^3 e^{-\left(\frac{y-3}{2}\right)^2}, & y \geqslant 3, \\ 0, & y < 3; \end{cases}$

   (2) $f_Y(y) = \begin{cases} y e^{-y}, & y > 0, \\ 0, & y \leqslant 0; \end{cases}$

   (3) $f_Y(y) = f_X(e^y) e^y = 2 e^{4y} e^{-e^{2y}}, \ -\infty < y < +\infty$

29.

$$f_Y(y) = \begin{cases} \dfrac{2}{\pi \sqrt{1-y^2}}, & 0 < y < 1, \\ 0, & \text{其他} \end{cases}$$

30.

$$F(x) = \begin{cases} 0, & x < -1, \\ \dfrac{5x+7}{16}, & -1 \leqslant x < 1, \\ 1, & x \geqslant 1 \end{cases}$$

31.

$$F(y) = \begin{cases} 0, & y < 0, \\ 1 - e^{-\lambda y}, & 0 \leqslant y < 2, \\ 1, & y \geqslant 2 \end{cases}$$

习 题 3

1.

有放回：

X \ Y	0	1
0	$\dfrac{25}{36}$	$\dfrac{5}{36}$
1	$\dfrac{5}{36}$	$\dfrac{1}{36}$

无放回：

X \ Y	0	1
0	$\dfrac{45}{66}$	$\dfrac{10}{66}$
1	$\dfrac{10}{66}$	$\dfrac{1}{66}$

2.

X \ Y	0	1	2	3
0	0	0	$\dfrac{21}{120}$	$\dfrac{35}{120}$
1	0	$\dfrac{14}{120}$	$\dfrac{42}{120}$	0
2	$\dfrac{1}{120}$	$\dfrac{7}{120}$	0	0

3. (1) $A=1$; (2) $F(x,y) = \begin{cases} (1-e^{-x})(1-e^{-y}), & x>0, y>0, \\ 0, & \text{其他}; \end{cases}$ (3) 0.3679;

(4) $\dfrac{1}{2}$;   (5) $(1-\mathrm{e}^{-\frac{1}{2}})^2$

4.

X \ Y	0	1	2	$P\{X=k\}$
0	$\dfrac{1}{9}$	$\dfrac{2}{9}$	$\dfrac{1}{9}$	$\dfrac{4}{9}$
1	$\dfrac{2}{9}$	$\dfrac{2}{9}$	0	$\dfrac{4}{9}$
2	$\dfrac{1}{9}$	0	0	$\dfrac{1}{9}$
$P\{Y=k\}$	$\dfrac{4}{9}$	$\dfrac{4}{9}$	$\dfrac{1}{9}$	1

5. (1) $C=4$;   (2) $F(x,y)=\begin{cases}(1-\mathrm{e}^{-2x})(1-\mathrm{e}^{-2y}), & x>0,y>0,\\ 0, & \text{其他};\end{cases}$

   (3) $f_X(x)=\begin{cases}2\mathrm{e}^{-2x}, & x>0,\\ 0, & x\leqslant 0,\end{cases}$ $f_Y(x)=\begin{cases}2\mathrm{e}^{-2y}, & y>0,\\ 0, & y\leqslant 0;\end{cases}$ (4) $1-3\mathrm{e}^{-2}$

6. (1) $a=1$;   (2) $f_X(x)=\begin{cases}\mathrm{e}^{-x}, & x>0,\\ 0, & x\leqslant 0,\end{cases}$

   $f_Y(y)=\begin{cases}y\mathrm{e}^{-y}, & y>0,\\ 0, & y\leqslant 0;\end{cases}$

   (3) $P\{X+Y\leqslant 1\}=\iint\limits_{x+y\leqslant 1}f(x,y)\mathrm{d}x\mathrm{d}y=1-2\mathrm{e}^{-0.5}+\mathrm{e}^{-1}$

7. (1) $f(x,y)=\begin{cases}\dfrac{3}{4}, & 0\leqslant y\leqslant 1-x^2,\\ 0, & \text{其他};\end{cases}$

   (2) $f_X(x)=\displaystyle\int_{-\infty}^{+\infty}f(x,y)\mathrm{d}y=\begin{cases}\dfrac{3-3x^2}{4}, & -1<x<1,\\ 0, & \text{其他},\end{cases}$

   $f_Y(y)=\displaystyle\int_{-\infty}^{+\infty}f(x,y)\mathrm{d}x=\begin{cases}\dfrac{3\sqrt{1-y}}{2}, & 0<y<1,\\ 0, & \text{其他};\end{cases}$

   (3) $f_{Y|X}(y\,|-0.5)=\begin{cases}\dfrac{4}{3}, & 0<y<\dfrac{3}{4},\\ 0, & \text{其他},\end{cases}$

   $f_{X|Y}(x\,|\,0.5)=\begin{cases}\dfrac{\sqrt{2}}{2}, & -\dfrac{\sqrt{2}}{2}<x<\dfrac{\sqrt{2}}{2},\\ 0, & \text{其他};\end{cases}$

   (4) $P\{(X,Y)\in B\}=\dfrac{\sqrt{2}}{2}$

8. (1)

X \ Y	0	1	2	3	X 边缘分布律
0	0	0	$\dfrac{21}{120}$	$\dfrac{35}{120}$	$\dfrac{56}{120}$
1	0	$\dfrac{14}{120}$	$\dfrac{42}{120}$	0	$\dfrac{56}{120}$
2	$\dfrac{1}{120}$	$\dfrac{7}{120}$	0	0	$\dfrac{8}{120}$
Y 的边缘分布律	$\dfrac{1}{120}$	$\dfrac{21}{120}$	$\dfrac{63}{120}$	$\dfrac{35}{120}$	1

(2)

$Y=j\mid X=0$	2	3
P	$\dfrac{3}{8}$	$\dfrac{5}{8}$

9. (1) $P\{X=n\}=\dfrac{14^{n}}{n!}e^{-14}$, $\quad n=0,1,\cdots$,

$P\{Y=m\}=\dfrac{e^{-7.14}\cdot(7.14)^{m}}{m!}$, $\quad m=0,1,\cdots$;

(2) $P\{X=n\mid Y=m\}=\dfrac{e^{-6.86}\cdot(6.86)^{n-m}}{(n-m)!}$, $\quad n=m,m+1,\cdots$,

$P\{Y=m\mid X=n\}=C_{n}^{m}\left(\dfrac{7.14}{14}\right)^{m}\left(\dfrac{6.86}{14}\right)^{n-m}$, $\quad m=0,1,\cdots,n$;

(3) $P\{Y=m\mid X=20\}=C_{20}^{m}\left(\dfrac{7.14}{14}\right)^{m}\left(\dfrac{6.86}{14}\right)^{20-m}$, $\quad m=0,1,\cdots,20$

10. (1) 当 $0<y<1$ 时，$f_{Y}(y)>0$，在$\{Y=y\}$条件下，X 的条件密度为

$$f_{X\mid Y}(x\mid y)=\dfrac{f(x,y)}{f_{Y}(y)}=\begin{cases}2x, & 0\leqslant x<1,\\0, & \text{其他},\end{cases}$$

当 $0<x<1$ 时，在$\{X=x\}$条件下，Y 的条件密度为

$$f_{Y\mid X}(y\mid x)=\begin{cases}2y, & 0\leqslant y<1,\\0, & \text{其他};\end{cases}$$

(2) $F(x,y)=\begin{cases}0, & x<0 \text{ 或 } y<0,\\ x^{2}y^{2}, & 0\leqslant x<1,0\leqslant y<1,\\ x^{2}, & 0\leqslant x<1,1\leqslant y,\\ y^{2}, & 1\leqslant x,0\leqslant y<1,\\ 1, & 1\leqslant x,1\leqslant y\end{cases}$

11. (1) $c=1$；(2) 在 $0<x<y<+\infty$ 上，$f(x,y)\neq f_{X}(x)\cdot f_{Y}(y)$，故 X 与 Y 不独立；

(3) 当 $y>0$ 时，$f_{X\mid Y}(x\mid y)=\dfrac{f(x,y)}{f_{Y}(y)}=\begin{cases}\dfrac{2x}{y^{2}}, & 0<x<y<+\infty,\\0, & \text{其他},\end{cases}$

当 $x>0$ 时, $f_{Y|X}(y|x)=\dfrac{f(x,y)}{f_X(x)}=\begin{cases}e^{x-y}, & 0<x<y<+\infty,\\ 0, & \text{其他};\end{cases}$

(4) $P\{X<1|Y<2\}=\dfrac{1-2e^{-1}-\frac{1}{2}e^{-2}}{1-5e^{-2}}$, $P\{X<1|Y=2\}=\dfrac{1}{4}$;

(5) $F(x,y)=\begin{cases}0, & x<0 \text{ 或 } y<0,\\ 1-\left(\frac{1}{2}y^2+y+1\right)e^{-y}, & 0\leqslant y<x<+\infty,\\ 1-(x+1)e^{-x}-\frac{1}{2}x^2e^{-y}, & 0\leqslant x<y<+\infty\end{cases}$

12. (1) $f_{Y|X}(y|x)=\begin{cases}\dfrac{1}{x}, & 0<y<x,\\ 0, & \text{其他};\end{cases}$　(2) $f(x,y)=\begin{cases}\lambda^2e^{-\lambda x}, & 0<y<x,\\ 0, & \text{其他};\end{cases}$

(3) $f_Y(y)=\begin{cases}\lambda e^{-\lambda y}, & y>0,\\ 0, & y\leqslant 0\end{cases}$

13. X 与 Y 不相互独立

14. (1) $f(x,y)=\begin{cases}\dfrac{1}{2}e^{-\frac{y}{2}}, & 0<x<1, y>0,\\ 0, & \text{其他};\end{cases}$　(2) $P\{a \text{ 有实根}\}=2e^{-\frac{1}{2}}-1$

15. $\dfrac{2L}{\pi a}$

16. $P\{X\leqslant Y\}=\dfrac{1}{2}$

17. $P\{Z=i\}=P\{X+Y=i\}=\dfrac{(\lambda_1+\lambda_2)^i}{i!}e^{-(\lambda_1+\lambda_2)}$, $i=0,1,2,\cdots$.

由 Poisson 分布的定义知, $Z=X+Y$ 服从参数为 $\lambda_1+\lambda_2$ 的 Poisson 分布

18. $f_Z(z)=\begin{cases}z, & 0<z\leqslant 1,\\ 2-z, & 1<z\leqslant 2,\\ 0, & \text{其他}\end{cases}$

19. $f_Z(z)=\begin{cases}\dfrac{3}{2}(1-z^2), & 0<z<1,\\ 0, & \text{其他}\end{cases}$

20. $f_Z(z)=\begin{cases}\dfrac{1}{2}\ln\dfrac{2}{z}, & 0<z\leqslant 2,\\ 0, & \text{其他}\end{cases}$

21. $f_Z(z)=\begin{cases}0, & z<0,\\ \dfrac{1}{2}(1-e^{-z}), & 0\leqslant z<2,\\ \dfrac{1}{2}(e^{2-z}-e^{-z}), & z\geqslant 2\end{cases}$

22. $f_Z(z)=\begin{cases}e^{-z}, & z>0,\\ 0, & z\leqslant 0\end{cases}$

23. $g(t) = \begin{cases} 3\lambda e^{-3\lambda t}, & t > 0, \\ 0, & t \leqslant 0 \end{cases}$

24. (1) $Z_1 = X + Y$ 的分布律为

$Z_1 = X + Y$	-2	0	1	3	4
P	$\frac{5}{20}$	$\frac{2}{20}$	$\frac{9}{20}$	$\frac{3}{20}$	$\frac{1}{20}$

(2) $Z_2 = X \cdot Y$ 的分布律为

$Z_2 = X \cdot Y$	-1	-2	1	2	4
P	$\frac{2}{20}$	$\frac{9}{20}$	$\frac{5}{20}$	$\frac{3}{20}$	$\frac{1}{20}$

(3) $Z_3 = \dfrac{X}{Y}$ 的分布律为

$Z_3 = \dfrac{X}{Y}$	-2	-1	$-\frac{1}{2}$	1	2
P	$\frac{3}{20}$	$\frac{2}{20}$	$\frac{6}{20}$	$\frac{6}{20}$	$\frac{3}{20}$

(4) $Z_4 = \max\{X, Y\}$ 分布律为

$Z_4 = \max\{X, Y\}$	-1	1	2
P	$\frac{5}{20}$	$\frac{2}{20}$	$\frac{13}{20}$

25. (1) $f_Z(z) = \begin{cases} 0, & z < 0, \\ \frac{1}{2}, & 0 < z < 1, \\ \frac{1}{2z^2}, & z \geqslant 1; \end{cases}$　(2) $f_M(z) = \begin{cases} \frac{2z}{a^2}, & 0 < z < a, \\ 0, & 其他 \end{cases}$

26. (1) $P\left\{Z \leqslant \frac{1}{2} \middle| X = 0\right\} = \frac{1}{2}$;　(2) 分布函数 $F(z) = \begin{cases} 0, & z < -1, \\ \frac{1}{3}(z+1), & -1 \leqslant z < 2, \\ 1, & z \geqslant 2 \end{cases}$

27. (1) 行列式 X 的概率分布为

X	-1	0	1
P	0.1344	0.7312	0.1344

(2) $P\{X \neq 0\} = 1 - P\{X = 0\} = 1 - 0.7312 = 0.2688$

28. (U, V) 的联合概率分布为

U \ V	0	1
0	0	$\dfrac{1}{2}$
1	0	$\dfrac{1}{4}$
2	$\dfrac{1}{6}$	$\dfrac{1}{12}$

$$P\{UV\neq0\}=\frac{1}{3}$$

习　题　4

1. $E(X)=\dfrac{5}{2},D(X)=\dfrac{23}{12},E(X^2-2X)=\dfrac{19}{6}$

2. $E(X)=\dfrac{1}{p},D(X)=\dfrac{1-p}{p^2}$

3. $E(X)=1,D(X)=\dfrac{1}{6}$

4. $E(X)=0,D(X)=2$

5. $E(Y)=\dfrac{4}{3},D(Y)=\dfrac{29}{45}$

6. (1) $E(X)=-\dfrac{4}{15},E(Y)=\dfrac{7}{3},E(X+Y)=\dfrac{31}{15},E(XY)=-\dfrac{11}{15};$

   (2) $D(X)=\dfrac{44}{225},D(Y)=\dfrac{22}{45},D(X+Y)=E[(X+Y)^2]-[E(X+Y)]^2=\dfrac{104}{225},$

   $D(XY)=E[(XY)^2]-[E(XY)]^2=\dfrac{344}{225}$

7. $E(X)=\dfrac{3}{4},E(Y)=\dfrac{3}{8};D(X)=\dfrac{3}{80},D(Y)=\dfrac{19}{320}$

8. (1) $E[\max\{X,Y\}]=\dfrac{3}{4},E[\min\{X,Y\}]=\dfrac{1}{4};$ (2) $E(U)=\dfrac{n}{n+1},E(V)=\dfrac{1}{n+1}$

9. $E(X)=N\left[1-\left(\dfrac{N-1}{N}\right)^n\right]$

10. $E(X)=\dfrac{n+1}{2}$

11. $E(Z)=3.67$ 万元

12. $E(XY)=0,D(2X+3Y)=D(2X-3Y)=28$

13. 5

14. $n=6,p=0.4$

15. 求得 $a=2,b=4,P\{1<X<3\}=\dfrac{1}{2}$

16. $E(X)=1,D(X)=\dfrac{1}{2}$

17. $Z \sim N(0,5)$

18. $D(\xi)=13, D(\eta)=4, \mathrm{Cov}(\xi,\eta)=5, \rho_{\xi\eta}=\dfrac{5\sqrt{13}}{26}$

19. $D(\xi)=37, D(\eta)=184, \mathrm{Cov}(\xi,\eta)=2$

20. $E(X)=2, E(Y)=1, D(X)=2, D(Y)=1, \mathrm{Cov}(X,Y)=\rho_{XY}=0$

21. 略

22. 略

23. $\boldsymbol{C}=\begin{bmatrix} \dfrac{1}{18} & 0 \\ 0 & \dfrac{1}{6} \end{bmatrix}$

24. (1) $\rho_{UV}=\dfrac{\alpha^2-\beta^2}{\alpha^2+\beta^2}$;　(2) $|\alpha|=|\beta|$

25. $P\{5200<X<9400\}\geqslant\dfrac{8}{9}$

26. $P\{|X-2|\geqslant 4\}\leqslant\dfrac{2}{4^2}$

综　合　题

1. $a=\dfrac{1}{2}, b=\dfrac{1}{\pi}$

2. $a=\dfrac{1}{2}, b=\dfrac{1}{\pi}, E(X)=0, D(X)=\dfrac{1}{2}$

3. $E(X)=\dfrac{93}{16}=5.8125$;

X	4	5	6	7
P	$\dfrac{1}{8}$	$\dfrac{1}{4}$	$\dfrac{5}{16}$	$\dfrac{5}{16}$

4. 提示: $E(X_k)=\mathrm{e}^{-k}(k=1,2)$

5. $P\{X=1, Y=1\}=\dfrac{1}{2}$

6. 略

7. $a=\pm 1, b=\pm\dfrac{\sqrt{3}}{3}, c=\mp\dfrac{2\sqrt{3}}{3}$

习　题　5

1. 0.4714

2. 0.181

3. (1) 0.1802;　(2) 443

4. (1) 0.001;　(2) 0.9332

5. 0.9429

6. 0.0062

7. (1) 0.0003;　(2) 0.5

8. (1) 0.9525; (2) 25

9. 0.00135

10. 1537

11. 12655

习 题 6

1. (1) $f(x_1, x_2, \cdots, x_n) = \prod_{i=1}^{n} \frac{1}{\sqrt{2\pi}\sigma} e^{-\frac{(x_i-\mu)^2}{2\sigma^2}}$;

(2) $\sum_{i=1}^{n} X_i^2, \max_{1 \leqslant i \leqslant n}\{X_i\}, \sum_{i=1}^{n} X_i + \mu$ 是统计量

2. $F(x) = \begin{cases} 0, & x < -2, \\ \dfrac{1}{5}, & -2 \leqslant x < -1.2, \\ \dfrac{2}{5}, & -1.2 \leqslant x < 1.5, \\ \dfrac{3}{5}, & 1.5 \leqslant x < 2.3, \\ \dfrac{4}{5}, & 2.3 \leqslant x < 3.5, \\ 1, & x \geqslant 3.5 \end{cases}$

3. $f_{X_{(n)}}(x) = \begin{cases} n\lambda(1-e^{-\lambda x})^{n-1} \cdot e^{-\lambda x}, & x > 0, \\ 0, & x \leqslant 0, \end{cases}$ $\quad f_{X_{(1)}}(x) = \begin{cases} n\lambda e^{-\lambda n x}, & x > 0, \\ 0, & x \leqslant 0 \end{cases}$

4. 略

5. $\hat{\mu} = 1.257, \hat{\sigma} = 0.00124$

6. (1) $\hat{\theta} = \dfrac{1}{1-\overline{X}} - 2$; (2) $\hat{\theta} = \sqrt{\dfrac{2}{\pi}}\overline{X}$;

(3) $\hat{\mu} = \overline{X} - \sqrt{\dfrac{1}{n}\sum_{i=1}^{n}(X_i - \overline{X})^2}$, $\hat{\theta} = \sqrt{\dfrac{1}{n}\sum_{i=1}^{n}(X_i - \overline{X})^2}$; (4) $\hat{\theta} = \overline{X}$

7. (1) $\hat{\theta} = -\dfrac{n}{\sum\limits_{i=1}^{n} \ln X_i} - 1$; (2) $\hat{\theta} = \sqrt{\dfrac{1}{2n}\sum_{i=1}^{n} X_i^2}$;

(3) $\hat{\mu} = X_{(1)} = \min\{X_1, \cdots, X_n\}, \hat{\theta} = \overline{X} - X_{(1)}$;

(4) 区间 $\left[X_{(n)} - \dfrac{1}{2}, X_{(1)} - \dfrac{1}{2}\right]$ 中的任一值 $\hat{\theta}$

8. 矩估计量 $\hat{p} = \dfrac{\overline{X}}{m}$, 极大似然估计量 $\hat{p} = \dfrac{\overline{X}}{m}$

9. 是

10. $\dfrac{4}{3} \max_{1 \leqslant i \leqslant n} X_i$ 较有效

11. $k = \dfrac{1}{2(n-1)}$

12. $\hat{\mu}_2$ 最有效

13. 97

14. 0.8293

15. (1) $N(0,2)$；　(2) $t(2)$；　(3) $t(n-1)$；　(4) $F(5,n-5)$

16. 略

17. 0.1

18. (1) $-1.96,-1.645,1.06$；　(2) $1.145,37.566,21.026$；

　　(3) $-2.998,-2.086,4.0322$；　(4) $0.2299,7.87,4.00$

19. (1) $k=\dfrac{t_{0.05}(n-1)}{\sqrt{n}}$；　(2) $\lambda=\dfrac{25 \cdot \chi^2_{0.1}(n-1)}{n-1}$

20. $2\Phi\left(\dfrac{0.2}{\sqrt{\dfrac{19}{30}}}\right)-1$

21. (1) $(2.121,2.129)$；　(2) $(2.1175,2.1325)$

22. μ 的置信区间为$(1485.69,1514.31)$,σ 的置信区间为$(13.8,36.5)$

23. μ 的置信区间为$(5.558,6.442)$,σ 的置信区间为$(0.389,1.100)$

24. $n \geqslant \left(\dfrac{2\sigma}{L}u_{\frac{\alpha}{2}}\right)^2$

25. $n \geqslant 97$

26. $(-0.002,0.006)$

27. $(0.222,3.601)$

28. $(0.383,0.494)$,不是

29. $(0.8182,0.8298)$

30. (λ_1,λ_2),其中 $\lambda_1<\lambda_2$ 为 λ 的二次方程 $\lambda^2-\left(2\overline{X}+\dfrac{1}{n}u^2_{\frac{\alpha}{2}}\right)\lambda+\overline{X}^2=0$ 的根,n 为样本容量

31. (1) $2.129,2.133$；　(2) 14.587；　(3) 2.841

32. $\dfrac{\chi^2_{1-\alpha}(2n)}{2n\overline{X}}$

习　题　7

1. 2×0.5^{10}

2. (1) $0.0036,0.0367$；　(2) 34；　(3) 略

3. $\alpha=\left(\dfrac{2.5}{3}\right)^n,n \geqslant 17$

4. (1) 增大；　(2) 增大,468

5. 这批元件不合格

6. 能接受这个猜测

7. 切割机工作正常

8. 可以认为这批钢索的平均断裂强度为 $800 \times 10^5\,\mathrm{Pa}$

9. 这批食品的维生素 C 含量合格

10. 校长的看法是对的

11. 没有明显提高

12. 这批鸡的平均质量没有提高

13. 两种烟叶的尼古丁含量没有明显差异

14. 可以认为型号 A 的计算器的平均使用时间比型号 B 来得长

15. 无显著差异

16. 两种温度下的断裂强力有显著差异

17. 可以认为东、西两支矿脉含锌量的平均值是一样的

18. 无显著差异

19. 有显著差异

20. 可以认为有显著差异

21. 拉断力的方差合乎标准

22. (1) 可以认为这批保险丝的平均熔化时间不小于 65;

   (2) 可以认为熔化时间的方差不超过 80

23. 当 $\alpha=0.01$ 时,认为钢板方差合格;

   当 $\alpha=0.05$ 时,认为钢板方差不合格

24. 无显著差异

25. 无显著差异

26. (1) 方差相等; (2) 均值不相等

27. (1) 方差相等; (2) 均值相等

28. 可以认为来自同一个总体

29. $(4.71,5.69)$,接受 H_0

30. $(4.79,+\infty)$

31. 大转盘是均匀的

32. 服从二项分布

习 题 8

1. $\hat{a}=67.52,\hat{b}=0.87,\hat{\sigma}^2=2.14$

2. $\hat{\beta}_0=-0.2,\hat{\beta}_1=32.9,\beta_1$ 不等于零(在给定水平下)

3. (1) $\hat{Y}=0.146+0.86x$; (2) 检验结果显著;

   (3) 预测值为 1.07,预测区间为 $[4.236,6.376]$

4. 身高差异显著(在给定水平下)

5. 电池寿命差异显著(在给定水平下);三个置信度为 0.95 的置信区间分别为 $[6.75, 18.45]$,$[-7.65,4.05]$ 和 $[-16.2,8.55]$

6. (1) 操作工之间的差异显著; (2) 机器之间的差异显著; (3) 交互效应的影响不显著

附表 1　几种常用的概率分布表

分布	参数	分布律或概率密度	数学期望	方差
(0-1)分布	$0<p<1$	$P\{X=k\}=p^k(1-p)^{1-k},k=0,1$	p	$p(1-p)$
二项分布	$n\geqslant 1$ $0<p<1$	$P\{X=k\}=C_n^k p^k(1-p)^{n-k},k=0,1,\cdots,n$	np	$np(1-p)$
负二项分布 (巴斯卡分布)	$r\geqslant 1$ $0<p<1$	$P\{X=k\}=C_{k-1}^{r-1}p^r(1-p)^{k-r},k=r,r+1,\cdots$	$\dfrac{r}{p}$	$\dfrac{r(1-p)}{p^2}$
几何分布	$0<p<1$	$P\{X=k\}=p(1-p)^{k-1},k=1,2,\cdots$	$\dfrac{1}{p}$	$\dfrac{1-p}{p^2}$
超几何分布	N,M,n $(M\leqslant N)$ $(n\leqslant N)$	$P\{X=k\}=\dfrac{C_M^k C_{N-M}^{n-k}}{C_N^n},$ k 为整数,$\max\{0,n-N+M\}\leqslant k\leqslant\min\{n,M\}$	$\dfrac{nM}{N}$	$\dfrac{nM}{N}\left(1-\dfrac{M}{N}\right)\left(\dfrac{N-n}{N-1}\right)$
泊松分布	$\lambda>0$	$P\{X=k\}=\dfrac{\lambda^k e^{-\lambda}}{k!},k=0,1,2,\cdots$	λ	λ
均匀分布	$a<b$	$f(x)=\begin{cases}\dfrac{1}{b-a}, & a<x<b,\\ 0, & \text{其他}\end{cases}$	$\dfrac{a+b}{2}$	$\dfrac{(b-a)^2}{12}$

续表

分布	参数	分布律或概率密度	数学期望	方差
正态分布	μ $\sigma>0$	$f(x)=\dfrac{1}{\sqrt{2\pi}\,\sigma}\mathrm{e}^{-(x-\mu)^2/(2\sigma^2)}$	μ	σ^2
Γ 分布	$\alpha>0$ $\beta>0$	$f(x)=\begin{cases}\dfrac{1}{\beta^{\alpha}\Gamma(\alpha)}x^{\alpha-1}\mathrm{e}^{-x/\beta}, & x>0,\\[2mm]0, & \text{其他}\end{cases}$	$\alpha\beta$	$\alpha\beta^2$
指数分布 (负指数分布)	$\lambda>0$	$f(x)=\begin{cases}\lambda\mathrm{e}^{-\lambda x}, & x>0,\\ 0, & \text{其他}\end{cases}$	$\dfrac{1}{\lambda}$	$\dfrac{1}{\lambda^2}$
χ^2 分布	$n\geqslant1$	$f(x)=\begin{cases}\dfrac{1}{2^{n/2}\Gamma(n/2)}x^{n/2-1}\mathrm{e}^{-x/2}, & x>0,\\[2mm]0, & \text{其他}\end{cases}$	n	$2n$
韦布尔分布	$\eta>0$ $\beta>0$	$f(x)=\begin{cases}\dfrac{\beta}{\eta}\left(\dfrac{x}{\eta}\right)^{\beta-1}\mathrm{e}^{-\left(\frac{x}{\eta}\right)^{\beta}}, & x>0,\\[2mm]0, & \text{其他}\end{cases}$	$\eta\Gamma\left(\dfrac{1}{\beta}+1\right)$	$\eta^2\left\{\Gamma\left(\dfrac{2}{\beta}+1\right)-\left[\Gamma\left(\dfrac{1}{\beta}+1\right)\right]^2\right\}$
瑞利分布	$\sigma>0$	$f(x)=\begin{cases}\dfrac{x}{\sigma^2}\mathrm{e}^{-x^2/(2\sigma^2)}, & x>0,\\[2mm]0, & \text{其他}\end{cases}$	$\sqrt{\dfrac{\pi}{2}}\,\sigma$	$\dfrac{4-\pi}{2}\sigma^2$

续表

分布	参数	分布律或概率密度	数学期望	方差
β分布	$\alpha>0$ $\beta>0$	$f(x)=\begin{cases}\dfrac{\Gamma(\alpha+\beta)}{\Gamma(\alpha)\Gamma(\beta)}x^{\alpha-1}(1-x)^{\beta-1}, & 0<x<1,\\ 0, & \text{其他}\end{cases}$	$\dfrac{\alpha}{\alpha+\beta}$	$\dfrac{\alpha\beta}{(\alpha+\beta)^2(\alpha+\beta+1)}$
对数正态分布	μ $\sigma>0$	$f(x)=\begin{cases}\dfrac{1}{\sqrt{2\pi}\sigma x}e^{-(\ln x-\mu)^2/2\sigma^2}, & x>0,\\ 0, & \text{其他}\end{cases}$	$e^{\mu+\frac{\sigma^2}{2}}$	$e^{2\mu+\sigma^2}(e^{\sigma^2}-1)$
柯西分布	a $\lambda>0$	$f(x)=\dfrac{1}{\pi}\dfrac{\lambda}{\lambda^2+(x-a)^2}$	不存在	不存在
t分布	$n\geqslant1$	$f(x)=\dfrac{\Gamma\left(\dfrac{n+1}{2}\right)}{\sqrt{n\pi}\Gamma(n/2)}\left(1+\dfrac{x^2}{n}\right)^{-(n+1)/2}$	$0,n>1$	$\dfrac{n}{n-2},n>2$
F分布	n_1,n_2	$f(x)=\begin{cases}\dfrac{\Gamma((n_1+n_2)/2)}{\Gamma(n_1/2)\Gamma(n_2/2)}\left(\dfrac{n_1}{n_2}\right)\left(\dfrac{n_1}{n_2}x\right)^{n_1/2-1}\\ \quad\times\left(1+\dfrac{n_1}{n_2}x\right)^{-(n_1+n_2)/2}, & x>0\\ 0, & \text{其他}\end{cases}$	$\dfrac{n_2}{n_2-2}$ $n_2>2$	$\dfrac{2n_2^2(n_1+n_2-2)}{n_1(n_2-2)^2(n_2-4)}$ $n_2>4$

附表 2　标准正态分布表

$$\Phi(x) = \int_{-\infty}^{x} \frac{1}{\sqrt{2\pi}} e^{-t^2/2} dt$$

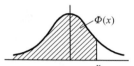

x	0.00	0.01	0.02	0.03	0.04	0.05	0.06	0.07	0.08	0.09
0.0	0.5000	0.5040	0.5080	0.5120	0.5160	0.5199	0.5239	0.5279	0.5319	0.5359
0.1	0.5398	0.5438	0.5478	0.5517	0.5557	0.5596	0.5636	0.5675	0.5714	0.5753
0.2	0.5793	0.5832	0.5871	0.5910	0.5948	0.5987	0.6026	0.6064	0.6103	0.6141
0.3	0.6179	0.6217	0.6255	0.6293	0.6331	0.6368	0.6406	0.6443	0.6480	0.6517
0.4	0.6554	0.6591	0.6628	0.6664	0.6700	0.6736	0.6772	0.6808	0.6844	0.6879
0.5	0.6915	0.6950	0.6985	0.7019	0.7054	0.7088	0.7123	0.7157	0.7190	0.7224
0.6	0.7257	0.7291	0.7324	0.7357	0.7389	0.7422	0.7454	0.7486	0.7517	0.7549
0.7	0.7580	0.7611	0.7642	0.7673	0.7704	0.7734	0.7764	0.7794	0.7823	0.7852
0.8	0.7881	0.7910	0.7939	0.7967	0.7995	0.8023	0.8051	0.8078	0.8106	0.8133
0.9	0.8159	0.8186	0.8212	0.8238	0.8264	0.8289	0.8315	0.8340	0.8365	0.8389
1.0	0.8413	0.8438	0.8461	0.8485	0.8508	0.8531	0.8554	0.8577	0.8599	0.8621
1.1	0.8643	0.8665	0.8686	0.8708	0.8729	0.8749	0.8770	0.8790	0.8810	0.8830
1.2	0.8849	0.8869	0.8888	0.8907	0.8925	0.8944	0.8962	0.8980	0.8997	0.9015
1.3	0.9032	0.9049	0.9066	0.9082	0.9099	0.9115	0.9131	0.9147	0.9162	0.9177
1.4	0.9192	0.9207	0.9222	0.9236	0.9251	0.9265	0.9278	0.9292	0.9306	0.9319
1.5	0.9332	0.9345	0.9357	0.9370	0.9382	0.9394	0.9406	0.9418	0.9429	0.9441
1.6	0.9452	0.9463	0.9474	0.9484	0.9495	0.9505	0.9515	0.9525	0.9535	0.9545
1.7	0.9554	0.9564	0.9573	0.9582	0.9591	0.9599	0.9608	0.9616	0.9625	0.9633
1.8	0.9641	0.9649	0.9656	0.9664	0.9671	0.9678	0.9686	0.9693	0.9699	0.9706
1.9	0.9713	0.9719	0.9726	0.9732	0.9738	0.9744	0.9750	0.9756	0.9761	0.9767
2.0	0.9772	0.9778	0:9783	0.9788	0.9793	0.9798	0.9803	0.9808	0.9812	0.9817
2.1	0.9821	0.9826	0.9830	0.9834	0.9838	0.9842	0.9846	0.9850	0.9854	0.9857
2.2	0.9861	0.9864	0.9868	0.9871	0.9875	0.9878	0.9881	0.9884	0.9887	0.9890
2.3	0.9893	0.9896	0.9898	0.9901	0.9904	0.9906	0.9909	0.9911	0.9913	0.9916
2.4	0.9918	0.9920	0.9922	0.9925	0.9927	0.9929	0.9931	0.9932	0.9934	0.9936
2.5	0.9938	0.9940	0.9941	0.9943	0.9945	0.9946	0.9948	0.9949	0.9951	0.9952
2.6	0.9953	0.9955	0.9956	0.9957	0.9959	0.9960	0.9961	0.9962	0.9963	0.9964
2.7	0.9965	0.9966	0.9967	0.9968	0.9969	0.9970	0.9971	0.9972	0.9973	0.9974
2.8	0.9974	0.9975	0.9976	0.9977	0.9977	0.9978	0.9979	0.9979	0.9980	0.9981
2.9	0.9981	0.9982	0.9982	0.9983	0.9984	0.9984	0.9985	0.9985	0.9986	0.9986
3.0	0.9987	0.9987	0.9987	0.9988	0.9988	0.9989	0.9989	0.9989	0.9990	0.9990
3.1	0.9990	0.9991	0.9991	0.9991	0.9992	0.9992	0.9992	0.9992	0.9993	0.9993
3.2	0.9993	0.9993	0.9994	0.9994	0.9994	0.9994	0.9994	0.9995	0.9995	0.9995
3.3	0.9995	0.9995	0.9995	0.9996	0.9996	0.9996	0.9996	0.9996	0.9996	0.9997
3.4	0.9997	0.9997	0.9997	0.9997	0.9997	0.9997	0.9997	0.9997	0.9997	0.9998

附表 3　泊松分布表

$$P(X \leqslant x) = \sum_{k=0}^{x} \frac{\lambda^k e^{-\lambda}}{k!}$$

x	λ								
	0.1	0.2	0.3	0.4	0.5	0.6	0.7	0.8	0.9
0	0.9048	0.8187	0.7408	0.6730	0.6065	0.5488	0.4966	0.4493	0.4066
1	0.9953	0.9825	0.9631	0.9384	0.9098	0.8781	0.8442	0.8088	0.7725
2	0.9998	0.9989	0.9964	0.9921	0.9856	0.9769	0.9659	0.9526	0.9371
3	1.0000	0.9999	0.9997	0.9992	0.9982	0.9966	0.9942	0.9909	0.9865
4		1.0000	1.0000	0.9999	0.9998	0.9996	0.9992	0.9986	0.9977
5				1.0000	1.0000	1.0000	0.9999	0.9998	0.9997
6							1.0000	1.0000	1.0000

x	λ								
	1.0	1.5	2.0	2.5	3.0	3.5	4.0	4.5	5.0
0	0.3679	0.2231	0.1353	0.0821	0.0498	0.0302	0.0183	0.0111	0.0067
1	0.7358	0.5578	0.4060	0.2873	0.1991	0.1359	0.0916	0.0611	0.0404
2	0.9197	0.8088	0.6767	0.5438	0.4232	0.3208	0.2381	0.1736	0.1247
3	0.9810	0.9344	0.8571	0.7576	0.6472	0.5366	0.4335	0.3423	0.2650
4	0.9963	0.9814	0.9473	0.8912	0.8153	0.7254	0.6288	0.5321	0.4405
5	0.9994	0.9955	0.9834	0.9580	0.9161	0.8576	0.7851	0.7029	0.6160
6	0.9999	0.9991	0.9955	0.9858	0.9665	0.9347	0.8893	0.8311	0.7622
7	1.0000	0.9998	0.9989	0.9958	0.9881	0.9733	0.9489	0.9134	0.8666
8		1.0000	0.9998	0.9989	0.9962	0.9901	0.9786	0.9597	0.9319
9			1.0000	0.9997	0.9989	0.9967	0.9919	0.9829	0.9682
10				0.9999	0.9997	0.9990	0.9972	0.9933	0.9863
11				1.0000	0.9999	0.9997	0.9991	0.9976	0.9945
12					1.0000	0.9999	0.9997	0.9992	0.9980

x	λ								
	5.5	6.0	6.5	7.0	7.5	8.0	8.5	9.0	9.5
0	0.0041	0.0025	0.0015	0.0009	0.0006	0.0003	0.0002	0.0001	0.0001
1	0.0266	0.0174	0.0113	0.0073	0.0047	0.0030	0.0019	0.0012	0.0008
2	0.0884	0.0620	0.0430	0.0296	0.0203	0.0138	0.0093	0.0062	0.0042
3	0.2017	0.1512	0.1118	0.0818	0.0591	0.0424	0.0301	0.0212	0.0149
4	0.3575	0.2851	0.2237	0.1730	0.1321	0.0996	0.0744	0.0550	0.0403
5	0.5289	0.4457	0.3690	0.3007	0.2414	0.1912	0.1496	0.1157	0.0885
6	0.6860	0.6063	0.5265	0.4497	0.3782	0.3134	0.2562	0.2068	0.1649
7	0.8095	0.7440	0.6728	0.5987	0.5246	0.4530	0.3856	0.3239	0.2687
8	0.8944	0.8472	0.7916	0.7291	0.6620	0.5925	0.5231	0.4557	0.3918
9	0.9462	0.9161	0.8774	0.8305	0.7764	0.7166	0.6530	0.5874	0.5218
10	0.9747	0.9574	0.9332	0.9015	0.8622	0.8159	0.7634	0.7060	0.6453
11	0.9890	0.9799	0.9661	0.9466	0.9208	0.8881	0.8487	0.8030	0.7520
12	0.9955	0.9912	0.9840	0.9730	0.9573	0.9362	0.9091	0.8758	0.8364
13	0.9983	0.9964	0.9929	0.9872	0.9784	0.9658	0.9486	0.9261	0.8981
14	0.9994	0.9986	0.9970	0.9943	0.9897	0.9827	0.9726	0.9585	0.9400
15	0.9998	0.9995	0.9988	0.9976	0.9954	0.9918	0.9862	0.9780	0.9665
16	0.9999	0.9998	0.9996	0.9990	0.9980	0.9963	0.9934	0.9889	0.9823
17	1.0000	0.9999	0.9998	0.9996	0.9992	0.9984	0.9970	0.9947	0.9911
18		1.0000	0.9999	0.9999	0.9997	0.9993	0.9987	0.9976	0.9957
19			1.0000	1.0000	0.9999	0.9997	0.9995	0.9989	0.9980
20					1.0000	0.9999	0.9998	0.9996	0.9991

x	λ								
	10.0	11.0	12.0	13.0	14.0	15.0	16.0	17.0	18.0
0	0.0000	0.0000	0.0000						
1	0.0005	0.0002	0.0001	0.0000	0.0000				
2	0.0028	0.0012	0.0005	0.0002	0.0001	0.0000	0.0000		
3	0.0103	0.0049	0.0023	0.0010	0.0005	0.0002	0.0001	0.0000	0.0000
4	0.0293	0.0151	0.0076	0.0037	0.0018	0.0009	0.0004	0.0002	0.0001
5	0.0671	0.0375	0.0203	0.0107	0.0055	0.0028	0.0014	0.0007	0.0003
6	0.1301	0.0786	0.0458	0.0259	0.0142	0.0076	0.0040	0.0021	0.0010
7	0.2202	0.1432	0.0895	0.0540	0.0316	0.0180	0.0100	0.0054	0.0029
8	0.3328	0.2320	0.1550	0.0998	0.0621	0.0374	0.0220	0.0126	0.0071
9	0.4579	0.3405	0.2424	0.1658	0.1094	0.0699	0.0433	0.0261	0.0154
10	0.5830	0.4599	0.3472	0.2517	0.1757	0.1185	0.0774	0.0491	0.0304
11	0.6968	0.5793	0.4616	0.3532	0.2600	0.1848	0.1270	0.0847	0.0549
12	0.7916	0.6887	0.5760	0.4631	0.3585	0.2676	0.1931	0.1350	0.0917
13	0.8645	0.7813	0.6815	0.5730	0.4644	0.3632	0.2745	0.2009	0.1426
14	0.9165	0.8540	0.7720	0.6751	0.5704	0.4657	0.3675	0.2808	0.2081
15	0.9513	0.9074	0.8444	0.7636	0.6694	0.5681	0.4667	0.3715	0.2867
16	0.9730	0.9441	0.8987	0.8355	0.7559	0.6641	0.5660	0.4677	0.3750
17	0.9857	0.9678	0.9370	0.8905	0.8272	0.7489	0.6593	0.5640	0.4686
18	0.9928	0.9823	0.9626	0.9302	0.8826	0.8195	0.7423	0.6550	0.5622
19	0.9965	0.9907	0.9787	0.9573	0.9235	0.8752	0.8122	0.7363	0.6509
20	0.9984	0.9953	0.9884	0.9750	0.9521	0.9170	0.8682	0.8055	0.7307
21	0.9993	0.9977	0.9939	0.9859	0.9712	0.9469	0.9108	0.8615	0.7991
22	0.9997	0.9990	0.9970	0.9924	0.9833	0.9673	0.9418	0.9047	0.8551
23	0.9999	0.9995	0.9985	0.9960	0.9907	0.9805	0.9633	0.9367	0.8989
24	1.0000	0.9998	0.9993	0.9980	0.9950	0.9888	0.9777	0.9594	0.9317
25		0.9999	0.9997	0.9990	0.9974	0.9938	0.9869	0.9748	0.9554
26		1.0000	0.9999	0.9995	0.9987	0.9967	0.9925	0.9848	0.9718
27			0.9999	0.9998	0.9994	0.9983	0.9959	0.9912	0.9827
28			1.0000	0.9999	0.9997	0.9991	0.9978	0.9950	0.9897
29				1.0000	0.9999	0.9996	0.9989	0.9973	0.9941
30					0.9999	0.9998	0.9994	0.9986	0.9967
31					1.0000	0.9999	0.9997	0.9993	0.9982
32						1.0000	0.9999	0.9996	0.9990
33							0.9999	0.9998	0.9995
34							1.0000	0.9999	0.9998
35								1.0000	0.9999
36									0.9999
37									1.0000

附表 4   *t* 分 布 表

$$P\{t(n)>t_\alpha(n)\}=\alpha$$

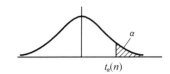

n \ α	0.20	0.15	0.10	0.05	0.025	0.01	0.005
1	1.376	1.963	3.0777	6.3138	12.7062	31.8207	63.6574
2	1.061	1.386	1.8856	2.9200	4.3027	6.9646	9.9248
3	0.978	1.250	1.6377	2.3534	3.1824	4.5407	5.8409
4	0.941	1.190	1.5332	2.1318	2.7764	3.7469	4.6041
5	0.920	1.156	1.4759	2.0150	2.5706	3.3649	4.0322
6	0.906	1.134	1.4398	1.9432	2.4469	3.1427	3.7074
7	0.896	1.119	1.4149	1.8946	2.3646	2.9980	3.4995
8	0.889	1.108	1.3968	1.8595	2.3060	2.8965	3.3554
9	0.883	1.100	1.3830	1.8331	2.2622	2.8214	3.2498
10	0.879	1.093	1.3722	1.8125	2.2281	2.7638	3.1693
11	0.876	1.088	1.3634	1.7959	2.2010	2.7181	3.1058
12	0.873	1.083	1.3562	1.7823	2.1788	2.6810	3.0545
13	0.870	1.079	1.3502	1.7709	2.1604	2.6503	3.0123
14	0.868	1.076	1.3450	1.7613	2.1448	2.6245	2.9768
15	0.866	1.074	1.3406	1.7531	2.1315	2.6025	2.9467
16	0.865	1.071	1.3368	1.7459	2.1199	2.5835	2.9208
17	0.863	1.069	1.3334	1.7396	2.1098	2.5669	2.8982
18	0.862	1.067	1.3304	1.7341	2.1009	2.5524	2.8784
19	0.861	1.066	1.3277	1.7291	2.0930	2.5395	2.8609
20	0.860	1.064	1.3253	1.7247	2.0860	2.5280	2.8453
21	0.859	1.063	1.3232	1.7207	2.0796	2.5177	2.8314
22	0.858	1.061	1.3212	1.7171	2.0739	2.5083	2.8188
23	0.858	1.060	1.3195	1.7139	2.0687	2.4999	2.8073
24	0.857	1.059	1.3178	1.7109	2.0639	2.4922	2.7969
25	0.856	1.058	1.3163	1.7081	2.0595	2.4851	2.7874

n \ α	0.20	0.15	0.10	0.05	0.025	0.01	0.005
26	0.856	1.058	1.3150	1.7056	2.0555	2.4786	2.7787
27	0.855	1.057	1.3137	1.7033	2.0518	2.4727	2.7707
28	0.855	1.056	1.3125	1.7011	2.0484	2.4671	2.7633
29	0.854	1.055	1.3114	1.6991	2.0452	2.4620	2.7564
30	0.854	1.055	1.3104	1.6973	2.0423	2.4573	2.7500
31	0.8535	1.0541	1.3095	1.6955	2.0395	2.4528	2.7440
32	0.8531	1.0536	1.3086	1.6939	2.0369	2.4487	2.7385
33	0.8527	1.0531	1.3077	1.6924	2.0345	2.4448	2.7333
34	0.8524	1.0526	1.3070	1.6909	2.0322	2.4411	2.7284
35	0.8521	1.0521	1.3062	1.6896	2.0301	2.4377	2.7238
36	0.8518	1.0516	1.3055	1.6883	2.0281	2.4345	2.7195
37	0.8515	1.0512	1.3049	1.6871	2.0262	2.4314	2.7154
38	0.8512	1.0508	1.3042	1.6860	2.0244	2.4286	2.7116
39	0.8510	1.0504	1.3036	1.6849	2.0227	2.4258	2.7079
40	0.8507	1.0501	1.3031	1.6839	2.0211	2.4233	2.7045
41	0.8505	1.0498	1.3025	1.6829	2.0195	2.4208	2.7012
42	0.8503	1.0494	1.3020	1.6820	2.0181	2.4185	2.6981
43	0.8501	1.0491	1.3016	1.6811	2.0167	2.4163	2.6951
44	0.8499	1.0488	1.3011	1.6802	2.0154	2.4141	2.6923
45	0.8497	1.0485	1.3006	1.6794	2.0141	2.4121	2.6896

附表5　χ^2 分 布 表

$P\{\chi^2(n)>\chi_\alpha^2(n)\}=\alpha$

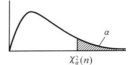

$\chi_\alpha^2(n)$

n \ α	0.995	0.99	0.975	0.95	0.90	0.10	0.05	0.025	0.01	0.005
1	0.000	0.000	0.001	0.004	0.016	2.706	3.843	5.025	6.637	7.882
2	0.010	0.020	0.051	0.103	0.211	4.605	5.992	7.378	9.210	10.597
3	0.072	0.115	0.216	0.352	0.584	6.251	7.815	9.348	11.344	12.837
4	0.207	0.297	0.484	0.711	1.064	7.779	9.488	11.143	13.277	14.860
5	0.412	0.554	0.831	1.145	1.610	9.236	11.070	12.832	15.085	16.748
6	0.676	0.872	1.237	1.635	2.204	10.645	12.592	14.440	16.812	18.548
7	0.989	1.239	1.690	2.167	2.833	12.017	14.067	16.012	18.474	20.276
8	1.344	1.646	2.180	2.733	3.490	13.362	15.507	17.534	20.090	21.954
9	1.735	2.088	2.700	3.325	4.168	14.684	16.919	19.022	21.665	23.587
10	2.156	2.558	3.247	3.940	4.865	15.987	18.307	20.483	23.209	25.188
11	2.603	3.053	3.816	4.575	5.578	17.275	19.675	21.920	24.724	26.755
12	3.074	3.571	4.404	5.226	6.304	18.549	21.026	23.337	26.217	28.300
13	3.565	4.107	5.009	5.892	7.041	19.812	22.362	24.735	27.687	29.817
14	4.075	4.660	5.629	6.571	7.790	21.064	23.685	26.119	29.141	31.319
15	4.600	5.229	6.262	7.261	8.547	22.307	24.996	27.488	30.577	32.799
16	5.142	5.812	6.908	7.962	9.312	23.542	26.296	28.845	32.000	34.267
17	5.697	6.407	7.564	8.682	10.085	24.769	27.587	30.190	33.408	35.716
18	6.265	7.015	8.231	9.390	10.865	25.989	28.869	31.526	34.805	37.156
19	6.843	7.632	8.906	10.117	11.651	27.203	30.143	32.852	36.190	38.580
20	7.434	8.260	9.591	10.851	12.443	28.412	31.410	34.170	37.566	39.997
21	8.034	8.897	10.283	11.591	13.240	29.615	32.670	35.478	38.930	41.399
22	8.643	9.542	10.982	12.338	14.042	30.813	33.924	36.781	40.289	42.796
23	9.260	10.195	11.688	13.090	14.848	32.007	35.172	38.075	41.637	44.179
24	9.886	10.856	12.401	13.848	15.659	33.196	36.415	39.364	42.980	45.558
25	10.519	11.523	13.120	14.611	16.473	34.381	37.652	40.646	44.313	46.925
26	11.160	12.198	13.844	15.379	17.292	35.563	38.885	41.923	45.642	48.290
27	11.807	12.878	14.573	16.151	18.114	36.741	40.113	43.194	46.962	49.642
28	12.461	13.565	15.308	16.928	18.939	37.916	41.337	44.461	48.278	50.993
29	13.120	14.256	16.047	17.708	19.768	39.087	42.557	45.772	49.586	52.333
30	13.787	14.954	16.791	18.493	20.599	40.256	43.773	46.979	50.892	53.672
31	14.457	15.655	17.538	19.280	21.433	41.422	44.985	48.231	52.190	55.000
32	15.134	16.362	18.291	20.072	22.271	42.585	46.194	49.480	53.486	56.328
33	15.814	17.073	19.046	20.866	23.110	43.745	47.400	50.724	54.774	57.646
34	16.501	17.789	19.806	21.664	23.952	44.903	48.602	51.966	56.061	58.964
35	17.191	18.508	20.569	22.465	24.796	46.059	49.802	53.203	57.340	60.272
36	17.887	19.233	21.336	23.269	25.643	47.212	50.998	54.437	58.619	61.581
37	18.584	19.960	22.105	24.075	26.492	48.363	52.192	55.667	59.891	62.880
38	19.289	20.691	22.878	24.884	27.343	49.513	53.384	56.896	61.162	64.181
39	19.994	21.425	23.654	25.695	28.196	50.660	54.572	58.119	62.426	65.473
40	20.706	22.164	24.433	26.509	29.050	51.805	55.758	59.342	63.691	66.766

当 $n>40$ 时，$\chi_\alpha^2(n)\approx\dfrac{1}{2}(z_\alpha+\sqrt{2n-1})^2$.

附表 6　F 分 布 表

$$P\{F(n_1,n_2) > F_\alpha(n_1,n_2)\} = \alpha$$

$(\alpha = 0.10)$

n_1 \ n_2	1	2	3	4	5	6	7	8	9	10	12	15	20	24	30	40	60	120	∞
1	39.86	49.50	53.59	55.83	57.24	58.20	58.91	59.44	59.86	60.19	60.71	61.22	61.74	62.00	62.26	62.53	62.79	63.06	63.33
2	8.53	9.00	9.16	9.24	9.29	9.33	9.35	9.37	9.38	9.39	9.41	9.42	9.44	9.45	9.46	9.47	9.47	9.48	9.49
3	5.54	5.46	5.39	5.34	5.31	5.28	5.27	5.25	5.24	5.23	5.22	5.20	5.18	5.18	5.17	5.16	5.15	5.14	5.13
4	4.54	4.32	4.19	4.11	4.05	4.01	3.98	3.95	3.94	3.92	3.90	3.87	3.84	3.83	3.82	3.80	3.79	3.78	3.76
5	4.06	3.78	3.62	3.52	3.45	3.40	3.37	3.34	3.32	3.30	3.27	3.24	3.21	3.19	3.17	3.16	3.14	3.12	3.10
6	3.78	3.46	3.29	3.18	3.11	3.05	3.01	2.98	2.96	2.94	2.90	2.87	2.84	2.82	2.80	2.78	2.76	2.74	2.72
7	3.59	3.26	3.07	2.96	2.88	2.83	2.78	2.75	2.72	2.70	2.67	2.63	2.59	2.58	2.56	2.54	2.51	2.49	2.47
8	3.46	3.11	2.92	2.81	2.73	2.67	2.62	2.59	2.56	2.54	2.50	2.46	2.42	2.40	2.38	2.36	2.34	2.32	2.29
9	3.36	3.01	2.81	2.69	2.61	2.55	2.51	2.47	2.44	2.42	2.38	2.34	2.30	2.28	2.25	2.23	2.21	2.18	2.16
10	3.29	2.92	2.73	2.61	2.52	2.46	2.41	2.38	2.35	2.32	2.28	2.24	2.20	2.18	2.16	2.13	2.11	2.08	2.06
11	3.23	2.86	2.66	2.54	2.45	2.39	2.34	2.30	2.27	2.25	2.21	2.17	2.12	2.10	2.08	2.05	2.03	2.00	1.97
12	3.18	2.81	2.61	2.48	2.39	2.33	2.28	2.24	2.21	2.19	2.15	2.10	2.06	2.04	2.01	1.99	1.96	1.93	1.90
13	3.14	2.76	2.56	2.43	2.35	2.28	2.23	2.20	2.16	2.14	2.10	2.05	2.01	1.98	1.96	1.93	1.90	1.88	1.85
14	3.10	2.73	2.52	2.39	2.31	2.24	2.19	2.15	2.12	2.10	2.05	2.01	1.96	1.94	1.91	1.89	1.86	1.83	1.80
15	3.07	2.70	2.49	2.36	2.27	2.21	2.16	2.12	2.09	2.06	2.02	1.97	1.92	1.90	1.87	1.85	1.82	1.79	1.76

续表

$(\alpha=0.10)$

n_1 / n_2	1	2	3	4	5	6	7	8	9	10	12	15	20	24	30	40	60	120	∞
16	3.05	2.67	2.46	2.33	2.24	2.18	2.13	2.09	2.06	2.03	1.99	1.94	1.89	1.87	1.84	1.81	1.78	1.75	1.72
17	3.03	2.64	2.44	2.31	2.22	2.15	2.10	2.06	2.03	2.00	1.96	1.91	1.86	1.84	1.81	1.78	1.75	1.72	1.69
18	3.01	2.62	2.42	2.29	2.20	2.13	2.08	2.04	2.00	1.98	1.93	1.89	1.84	1.81	1.78	1.75	1.72	1.69	1.66
19	2.99	2.61	2.40	2.27	2.18	2.11	2.06	2.02	1.98	1.96	1.91	1.86	1.81	1.79	1.76	1.73	1.70	1.67	1.63
20	2.97	2.59	2.38	2.25	2.16	2.09	2.04	2.00	1.96	1.94	1.89	1.84	1.79	1.77	1.74	1.71	1.68	1.64	1.61
21	2.96	2.57	2.36	2.23	2.14	2.08	2.02	1.98	1.95	1.92	1.87	1.83	1.78	1.75	1.72	1.69	1.66	1.62	1.59
22	2.95	2.56	2.35	2.22	2.13	2.06	2.01	1.97	1.93	1.90	1.86	1.81	1.76	1.73	1.70	1.67	1.64	1.60	1.57
23	2.94	2.55	2.34	2.21	2.11	2.05	1.99	1.95	1.92	1.89	1.84	1.80	1.74	1.72	1.69	1.66	1.62	1.59	1.55
24	2.93	2.54	2.33	2.19	2.10	2.04	1.98	1.94	1.91	1.88	1.83	1.78	1.73	1.70	1.67	1.64	1.61	1.57	1.53
25	2.92	2.53	2.32	2.18	2.09	2.02	1.97	1.93	1.89	1.87	1.82	1.77	1.72	1.69	1.66	1.63	1.59	1.56	1.52
26	2.91	2.52	2.31	2.17	2.08	2.01	1.96	1.92	1.88	1.86	1.81	1.76	1.71	1.68	1.65	1.61	1.58	1.54	1.50
27	2.90	2.51	2.30	2.17	2.07	2.00	1.95	1.91	1.87	1.85	1.80	1.75	1.70	1.67	1.64	1.60	1.57	1.53	1.49
28	2.89	2.50	2.29	2.16	2.06	2.00	1.94	1.90	1.87	1.84	1.79	1.74	1.69	1.66	1.63	1.59	1.56	1.52	1.48
29	2.89	2.50	2.28	2.15	2.06	1.99	1.93	1.89	1.86	1.83	1.78	1.73	1.68	1.65	1.62	1.58	1.55	1.51	1.47
30	2.88	2.49	2.28	2.14	2.05	1.98	1.93	1.88	1.85	1.82	1.77	1.72	1.67	1.64	1.61	1.57	1.54	1.50	1.46
40	2.84	2.44	2.23	2.09	2.00	1.93	1.87	1.83	1.79	1.76	1.71	1.66	1.61	1.57	1.54	1.51	1.47	1.42	1.38
60	2.79	2.39	2.18	2.04	1.95	1.87	1.82	1.77	1.74	1.71	1.66	1.60	1.54	1.51	1.48	1.44	1.40	1.35	1.29
120	2.75	2.35	2.13	1.99	1.90	1.82	1.77	1.72	1.68	1.65	1.60	1.55	1.48	1.45	1.41	1.37	1.32	1.26	1.19
∞	2.71	2.30	2.08	1.94	1.85	1.77	1.72	1.67	1.63	1.60	1.55	1.49	1.42	1.38	1.34	1.30	1.24	1.17	1.00

续表

$(\alpha=0.05)$

n_1 \ n_2	1	2	3	4	5	6	7	8	9	10	12	15	20	24	30	40	60	120	∞
1	161	200	216	225	230	234	237	239	241	242	244	246	248	249	250	251	252	253	254
2	18.5	19.0	19.2	19.2	19.3	19.3	19.4	19.4	19.4	19.4	19.4	19.4	19.4	19.5	19.5	19.5	19.5	19.5	19.5
3	10.1	9.55	9.28	9.12	9.01	8.94	8.89	8.85	8.81	8.79	8.74	8.70	8.66	8.64	8.62	8.59	8.57	8.55	8.53
4	7.71	6.94	6.59	6.39	6.26	6.16	6.09	6.04	6.00	5.96	5.91	5.86	5.80	5.77	5.75	5.72	5.69	5.66	5.63
5	6.61	5.79	5.41	5.19	5.05	4.95	4.88	4.82	4.77	4.74	4.68	4.62	4.56	4.53	4.50	4.46	4.43	4.40	4.36
6	5.99	5.14	4.76	4.53	4.39	4.28	4.21	4.15	4.10	4.06	4.00	3.94	3.87	3.84	3.81	3.77	3.74	3.70	3.67
7	5.59	4.74	4.35	4.12	3.97	3.87	3.79	3.73	3.68	3.64	3.57	3.51	3.44	3.41	3.38	3.34	3.30	3.27	3.23
8	5.32	4.46	4.07	3.84	3.69	3.58	3.50	3.44	3.39	3.35	3.28	3.22	3.15	3.12	3.08	3.04	3.01	2.97	2.93
9	5.12	4.26	3.86	3.63	3.48	3.37	3.29	3.23	3.18	3.14	3.07	3.01	2.94	2.90	2.86	2.83	2.79	2.75	2.71
10	4.96	4.10	3.71	3.48	3.33	3.22	3.14	3.07	3.02	2.98	2.91	2.85	2.77	2.74	2.70	2.66	2.62	2.58	2.54
11	4.84	3.98	3.59	3.36	3.20	3.09	3.01	2.95	2.90	2.85	2.79	2.72	2.65	2.61	2.57	2.53	2.49	2.45	2.40
12	4.75	3.89	3.49	3.26	3.11	3.00	2.91	2.85	2.80	2.75	2.69	2.62	2.54	2.51	2.47	2.43	2.38	2.34	2.30
13	4.67	3.81	3.41	3.18	3.03	2.92	2.83	2.77	2.71	2.67	2.60	2.53	2.46	2.42	2.38	2.34	2.30	2.25	2.21
14	4.60	3.74	3.34	3.11	2.96	2.85	2.76	2.70	2.65	2.60	2.53	2.46	2.39	2.35	2.31	2.27	2.22	2.18	2.13
15	4.54	3.68	3.29	3.06	2.90	2.79	2.71	2.64	2.59	2.54	2.48	2.40	2.33	2.29	2.25	2.20	2.16	2.11	2.07
16	4.49	3.63	3.24	3.01	2.85	2.74	2.66	2.59	2.54	2.49	2.42	2.35	2.28	2.24	2.19	2.15	2.11	2.06	2.01
17	4.45	3.59	3.20	2.96	2.81	2.70	2.61	2.55	2.49	2.45	2.38	2.31	2.23	2.19	2.15	2.10	2.06	2.01	1.96
18	4.41	3.55	3.16	2.93	2.77	2.66	2.58	2.51	2.46	2.41	2.34	2.27	2.19	2.15	2.11	2.06	2.02	1.97	1.92
19	4.38	3.52	3.13	2.90	2.74	2.63	2.54	2.48	2.42	2.38	2.31	2.23	2.16	2.11	2.07	2.03	1.98	1.93	1.88
20	4.35	3.49	3.10	2.87	2.71	2.60	2.51	2.45	2.39	2.35	2.28	2.20	2.12	2.08	2.04	1.99	1.95	1.90	1.84

续表

$(\alpha=0.05)$

n_1 $\backslash$ n_2	1	2	3	4	5	6	7	8	9	10	12	15	20	24	30	40	60	120	∞
21	4.32	3.47	3.07	2.84	2.68	2.57	2.49	2.42	2.37	2.32	2.25	2.18	2.10	2.05	2.01	1.96	1.92	1.87	1.81
22	4.30	3.44	3.05	2.82	2.66	2.55	2.46	2.40	2.34	2.30	2.23	2.15	2.07	2.03	1.98	1.94	1.89	1.84	1.78
23	4.28	3.42	3.03	2.80	2.64	2.53	2.44	2.37	2.32	2.27	2.20	2.13	2.05	2.01	1.96	1.91	1.86	1.81	1.76
24	4.26	3.40	3.01	2.78	2.62	2.51	2.42	2.36	2.30	2.25	2.18	2.11	2.03	1.98	1.94	1.89	1.84	1.79	1.73
25	4.24	3.39	2.99	2.76	2.60	2.49	2.40	2.34	2.28	2.24	2.16	2.09	2.01	1.96	1.92	1.87	1.82	1.77	1.71
26	4.23	3.37	2.98	2.74	2.59	2.47	2.39	2.32	2.27	2.22	2.15	2.07	1.99	1.95	1.90	1.85	1.80	1.75	1.69
27	4.21	3.35	2.96	2.73	2.57	2.46	2.37	2.31	2.25	2.20	2.13	2.06	1.97	1.93	1.88	1.84	1.79	1.73	1.67
28	4.20	3.34	2.95	2.71	2.56	2.45	2.36	2.29	2.24	2.19	2.12	2.04	1.96	1.91	1.87	1.82	1.77	1.71	1.65
29	4.18	3.33	2.93	2.70	2.55	2.43	2.35	2.28	2.22	2.18	2.10	2.03	1.94	1.90	1.85	1.81	1.75	1.70	1.64
30	4.17	3.32	2.92	2.69	2.53	2.42	2.33	2.27	2.21	2.16	2.09	2.01	1.93	1.89	1.84	1.79	1.74	1.68	1.62
40	4.08	3.23	2.84	2.61	2.45	2.34	2.25	2.18	2.12	2.08	2.00	1.92	1.84	1.79	1.74	1.69	1.64	1.58	1.51
60	4.00	3.15	2.76	2.53	2.37	2.25	2.17	2.10	2.04	1.99	1.92	1.84	1.75	1.70	1.65	1.59	1.53	1.47	1.39
120	3.92	3.07	2.68	2.45	2.29	2.17	2.09	2.02	1.96	1.91	1.83	1.75	1.66	1.61	1.55	1.50	1.43	1.35	1.25
∞	3.84	3.00	2.60	2.37	2.21	2.10	2.01	1.94	1.88	1.83	1.75	1.67	1.57	1.52	1.46	1.39	1.32	1.22	1.00

续表

$(\alpha=0.025)$

n_2 \ n_1	1	2	3	4	5	6	7	8	9	10	12	15	20	24	30	40	60	120	∞
1	648	800	864	900	922	937	948	957	963	969	977	985	993	997	1000	1010	1010	1010	1020
2	38.5	39.0	39.2	39.2	39.3	39.3	39.4	39.4	39.4	39.4	39.4	39.4	39.4	39.5	39.5	39.5	39.5	39.5	39.5
3	17.4	16.0	15.4	15.1	14.9	14.7	14.6	14.5	14.5	14.4	14.3	14.3	14.2	14.1	14.1	14.0	14.0	13.9	13.9
4	12.2	10.6	9.98	9.60	9.36	9.20	9.07	8.98	8.90	8.84	8.75	8.66	8.56	8.51	8.46	8.41	8.36	8.31	8.26
5	10.01	8.43	7.76	7.39	7.15	6.98	6.85	6.76	6.68	6.62	6.52	6.43	6.33	6.28	6.23	6.18	6.12	6.07	6.02
6	8.81	7.26	6.60	6.23	5.99	5.82	5.70	5.60	5.52	5.46	5.37	5.27	5.17	5.12	5.07	5.01	4.96	4.90	4.85
7	8.07	6.54	5.89	5.52	5.29	5.12	4.99	4.90	4.82	4.76	4.67	4.57	4.47	4.42	4.36	4.31	4.25	4.20	4.14
8	7.57	6.06	5.42	5.05	4.82	4.65	4.53	4.43	4.36	4.30	4.20	4.10	4.00	3.95	3.89	3.84	3.78	3.73	3.67
9	7.21	5.71	5.08	4.72	4.48	4.32	4.20	4.10	4.03	3.96	3.87	3.77	3.67	3.61	3.56	3.51	3.45	3.39	3.33
10	6.94	5.46	4.83	4.47	4.24	4.07	3.95	3.85	3.78	3.72	3.62	3.52	3.42	3.37	3.31	3.26	3.20	3.14	3.08
11	6.72	5.26	4.63	4.28	4.04	3.88	3.76	3.66	3.59	3.53	3.43	3.33	3.23	3.17	3.12	3.06	3.00	2.94	2.88
12	6.55	5.10	4.47	4.12	3.89	3.73	3.61	3.51	3.44	3.37	3.28	3.18	3.07	3.02	2.96	2.91	2.85	2.79	2.72
13	6.41	4.97	4.35	4.00	3.77	3.60	3.48	3.39	3.31	3.25	3.15	3.05	2.95	2.89	2.84	2.78	2.72	2.66	2.60
14	6.30	4.86	4.24	3.89	3.66	3.50	3.38	3.29	3.21	3.15	3.05	2.95	2.84	2.79	2.73	2.67	2.61	2.55	2.49
15	6.20	4.77	4.15	3.80	3.58	3.41	3.29	3.20	3.12	3.06	2.96	2.86	2.76	2.70	2.64	2.59	2.52	2.46	2.40
16	6.12	4.69	4.08	3.73	3.50	3.34	3.22	3.12	3.05	2.99	2.89	2.79	2.68	2.63	2.57	2.51	2.45	2.38	2.32
17	6.04	4.62	4.01	3.66	3.44	3.28	3.16	3.06	2.98	2.92	2.82	2.72	2.62	2.56	2.50	2.44	2.38	2.32	2.25
18	5.98	4.56	3.95	3.61	3.38	3.22	3.10	3.01	2.93	2.87	2.77	2.67	2.56	2.50	2.44	2.38	2.32	2.26	2.19
19	5.92	4.51	3.90	3.56	3.33	3.17	3.05	2.96	2.88	2.82	2.72	2.62	2.51	2.45	2.39	2.33	2.27	2.20	2.13
20	5.87	4.46	3.86	3.51	3.29	3.13	3.01	2.91	2.84	2.77	2.68	2.57	2.46	2.41	2.35	2.29	2.22	2.16	2.09

续表

$(\alpha = 0.025)$

n_2 \ n_1	1	2	3	4	5	6	7	8	9	10	12	15	20	24	30	40	60	120	∞
21	5.83	4.42	3.82	3.48	3.25	3.09	2.97	2.87	2.80	2.73	2.64	2.53	2.42	2.37	2.31	2.25	2.18	2.11	2.04
22	5.79	4.38	3.78	3.44	3.22	3.05	2.93	2.84	2.76	2.70	2.60	2.50	2.39	2.33	2.27	2.21	2.14	2.08	2.00
23	5.75	4.35	3.75	3.41	3.18	3.02	2.90	2.81	2.73	2.67	2.57	2.47	2.36	2.30	2.24	2.18	2.11	2.04	1.97
24	5.72	4.32	3.72	3.38	3.15	2.99	2.87	2.78	2.70	2.64	2.54	2.44	2.33	2.27	2.21	2.15	2.08	2.01	1.94
25	5.69	4.29	3.69	3.35	3.13	2.97	2.85	2.75	2.68	2.61	2.51	2.41	2.30	2.24	2.18	2.12	2.05	1.98	1.91
26	5.66	4.27	3.67	3.33	3.10	2.94	2.82	2.73	2.65	2.59	2.49	2.39	2.28	2.22	2.16	2.09	2.03	1.95	1.88
27	5.63	4.24	3.65	3.31	3.08	2.92	2.80	2.71	2.63	2.57	2.47	2.36	2.25	2.19	2.13	2.07	2.00	1.93	1.85
28	5.61	4.22	3.63	3.29	3.06	2.90	2.78	2.69	2.61	2.55	2.45	2.34	2.23	2.17	2.11	2.05	1.98	1.91	1.83
29	5.59	4.20	3.61	3.27	3.04	2.88	2.76	2.67	2.59	2.53	2.43	2.32	2.21	2.15	2.09	2.03	1.96	1.89	1.81
30	5.57	4.18	3.59	3.25	3.03	2.87	2.75	2.65	2.57	2.51	2.41	2.31	2.20	2.14	2.07	2.01	1.94	1.87	1.79
40	5.42	4.05	3.46	3.13	2.90	2.74	2.62	2.53	2.45	2.39	2.29	2.18	2.07	2.01	1.94	1.88	1.80	1.72	1.64
60	5.29	3.93	3.34	3.01	2.79	2.63	2.51	2.41	2.33	2.27	2.17	2.06	1.94	1.88	1.82	1.74	1.67	1.58	1.48
120	5.15	3.80	3.23	2.89	2.67	2.52	2.39	2.30	2.22	2.16	2.05	1.94	1.82	1.76	1.69	1.61	1.53	1.43	1.31
∞	5.02	3.69	3.12	2.79	2.57	2.41	2.29	2.19	2.11	2.05	1.94	1.83	1.71	1.64	1.57	1.48	1.39	1.27	1.00

续表

(α=0.01)

n_1 \ n_2	1	2	3	4	5	6	7	8	9	10	12	15	20	24	30	40	60	120	∞
1	4050	5000	5400	5620	5760	5860	5930	5980	6020	6060	6110	6160	6210	6230	6260	6290	6310	6340	6370
2	98.5	99.0	99.2	99.2	99.3	99.3	99.4	99.4	99.4	99.4	99.4	99.4	99.4	99.5	99.5	99.5	99.5	99.5	99.5
3	34.1	30.8	29.5	28.7	28.2	27.9	27.7	27.5	27.3	27.2	27.1	26.9	26.7	26.6	26.5	26.4	26.3	26.2	26.1
4	21.2	18.0	16.7	16.0	15.5	15.2	15.0	14.8	14.7	14.5	14.4	14.2	14.0	13.9	13.8	13.7	13.7	13.6	13.5
5	16.3	13.3	12.1	11.4	11.0	10.7	10.5	10.3	10.2	10.1	9.89	9.72	9.55	9.47	9.38	9.29	9.20	9.11	9.02
6	13.7	10.9	9.78	9.15	8.75	8.47	8.26	8.10	7.98	7.87	7.72	7.56	7.40	7.31	7.23	7.14	7.06	6.97	6.88
7	12.2	9.55	8.45	7.85	7.46	7.19	6.99	6.84	6.72	6.62	6.47	6.31	6.16	6.07	5.99	5.91	5.82	5.74	5.65
8	11.3	8.65	7.59	7.01	6.63	6.37	6.18	6.03	5.91	5.81	5.67	5.52	5.36	5.28	5.20	5.12	5.03	4.95	4.86
9	10.6	8.02	6.99	6.42	6.06	5.80	5.61	5.47	5.35	5.26	5.11	4.96	4.81	4.73	4.65	4.57	4.48	4.40	4.31
10	10.0	7.56	6.55	5.99	5.64	5.39	5.20	5.06	4.94	4.85	4.71	4.56	4.41	4.33	4.25	4.17	4.08	4.00	3.91
11	9.65	7.21	6.22	5.67	5.32	5.07	4.89	4.74	4.63	4.54	4.40	4.25	4.10	4.02	3.94	3.86	3.78	3.69	3.60
12	9.33	6.93	5.95	5.41	5.06	4.82	4.64	4.50	4.39	4.30	4.16	4.01	3.86	3.78	3.70	3.62	3.54	3.45	3.36
13	9.07	6.70	5.74	5.21	4.86	4.62	4.44	4.30	4.19	4.10	3.96	3.82	3.66	3.59	3.51	3.43	3.34	3.25	3.17
14	8.86	6.51	5.56	5.04	4.69	4.46	4.28	4.14	4.03	3.94	3.80	3.66	3.51	3.43	3.35	3.27	3.18	3.09	3.00
15	8.68	6.36	5.42	4.89	4.56	4.32	4.14	4.00	3.89	3.80	3.67	3.52	3.37	3.29	3.21	3.13	3.05	2.96	2.87
16	8.53	6.23	5.29	4.77	4.44	4.20	4.03	3.89	3.78	3.69	3.55	3.41	3.26	3.18	3.10	3.02	2.93	2.84	2.75
17	8.40	6.11	5.18	4.67	4.34	4.10	3.93	3.79	3.68	3.59	3.46	3.31	3.16	3.08	3.00	2.92	2.83	2.75	2.65
18	8.29	6.01	5.09	4.58	4.25	4.01	3.84	3.71	3.60	3.51	3.37	3.23	3.08	3.00	2.92	2.84	2.75	2.66	2.57
19	8.18	5.93	5.01	4.50	4.17	3.94	3.77	3.63	3.52	3.43	3.30	3.15	3.00	2.92	2.84	2.76	2.67	2.58	2.49
20	8.10	5.85	4.94	4.43	4.10	3.87	3.70	3.56	3.46	3.37	3.23	3.09	2.94	2.86	2.78	2.69	2.61	2.52	2.42

续表

$(\alpha=0.01)$

n_2 \ n_1	1	2	3	4	5	6	7	8	9	10	12	15	20	24	30	40	60	120	∞
21	8.02	5.78	4.87	4.37	4.04	3.81	3.64	3.51	3.40	3.31	3.17	3.03	2.88	2.80	2.72	2.64	2.55	2.46	2.36
22	7.95	5.72	4.82	4.31	3.99	3.76	6.59	3.45	3.35	3.26	3.12	2.98	2.83	2.75	2.67	2.58	2.50	2.40	2.31
23	7.88	5.66	4.78	4.26	3.94	3.71	3.54	3.41	3.30	3.21	3.07	2.93	2.78	2.70	2.62	2.54	2.45	2.36	2.26
24	7.82	5.61	4.72	4.22	3.90	3.67	3.50	3.36	3.26	3.17	3.03	2.89	2.74	2.66	2.58	2.49	2.40	2.31	2.21
25	7.77	5.57	4.68	4.18	3.85	3.63	3.46	3.32	3.22	3.13	2.99	2.85	2.70	2.62	2.54	2.45	2.36	2.27	2.17
26	7.72	5.53	4.64	4.14	3.82	3.59	3.42	3.29	3.18	3.09	2.96	2.81	2.66	2.58	2.50	2.42	2.33	2.23	2.13
27	7.68	5.49	4.60	4.11	3.78	3.56	3.39	3.26	3.15	3.06	2.93	2.78	2.63	2.55	2.47	2.38	2.29	2.20	2.10
28	7.64	5.45	4.57	4.07	3.75	3.53	3.36	3.23	3.12	3.03	2.90	2.75	2.60	2.52	2.44	2.35	2.26	2.17	2.06
29	7.60	5.42	4.54	4.04	3.73	3.50	3.33	3.20	3.09	3.00	2.87	2.73	2.57	2.49	2.41	2.33	2.23	2.14	2.03
30	7.56	5.39	4.51	4.02	3.70	3.47	3.30	3.17	3.07	2.98	2.84	2.70	2.55	2.47	2.39	2.30	2.21	2.11	2.01
40	7.31	5.18	4.31	3.83	3.51	3.29	3.12	2.99	2.89	2.80	2.66	2.52	2.37	2.29	2.20	2.11	2.02	1.92	1.80
60	7.08	4.98	4.13	3.65	3.34	3.12	2.95	2.82	2.72	2.63	2.50	2.35	2.20	2.12	2.03	1.94	1.84	1.73	1.60
120	6.85	4.79	3.95	3.48	3.17	2.96	2.79	2.66	2.56	2.47	2.34	2.19	2.03	1.95	1.86	1.76	1.66	1.53	1.38
∞	6.63	4.61	3.78	3.32	3.02	2.80	2.64	2.51	2.41	2.32	2.18	2.04	1.88	1.79	1.70	1.59	1.47	1.32	1.00

（α=0.005）

续表

n_1 / n_2	1	2	3	4	5	6	7	8	9	10	12	15	20	24	30	40	60	120	∞
1	16200	20000	21600	22500	23100	23400	23700	23900	24100	24200	24400	24600	24800	24900	25000	25100	25300	25400	25500
2	199	199	199	199	199	199	199	199	199	199	199	199	199	199	199	199	199	199	199
3	55.6	49.8	47.5	46.2	45.4	44.8	44.4	44.1	43.9	43.7	43.4	43.1	42.8	42.6	42.5	42.3	42.1	42.0	41.8
4	31.3	26.3	24.3	23.2	22.5	22.0	21.6	21.4	21.1	21.0	20.7	20.4	20.2	20.0	19.9	19.8	19.6	19.5	19.3
5	22.8	18.8	16.5	15.6	14.9	14.5	14.2	14.0	13.8	13.6	13.4	13.1	12.9	12.8	12.7	12.5	12.4	12.3	12.1
6	18.6	14.5	12.9	12.0	11.5	11.1	10.8	10.6	10.4	10.3	10.0	9.81	9.59	9.47	9.36	9.24	9.12	9.00	8.88
7	16.2	12.4	10.9	10.1	9.52	9.16	8.89	8.68	8.51	8.38	8.18	7.97	7.75	7.65	7.53	7.42	7.31	7.19	7.08
8	14.7	11.0	9.60	8.81	8.30	7.95	7.69	7.50	7.34	7.21	7.01	6.81	6.61	6.50	6.40	6.29	6.18	6.06	5.95
9	13.6	10.1	8.72	7.96	7.47	7.13	6.88	6.69	6.54	6.42	6.23	6.03	5.83	5.73	5.62	5.52	5.41	5.30	5.19
10	12.8	9.43	8.08	7.34	6.87	6.54	6.30	6.12	5.97	5.85	5.66	5.47	5.27	5.17	5.07	4.97	4.86	4.75	4.64
11	12.2	8.91	7.60	6.88	6.42	6.10	5.86	5.68	5.54	5.42	5.24	5.05	4.86	4.76	4.65	4.55	4.44	4.34	4.23
12	11.8	8.51	7.23	6.52	6.07	5.76	5.52	5.35	5.20	5.09	4.91	4.72	4.53	4.43	4.33	4.23	4.12	4.01	3.90
13	11.4	8.19	6.93	6.23	5.79	5.48	5.25	5.08	4.94	4.82	4.64	4.46	4.27	4.17	4.07	3.97	3.87	3.76	3.65
14	11.1	7.92	6.68	6.00	5.56	5.26	5.03	4.86	4.72	4.60	4.43	4.25	4.06	3.96	3.86	3.76	3.66	3.55	3.44
15	10.8	7.70	6.48	5.80	5.37	5.07	4.85	4.67	4.54	4.42	4.25	4.07	3.88	3.79	3.69	3.58	3.48	3.37	3.26
16	10.6	7.51	6.30	5.64	5.21	4.91	4.69	4.52	4.38	4.27	4.10	3.92	3.73	3.64	3.54	3.44	3.33	3.22	3.11
17	10.4	7.35	6.16	5.50	5.07	4.78	4.56	4.39	4.25	4.14	3.97	3.79	3.61	3.51	3.41	3.31	3.21	3.10	2.98
18	10.2	7.21	6.03	5.37	4.96	4.66	4.44	4.28	4.14	4.03	3.86	3.68	3.50	3.40	3.30	3.20	3.10	2.99	2.87
19	10.1	7.09	5.92	5.27	4.85	4.56	4.34	4.18	4.04	3.93	3.76	3.59	3.40	3.31	3.21	3.11	3.00	2.89	2.78
20	9.94	6.99	5.82	5.17	4.76	4.47	4.26	4.09	3.96	3.85	3.68	3.50	3.32	3.22	3.12	3.02	2.92	2.81	2.69

续表

$(\alpha=0.005)$

n_2 \ n_1	1	2	3	4	5	6	7	8	9	10	12	15	20	24	30	40	60	120	∞
21	9.83	6.89	5.73	5.09	4.68	4.39	4.18	4.01	3.88	3.77	3.60	3.43	3.24	3.15	3.05	2.95	2.84	2.73	2.61
22	9.73	6.81	5.65	5.02	4.61	4.32	4.11	3.94	3.81	3.70	3.54	3.36	3.18	3.08	2.98	2.88	2.77	2.66	2.55
23	9.63	6.73	5.58	4.95	4.54	4.26	4.05	3.88	3.75	3.64	3.47	3.30	3.12	3.02	2.92	2.82	2.71	2.60	2.48
24	9.55	6.66	5.52	4.89	4.49	4.20	3.99	3.83	3.69	3.59	3.42	3.25	3.06	2.97	2.87	2.77	2.66	2.55	2.43
25	9.48	6.60	5.46	4.84	4.43	4.15	3.94	3.78	3.64	3.54	3.37	3.20	3.01	2.92	2.82	2.72	2.61	2.50	2.38
26	9.41	6.54	5.41	4.79	4.38	4.10	3.89	3.73	3.60	3.49	3.33	3.15	2.97	2.87	2.77	2.67	2.56	2.45	2.33
27	9.34	6.49	5.36	4.74	4.34	4.06	3.85	3.69	3.56	3.45	3.28	3.11	2.93	2.83	2.73	2.63	2.52	2.41	2.29
28	9.28	6.44	5.32	4.70	4.30	4.02	3.81	3.65	3.52	3.41	3.25	3.07	2.89	2.79	2.69	2.59	2.48	2.37	2.25
29	9.23	6.40	5.28	4.66	4.26	3.98	3.77	3.61	3.48	3.38	3.21	3.04	2.86	2.76	2.66	2.56	2.45	2.33	2.21
30	9.18	6.35	5.24	4.62	4.23	3.95	3.74	3.58	3.45	3.34	3.18	3.01	2.82	2.73	2.63	2.52	2.42	2.30	2.18
40	8.83	6.07	4.98	4.37	3.99	3.71	3.51	3.35	3.22	3.12	2.95	2.78	2.60	2.50	2.40	2.30	2.18	2.06	1.93
60	8.49	5.79	4.73	4.14	3.76	3.49	3.29	3.13	3.01	2.90	2.74	2.57	2.39	2.29	2.19	2.08	1.96	1.83	1.69
120	8.18	5.54	4.50	3.92	3.55	3.28	3.09	2.93	2.81	2.71	2.54	2.37	2.19	2.09	1.98	1.87	1.75	1.61	1.43
∞	7.88	5.30	4.28	3.72	3.35	3.09	2.90	2.74	2.62	2.52	2.36	2.19	2.00	1.90	1.79	1.67	1.53	1.36	1.00

参 考 文 献

陈希孺. 2000. 概率论与数理统计. 北京:科学出版社.

复旦大学. 1979. 概率论(第二册). 北京:人民教育出版社.

复旦大学. 1979. 概率论(第一册),概率论基础. 北京:人民教育出版社.

李贤平. 2004. 概率论基础. 北京:高等教育出版社.

刘新平,魏启恩. 2002. 概率论与数理统计. 西安:西安出版社.

茆诗松,程依明,濮晓龙. 2008. 概率论与数理统计教程. 2 版. 北京:高等教育出版社.

盛骤,谢式千,潘承毅. 2008. 概率论与数理统计. 4 版. 北京:高等教育出版社.

汪荣鑫. 1986. 数理统计. 西安:西安交通大学出版社.

王沫然. 2009. MATLAB 与科学计算. 4 版. 北京:电子工业出版社.

威廉·费勒. 2006. 概率论及其应用. 3 版. 胡迪鹤译. 北京:人民邮电出版社.

许波,刘征. 2000. MATLAB 工程数学应用. 北京:清华大学出版社.

周概容. 2009. 概率论与数理统计. 北京:高等教育出版社.

庄楚强,吴亚森. 2002. 应用数理统计基础. 2 版. 广州:华南理工大学出版社.